环 境 哲 学 译 丛

张岂之○主编

Environmental Ethics Today
现代环境伦理

Peter S.Wenz

〔美〕彼得·S.温茨 著

宋玉波 朱丹琼 译

格致出版社　上海人&出版社

献给我的妻子

格蕾斯，

可爱的并被深深地

爱着，

她的名字说明了

一切

关于环境哲学的几点思考（代总序）

有一位哲人说过，如果苏格拉底生活在今天，他可能会是另一个苏格拉底，因为他将不得不思考与环境有关的哲学问题，从而有可能成为一名环境哲学家。我想，面对人类持续恶化的环境危机，今天的学者们都有必要关注有关环境哲学的问题，这是我们推卸不掉的一份社会责任。

大约在20世纪90年代中期，环境问题也进入了我的视野。恰好我校中国思想文化研究所谢阳举教授想在环境哲学方面做一点探索，他征询我的意见，我当即表示支持。我告诉他，这是一件很有意义的工作，对个人和研究所将来的学术发展都是有益的。到2003年，为便于开展合作研究工作，我和时任西北大学副校长朱恪孝同志鼓励他以西北大学中国思想文化研究所的力量为依托，成立了西北大学环境哲学与比较哲学研究中心，联合我校其他相关专业人士，加强有组织的研究工作，于是有了《环境哲学前沿》专刊的设想和行动。

2004年，我们打算再进一步，拟完成一套"现代西方环境哲学译丛"（当时暂名），由我担任主编。阳举同志初步选择了40多种著作，到2005年，经过反复商量，最终确定如下几种，它们是：《环境正义论》《环境经济学思想史》《现代环境伦理》《现代环境主义导论》《绿色政治论》等。所选著作均为近年来在环境哲学领域具有广泛影响的英语世界的专著，兼顾了环境哲学多个分支方向。由于出版社的支持，较快顺利通过了立项。随后不久，我们就开始组织人员启动翻译。经过较长时间的准备，首批译稿4种付梓，我想到了许多，聊记于此，以代总序吧。

长期以来，我主要在中国思想史的科研和教学领域耕耘。中国思想史是古老的智慧长河,而环境哲学是一门于 20 世纪 70 年代在西方发达国家宣告诞生的新兴理论学科。两者存在密切的关系。例如,西方许多环境哲学家在分析环境危机的思想和文化原因、探寻环境哲学智慧与文化传统的关系时,都不约而同地转向中国古代思想文化。有的学者认为,和西方近代工业化社会主导性的价值与信念系统相比,中国历史承载着一种亲自然的文化精神,例如,深生态学哲学的创立者,挪威著名哲学家奈斯(Arne Naess)称自己从斯宾诺莎那里学到了整体性和自我完善的思维,学到了“最重要的事是成为一个完整的人”,即“在自然之中生存”(being in nature)①,他认为这种“生存”是动态意义的“不断扩展自我”的自我实现的意思,是认同生态整体性大我或曰整体的“道”的过程。不过,他又解释说:“我称作‘大我’,中国人把它称为道。”②《天网》一书的作者、美国学者马歇尔(Peter Marshall)说,道家是生态形而上学首选的概念资源,“生态思维首次清晰的表达在大约公元前 6 世纪出现于古代中国”,“道家提供了最深奥的、雄辩的、空前详尽的自然哲学和生态感知的第一灵感”。③英国金斯顿大学的思想史学者克拉克,甚至把道家对环境哲学的影响与西方历史上几次重大的思想革命相比:“近年来中国人关于自然世界的思辨,在西方各种各样的思想领域已引起了某些严肃和富有成果的回应……最近,在有关自然、宇宙和人在其中地位的思维方式的变化方面,道家已发挥了相应的作用。”④

上述评论是卓有见地的,增强了我们努力拓展中国思想史研究和发掘其现代价值的信心,这也需要我们加深环境哲学的探索。这套丛书和

---

① Arne Naess,1989,*Ecology*,*Community and Lifestyle*,translated and edited by David Rothenberg,Cambridge University Press,p.14.

② Bill Devall and George Sessions,2001,*Deep Ecology*,Salt Lake City: Gibbs Smith,Inc.,Peregrine Smith Books,p.76.

③ Peter Marshall,1996,*Nature's Web*,Routledge,pp.9,11—13,125.

④ J.J.Clarke,2000,*The Tao of the West*,London and New York: Routledge,p.63.

《环境哲学前沿》是我们所做的初步工作，也是我们应该做的。需要指出的是，20世纪后期，我国有不少学者已经开始关注环境哲学、环境伦理学、环境美学、中西自然观和环境思想比较等研究，并且若干大学已经开展了与环境哲学或环境伦理学有关的教学活动。但是，应该承认，由于各种原因，我国环境哲学的研究、教学和普及，跟世界发达国家相比较，仍然存在一定差距。中国是一个负责任的发展中大国，需要肩荷起更多、更大的国际环境义务，为此，加强环境哲学研究、教学和实践行动是有必要的。这样的工作任重而道远，需要众人呼吁、共同努力。

环境哲学研究已开展多年了，学界目前对环境哲学的对象、任务和范畴还不能说已经形成了共识。我想辨析一下"环境哲学"的特点问题。我的粗浅看法是，如果从实质上看，那么环境哲学属于哲学范畴，也是一门概念科学。不过，它新在哪里呢？有的学者认为，环境哲学属于自然哲学，或曰自然哲学的延伸。这样的看法有一定的道理，但是，也有模糊之处。我以为，环境哲学与自然哲学之间是不能画等号的，原因在于"自然"有多种含义，例如，狭义的自然指的是自然界或者自然事物；广义的自然指的是包括人类在内的一切存在物；在中国魏晋以前，它基本上指"自然而然"的意思。在古代和近代西方，自然哲学和自然科学两个术语大体上是通用的。这样的自然哲学范畴，因为对自然的好奇而产生，在认识上强调对象化、客观性以及认识主体的中立性，它的目的主要是为了获得客观知识，即自然或所谓必然规律。后来，自然哲学概念虽然有所扩展，但是，从根本上说，还是以自然对象为出发点的。由于这个特点，它逐渐和数学与形式化方法、实证与实验方法结合起来，被转化为理论自然科学，以经验知识和理论知识为内容。

环境哲学产生的背景迥然有别。环境哲学的产生，显然与自然环境危机的激化有关，它是出于关怀和忧患而产生的，它的目的不是为了描述种种环境危机现象，也不是为了对环境危机的现状进行科学的解释。我想,环境哲学有下列几个特点。

首先,它所讲的环境不是单纯的对象化环境或外部物质环境,即,不是过去意义上的自然环境或自然客体。准确地说,环境哲学的研究对象是伴随环境变化而产生的一些哲学问题,这些哲学问题涉及的是环境和人的关系,而不是单纯的物质环境。诸如此类的问题仅靠自然哲学是解决不了的。

其次,环境哲学需要对环境变化进行价值判断。在很大程度上,人与自然的关系直接影响到我们涉及的自然环境行为的选择、道德判断、环境保护或保存政策的决策等,这些问题的焦点,核心在于环境伦理的原则问题。这样说,丝毫不意味着否定自然哲学,其实环境哲学虽然不等于自然哲学,可是,它们也有联系,例如,当我们要判定何物应当受到道德对待时,就离不开有关生命、实体构成以及自然界更深广的复杂关系等方面的科学认识。

再次,根据前面两点,环境哲学不但不是自然哲学的延伸,而且也不是哲学史上古已有之的哲学传统,虽然哲学史上有很多环境哲学的概念资源。必须重视的是,对近代主流哲学而言,环境哲学诞生之初就面临各种争论,它包含很强烈的反思性和批判性特点,有人说它是对传统哲学的颠覆,有人说它应纳入后现代哲学,这些当然属于学术看法,可以继续争鸣。个人认为,环境哲学与哲学史既有连续性又有断裂性,应该辩证地看待此二者的关系。

最后,怎样理解环境哲学所言的"环境"? 我想,它实际上指的是自然(生态)环境、社会环境、人文环境的交叉重叠和互动关系,这样的"环境"概念比我们通常遇到的自然客体更复杂、更难分析和把握,不仅如此,过去我们的哲学把存在当成单纯的存在问题去解决,今天看来,存在及其环境是不可分离的,环境应当摆到与存在和变化同等重要的地位上加以探讨。生命和万物的存在有多种可能性,但是,必定有其相对最佳的状态,环境哲学的基本目的应该定在生命、人类可栖居的最佳环境状态上面，环境哲学尤其需要给人类文化创造与自然之间良性的动态平衡探索出路。我国古代老子说过"无为而无不为"，我想这也是环境哲学努力的方向，相信环境哲学最终可以找到通过最少的人为而达到最大的成功，从而引导人类摆脱人和自然两败俱伤的危机。

诚然，要达到环境哲学的目标是非常艰难的。这里有必要谈谈这样一个问题，即，环境危机和自我的责任问题。

目前，对环境和后代的未来问题，社会上有两种极端的态度，一是乐观主义的态度，相信人类能够解决环境危机；二是悲观主义的态度，认为生存意味着消耗、破坏甚至毁灭，人类终究难逃自造的环境灾难的厄运。这两种态度都只看到了环境问题的某些侧面，不足以成为我们的信念。尤其是悲观主义态度，它认为个体是利己的、自我中心的动物，人类是自大的、人类中心主义的动物，而地球的资源和生存空间是有限的。悲观主义者预言，人类最终会因为资源匮乏而自相残杀，或者不得不回到独裁、智力下降和道德恶化的状况。有的悲观主义者认为，环境哲学家的行动是无法实现的理想主义冲动。

这种悲观主义态度，其根本的理由可以归结为自我中心主义，其预言是不足取的。因为它忽视了自我的动态和多元内涵。其实，自我既有利己的一面，也包含有群体意识的一面。任何一个自我都有社会性，自我的表现与其在社会中担当的角色有关，正如马克·萨戈夫（Mark Sagoff）所说的："当个体表达他或她的个人偏好时，他或她可能说，'我要（想、偏爱）x'。如果个体要表达对于共同体、什么是正当或者最好的观点——政府应该做什么的时候，他或她可能说，'我们要（想、偏爱）x'。有关共同体利益或偏好形式的陈述，道出了主体间的协议——它们或对或错——但这里把共同体（'我们'而不是'我'）当作自己的逻辑主体。这是消费者偏好与公民偏好之间的逻辑区别所在。"①据此,他得出一个基本的区分,即,消费者和公民的区别,当自我扮演者消费者角色时,他或她关心个人的欲望和需求的满足,追求个体目标;当扮演公民角色时,他或她会暂时忽视自我利益而仅考虑公共利益和共同体的需要。每一个体都是多种角色的可能组合体。由此看来,面对全人类共同的环境危机问题,人类完全有能力且应该会做出正当的选择。

然而,这些不意味着现实中的每一个人都会如此选择和行动。实际上,现实中的个体面临着多重选择,面临着各种诱惑,所以,常常会陷入选择冲突的状态,这和其认知的不平衡有关。鉴于此,我们也需要加强环境哲学的普及和教育,使公民认识到并践履自己的公共道义,包括环境责任。

当然,理论上个人可以承担起公共责任,实际上却未必如此,二者的差距如何缩小? 仅靠个人努力还是有限的,还需要政府行为和社会力量切实发挥作用。

中国和世界一样正经历着生态和环境难题,尽管我国和世界各国都已将这一问题的解决列入国家基本国策和立法框架,我国绿色政治思想和环境立法都有很大的进展,政府也投入了相当的经济实力并制定了大量相关政策。不过,我国处在发展之中,环境保护和可持续社会目标的实现,与北欧、西欧、北美等地区发达国家,以及澳大利亚、新西兰等国家所达到的成绩比较(虽然这些国家的人民还远不满意),我们还应更加努力。究竟制约的关键因素是什么? 突破口在哪里?

我们初步研究了西方发达国家环境保护发展的历程和现状,通过各国环境保护战略实施的比较,注意到一个显著的不同:环保状况较好的国家和地区有个普遍现象,即环境社会学研究跟进绿色思潮和运动较紧,非

---

① Mark Sagoff, 1998, *The Economy of the Earth*: *Philosophy*, *Law*, *and the Environment*, Cambridge University Press, p.8.

政府环境保护组织(ENGO)异常发达。

其一是绿党的成立或政党党纲的绿色化,将环保意识与政治意识相融合。

其二,也是最主要的,就是非政府环境保护组织的推动。自20世纪60年代以来,非政府环保组织如雨后春笋,在全球开花。1976年统计结果显示,全世界有532个非政府环保组织。1992年光出席在巴西举行的地球峰会的ENGO就有6 000多个。联合国环境规划署支持的ENGO就有7 000多个。著名的国际非政府环保组织有:国际自然和自然资源保护联盟(IUCN)、世界自然保护基金会(WWF)、国际科学学会联合理事会(ICSU)、国际环境和发展研究所(IIED)、世界观察研究所(WWI)、世界资源研究所(WRI)、地球之友(FOE)、绿色和平组织(GREENPEACE)、热带森林行动网络,等等。分国家成立的ENGO更是数不胜数,如峰峦俱乐部、罗马俱乐部、奥杜邦协会、地球优先组织、美国荒野基金会、美国野生动物联盟、美国环保基金会,等等。

这些非政府组织(又名民间公益团体、非营利社会团体或草根组织)的作用不仅是响应政府,更重要的是推动公民普遍环境意识的成长和成熟,增进社会机构团体和领域之间的交流与合作,扩展环境危机的解决途径,促进政府、教育和社会新机制的建立。它们起到了政府无法替代的作用,可以说,如果没有非政府组织环境社会运动,就没有当前西方的环保成就。

目前,我国应该启动国际NGO特别是ENGO的系统研究,探索NGO的组织原理,试验合乎中国国情的ENGO模式,中心目的是最大限度地利用社会力量,健全中国ENGO体系,培训ENGO领导和管理人才,发展ENGO的运动,通过ENGO渠道补充和促进中国环境战略的实施。通过ENGO解决途径,还可望催生出新生的交往方式、社会机制和结构关系,通过环境信息的流动规律,又可以调适社会制度的漏洞,激活环境知识与理性向道德、制度和文化的转化能力,增强社会活力。从根本上说,这对于发展社会主义政治文明是个有力的媒介。

还要提到的是,西方的社会学理论研究和社会实践之间常常即时配合,对环境保护社会力量的动员起到了因势利导的作用,其经验也许有值得我们借鉴之处。我在这里简略地回顾一下。

20 世纪 60 年代,西方爆发了生态革命,自此开始,在西方发达国家,社会科学和哲学界掀起了一个深入探讨环境恶化原因和重建社会科学范式的浪潮,其中社会学发挥了突出的作用,社会学关注环境运动前沿,快速地实现了向新的社会学的转型,新的社会学即环境社会学框架在探讨人类活动和生态恶化之间关系模式的方面,特别是对 ENGO 的研究,做出了显著的成绩。

1961 年,邓肯(Otis Dudley Duncan)建立了第一个新社会科学范式,即 POET 模式。P 代表人口,O 代表社会组织,E 代表自然环境,T 代表技术。这个模式认为人类社会由上述四种要素组成,人类社会对自然环境的影响来自四者同时性的相互作用。[①]这个模式有缺点,它没有提供四要素关系的经验研究,也难以进行这方面的可行性实践,这是因为上述四种变量太泛了;它也缺乏对 ENGO 的原理和功能的分析。

第二个模式是 IPAT 模式,由埃里希(Paul Ehrlich)和霍尔德伦(Holdren)1971 年在《科学》上发文提出,I 指人类活动的影响,P 指人口,A 指流动,T 指技术。这个模式认为,人类活动的影响 I 是由 P-A-T 三个变量导致的结果。[②]这个模式比 POET 进步,但有自然主义和技术还原主义的嫌疑,人口和技术被视为是外在于人类社会组织的,而技术是社会选择,因而必定是社会的产物。IPAT 从根本上看是通过生态学镜头去看

---

① Otis Dunley Duncan, 1961, "Social System to Ecosystem", *Sociological Inquiry*, 31: pp.140—149.
② Paul Ehrlich and John Holdren, 1971, "Impact of Population Growth", *Science*, 171: pp.1212—1217.

社会，忽视了生态问题的社会起源，也忽视了人类组织多样性和创造性解决环境危机的潜力。

著名的美国环境社会学家邓拉普（Riley Dunlap）在 POET 和 IPAT 的基础上提出了一种目前流行的环境社会学范式，他充分考虑了社会实践和生态条件的相互依赖性，他认为工业社会中占统治地位的社会范式（dominant social paradigm，缩写为 DSP）正在向新的生态范式（new ecological paradigm，缩写为 NEP）转换。DSP 意味着："（1）坚信科学和技术的效验，（2）支持经济增长，（3）信仰物质丰富，（4）坚信未来的繁荣。"NEP 则意味着："（1）维持自然平衡的重要性，（2）对于增长的限制的真实性，（3）控制人口的需要，（4）人类环境恶化的严重性，（5）控制工业增长的需要。"①

斯特恩（Paul C.Stern）把社会运动带进新社会理论模式的核心，其理论将人类—环境相互影响定义为三个范畴，下面是斯特恩的图表：

表 0.1　人类—环境相互影响

环境恶化的起源		环境恶化的影响		对生态恶化的应对
社会起因	驱动力	对自然环境的影响	对人类社会的影响	通过人类行动的反馈
社会制度 文化信念 个体人格特性	人口水准 技术实践 流动水准（消费和自然资源）	生物多样性损失 全球气候变化 大气污染 水污染 土壤/土地污染和恶化	生存空间受制约 废弃物储藏泛滥 供给损耗 生态体系功能损失 自然资源耗竭	政府行为 市场 变革 社会运动 移民 冲突

资料来源：Robert J.Brulle，2000，*Agency，Democracy and Nature：The U.S. Environmental Movement from a Critical Theory Perspective*，MIT Press.

---

① ［美］查尔斯·哈珀著，肖晨阳等译：《环境与社会——环境问题中的人文视野》，天津人民出版社 1998 年版，第 396—397 页。

这是三种人类—环境作用的模型。第一种包括社会和人—生态两种变量;第二种的焦点是环境恶化对人类社会的直接影响;第三种是显示环境恶化和人类行动之间的反馈关系,主要是人类对环境恶化的应答。这个模式比较详细地包含了多种变量的相关关系,可是它没有充分考虑当前的社会制度和运作对环境保护的积极作用。因此,还需要更进一步地把握生态恶化过程的社会因素的理解,更加注意人类社会行动对环境恶化的干预力量。

现代社会承接科层制度而来,常常显示出封闭、僵化和停滞的弊端。生态和谐社会的建设,需要摒弃官僚化和绝对市场体制,这就需要实现生态理性的社会化参与,这样才能保证生态理性知识和环境哲学认识顺利地转化为社会改革和建构的行动力量。种际、代际和国际环境正义目标的不断达成,需要各种层次的充分社会化的组织的合作。西方的社会学理论为环境社会运动开辟了空间和确立了方向。

随着中国环境保护社会化的发展,中国环境社会学不仅对环境保护事业,而且对新型和谐社会的建设,可望有更大的贡献。

2007年5月27日,适逢世界知名的美国环境保护运动先驱者之一蕾切尔·卡逊(Rachel Carson,1907—1964)诞辰100周年,她的《无声之春》(亦译《寂静的春天》,1962年首版)成了环境保护运动的经典著作。环顾周围的环境问题,我感慨颇多。希望这套丛书的出版,能够带来一些思想的碰撞,有益于我们认真落实以人为本的科学发展观,推动中国环境保护的万年基业起到促进作用。借此,我想呼吁,各界学者和社会人士都来关注环境哲学,专业人士更是义不容辞,希望他们在环境哲学思想的历史、环境哲学基础和环境哲学学科建设方面加强研究,最终产生出合乎中国国情的中国环境哲学成果。

参加该丛书翻译的主要是年轻的学者,他们付出了艰巨的劳动,译文有比较严格的审定，以便保证质量。稿中不足之处恳请读者朋友加以批评和指正。

最后，我们要感谢格致出版社的有关领导以及责任编辑们的大力支持，也要感谢译者们和西北大学有关领导的积极推动。

希望这套丛书后续部分的合作出版工作更加顺利。

张岂之

2007 年 5 月 27 日

于西北大学中国思想文化研究所

新版补记

中国目前正在努力建设生态文明社会,这是中华民族可持续发展的战略部署,也是中华民族伟大复兴的应有使命。

当然,建设生态文明社会是文明转型的挑战,任务之艰巨可想而知。但是生态文明与中国文化传统具有潜在的联系,所以建设生态文明社会也是中国历史的发展机缘。悠久的农业文明使得中华民族对天地人生的关系有深刻的体会和认识,中国哲学也因此富有生态智慧。特别是老子和道家文化,其中蕴含着促进中国生态文明建设的宝贵思想资源。对此,习近平同志在多种场合发表过许多论述。2013年5月24日,《在十八届中央政治局第六次集体学习时的讲话》中,习近平指出:"历史地看,生态兴则文明兴,生态衰则文明衰";"我们中华文明传承五千多年,积淀了丰富的生态智慧,'天人合一''道法自然'的哲理思想。'劝君莫打三春鸟,儿在巢中望母归'的经典诗句,'一粥一饭,当思来处不易;半丝半缕,恒念物力维艰'的治家格言,这些质朴睿智的自然观,至今仍给人以深刻警示和启迪"。这些精辟重要的论断对人类实现生态文明转型具有重要的指导意义,值得我们认真学习、深入研究和切实践行。

建设生态文明是中国担当起大国责任的抉择,具有重要的世界性意义。我注意到,世界上流行的与"生态文明"相当的语词是"可持续发展",中国倡导生态文明因而具有独特的创新蕴含,是顺应人类文明发展大趋势的正义之举。

编译"环境哲学译丛"是我们对环境保护这个与每个人息息相关的重大时代课题所应该做出的微薄努力。让我感到欣慰的是,这套译丛即将推出新版,这表明我们的工作具有有限的时代意义。阳举教授要我给新版译丛作序,我看了旧序,觉得自己基本思想仍然没有改变,因此,对旧序稍作校订,并增加"补记"于此。

张岂之

2019 年 8 月 30 日

于西安桃园家中

译 者 序

《现代环境伦理》一书系美国当代著名学者彼得·S.温茨（Peter S.Wenz）教授的重要著作，于 2001 年由牛津大学出版社出版。

本书由四个部分组成，分别是人类中心主义、非人类中心主义、环境协同论及应用。作为一部涵盖 20 世纪环境伦理学领域主要思想家以及诸论题的著作，《现代环境伦理》一书的特点非常鲜明，那就是结合经济学、商业、政府和农业相关的一些话题，晓畅明白地探讨当代的道德问题。在作者本人看来，本书循序渐进的目的，在于使青年学子与普通读者不至于将其作为看完就忘的过时理论，且使他们能够学会日益成熟地回应问题并作出自己的思考。作者认为，许多领域的大学教师也可以参考本书进行讲授，诸如商业、政府、环境研究、建筑学、城市规划、妇女研究、农业、宗教研究、地理学、生物学等等。下面就概括介绍四个部分的内容。

第一部分是有关人类中心主义的论述。人类中心主义即是以人类作为中心的一种态度。人类中心主义者认为，唯有人类自身具有价值，并且想当然地以为，动物、物种以及生态系统尤其要为了人类最大幸福的获得而作出牺牲。在这一部分中，作者围绕着当今社会生活中的人类中心主义核心视角，来进一步看待诸如人口过剩、自由市场、人权、成本效益分析等问题，通过进一步阅读，读者将会发现，作者对于这种单一、教条地看待问题的思维是揭露与批判得很严厉的。有人试图以自由市场来解决所有问题，也有人试图采用成本效益分析来分析一切。现实生活证明，所有的这类思想与行动功用固然是有，但后患亦属无穷。在人类权利与自由市场以及成本效益分析的博弈之中，人权往往会遭受严重的挫败。而仅以人类为取向的资源攫取，往往又会导致公地悲剧、环境危害等这样一些对人类本身又造成危害的后果。作者使我们意识到，价值观念的赋予是一个很复杂的问题,人们不应完全立足于人类中心主义的立场,而将其他的某些价值置于一边。每一章节之后的"讨论",当是如牛虻一般,激励着读者思维上的活跃,而不仅只是将此著述全作为一种赏心乐事或知识的获取而已。

第二部分是在第一部分所提出的困境之下,展示另一种视角,即非人类中心主义的视域。这一部分涉及的话题主要是动物权利、物种多样性、土地伦理的相关话题。其间作者穿插了功利主义、权利论等相关的伦理学话题。从功利主义的视角出发,作者认为,动物虐待、物种歧视这样一些做法是没有道理的,而真正遵循功利主义的某些原理,我们或许就应该做个素食主义者,而不要做斗牛、套马的观赏取乐者,唯有这样才能够获得最大化的幸福。而针对以往对于人权的论证,诸如灵魂不朽、语言与抽象思维、道德人格等这样一些提法,在作者看来,是不足以作为拒绝赋予动物权利的理由的。而动物实验中所存在的动物虐待问题以及动物医学实验的利弊,也被作者深刻地揭示出来。作者认为,动物医学实验并不必然地给人类带来福利,而人类对于长生久视的幻想这一问题,原本不应一味由科学来解决,而是需要宗教,且人类此举不过是滥用自以为是的权利而已。在此基础上,作者就物种保存与动物权利作了进一步论述,对人类行为所导致的物种灭绝加以反讽的描述,从而引介了盖娅假说与土地伦理这两种影响甚为深远的学说。盖娅假说是詹姆斯·拉伍洛克(James Lovelock)在 20 世纪 60 年代提出的,认为我们自身是某一更伟大的生命体的一部分,此种意识会促使我们更为谦卑、审慎地对待地球与其他物种,从而形成一种对于自然的有机体而非机械的隐喻。土地伦理是奥尔多·利奥波德(Aldo Leopold)所提出的,他将生态系统指称为"土地",将生物群落内的能量循环喻为泉源。利奥波德在 1940 年就提出:"改变有关土地为何存在的观念,就是改变关于任何存在物何以存在的观念。"他认为,土地伦理就是某种对于自然环境的道德响应,或者说,就是普遍的生态学素养。总的来说，非人类中心主义者认为，除了人类之外，其他存在物也拥有自身的价值，人们应出于对动物、物种以及生态系统之价值的考虑而牺牲掉自身的某些幸福。但非人类中心主义视角还是面临诸多的挑战，如何解决道德承诺中存在的诸多冲突是作者接下来要探讨的话题。

第三部分就是要提出"环境协同论"这一替代解决方案。这一论调的主导思想在于，在尊重人类与尊重自然之间存在着某种协同作用，从总体与长远的角度来看，对人类与自然的双重尊重对于双方来说都会带来好的结果。这一观念鼓舞着生态女性主义者、深生态学家、印第安人以及某些基督教神学家。作者首先是对于专门化思维与绿色革命提出批判，认为这是一种片面的、不可持续的观念，这种思维引导下的短视给人类与自然造成了双重的伤害。而其中的核心所在，即是权力的问题。不受约束的权力大行其道，就会给生物多样性以及人类福祉造成严重的伤害。在此基础上，作者向我们进一步表明，某种主子心态是其主谋。在此心态的影响下，女性、土著居民、少数族群、自然皆沦为某种附属品。正如男性对女性的压制一样，环境退化、人口过剩就是其相应的生态后果。作者因而提醒我们注意，环境正义的实现不仅是环境与人之关系的问题，它也是某种具有谱系性的问题系列，性别歧视、种族歧视是与之相关的亦需得到解决的人类关系产物。在接下来的宗教与自然这一话题中，作者对于人类在克隆问题上试图"扮演上帝"的傲慢做出了批判，从诠释学的视角出发，对基础主义及其变种做出揭示，并着重阐明了阿恩·奈斯（Arne Naess）的深生态学说。深生态学所表明的是一种认同感的拓展，我们人类自身能够与存在的整体达成认同，使所有主体在不受人类控制的状态下自由绽放。这样一种世界观就与某种宏大叙事有别，也与无限制经济增长的神话大相径庭。环境协同论的境界逐渐就展现在了读者的面前。对于调整人类中心主义与非人类中心主义的那种中心与非中心意义上的视角而言，环境协同论显然有了新的改观，不再是人际间以及人与自然间的对立,而是某种共生、共同成就的和谐。

本书第四部分致力于上述信念的实践。这一部分又分出两大问题,即个人问题与社会问题的解决。对协同论观念的冲击,从个体角度来看主要是消费主义的欲潮。在作者看来,我们现今所处的消费社会无形中使我们处于一种观念的牢笼之中。协同论者认为,人类与其周围的一切并不是处于一种冲突敌对、控制与被控制之中,而是人类本应该与健康的生态系统和谐相处。但消费社会的教导却是,高消费与人类的福利密不可分,人们的地位、身份之体现即在于消费的多少上。不满足真正成为了人类的现实状态,为了填补欲壑,人们开始习惯于耽溺于更高水准的消费。换句话说,消费主义的目的就是要人为地生产出诸多的欲望,而这些欲望使得人类生活的动机集中于外在激励之上,而失去了某些内在动机的促发。正如作者所言,这种情不自禁的消费主义危害了环境,挫败了人生。如何实现富足的人生,作者对健康、钱袋、环境间存在的相互增进关系作了有意义的阐发,对于那种盲目的自我实现与满足作了有趣的批判。就社会层面而言,作者认为集体行动甚为必要,在当今全球化的背景下,贸易补贴成为各国最为关心的话题,而其间所存在的权钱交易,也使我们认识到,在诸如农业政策的决定以及世界贸易组织(WTO)的可信度这样一些问题上,作者的质疑也不是没有道理的。

总的来说,本书因作者广博、深厚的学术素养,仁慈、博爱的普世情怀,以及融会贯通、顺畅明了的写作风格而栩栩如生,读来丝毫没有学术专著之艰涩感与通俗读物的蜻蜓点水之感。作者熔伦理学、政治哲学、法学、社会学以及生态科学等问题于一炉,将伦理学的核心话题与现代环境哲学的相关思考结合在一起,视野之开阔,视角之敏锐,实令人叹为观止。本书对于我国的环境哲学以及环保事业的发展应亦有所裨益。

前　言

人类从未像今天这样操纵着地球及其表面的生命形态。由于有了遗传工程,你所吃的油炸马铃薯薯条可能会含有 Bt 杀虫剂,它可以杀死马铃薯甲虫而据信对人体是安全的。一个普通的美国人身体中包含有大约 250 种人造化学物,其中大多数是二战以来制造的。它们可能是安全的,但是癌症却比以前更多地发生,且前所未闻地置人于死地。世界粮食产量在 20 世纪有着惊人的增长,这主要归功于农作物品种的改良和化学药品的投入,但是粮食增长不再与世界人口的增长同步进行了。现在,世界上将近有十亿人处于饥饿之中,而且预计到 2050 年,世界人口可能会从 60 亿增长到 90 亿。我们能够、应该设法结束人类的饥荒吗? 这种努力将会破坏雨林吗? 在那里,人类的扩张已经造成许多物种的灭绝。全球变暖可能会威胁到沿海城市,如纽约、华盛顿特区以及新奥尔良,然而发展中国家的经济发展看起来极有可能增加温室气体的排放。什么样的发展是适宜的呢? 环境伦理学正是专注于这类问题以及其他一些紧迫的问题。

这本书向读者介绍了环境伦理学中当前的立场、论辩和概念。许多人认为伦理学很是抽象,且与日常生活了无干系。但是当观念在一种清晰、利落、时而幽默的文风中被呈现出来,将抽象问题与紧迫的个人或政治关切联系起来时,对于学生和普通读者来说,伦理学可以是迷人且有趣的。

每一章都从一个读者可能已经关注的真实论辩或议题开始,例如,日益攀升的癌症患病率、虐待家庭宠物、克隆、对妇女的偏见以及交通拥挤导致的路怒(road rage)。最近的资料引自一些环境记者和其他一些优秀作者的作品。在文中以及书后面的术语表中,关键术语以粗体字显示并被定义。

引用的个案常常聚焦在特殊的个体上,这是因为大多数人关注个人甚于抽象的观念。有一章包含了一个第一人称叙述的一个人在印度博帕尔毒气泄漏中逃生的故事。另一章的故事是,一名妇女杀死了她的新生女婴。另一些故事记录了动物园中的大猩猩救了一个人的命,动物医学实验使一个年幼女孩的手术成功变得可能,动物权利活动分子破坏了一个小孩的首次猎鹿行动时这个小孩是多么的失望。但这些私人的故事是与更为广泛的论辩、在这些论辩中所采用的抽象观念,以及伦理学原理和理论相关联的。

大多数的教科书在开始的第 1 章或第 2 章中就介绍了抽象的伦理概念和原理。不幸的是,大多数学生没有足够的背景来理解这些资料,而书本的稍后部分在提到这些资料时,以为学生已理解它了,消化它了,并且现在能够运用它了。这就好比给人们介绍了一堆引擎的部件,用抽象的术语解释了每一部件的功能,然后期望人们在几星期后能够正确认出引擎的部件并因此而正确地修理引擎。

相比而言,现在这个课本所采用的抽象观念、概念和论证是解决近在手边的问题所需要的。因此,哲学的素材遍布整本书。这就像是制造中的零部件即时传送。比如说,第 1 章讨论了心理上的利己主义,并且在世界范围内人口压力与贫民饥荒的背景下,介绍了人权的概念。第 2 章介绍了契约论者对人权的支持,并阐释了在一个关涉全球变暖与对后代责任讨论中的成本效益分析。第 5 章更加深入地考察了权利之本性及其在动物医学实验相关问题上与社会契约假说间的关系。第 4 章讨论了与工厂化饲养相关的功利主义。第 6 章解释了隐喻如何来支持物种与生态系统的保存。第 10 章探讨了将遗传工程与克隆的论辩和基督教的不同解释结合起来的诠释学、叙事、宏大叙事和世界观。第 5 章介绍并运用反思平衡的方法,探讨了在一个捕猎与套马表演为合法的国家中视斗牛为非法的正义问题。

　　每一个概念、原理和方法都有助于一些问题的解决，因此对概念、原理和方法的批判只是表明了它们的局限性，而不是将它们清除出未来的使用之中。这使得本书循序渐进。每章的结尾都附有"讨论"，即一系列值得更多反思的议题和问题。本书循序渐进的特色能够使读者日益熟谙地回应这些"讨论"。读者可以获得应对生活中新的情况的工具，而不是他们用完就忘的过时理论。第11—12章正是运用这些工具来衡量个人生活与公共政策上的抉择。

　　此书覆盖了环境伦理学领域20世纪主要的思想和话题，对这个主题及其课程来说它是合适的教材或参考用书。但这本书所拓展的范围更为深远。它讨论了与经济学、商业、政治学和农业相关的一些话题，所以它可以与其他一些探讨当代道德问题的通论性教材一起使用。然而，本书最大的贡献可能就是它完全超出了哲学教程的范围。许多领域的大学教师——商业、政治学、环境学、建筑学、城市规划、妇女研究、农业、宗教研究、地理学、生物学等——会发现环境伦理学是有趣的，并且在某种程度上可联系他们的专业去讲授。《现代环境伦理》可给予所有这些课程以帮助，这是因为，它在哲学基础上给出了一个环境伦理学的概述，这将对这些领域中的专家学者有所裨益。

　　最后，当然要说，对普通读者而言，如果本书的期望得以实现，那些寻求知识与乐趣的人们就会发现它是值得的。

致　谢

我想要感谢斯普林菲尔德的伊利诺伊大学，尤其是法学研究中心与公众事务研究所，以及这两个机构的主任厄尼·考尔斯（Ernie Cowles）和南希·福特（Nancy Ford）多年来的支持。我也同样感谢伊利诺伊大学提供的支持，该大学最近任命我为大学学者。

我也想感谢以下诸君，他们阅读了全部或部分的手稿。按字母顺序，他们是：乔斯·阿希（Jose Arce）、哈里·伯曼（Harry Berman）、彼得·博尔图克（Peter Boltuc）、梅雷迪思·卡吉尔（Meredith Cargill）、埃德·塞尔（Ed Cell）、艾伯特·西奈利（Albert Cinelli）、伯恩德·埃斯塔布鲁克（Bernd Estabrook）、鲍勃·福勒（Bob Fowler）、罗伊斯·琼斯（Royce Jones）、鲍勃·库纳斯（Bob Kunath）、理查德·帕尔默（Richard Palmer）、马西娅·萨尔纳（Marcia Salner）、拉里·沙尔纳（Larry Shiner）、大卫·施米特（David Schmidtz）、詹姆斯·斯特拉普（James Streib）、丹·范克利（Dan Van Kley）和格蕾斯·温茨（Grace Wenz）。所有人之中，尤为感谢的是埃德·塞尔和拉里·沙尔纳，在我们多年来共同教学之中他们毫无抱怨地支持。最后，我为一些依然存在的不足负责，但是我想引用理查德·尼克松（Richard Nixon）在水门事件丑闻中所说的话："我承担责任而不是非难。"（那可能意味着什么？）

什么是环境伦理学

我在《新闻周刊》(*Newsweek*)1998 年 9 月 7 日这一期上发现这张整版的"美国制药公司"海报：

癌症

这是一场战争

这就是我们正在开发"新式武器 316"的原因。

美国制药公司正在研发对付癌症——美国第二号"死亡杀手"——的"新式武器 316"。基因疗法、"神奇药丸"抗体以及副作用小的药品，是在这场高科技、高风险的抗癌战争中更加新式的武器。制药公司的研究人员已经发现了这些药物，它可使更多更多的癌症幸存者说："我赢了这场战争"。我们希望有一天我们都可以说，"我们赢得了这场战争。"[1]

现在对你来说，世界又进了一步，进步（Progress）（用一个大写 P）。而且还不止如此。在同一期中，美国老年病协会也发布了好消息。

65 岁或更老的人群数量比以前的任何时期都要大……人口统计学道出了这个事实。在世纪之交，平均寿命只有 47 岁；今天，美国人的平均寿命可望达到 76 岁，而且 85 岁以上人群是我们人口中增长最快的一部分……医学上的突破性进展正在解决人们最为担心的健康问题；我们从更佳的饮食与营养、更多的锻炼和减少的压力中受益的同时，也降低了心脏病、骨质疏松症、癌症以及其他疾病的发生。[2]

　　人们不仅生活得更长久，他们的生活质量也得到了改善。比如说，电力照明使我们在晚上可以阅读、在黑夜里乘汽车快速行进、享受晚间棒球和橄榄球比赛的乐趣。而且依照《纽约时报书评》(*The New York Times Book Review*)的一则广告上说的，"现在更是锦上添花了"。美光(Micro-sun)光源声称制造出"比白炽或卤素灯泡效率要高出 5 倍多的日光灯，它具有人们所渴望的自然光的振动特性"[3]。同一期也刊登了一个"拙夫愚妇，非凡性欲——提高双方性快乐的性教育录像"的广告。[4]

　　这些广告表明了我们社会对于改进的寻求以及我们对进步所持有的信念。科学家和工程师们发现了自然的内在机制从而操控它以服务于人类。他们的成功蔚为壮观。许多令人恐惧的传染性疾病，如天花和脊髓灰质炎，已经被消灭掉或是发病率大大降低，而且人类的平均寿命已经提高。在现在的工业国家中，富有营养的食物极为丰富。使用煤炭、石油、核裂变或水力为能源的机器减轻了人们在农场、工厂和家中的辛苦劳作。我们有了新形式的交流和娱乐方式——收音机、电视机和电脑。这就是进步。

　　这与**环境伦理学**(enviromental ethics)有何关系？**伦理学**(ethics)是对人们应当如何度过一生的理由的充分解释。环境伦理学之所以存在，正是由于许多人对与进步相关的实践表示出了怀疑。比如说，环境中的合成化学物品的增多，似乎是造成癌症发病率、癌症死亡率上升以及神经系统疾病频发的原因。受世界粮食贸易的影响，当前美国的农作技术可能会使下一代美国人无法生产出养活他们的足够食物。我们是否对未来的人们欠下了些债？此刻的穷人又是怎样？尽管已有 8 亿人正处于挨饿或是营养不良之中，世界范围内的人口数量还在增长。我们能够、应该帮助他们吗？如果是这样，我们如何能够在不使环境恶化的情况下帮助他们？主要是由于人类的活动，许多非人类动物物种正处于灭绝的危险中。我们对非人类存在物负有一定的义务吗？这就是环境伦理学所要帮助人们解答的某些问题。

我是从考察这样的观点开始的,这种观点认为环境伦理学根本上来说是不必要的,因为进步的逻辑就在于它能处理好所有的问题。

受到攻击的环境伦理学

经济学家朱利安·L.西蒙(Julian L.Simon)认为不需要环境伦理学,因为他相信一切正常。进步在继续。西蒙坚持认为,进步不但没有破坏环境,反而实际上改善了环境。像伦敦这样的大城市,100 年以前还在用马匹运输,因而,使整个城市处于一塌糊涂的屎尿污染中。(那一时期的传奇文学所描述的是,人们没有地方下脚。)现在粪便不见了,因为科学家和工程师们利用煤炭和石油产生的动力来进行城区运输。[5]

该解决方案也产生了它自身的污染问题。伦敦的尘雾在 20 世纪 50 年代成为导致百人死于非命的“烟雾杀手”。进步又一次解决了这一问题。替代那些产生烟雾的煤的是天然气与电力,它们正在为家庭供暖,电力为火车提供动力。随着对汽车尾气排放的限制,污染在进一步降低。进步在其解决其他一些问题的同时,也产生了一些问题,但是在西蒙看来,它接着又会解决它所产生的问题,人类的前途一片光明。

西蒙援引了发生在美国的一个水污染案例。“就在二战后不久,当十座新建的废弃物处理厂开始每天向湖中排放大约 2 000 万加仑处理过的污水……湖水开始变得浑浊并发出恶臭味,鱼也死亡了”,西雅图附近的华盛顿湖因而受到了严重污染。[6]污染问题主要源于航空领域的技术成功。波音飞机公司制造的飞机,提供了相对安全、快捷、廉价的航空运输,公司商业上的繁荣导致西雅图人口陡增。这是一个进步。但是,工人们涌进西雅图的同时,华盛顿湖的污染就成了一个问题。

焦虑不安之际,州议会在 1958 任命了一个新的权力机关——西雅图大都会市政(the Municipality of Metropolitan Seattle)——并责成其负责西雅图地区的污水处理。在当地居民的支持下,大都会市政这一很快就闻名遐迩的机构,建立起一套耗资 1.2 亿美元的综合系统以把该地区的污水顺着通道远远引到普吉特湾。那样的话,废弃物就被潮汐所驱散……当然,华盛顿湖案例所表明的不过是说,倘若公民真正下定决心使环境走入正轨并愿意为往年的疏忽付出代价时,污染并非不可逆转。[7]

我们可以再列举一些类似西蒙列举的成功案例。伊利湖曾经是死水一潭,现在它又有了活力。美洲野牛曾几近灭绝,现在它们又是数量众多。"简而言之,"西蒙写道,"空气和水变得更洁净。而且在国家野生物基金会(National Wildlife Federation)这样一些环境团体的带动下,公众也加入到清洁工的队伍中去,尽管这些团体只是告诉人们技术进步、环境恶化可怕的一面。"[8]

我父亲——一个工程师,同样认为人类总是能够解决进步所带来的问题。他是一个**技术乐观主义者**(technological optimist)。他最爱举的例子与他的母校——纽约库珀联盟学院(Cooper Union)的建筑物有关,这座造于 19 世纪 40 年代的楼房,是北美第一座钢构架的建筑物。在建造它时,拆毁它的技术尚未问世,但是,几乎所有的建筑物在经过若干年后,在某个时候都会不再合时宜。然而,摧毁钢构架建筑物的问题很早以前就已得到解决,而纽约库珀联盟仍在使用这种结构的建筑。科学家和工程师能够及时解决问题的信念得到了证实。

但是我们怎样知道进步的净效应是积极的呢?就与污染相关的方面而言,朱利安·西蒙坚持认为平均寿命是最好的衡量标准。

我们可以怎样合理地评估与健康状况相关的污染趋势呢？直接定位到健康状况本身来评价我们的所作所为,看起来是合理的。对健康状况最简单、最准确的评价是寿命,概括来说就是平均寿命。为支持包括治疗物的影响与预防性的努力(抗击污染)的整体评价,我们可以看一下在死亡原因上的趋势……如今,人们死于老龄化疾病——心脏病、癌症和中风——在这一点上,看不出环境对个体的强力影响。[9]

于是,在西蒙看来,新的环境伦理学是不必要的。进步使得生命更长久且更美好。

人类健康中令人不安的趋势

一个更为密切的观察揭示出令人不安的趋势和令人胆颤心惊的可能。我们并不总是能够及时地解决问题。看一下癌症就知道。癌症的总体发病率几十年来一直在上升,而且这种趋势还在继续。朱利安·西蒙1981年写道:"看起来没有证据表明,癌症的增多是环境中的致癌物质造成的;确切地说,那是人们更加长寿、更易致癌的年龄所带来的一个必然结果。"[10]他错了。《生态学家》(*The Ecologist*)杂志的合作主编爱德华·戈德史密斯(Edward Goldsmith),援引了"NCI(美国国家癌症研究所)发表的官方数据……此数据表明,美国各地白人的年龄标准化癌症发病率,在1950年到1988年间以不低于43.5％的幅度上升……而且在1950—1994年间,上升了54％——从而以年均1％的速度增长"[11]。"年龄标准化"意味着这种增长丝毫不归咎于人们生命的延长。

伊利诺伊大学芝加哥医学中心公共健康学院职业医学与环境医学教授塞缪尔·爱泼斯坦医师(Dr. Samuel Epstein)报道说:"与越来越高的发病率相伴随的是较为缓和地增长的死亡率。从1975年到1984年,年龄标准化总体死亡率上升了5.5%……"[12]换句话说,人们正在比以往任何时候都更多地死于癌症,而且这种增加与人们生命的延长一点也不相关。然而,癌症死亡率的总体增长只是癌症发病率增长的一半左右,这是因为对某些癌症的治疗已经得到了改善。我们正处于颓势之中,但比起对癌症缺乏精密治疗时可能的形势而言要好些。

这可能让你感到惊讶。媒体常常报道癌症治疗法、可以避免癌症发生的维生素,以及对于容易得癌症的个体的新式治疗方法。比如说在1984年,当NCI宣布"到2000年时……将癌症死亡率降低到1980年的一半"的计划时,它受到了媒体的广泛关注。然而,爱泼斯坦很快就指出:

NCI作出了低调但却是令人吃惊的供认,即它降低癌症死亡率的目标与现实相脱节。NCI现在实际上预期到了癌症死亡率进一步的增长而不是降低……这明显是NCI对计划破产的供认不讳,即便是对维持正在增加的癌症发病率以及这个国家第二位的致命因素的现状而言也是如此。[13]

但是媒体继续强调积极的一面而无视消极的一面,我不知道这是为什么。在许多地方,对耸人听闻的坏消息的虚张声势淹没了好消息的声音。然而,却不是在这儿。看一下一篇1998年8月发表在《哈佛健康通讯》(Harvard Health Letter)中题为"医学进步:预防、治疗乳腺癌的新希望"的文章。它这样开始:

在过去的几个月里,几项史无前例的报道已经表明,作为妇女癌症死亡的第二大病因乳腺癌,可以被延缓甚至可能通过两种药物中的一种而得到完全的预防:他莫昔酚与雷洛昔芬,这些合成化合物可有选择地阻碍女性荷尔蒙雌激素的分泌,这些激素的分泌被认为是许多乳瘤增生的促发因素。

根据 NCI——美国在癌症方面最为权威的消息来源来看,在这份声明中并未提及,过去在乳癌治疗方面的改进未能与乳癌发病率的提高并驾齐驱。

总的来说,就癌症而言有两种令人不安的趋势。一方面就是正在增加的癌症疾病发生率与死亡率。另一方面就是公众对这种情形的误解。

为什么总体的、龄期调整的癌症发病率居高不下? 工业污染与工业社会中生活方式及其他方面看起来是主要的因素。癌症发病率在前工业社会是非常低的。阿尔贝特·施韦泽(Albert Schweitzer)博士在 1913 年写道:"在我到达加蓬时,非常吃惊的是我没有遇到癌症病例。"[14]《生态学家》的另一位合作主编扎克·戈德史密斯(Zac Goldsmith)写道:"在1915 年,美国保德信保险公司(Prudential Insurance)发表了一份 846 页的癌症报告,题为'世界范围内的癌症死亡'(*The Mortality from Cancer Throughout the World*),它的作者是弗里德里克·L.霍夫曼(Frederick L. Hoffman),美国癌症控制协会统计委员会的主席。"[15]他总结道:"土著居民中癌症罕见的现象表明,这种疾病主要是由代表我们现代文明的生活状态和方法所诱发的。"[16]

人造化学药品在环境中越来越多地存在是一个主要的因素。比如说,爱泼斯坦医师提示道,美国农民在近几十年越来越多的杀虫剂的危害中首当其冲。在 20 世纪 40 年代,他们每年使用 5 000 万磅,20 世纪 70年代是 6 亿磅,而在 20 世纪 90 年代每年超过了 10 亿磅。在这个时期,越来越多的

农民受到几种高发病率的癌症的威胁,包括白血病、非霍奇金淋巴瘤、脑癌与前列腺癌。动物与流行病学的研究已经将这些癌症与直接接触杀虫剂或溶剂联系在一起。[17]

农民不是处于这些化学物危险之中的唯一人群。爱泼斯坦写道：

大约 53 种致癌杀虫剂被获准使用于主要的作物上,例如苹果、西红柿、马铃薯。对含有 28 种这样的杀虫剂残留物的普通食物的消费行为,已经(原文如此)与大约每年 20 000 例额外的癌症死亡联系在一起。大约 34 种被普遍用于专业草坪维护的杀虫剂在比率上 5 倍于农业中使用的数量……最近的研究已经证实,那些花园经常接受草坪维护的家庭中的狗,患淋巴瘤病的几率有显著的增加……[18]

艾普斯坦报导说,儿童尤其处于危险之中。"大约 20 项美国和国际的研究结果已指控父母暴露于职业致癌物面前为导致儿童患上癌症的主要原因,从 1950 年来,儿童的癌症发病率上升了 21％。"[19]总而言之,暴露在化学物面前似乎增加了死于癌症的危险。

工业污染对健康的影响可以造成这样一些问题,即它们不能被我们通常所认为的更多的进步所克服。在很多方面,进步的收益超过了损失,朱利安·西蒙在此点上是正确的。但损失却远不止他所承认的那么一点,而且癌症中令人不安的趋势表明,如果进步需要更多人造化学物的生产,将来损失可能会超过收益。一种较小的进步或是一种完全不同类型的进步对我们来说可能更可取。环境伦理学是要考察不同的进步概念。

由于人造化学物对于我们的生活方式来说不可或缺,所以,几乎没有人造化学物的未来这一设想将挑战我们整个的生存之道。我们利用它们制造人工纤维以做成我们的衣服;为农业生产氮肥、除草剂、杀虫剂;油漆与清漆;家用吸尘器与喷雾器;装修家庭和办公室用的地毯与家具装饰品;而且,长话短说,从特百惠家用塑料容器到医疗设备到(比如说我的土星牌)汽车车身,塑料无处不在。

这可能就是为什么 NCI 探究的是治疗方法而不是考察引起癌症的

环境因素。他们可能认为,质询我们整个的生活方式超出了他们的职权。

　　然而,在与癌症作战这一问题上,植物学家桑德拉·斯坦格雷伯(Sandra Steingraber)建议更为广泛的授权。她将她那本有关致癌因素的书命名为"住在河下游"(*Living Downstream*),因为这种情形使她想起了"一个河边村庄的寓言"。

　　根据寓言的说法,住在这儿的人们开始注意到从湍急水流中捕捉到越来越多数量的溺死者,于是他们就去发明更为精密的技术来使溺水者复苏。因此,这些勇敢的村民全神贯注于挽救与治疗之中,他们从未想过到上游去看一下,是谁将这些受害者推进河中的。[20]

　　其他一些工业社会产生的健康问题也引起了同样的关注。马克·普迪(Mark Purdey)研究员在《生态学家》中写道:

　　神经退化的疾病在整个西方处于上升之中……有足够的证据表明,暴露于包括溶剂、有机磷酸酯和吡啶化合物这样一些合成化合物面前,可诱发更高的帕金森氏症、多发性硬化症、运动神经元病(MND)和肌痛脑炎(NE)等的发病率。[21]

　　环境研究员珍妮弗·米切尔(Jennifer Mitchell)在《世界观察》(*WorldWatch*)杂志中报导了这些证据中的一些,"在世界范围内每天平均都有 2—3 种新的化学合成物——其影响很大程度上还是个未知数——被投放到环境中去……今天,在全球市场上大约有 70 000 种不同的化学合成物,以及其他许多作为它们的生产或焚烧的副产品而产生出来的化合物"[22]。有些被证明是有毒的。多氯联苯(PCBs)是其中的一种。

Reprinted by permission of John Branch

在 1929 年被制造出来时，多氯联苯只是打算被用于电线、润滑剂和液封。但是当旧房子被拆掉、老机器成垃圾时，其中的一些残留物——许多被证明是有剧毒的——常常溶解到地下水中去。今天，这些多氯联苯——与超过 250 种的另外一些化学合成物一道——可以在那些居住于发达国家的几乎所有人的身体中被发现。而且，由于一位母亲在怀孕期间可以将许多污染物"传递"到正在发育的胎儿身上，因此，即使是未出生的胎儿也处于危险之中……[23]

似乎可能的是，"多氯联苯、DDT 和至少 50 种在环境中现在尚不受控制的其他化学物，可能对于野生动物和人类的——繁殖与发育是有害的"。它们可能妨碍"调节生长与发育以及行为和脑功能的内分泌系统"[24]。

这儿就有一项证据表明，母亲对孩子的影响不只是怀孕期间的暴露

而已,终身暴露于外界也能够影响到孩子:

韦恩州立大学(底特律)心理学家桑德拉(Sandra)和约瑟夫·雅各布森(Joseph Jacobson)在一项研究中对 242 个孩童进行了检查,这些孩童的母亲经常食用密歇根湖中的鱼(每个月 2—3 次或更多,并且至少已经吃了六年了),众所周知,这些鱼体内含有多氯联苯、水银、有机氯和其他污染物。孩子母亲在她生活中食用的鱼越多,她们的婴儿的血液中就含有更高浓度的多氯联苯——而且婴儿在出生时会更小一些……在四岁时,与那些其母亲较少食用密歇根湖中的鱼的孩子相比,这些儿童表现出更不协调的行为和更贫乏的记忆力。[25]

在这些孩子 11 岁时,他们有更低的智商并且"在短期和长期的记忆上表现出不足,而且很难集中或保持注意力"[26]。

这些健康议题大部分被忽视了,因为新的化学合成物对于我们社会的进步是至关重要的,同时也是因为化学工业的强大。在影响立法的竞选捐献上,大公司独占鳌头。化学公司的广告影响着公众的看法,依赖于广告收入的新闻团体不愿堵住一条主要的财路。环境研究员安·米施(Ann Misch)的研究结果因而就不会令人惊讶了。她在《世界观察》杂志中说:"美国环保署(EPA)并不要求工业化学制造商在产品投放市场之前进行特别的测试以确定其产品的负面影响。大多数化学物直到被证明'有罪'前都是合法的。"[27]比如说,农药莠去津(阿特拉津)早已被怀疑是致癌的,但是证明此点的事例还是不足以强大到批准一项禁令。生活在作为农业中心的伊利诺伊州,当我在饮用当地的水源时,每天我都会获得建议的莠去津日摄取量。[28]

更糟糕的是,"罪行"的证明是非常困难的。健康问题——可能要很多年才能逐步显示出来,如我们已看到的那样,可能只是在后代中显现出来。此外,本身无害的化学物品,在与即便是本身也无害的其他一些微量的合成化学物品相遇时,可能也会有毒。这就是协同效应,只有在化学药品相互结合一起进行检测时才会出现。但是,这样的检测是不切实际的。利物浦大学的毒性病理发育学家维维安·霍华德(Vyvyan Howard)博士在《生态学家》中指出:"(在标准剂量上)三个一组结合在一起来检测最通常的 1 000 种有毒化学药品,将需要至少 1.66 亿次不同的实验。"[29]然而,每个人身体中平均包含有的,不是三种而是 250 种 50 年前并不存在的化学药品。

总而言之,进步已经产生了更长的平均寿命,但是工业副产品威胁着这些财富的获取。试图以更多的手术、化学药品、放射和其他一些现代医学中习以为常的技术来解决工业产生的健康问题,仅取得了部分的成功。保护我们的健康可能需要重新审视进步与人类实现的观念。这就是环境伦理学的一个任务。

后代

人们早已对现代工业社会中自己,而非后代的健康状况,表示担忧。这可能是与进步的信念紧密相连。假定科学与技术将会使人们的生活更美好,后代将受益于时下前行中的进步。在这样的前提下,我们不必担心对后代的伤害,因为我们的进步将帮助他们。

从这样一种技术乐观主义者的视角来考虑一下粮食生产。在 20 世纪的大部分时间里,归功于灌溉增加、作物新品种以及降低虫类、害草与真菌类危害的强力杀虫剂的开发,农田亩产量已经有了惊人的提高。现在,农业中所需要的人手越来越少,技术进步使得美国的一个农民满足超过 50 个人的食物需求成为可能。

成功的一个衡量标准是食物费用,这已然降低,从而使人们有更多的钱用于其他消费品。同时，国内生产的食品种类已经得到很大的改善，而且世界粮食贸易一年四季地为全球提供越来越多的品种。其他一些工业化国家也经历着同样的趋势，因此，对后代而言的食物前景看上去极好。

不幸的是，这个美好的愿景是错误的。20 世纪的趋势是，更少人在更低价格上生产出更多的上等食品。但是有理由使人相信，这种趋势不可能持续下去。根据加里·加德纳（Gary Gardner）研究员在《世界观察》中的文章，他持反对态度的缘由之一就是淡水的缺乏。比如说，美国大部分谷物的生产是在得克萨斯州与南达科他州之间的高地上进行的。该地区谷物产量的增加主要归功于地下的奥加拉拉（Ogallala）蓄水层的水源灌溉。这是一个 150—300 英尺高的巨大地下水库，拥有的水量足够"在所有 50 个州的土地上面覆盖以 1.5 英尺深的水"[30]。然而，加德纳写道，它正在被抽干：

在奥加拉拉 29％的地区，水位已经下降了 10 英尺多，而且据报道，在大约 7％的地区，水位下降超过了 50 英尺。首次警示是在 1980 年，堪萨斯州已经消耗掉了它所享有的奥加拉拉蓄水层份额的 38％，而得克萨斯州则耗尽了超过 20％属于它的份额……到 2040 年，北部的得克萨斯高地下面的蓄水层容量预计下降超过 1/5，而且在其南部地区的容量几乎会减少一半——即使在采取严格的节水措施下也是如此。南部区域在 20 世纪 70 年代中期到 1984 年之间，平均每年减少 2％到 4％的灌溉农田，而且从那时起就持续不断地下降。[31]

依照哲学家查尔斯·V.布拉茨（Charles V. Blatz）的看法，奥加拉拉蓄水层"预计只能服务我们另一个 40 年"[32]。简言之，我们由于正在耗尽美国主要的谷物（粮仓）产地生产谷物所必须的淡水储备，而可能使美国人子孙后代的粮食保障处于危险之中。主要农田的丧失使粮食保障处于更加危险的境地之中。大片土地由于土壤侵蚀而退化。灌溉引发了许多农业用地的盐碱化和其他一些地区的涝灾,而郊区的扩张使得每年有成千亩的土地被埋在沥青和混凝土之下。[33]

似乎不现实的是,我们的社会生产粮食的能力可能会削弱。然而,在我们这一代之前的许多文明,曾经繁荣一时,却又由于土壤破坏和水源不足所造成的粮食短缺而衰落。北非,即今天的阿尔及利亚,曾经一度是罗马帝国的粮仓,现在几成一片沙漠。以色列和巴勒斯坦正在争夺的地区,《圣经》中将其描绘为富饶之地。然而,报导这个冲突的新闻所展示的,却是一片荒凉之地。

作家丹尼尔·奎因(Daniel Quinn)在其获奖小说《大猩猩对话录》(Ishmael)中,将一个没有可持续行为方式的社会,比作一名认为用脚踏板动力装置就能飞的自诩的飞行员。

飞行开始时,一切都很正常。我们的自诩的飞行员已经离开悬崖边踏板飞行,感觉棒极了,心醉神迷。他在享受自由的空气。然而他未曾意识到的是,这个飞行器在空气动力学上是无法飞翔的……但是如果你告诉他这事时,他便会嘲笑你……尽管如此,不管他想什么,他都不是在飞行……他在自由降落……事实上,地球看起来朝他冲上来。咳,他并不担心那些。毕竟,到目前为止,他的飞行是一次完全的成功,没有理由为什么它不继续是一次胜利。他只是不得不更起劲地踩踏板,就这样。[34]

当前新种子、杀虫剂和肥料的开发,更不用说开发更深的水井了,可能只是"更起劲地踩踏板"。

世界贸易

位于马萨诸塞州阿姆赫斯特的水质政策项目(Water Quality Policy

Project)的负责人桑德拉・波斯特尔(Sandra Postel)提及,水源形势在印度同样严峻。"比如说,在印度的旁遮普邦(Punjab),一种高产量的米麦种植模式已使该地区成为印度的粮仓,而该邦超过 2/3 地区的地下水位正在以每年 20 厘米的速度下降。"[35]

人们可能会想,印度、利比亚或是南非的水源稀缺对美国的食物获取几乎没有影响。但当前世界贸易中的趋势表明,情况不是这样。如果全世界的人们可以自由地购买美国食品,那么,世界上无论何处增长的食物需求都会提高食物价格并减少了美国本土的获得。然而,世界贸易的增长对于进步而言,被广泛认为是必要的。它使世界不同地区的人们得以专攻于他们能够最有效生产的一切,这种产品就能与其他地方最为有效生产出的产品进行交易。当所有的生产变得有效率时,就会有更多的商品与服务供人们去享受。这就是进步。

然而,美国的专长之一就是生产食物。如果我们此时此刻耗尽我们长期使用的淡水与可耕地供应去生产廉价的粮食,我们当前在世界贸易中的参与行为可能会危及子孙后代的幸福。环境伦理学中的两个话题是,在诸如粮食项目上增进世界贸易是否明智,以及我们对后代的义务。

人口增长以及对世界穷人的义务

从全世界来看,淡水资源的前景令人担忧,其中部分归因于人口增长。在世界许多地区,气候对于非灌溉农业来说过于干旱,因此,灌溉提供了农作物生长所需的 40% 的水源。但是,桑德拉・波斯特尔写道:

如果为在下一个 30 年间预计将增加到地球上的 24 亿人口生产出勉强过得去的食物,所需要水源的 40% 将不得不来自灌溉用水的话,农业用水的供给将不得不扩大到大约超过 20 条尼罗河或 97 条科罗拉多河的同等水量……完全还不清楚的是,水源从哪个可持续的基础来。在过去的 5 年中……由于人口增长超过了灌溉面积的扩大,(世界)人均灌溉面积已持续下降,从其 1979 年的高峰下降了 7%。由于涝灾和土壤盐渍化,每年几乎有 1% 的世界灌溉面积失去产能。[36]

　　主要的人口增长预期会出现在发展中国家,那里的人们太穷而不能以市场价格支付发达国家生产的粮食,因此他们将不会通过世界贸易从我们这里获取食物。这是否意味着我们应该无视他们的困境,或是我们应该帮助他们?8 亿人现在是营养不良的。[37]他们是我们的兄弟吗,并且我们是我们兄弟的监护人吗?如果是这样,我们应提供什么样的帮助?我们应该提供给他们食物;帮助他们发展经济以使他们可以在世界市场上购买食物;或是奋力争取人口零增长?这些也是环境伦理学的议题,因为我们对于膨胀人口的营养需要的反应,关系到人类对环境的总体影响。

对非人类存在物的义务

　　至此我们仅是提到了对人类幸福的关注:我们自己的健康,我们子孙后代的幸福,以及世上穷人的贫困。这被称为人类中心主义的关注,因为他们将人类置于中心。这个术语源于古希腊的"anthropos",它意指人类。"人类中心主义"意味着"使人类居于中心位置"。人类中心主义者采用了一种唯独以人类为中心的关注视角。

　　但人类只不过是这个地球上诸多物种(估计 400 万到 4 000 万)中的一种。我们的活动,特别是那些工业化人群的活动,主要通过污染、破坏栖息地或是经由渔猎这样的直接开发,看起来正将许多其他物种推向灭绝。约翰·图克希尔(John Tuxill)和克里斯·布赖特(Chris Bright)在《世界形势 1998》(*State of the World 1998*)中写道:

就像 6 500 万年以前的恐龙一样,人类发现自己正处于一个物种大规模灭绝的时代,在整个生命历史中,这几乎是前所未有的一场全球性的进化灾变。对海洋无脊椎动物化石记录的检查表明,灭绝的自然或"本底"率——已经在数百万年的进化时间中占据优势——据称等同于每年大约有 1—3 个物种。截然相反的是,对当前情况的大多数估计是,至少在一年中有 1 000 个物种消失——最保守的估计也是一个 1 000 倍于本底率的灭绝率。[38]

在进化的谱系中,与无脊椎动物相比,脊椎动物跟我们更为亲近,而其灭绝率也同样令人吃惊。图克希尔和布赖特写道:"在所有哺乳动物物种中,大约有 25% 在沿着这条路走下去,如果不加以制止的话,它们最终可能会从地球上消失。"[39]

在大鲸鱼、象和犀牛的种群数量急剧下降已是众所周知时,过度开发的长期阴影实际上影响更深。比如说,只有那些最偏远的和受到最好保护的横贯拉丁美洲的森林,才避免了貘、白嘴野猪、美洲虎、绒毛蜘蛛猴和其他一些面临农村居民巨大捕猎压力的大型哺乳动物的大量丧失。当捕猎是为了供应市场而不只是满足家庭消费时,(对这些物种来说)真正的问题就出现了。[40]

对爬行动物、两栖动物、鱼类和鸟类来说,情形是同样的。例如,"所有鱼类物种中的 1/3 已经受到灭绝的威胁"[41],而且"尽管只有约 11% 的鸟类真正已面临灭绝的威胁,但全世界估计至少每三种鸟类中就有两种处于恶化之中"[42]。

当这种关注源于这样一种忧虑,即这些物种的灭绝削弱了人类的生活质量或是威胁着人类的继续生存时,这种对于非人类物种灭绝的关注就是人类中心主义的。这种人类中心主义的关注被证明是正当的。矿工过去常常携带金丝雀进入地下,这是因为金丝雀对于空气污染比人类敏感得多。当金丝雀死亡时,矿工们就知道空气质量恶劣因而他们应该离开。同样,许多濒危物种的消失可能是在向我们发出信号,如同我们所了解的那样,我们正在使地球变得不再适于生存居住了。由于逃离地球是不切实际的,因此,我们需要改变我们的生活方式以维护我们自身和我们后代的生存。

环境伦理学中引发的一个议题就是,是否这些以人类为中心的思虑应该被补充以非人类中心主义的理由。"非人类中心主义的"意指不将人类置于中心位置。就此而论,它意味着对非人类生命与生活形态的关注是为了它们自身而不是为了我们的利益。奥尔多·利奥波德在20世纪上半叶时帮助创立了生态科学,他赞成对因人类活动而处于濒危或灭绝危险中的物种持非人类中心主义的关注态度。旅鸽就是这样的一个物种,19世纪晚期前,它们一直繁衍于美国中西部地区。在1947年,当最后一只旅鸽在辛辛那提动物园死亡20年后,在威斯康星州为旅鸽建立了一座纪念碑。关于这个纪念碑,利奥波德写道:

我们树立了一座纪念碑,用它来作为追念一个物种的葬礼。它象征着我们的悲哀……自从达尔文给了我们关于物种起源的启示以来,到现在已有一个世纪了。我们现在知道了所有先前各代人所不知道的东西:人们仅仅是在进化长途旅行中的其他生物的同路者。时至今日,这种新的理念应该使我们具有一种与同行的生物有近亲关系的观念,一种生存和允许生存的欲望,以及一种对生物界的复杂事务的广泛性和持续性感到惊奇的感觉。

由一个物种来对另一个物种表示哀悼,这究竟还是一件新鲜事。杀死最后一只猛犸象的克罗马努人想的只是烤肉……而我们,失去了我们的旅鸽的人,在哀悼这个损失。如果这个葬礼是为我们进行的,鸽子是不会来追悼我们的。因此,我们超越野兽的客观证据正在于这一点,而不是杜邦先生的尼龙①……[43]

环境伦理学中一个主要的话题,就是这种非人类中心主义的关切,是否或者如何能够被证明为正当的。

章节预览

正如你所看到的,环境伦理学提出了许多不同的议题并顾及许多不同的视角。这本书为初学者提供了一个样本,介绍了两种视角——人类中心主义和非人类中心主义。依据人类中心主义的视角来看,只有人类本身是重要的。其他物种和物理环境只有在影响到人类福祉时才显得重要。大多数人类中心主义者热衷于为了人类的总体利益而支配资源。

本书第一部分考察了人类中心主义的环境保护论调。讨论的议题包括全球变暖、有毒废弃物、人口过剩和卖淫。第1章和第2章主要从一种经济学的视角,以市场行为和成本效益分析为特色,看待这些议题。经济人类中心主义这种思维方法,无法对人权与后代的价值给予足够的重视。第3章将焦点保持在对人类幸福的专注,但是坚持认为,以经济核算的方式不能充分把握许多人类中心主义的关切。这包括与审美、家庭和美国遗产相关联的价值。这些观点属于非经济人类中心主义。然而,它不能解释虐待动物的不正当性。

本书第二部分考虑了非人类中心主义的观点。非人类中心主义者认为人类是重要的,但坚持认为其他存在物也具有理应被尊重的自主价值。

---

① 相关译文参考[美]奥尔多·利奥波德:《沙乡年鉴》,侯文蕙译,吉林人民出版社1997年版。——译者注

有些非人类中心主义者专注于对驯养动物个体（非人类）的对待问题上。这就引起有关毛皮服装、肉食和医学实验中动物使用的一些话题。关于此点，我在第4—5章中考虑了功利主义和基于权利的理论。这些观点因它们对个体的独占性关注而显得视野相对狭窄。这些观点无法说明，听任一些动物杀死其他动物以使生态系统正常运作的必要性。

其他非人类中心主义者们强调他们所谓的整体论意义上的实体的重要性，如物种、生态系统和作为整体的地球生命。整体论者认为某些整体不仅比部分之总和更大，而且更为重要些。在第6—7章中，我讨论了詹姆斯·拉伍洛克的"盖娅假说"和奥尔多·利奥波德的土地伦理，以及隐喻与内在价值的本性与重要性这样一些问题。我也认为某些与许多人类中心主义者共有的观点是不妥当的，即这样的一些看法，认为促进非人类存在物的利益需要牺牲全面、长远的人类利益。

在本书的第三部分，我拒斥了人类与非人类存在物繁荣之间的生存竞争观念，并采用了第三种视角，我称其为"环境协同论"。总的来说，当两个或更多的"事物"一起运作时产生的结果胜于分别运作结果的总和时，协同作用就是存在的。篮球队就阐明了这一点。许多队伍拥有伟大的球员却不能作为一个队伍整体去打球，因此这支球队就失败了。其他一些具有较少天赋球员的球队，由于更好的协同工作而打得更好，这就是协同论。

包含于协同论的环境伦理学中的两个"事物"，是对人类的尊重和对非人类的自然的尊重。环境协同论者认为，从长远来说，当人类和其自身以外的自然都被认为拥有自身价值的时候，人们和自然的整体结局才会更好。正如我们将在第9章所看到的那样，尊重所有人类就能够推进污染治理和物种保存。第8章和第9章表明，珍视自然有助于提高整个人类的福祉，因此，在作为群体的人类与其余自然物之间并不存在根本的冲突。作为一个群体的人类，最好的生活就是保存许多以个体的与整体形式存在的非人类实体。

　　珍视自然本身能够帮助人类，看起来可能令人奇怪，但家庭生活说明了协同论的这一方面。设想一些人为实现自我而有了孩子。如果他们仍旧只集中注意力于他们自己的实现，他们将可能发现父母身份是无法履行的，因为好的父母必须常常使自己的满足服从于孩子的需要。父母可能需要在午夜醒来以喂养婴儿，与一个五岁大的孩子玩捉迷藏游戏而不是欣赏足球比赛。当以自我为中心的父母只关注他们自身的满足而未能改变他们的实现观念时，他们常常草草地或勉强地满足儿童的需要。这些儿童常常变得烦躁、喧闹、难缠、充满敌意，或是不愿服从，这使他们父母的生活也受到一定的影响。

　　现在想象一下那些需要孩子以获得自我实现的人们，不同的是，他们的注意力立刻就从他们身上转到了孩子身上。他们爱孩子，并与他们的孩子融为一体，这改变着他们的价值观念和他们对美好生活的设想。由于这些转变，他们发现，比起那些以自我为中心的父母，在午夜醒来喂养婴儿并没有那么麻烦。他们更珍视与一个五岁大孩子的捉迷藏游戏而不是观看足球比赛。他们的新价值观念，即便未能完全消除，也缓和了他们与其孩子的需求之间的矛盾。孩子们会从中受益且能茁壮成长。与那些视父母身份为一种重负的人相比，这些人就能够从父母身份中收获更多。大体而言，尽管矛盾依旧存在，但对这些人来说，转变价值观并与孩子一道生活，会比那些要么没有孩子、要么生活在孩子和他们陈旧的自我为中心价值观念之中的人们生活得更好一些。

　　人类中心主义者们和那些认为自己的利益与自然本身的利益不相一致的非人类中心主义者，就像那些不能实现以孩子为中心的观念的父母一样。人类与自然之间造成的矛盾或是损害了人们的生活品质或是破坏了非人类自然的安宁。

　　相比之下，协同论者就如同那些与其孩子成为一体的父母们一样。

与非人类中心主义者相类似的是,他们珍视非人类自然本身(包括许多方面)。但是,他们走得更远。正如好的父母改变他们关于自我实现的观念一样,协同论者变更了他们关于人性以及何者构成一个完满人生的观念。这就缓和了人类实现与自然安宁间存在的矛盾。在某种矛盾依然持存时,具有这些新价值观念的人生,大致说来就比那些或是与人类中心主义或是与非人类中心主义视角相系的人生更好些。我将生态学、生态女性主义、基于《圣经》的伦理学、某些土著居民的世界观以及(在一种新见解下的)土地伦理作为协同论的环境哲学。

本书第四部分考虑实际问题,提出了个性与生活方式以及公共政策方面的议题。我应该买一辆运动型多用途汽车吗?我应该成为一名素食主义者吗?军队应该为士兵购买有机食品吗?政府应改善公共交通或资助政治运动吗?

在整本书中,对建议作出的评估是部分经由常识、部分通过必要引介的哲学原理来完成的。我顺道解释这些问题并将它们与常识相联系。无需预备性知识。

本书保留了视角的多样性。我引介了许多观点并赞成其中的大多数,这是因为它们具有价值。它们是在某时某刻看待问题的恰当方式。但它们是有局限性的。没有一个观点能够提供一个对所有问题在任何时间内都令人满意的视角。我批评了那些将某些观点运用得过于宽泛的支持者们。这就像印度盲人的寓言一样,几个盲人被要求描述一头象。一个人摸到象的一条腿,就说一头象就是一棵树的树干。另一个盲人在大象的肚皮下面并感觉到了大象下腹部,就说大象就像一个大帐篷。第三个人触到大象的鼻子,就说一头象就是一条很粗的蛇。在一定程度上每个人都是正确的,但是在每个人认为他所了解和体验到的是完整说明的时候,他们都是错误的。

本书并未对环境伦理学的某一终极定理之类事物提供一个详细说

明。相反,它介绍了许多概念、价值观念、视角和有助于反思的考虑。每一事物都得其所哉,本书因而是循序渐进的。熟悉这些越来越多的好观念的读者,可将它们用作清晰思考的工具。判断是必需的,用以决定在任一给定的情境下,哪个观念的效用最佳。本书有意于帮助读者形成很强的判断力。它为那些想要清理观念或是增强他们在个人事务到公共政策等众多议题上的思考力的人们,提供了智力上的训练。

注释:

[1] *Newsweek*, September 7, 1998, p.38.

[2] *Newsweek*, September 7, 1998, p.43.

[3] *The New York Times Book Review*, August 23, 1998, p.28.

[4] *The New York Times Book Review*, August 23, 1998, p.25.

[5] Julian L. Simon, *The Ultimate Resource* (Princeton: Princeton University Press, 1981), pp.137—138.有关污染问题的全面探讨,参见第 9 章。

[6] Simon, p.140,在此,他援引了《新闻周刊》1970 年 10 月 16 日上第 67 页的一篇文章。

[7] Simon, p.140,引自《新闻周刊》。

[8] Simon, p.136.

[9] Simon, p.130.

[10] Simon, pp.130—131.

[11] Edward Goldsmith, "Are the Experts Lying?", *The Ecologist*, Vol. 28, No. 2 (March/April 1998), pp.51—53, at 51.

[12] Samuel Epstein, "Winning the War Against Cancer? ... Are They Even Fighting It?" *The Ecologist*, Vol.28, No.2(March/April 1998), pp.69—80, at 71.

[13] Epstein, p.71.

[14] 援引自 Zac Goldsmith, "Cancer: A Disease of Industrialization", *The Ecologist*, Vol.28, No.2(March/April 1998), p.93。

[15] Zac Goldsmith, p.93.

[16] 援引自 Zac Goldsmith, p.94。

[17] Epstein, p.73.

[18] Epstein, p.76.

[19] Epstein, p.75.

[20] Sandra Steingraber, *Living Downstream*(New York: Addison-Wesley, 1997), p.XVI.

[21] Mark Purdey, "Anecdote and Orthodoxy: Degenerative Nervous Diseases and Chemical Pollution", *The Ecologist*, Vol. 24, No. 3 (May/June 1994), pp. 100—105, at 100.特别加以强调。

[22] Jennifer D. Mitchell, "Nowhere to Hide: The Global Spread of High-Risk Synthetic Chemicals", *WorldWatch*, Vol.10, No.2(March/April 1997), pp.26—36, at 28.

〔23〕Mitchell，p.28.

〔24〕Mitchell，p.30.

〔25〕Mitchell，p.31.

〔26〕Mitchell，p.31.

〔27〕Ann Misch，"Chemical Reaction"，*WorldWatch*，Vol.6，No.2（March/April 1993），pp.10—17，at 13.

〔28〕参见 Peter S. Wenz，"Environmental Health"，*Encyclopedia of Bioethics*（New York：Macmillan，1995）。

〔29〕Vyvyan Howard，"Synergistic Effects of Chemical Mixtures—Can We Rely on Traditional Toxicology?"，*The Ecologist*，Vol. 27，No. 5（Semptember/October 1997），pp.192—195，at 192.

〔30〕Gary Gardner，"From Oasis to Mirage：The Aquifers That Won't Replenish"，*WorldWatch*，Vol.8，No.3（May/June 1995），pp.30—36，at 34.

〔31〕Gardner，pp.34—35.

〔32〕Charles V. Blatz，"General Introduction"，*Ethics and Agriculture*（Moscow，Idaho：University of Idaho Press，1991），p.11.

〔33〕想了解更多，参见 Gary Gardner，"Shrinking Fields：Cropland Loss in a World of Eight Billion"，*WorldWatch Paper* ♯131（July 1996），尤其是第 6—7 页，以及第 26—31 页。

〔34〕Daniel Quinn，*Ishmael*（New York：Bantam，1993），pp.105—106.

〔35〕Sandra Postel，*The Last Oasis*（New York：W.W.Norton，1997），p.xiv。也可以参考对中国的一个深入说明，Lester R. Brown，"Challenges of the New Century"，*State of the World 2000*，Lester R. Brown，ed.（New York：W.W.Norton，2000），pp.3—21，at 14。

〔36〕Postel，p.xiv.

〔37〕Lester R. Brown，"Can We Raise Grain Yields Fast Enough?"，*WorldWatch*，Vol 10，No.4（July/August 1997），pp.8—17，at 8.

〔38〕John Tuxill and Chris Bright，"Losing Strands in the Web of Life"，*State of the World 1998*（New York：W.W.Norton，1998），pp.41—58，at 41.

〔39〕Tuxill and Bright，p.46.

〔40〕Tuxill and Bright，p.48.

〔41〕Tuxill and Bright，p.52.

〔42〕Tuxill and Bright，p.43.

〔43〕Aldo Leopold，"On a Monument to the Pigeon"，*A Sand County Almanac with Essays on Conservation from Round River*（New York：Ballantine，1970），pp.116—117.

第一部分

人类中心主义

第1章　人口过剩、市场与人权

人口过剩与稀缺

1998 年 9 月，我收到一封来自"人口零增长"(Zero Population Growth)组织的名誉会长保罗·埃利希(Paul Ehrlich)的信。"亲爱的朋友"(他可能已经忘了我的名字)：

> 从现在起，想一想你若干年以后的生活……
>
> 你居住在一个燃料、食品、工作、住房和卫生保健都弥足珍贵的世界中……在那里，自然资源耗费严重，城市遭受令人恐怖的污染，且拥挤不堪、犯罪猖獗。
>
> 就是现在，我们正朝向一个与人口危机相关的冲突方向发展，该危机使得噩梦加重——不仅在非洲和拉丁美洲的发展中国家中，而且也正是在美国。
>
> 伴随着超过 1% 的年增长率，美国每年仍在增加超过 250 万的人口——这使我们成为世界第三大人口众多的国家。
>
> 任何大规模的人口增长都会使我们国家的水库、下水道、道路、桥梁、医疗设施和学校处于严重的紧张状态之中。
>
> 增加的拥挤所造成的损失无处不在，从城市的交通堵塞，到封闭的国家公园以及水源的污染。

在埃利希全神贯注于美国人口现状时，新闻记者格雷戈·伊斯特布鲁克(Gregg Easterbrook)聚焦于发展中国家，在《地球危机》(*A Moment on Earth*)论述人口的那一章中，他是这样开始的：

一旦我步行穿过新德里的一处贫民窟时⋯⋯我会略去光着身子的学前儿童穿过垃圾堆的那一幕。我会略去年迈乞丐的那一部分,年迈也不过是指 30 岁或多一点而已,因为按西方的标准,一个年方三十的贫穷印度人看起来可能有 65 岁。我会略去这样一些部分,那就是人人都抓住我的衣服并挡在我面前索要卢比。我会略去那样一些部分,那就是人畜粪便随处可见、在露天燃烧的垃圾上做饭、不足 10 岁的儿童在手工作坊中被雇用以及疾病——我将略去那一切。[1]

他可能已经"略去了那一切",以保护新德里的观光事业。是否如此,我不知道。但他表明了这一切的真实性。和埃利希一样,伊斯特布鲁克认识到,在人口增加与环境状况恶化以及人们生活水准之间所存在的关系。问题在于稀缺。一般来说,当人口增长时,每一个体就必须与更多的人分享舒适的环境和环境资源。在某些方面,环境可能被严重污染,或者不足以为所有的人再提供充足的资源。人口过剩是一个环境关切的议题。

由于稀缺,人口过剩也成为了一个经济上关注的议题。环境经济学家克莱门德·A.蒂斯坦尔(Clement A.Tisdell)写道:"基本的经济学问题在于如何管理和支配资源以使稀缺最小化,也就是说,填平个体对日用品的需求与可供资源之间的'裂缝'。"[2]斯坦福大学法学教授威廉·F.贝克斯特(William F.Baxter)将对稀缺的关注从经济学拓展到人类生活总体。他在其 1974 年的书《人类或企鹅:最适污染的辩护》(*People or Penguins: The Case for Optimal Pollution*)中写道:

稀缺是人类生存的显著特征——我们的可供资源,我们的劳动力队伍,以及我们在使用这两者时的技能,已经总是存在并且还将持续一段时期,无法满足个体有形或无形的欲望。

贝克斯特从中得出结论："浪费是可耻之事。任何资源、劳动或技能都不应该被浪费，也就是说，不应产生出比它们可能产生的人类满足更少的满足。"[3]

两种观念在此汇合。一个就是人类中心主义，即认为只有人类是重要的观点。贝克斯特明确表达了这个观点。他提到：

最近，科学家已经告知我们DDT在粮食生产中的使用对企鹅数量造成的伤害……我的标准是以人类为导向的，而不是企鹅导向的。对企鹅或者兰伯氏松或者地质学奇迹的伤害，在与人类的幸福没有太多联系时，它们就是完全不相干的。按照我的标准，人们必须更进一步，并且说：企鹅是重要的，是因为人们喜欢看它们在岩石上行走……

为了反对这种立场，可能有人会说，就和每个人声称自己是一个重要的个体而其他事情都是无关紧要的一样，这是非常自私的行为，是不可否认的自私。然而，我认为……不存在其他可与大多数人类真正的思考与行为方式相一致的立场——比如说与现实的一致。[4]

我将在第二部分对贝克斯特的人类中心主义进行批判。

第二个观念源于蒂斯坦尔与贝克斯特对于稀缺的强调，以及环境保护论者所认为的稀缺在人口增长时恶化的观点。那种观念是效率。稀缺呼唤效率，因为对稀缺资源的高效使用就能比一番浪费的使用实现更多的人类满足。因此，赞成人类满足最大化的人类中心主义者们，珍视效率。

但是，我们怎样才能够提高效率？在我们的社会中，许多人认为，自由市场是效率最大化的最佳手段。在此章中，我探索了通过市场交易处理环境问题的可能性。我称那些认为自由市场（虚拟市场）可以满足所有真正的环境价值的人类中心主义观点为经济人类中心主义。这就是本章和接下来的一章所要讨论的观点。在第 3 章中，我将探讨被称为非经济人类中心主义的人类中心主义替代性观点。

什么是自由市场

自由市场就是为商品与服务的交换所提供的遵守规则的制度,消费需求在此极大地影响着所生产物品的性能、数量和价格。像我们这样的工业社会,使用货币作为主要交换媒介,因此,消费需求就在人们货币支出的意向上得到了体现。

正如我们所知,政府制定出创建、维持、规范自由市场的规则。他们建立一种统一货币以作为法定货币。他们通过著作权与专利权法建立起知识产权。其他的法律允许作为有限责任终身法人的公司的创立。政府以证券交易法规定公司的投资。合同法允许私人团体作出具有法律效力的协定,而法院和政府司法行政官员能够使契约中的纠纷得到官方的解决和强制执行。法律禁止某些物品(性以及特定的药物)的出售,并限制其他一些人的购买(不得向未成年人出售香烟和酒,某些药品需要处方等)。

我们知道,由于政府的参与对于自由市场完善的不可或缺性,许多环境问题可以通过市场规则的改变得到处理。只有那些认识不到政府是首先制定出创建、维持和规范自由市场规则的人,才认为政府的这些积极行为是对自由市场的非法侵犯。只要消费需求极大影响着产品的性能、数量和价格,我们就有一个自由市场。

比如说,考虑一下劳动法。在 20 世纪 30 年代的《瓦格纳法案》(Wagner Act)以前,美国的雇主可以解雇那些试图成立工会或成为其中一员的人。那时,自由市场在劳动力供求中存在,但这些自由市场规则对于工人成立工会来说却是障碍。这就促使雇主们试图去降低人工成本。《瓦格纳法案》使雇员们在免于雇主报复的情况下,获得了组织和参加工会的合法权利。这就改变了劳动力市场,因为工人们现在能够更为有效地争取更高的工资。但是,在劳动力上仍然存在着一个自由市场,因为消费需求在对劳动力价格的影响上依然占据主导地位。

富饶经济学

朱利安·西蒙对市场活动激发人类才智的潜力充满热情,因而他并不担心人口过剩导致的稀缺。人类才智是使稀缺走投无路的"最后的资源"①,正是在这一点上,市场赢得了人类才智的合作。

西蒙用铜作为一个例子。设想技术不发达时代的人们使用铜制作蒸煮罐。他们所使用的铜的供应开始耗尽,他们就不再能够以传统的方法从传统铜源中获取足够的铜。因此,他们做什么呢? 西蒙认为是这样的:

也许他们将发明从一个矿脉中获取铜的更好方法,比如说更好的挖掘工具,或者他们可能发展新材料以替代铜,也许是铁。

这些新发现的原因,或是运用这些想法的原因,就是铜的"短缺",即获取铜的成本的增加。因而,铜的"短缺"就创生了它自身的补救方法。这就是贯穿整个历史的自然资源供应与使用中的核心过程。

这样的事件序列就解释了,为什么人们用蒸煮罐已经有几千年了,也同样为许多其他目的而使用铜,而且在今天,无论如何衡量,一个罐的价格都要远比它在 100 年或 1 000 年或 10 000 年以前便宜。[5]

这种类型的例子支持了西蒙的一个主要论题。

---

① 参[美]朱利安·林肯·西蒙:《没有极限的增长》,江南、嘉明、秦星编译,四川人民出版社 1985 年版。——译者注

从任何经济学的意义上看,我们的自然资源的供应不是有限的。过去的经验也不能给出理由,认为自然资源将变得更为稀缺。甚至如果过去是某种经验的话,自然资源将不再日益稀缺,而是更为廉价,并且在我们未来的支出中将占有更少的份额。因而人口增长可能对自然资源的状况有一种长远的有益影响。[6]

西蒙所持有的人类使用自然资源没有固有限制的观点被称为富饶论,源于古希腊神话中用乳汁哺育宙斯的阿玛尔忒亚(Amalthaea)的"丰饶之角",一个富饶的象征。尽管西蒙没有明确讨论市场在人类才智从稀缺创造出富饶过程中的角色扮演,但他还是相信对市场的依赖。正是市场使稀缺化为对想要使用这些物资的人们索要的更高价格。依照西蒙的看法,这些更高的价格激发了最终降低(减少)稀缺的革新。

公地悲剧

加勒特·哈丁(Garrett Hardin)是富饶论的反对者,他担心人口过剩将无法控制并毁灭人类。他被称为追随英国传教士托马斯·马尔萨斯(Thomas Malthus)的**马尔萨斯主义者**,马尔萨斯在1798年预言,人口像许多物种数量一样,倾向于大量的增长,从而导致稀缺,并最终导致普遍的饥饿。

尽管在对人口增长时的总体财富的展望上他们有相反的观点,西蒙和哈丁却都认为市场是重要的。哈丁最担心的就是市场将解决不了稀缺问题。他所预言的结果是悲惨的。他称其为"公地悲剧"。

公地悲剧就是这样产生的。看一个对所有人都开放的草场。可以预料到的是,每个牧民都努力利用这个公共福利喂养尽可能多的牛……(因为)作为一个理性的存在,每一个牧民都在追求其利益的最大化。他明确或者含蓄地、多少有意识地问:"在我的牛群中再增加一头牛会给我带来什么效益呢?"[7] *

自私自利的逻辑使他确信去增加那样一头牲畜。由于所有在公地上的其他动物都必须与新来的分享食物资源,因此每一只不得不吃得更少。这也给每头牲畜以及所有的牧民带来了消极的影响。他"收获了额外增加这头牲畜的所有利润……"[8]尽管他与其他所有人都分担了损失,但是他并没有与他们分享收益。他独吞了那些收益,这就使他比以前更富裕了,哈丁继续写道:

有理性的牧民会得出结论:唯一明智的值得他追求的事是为他的牧群增加一头又一头的牲畜……但是,这是每个共同享有这份公地的理性的牧民分别得出的结论。悲剧就在这里。在一个有限的世界里,每个人都掉进一个强迫他无限制地增加自己畜群量的陷阱。所有人争先恐后追求的结果最终是崩溃……[9]

由于过度放牧将草吃光,公地上太多的牛群就毁坏了公地支撑任何牛的能力。哈丁总结道:"公地的自由使用权给所有人带来的只有毁灭。"[10]

这个悲剧如何能够避免?哈丁写道:"通过私有财产权或其他类似的关系可以避免公地悲剧。"[11]换句话说,将公地私有化。假设有 10 个牧人在使用公地,将公地分成 10 份,使每份能容纳同等数量牛群的放牧。给予每一个牧人一份。牧人不会比以前情况更糟。每个人享有的不再是对整个公地的 1/10 的份额的使用权,而是完全拥有了 1/10 大小的一块

---

　　* 相关译文参考赫尔曼·E.戴利等编:《珍惜地球》,马杰等译,商务印书馆 2001 年版。——译者注

地。现在,私利促使人们保护草地。

私有财产的本质就是排除他者。房子是我的私有财产,因此(除非是携有有效的搜查许可证的警察)我可以决定谁可以进入。相反,公园不是我的私有财产。对任何人来说它是公地,因此我不能排斥其他人的进入和享有。

公用地私有化(privatization)引发的排他性能促进保护环境资源的市场行为。当人们在市场上交易商品和服务时,他们通常获得他们想要与需要的东西,如不交易则不可获得。他们不通过交易就无法拥有那些事物是因为那些事物被其他人作为私有财产所持有。比如说,那些购买铜的人想要或需要它,若不交易则不会拥有,因为其他人拥有它并要求为使用它而支付费用。交易的另一方拥有铜,但他们想要或需要钱,通过出售铜就能够得到。在不出让铜时,他们无法从其他人那里获得钱财,因为除非他交出铜作为交换,否则拥有钱财的他者就不会将钱财交换给铜的拥有者。

总的来说,人们可以使用自己的私有财产,通过与那些同样拥有私有财产的人进行市场交换,来取得他们所需要的。私有财产不能与作为公用的公共财产进行交易。因此,人们就具有了保护他们的私有财产的私利动机以便享受到使用的特权并将他者排除在外,或用这些特权来交换其他事物。如果一个牧人想在他的私人土地上养更多的牛,并毁灭这块草地,他可以这么做。但是我将不会让他增加额外的牛到我的土地上。我因此维护了我的草地。其他大多数人将像我一样行动以保护他们的私人资产。于是,当草场被私有化时,私利导致了对整个草场的保护,私有化因此能够保护环境资源。人类中心论者赞成为了独一无二的人类福祉使用这些被保护的资源。

公共物品、外部性与政府强制

可能有些环境资源看起来不能以这种方式保护,因为它们是公共物品。公共物品就是其利益不能限于单个物主的物品。如果任何一个人从中获益，其他许多人也能从中获益。国防是一个经典的例子。如果一个国家的军队保护任何一个人免于外敌的侵犯，那么它就同样保护了其他任何一个人。国防不能像草场那样被私有化。私有财产的核心属性，即排除他者的能力，在此消失了。

看起来，许多环境资源也是如此。清洁的空气，以及很大程度上说优质水源都是公共物品。比如说，我不能通过拒绝在我的农田中增加水井来保存躺在我的农田下的奥加拉拉蓄水层的一部分。水在地下流动，因此我不愿抽取的水，或是不允许他人在我的土地上抽取的水，能被别人从他们的土地上抽走。因为它是公共物品而不是我的私有财产，所以我不能拒绝他人使用这些水，如果我还想在其他人将其用光前拥有我自己的那一份的话，我不得不立即获取。这种推理导致水源的挥霍以及最终的资源耗尽，而人们无法从中得到最大化的收益。稀缺的不祥之兆就冒了出来。

哈丁注意到，公地悲剧适用于分析污染：

这里的问题不是从公地中拿走什么东西，而是放进什么东西——生活污水，或化学的、放射性的和高温的废水被排入水体；有毒有害的和危险的烟气被排入空气；……理性的个人发现直接排入公共环境所分担的成本比废弃物排放前的净化成本少。既然这对每个人都是确定的，我们就将被锁入一个"污染我们自己家园"的怪圈……[12]

比如，考虑一下汽车尾气排放。设想催化转化器已被发明但只是在新车上有选择地使用。它使汽车的价格大约额外增加了300美元，并且将每加仑汽油的行驶里程减少2公里，然而它却净化了汽车原本将会排放到空气中的污染物的90%。一个理性的、自私的个体将会要求他的车装还是不装催化转化器呢？他将要求不安装该装置，因为他只能从其汽车更少的污染物排放中获得极不显眼的收益。他周围的人在无意中就获取了如他一样多的利益，而他却支付了所有的费用。这与私利是相违背的。

经济学家称，我的车对总体污染所制造的增加物是一项外部性。它通过对公众的影响而对社会造成的后果要远远大于对我个人的影响。因此这个影响对我来说是外在的；它是一项外部性。外部性可以是有益的或有害的。步行上班以便锻炼的人们就使余下的我们这些人免于空气污染的危害，如果他们开车上班就会产生这些污染物。这是一个积极的外部性。但是那些为了给自己省钱而允许自己的车子产生惊人水平的污染物的人，就造就了消极的外部性。依照哈丁与大多数经济学家的看法，假定市场行为显然的自私性，我们通常就能够预测出市场结果。这种自私自利的假设就导致这样的预测，即无论何时产生的消极的外部性如果是对个人有利的，人们就愿意去这样做。

当然，如果其他许多人都避免产生消极的外部性的话，这些相同的个体将是幸福的。事实上，假如其他任何人都使用催化转化器（因而他就能够从更为清洁的空气中获益），而唯独他却是驾驶一辆未装有该装置的汽车的话（他因此避免了这一费用），自私自利的经济个体将对此表示欢迎。人人都想成为经济学家所称的**搭便车者**（free rider）。这将是一个从公共物品中受益但却不对其生产与维护作出贡献的人。

然而，当每个人都试图成为一个搭便车者时，没有人能够成功。公益被贬损，因此没有人能享受到它。为避免此种情形，人们必须同意为他们对公共物品的使用付出代价。当他们为其对公有物造成的危害单独进行赔付时，他们出于自身的利益将有将危害最小化的动机。在经济学的术语中，这样的支付方式就是将**外部性内在化**（internalize externalities）。对公共物品的危害对于个体的经济估算就不再是外在的了，因为他们不得不为此支付成本。

但是,如何能够使自私自利的个体到达这一点,即将他们的外部性内在化呢?在哈丁看来,"产生责任的社会制度在某种程度上是制造强制性的制度"[13]。一个例子就是,政府要求在美国出售的新车必须装配有催化转化器。这个法令就强制人们内在化一个消极的外部性——空气污染(在此,即为避免空气污染而付出的代价)。这项政府要求并未使汽车市场遭到毁灭性打击,与劳动法改变劳工市场的做法别无二致。

污染许可证的交易

但是,在一项独特技术的指定使用中,也存在着灵活性缺乏的不利一面。一旦新技术被发明,政府就将改变那项指令吗?可能不会,因为政府往往对技术变革反应迟钝。因此,发明者们将放缓研发新的抗污染技术。他们将担心,即使他们真的发明了一个"更好的去污装置",政府将仍旧要求旧的系统(方法)。当新技术商业上的成功要求政府官吏确信并改变命令时,投资者也不会轻易地资助这些发明。心灰意冷的革新者和投资者导致对于环境保护的技术革新更少。

为人类的利益而保护环境是一种人类中心主义的关注,而且经济人类中心论者常常指望自由市场。一个方法就是为投资者和发明家提供市场刺激。设想一个空气质量低的工业区。许多不同类型的工厂促成了污染,包括许多种不同物质:如氮氧化合物、硫酸盐、一氧化碳和臭氧。结果就是产生对身体有害的、阴沉沉的烟雾。政府要求的技术如催化转化器在这儿似乎无多大帮助。这种转化器在所有内燃机汽车上都可运转,因为所有的这些引擎都是类似的,它们所产生的污染类型也是相同的。但是燃煤发电厂、钢铁厂、汽车装配厂以及食品生产设备使用了不同的技术,因而会造成不同类型的污染。没有一种技术可以处理各种各样的污染。

　　许多环境经济学家赞成的一个观点是:政府应该为工业生产厂家发放**污染许可证**。环境新闻记者托马斯·迈克尔·鲍尔(Thomas Michael Power)和保罗·劳伯(Paul Rauber)1993 年在《峰峦》(*Sierra*)中报道:

　　1990 年《清洁空气法案》(Clean Air Act)中的一款,允许污染在一定水平之下的工厂将污染"信贷"出让给污染更为严重的企业;创新的清洁工业从其清洁中获益,而污染工业要为其恶行付出代价,直到它们能够设法改进其表现为止。这种"污染信贷"市场已经在芝加哥期货交易所(Chicago Board of Trade)中被建立起来,释放成吨二氧化硫的权利像五花肉或大豆期货一样买卖自如。[14]

　　目前来说,许可证只限于二氧化硫。然而,环境保护基金(EDF)的高级经济学家丹·杜德克(Dan Dudek)赞成"氮氧化物全国市场的建立,以及甚至可能的含氯氟烃类(CFC)与二氧化碳的全球市场"[15]。

　　乍听令人恐怖,是不是? 当污染已经是一个问题时,政府应该禁止,而不是许可。但是禁止所有的污染是不现实的。生存就有污染。所有的生命过程都包括了生理过程。这些排泄物对自我和他人都是有害的。产生的废弃物在某个地方积累,因此就有了洗手间的不断普及。因为生活倾向于产生污染,所以现实的目标就是污染的减少和合适的分布,以降低危害的影响,这就是污染许可证所要做的。

　　政府可以从污染源当前对污染的促成比例开始,配发污染许可证。假设在某一地区全部的空气污染是 1 000 单位,而且这被认为是很高的了。政府将可以配给许可证,只允许公司的污染达到这个数目。但是他们可能宣称在五年之内,每个公司许可的污染级别将下降 10%。总数在那时将是 900 单位,五年之后空气污染被降到 800 单位,而在另一个五年后降到 700 单位,等等,直到达到 400 单位的污染级别为止。违反者面临巨额罚金。

由于所有令人厌恶且不利于健康的烟雾是由不同工厂的联合行为产生的，因此更准确地说，哪个工厂降低它们的污染就无关紧要了。重要的事情是将总数降低。然而，要求一些工厂或工业比其他一些企业更多地降低污染，将会是不公平的，因此，污染许可制度中的减少量是所有团体或成员一起做出的。最初许可 10 单位污染的每一家工厂在五年内将只许可 9 单位。

但一个市场就能够因此而发展起来。那些污染的减少比法律所要求的更多的厂家，就可以将它们额外的污染许可出售给那些污染超过了政府配额的工厂。比如说，一家炼铁厂可能一开始就有 10 单位的污染许可。一项为该产业发明的新技术使工厂 A 仅仅在三年中就将其污染降到 5 单位。在了解到他们将在很多年内有额外的污染许可出售给那些其污染超出于许可水平的企业时，业主们就具有了投资这项技术的动机。控制污染技术的投资者与开发商会被激励着去开发这样的技术，因为他们知道这种技术会被公司购买，而这些公司会通过销售污染许可解决部分成本。

如果在污染许可中没有市场的存在，比如说，如果法律不允许这些许可证的出售，结果准会更糟。无法得到它们出卖额外的污染许可的收入，工厂 A 的业主们可能就会发现，在污染控制上进行大量投资是不合算的。不想去投资于革新的技术以降低污染，它们可能只是安装新的空气净化器以将他们的污染级别正好维持在许可范围内。污染的消除将困难重重。

但是那些购买污染许可的公司又会怎么样呢？它们不是太容易就免于处罚了吗？它们难道不应该被要求降低污染吗？好吧。首先，如果目的是一个更美好的，更健康的环境，那么这个目标在这种方式下就能够达到，即使许多公司继续像以前一样污染。第二点，一如既往污染的公司就有日益降低其污染的动机,因为当许可的污染级别下降时,它们就不得不购买行业中更多的污染许可以避免沉重的罚款。同样,这样的公司越多,对有限数目的污染许可的需求就越大。这种供需状况将提高污染许可的市场价格。这就会刺激公司采用新的降低企业污染的技术。继而,这也就激励了那些为这些企业提供新技术的投资者和开发商。

总的来说,鼓励在任何时候都最大化利用最为有效的污染控制技术时,污染许可市场的存在就可将污染降低到可以接受的水平。它同样鼓励对许多不同工业中许多不同类型控制污染技术的投资。政府强制的技术进展则较为缓慢。他们在降低污染方面的效率远远落后于那些必须要不断满足市场竞争的技术。市场可被运用以获取环境利益。

解决人口过剩的市场途径

经济学家赫尔曼·戴利(Herman Daly)与神学家约翰·科布(John Cobb)在《为了共同利益》(*For the Common Good*)中建议,人口过剩的问题可通过可让渡的政府生育许可证(证明书)得到解决,就像污染问题一样。

生育权利不再被认为是一项免税物品,它必须被认为是一项稀缺物品。与其他稀缺物品一道,生育权利必须面临分配与配给……初始分配是在严格平等的原则上进行的,但再分配是立足于分配效率的利益之上的——换句话说,除非在与生育权利相连的生育欲望以及支付能力上存在更佳的匹配者。对于后者,许多人表示反对——他们认为,支付能力不应与生育有丝毫瓜葛。这种观点既不为领地性种类所支持,也不为财政维持能力常常是婚姻的一个先决条件的这一人类历史所支持。[16]

有一句古老的谚语，"富有余财，穷人多子"。然而，从上面的建议看来，富人将得到他们所想要的孩子，而穷人会一无所有。这种不公平使我震惊，并且戴利与科布的证明看上去也不具说服力。他们援引了其他物种的准则，可能有其他一些物种，它们的行为跟戴利与科布所建议的相似。但是一般来说，我们渴望去效仿其他的物种吗？我不这样认为。某一领地的黑寡妇雌蜘蛛，在雄蜘蛛使其受孕后便将它吃掉。这应该用来指导我们去对待那些未能支付孩子抚养费用而筋疲力尽的父亲吗？我想，大多人更愿意选择对干酪、牛奶和花生酱的政府分配。这儿还有另一个例子。雄海豹是领地性动物。一头雄海豹支配一个团体，它妻妾成群，并使所有的雌海豹受孕。因此我们应让唐纳德·特朗普（Donald Trump）和比尔·盖茨（Bill Gates）作为所有下一代人的父亲吗？我并不这样认为。求助于其他物种中的类似行为所提出的论断缺乏说服力。

戴利与科布所提出的另一个论断涉及其他文化过去的一些准则。我们应模仿这些文化吗？可能不必。过去的许多文化中已经有蓄奴、杀害宗教异端者、将妇女作为财产以及/或对农民的社会流动的禁止。其他社会已经做了些什么，就其本身而言，并不表明我们也应如此去做，而是需要其他的一些考虑。

这里有一个我认为是反对戴利与科布建议的决定性考虑。这就是"对那些有孩子无证书的人适当惩罚的问题。可行的惩罚措施可以是证书的事后购置——也许是在很简易的信贷条件下，或是收养儿童的强制缴付"[17]。收养儿童的强制缴付使人想起电影剧本中那些偷偷摸摸生活的家庭，他们的孩子将不可能被减少。谁愿生活在这样的一个社会中？

考虑到许多贫穷家庭的财政状况，强制夫妇在他们已经有孩子后购买证书生育可能是不现实的。而且在夫妇还清前面一个孩子的许可证的成本前，他们又有了一个怎么办？而且，任何对贫穷家庭要求的支付将减损这些家庭能够给予他们孩子的物质上的照料，孩子是无辜的，即使是非法出生的亦是如此。他们为什么应遭受痛苦呢？而且，如果由于我们的强迫，这些儿童会遭受痛苦，并且可能不会获得教育与技能，而这就将使他们不适应成年生活，从而成为我们余下的这些人的负担。因此，让我们看看另一种解决人口过剩的方法。

救生艇伦理学

加勒特·哈丁声称，公地悲剧适用于人口过剩的社会，因此，我们应该抵制类似来自"圣饼赈济会"（Bread for the World）这一组织所提出的如下呼吁：

干旱、人口过剩与内战，正导致苏丹南部的饥荒。根据联合国官员的报道，这些因素结合在一起已经造成了至少 260 万平民严重的食物短缺。在一些村庄中，至少有 1/5 的儿童严重营养不良……

联合国世界粮食计划署正在实行其历史上最大规模的粮食空运，每月花费超过 3 000 万美元，大约 12 000 吨的食物已经用船运达。这个秋季的作物歉收的预期，使救济官员得出结论，这种空运必须要持续一年半时间，以避免类似于 1989 年在该地区发生的将近 250 000 平民死亡的那场饥荒。[18]

"圣饼赈济会"敦促美国国会对于联合国的努力给予支持。

哈丁将会作出相反的敦促。正如过多的牛群在一块公用草地上的放牧，将会毁掉草地并损害到所有的牧人一样，地球上太多的人口将会毁灭掉地球并损害所有人。在那个例子中，哈丁的解决方法是将草地私有化。当人们拥有自己单独的一块草场时，在一块地上放牧太多的牛群只会伤害那些地的物主。其他人通过保护他们的私有财产而避免了毁坏。

哈丁建议一个类似的方法以解决人口过剩的问题。一个国家的粮食就类似于私有财产。美国的食物属于美国人。如果美国人与生活于贫穷的、人口过剩国家中的人们分享的话,这些国家的人口在数量上就会攀升并毁坏地球支撑任何人的能力。他把生活在食物充足的富裕国家中的人们比喻为一个救生艇里的人们。你与我都在救生艇里。哈丁写道:

我们坐在这儿,大约有 50 个人在我们的救生艇里。让我们假定它还有十多个人的空间,总共 60 个人的容纳空间。假设坐在救生艇里的我们这 50 个人,看到有 100 个人在外面的水中漂浮,并恳求进入我们的船或请求我们的施舍。我们有几种选择:我们可能为尽力实践基督教的"我们兄弟的监护人"这一理想所怂恿⋯⋯(并)将他们全部接纳到我们的船上,为 60 人设计的船容纳了总共 150 人,救生艇沉没,所有人溺死。绝对的正义,彻底的灾难。[19]

类似的考虑可应用于粮食援助,在哈丁看来:

如果贫穷国家未能从外部接收到食物,它们的人口增长率就将会由于谷物歉收和饥荒而周期性地受到抑制。但是如果它们总是在紧急的时候利用世界粮库,其人口会不受抑制而持续增长⋯⋯[20](比如说,)如果富国通过为 6 亿印度人提供外援使其人口在仅仅 28 年中,正如他们当前的增长率所预示的那样,膨胀至 12 亿,印度人的后代会为我们加速他们环境的毁灭而感激我们吗?[21]

总而言之,在哈丁看来,我们不应该救济苏丹南部挨饿的人们,因为我们的帮助无异于火上浇油。我们也不应该让他们移民到美国,"世界粮仓送粮食给那些人⋯⋯无限制的移民⋯⋯将人们迁徙到粮仓"[22]。环境破坏性的人口过剩导致了任一结果。对于使人们能够在他们自己国家里种植更多粮食的企图,也可作出同样的评价,结果将是环境破坏性的人口过剩。哈丁引证了洛克菲勒基金会前任副主席艾伦·格雷戈(Alan Gregg)的观点,格雷戈把地球上人口的增长与蔓延比作癌在人体内的扩散。"癌的生长需要食物;但就我所知道的,它们从未因得到食物而被治愈。"[23]

另一方面,有几点可以明确。首先,当哈丁在 1974 年最初发表《救生艇伦理学》(*Lifeboat Ethics*)时,尚有足够的食物养活地球上所有的人。人们挨饿是由于不合理的食物分配,而不是粮食产量的不足。因此,救生艇的类比是容易引起误导的。由于其有限的容纳能力,哈丁的救生艇不能拯救所有的人。人类在地球上生产粮食的能力不是同样有限的。事实上在 1998 年,当圣饼赈济会提出援助请求时,仍旧有足够的食物养活所有人,包括养活苏丹南部的饥饿人群。

但是,哈丁就像格雷戈一样假定,如果我们不让人们现在挨饿,救生艇的境遇将在某一天出现。然而,没有理由相信这些。从历史上来看,人类在数量上并不倾向于增长到饥饿如鹿群那样的程度,比如说,当狼群、人类以及严冬未能将鹿群毁灭时所出现的情况。没有饥饿亦未破坏环境的同时,许多人类群体在很长一段时期内维持了稳定的人口数量。眼下工业化的西欧就是一个例子。

当前,贫穷国家中人口的出生率在下降。环境专栏作家比尔·麦吉本(Bill Mckibben)在 1998 年 5 月的《大西洋月刊》(*Atlantic Monthly*)中报道说:

二战以来,人口增长率比任何时候都要低。在过去的 30 年中,除了中国外,发展中国家的妇女从平均生育六个孩子降到了生育四个……如果这样持续下去,世界人口将不会很快又翻一番;联合国分析家提出他们的中列数计划,即人口将从当下的不到 60 亿达到 100 亿—110 亿的顶点。[24]

　　这个好消息看起来是由一些因素的结合而产生的。世界上越来越多的人已经获得了可靠的节育方法。根据世界观察研究中心（Worldwatch Institute）副研究员珍妮弗·米切尔的研究，"在发展中国家，至少有 1.2 亿已婚妇女——以及数量巨大但不确定的未婚妇女——希望更多地控制妊娠，但却得不到计划生育的服务"[25]。这是令人鼓舞的，我们可以给予这些妇女所需的帮助以削减更为庞大的人口过剩。同样，经济发展也刺激了人们对教育的兴趣，以便获得更好待遇的工作。人们常常为了提高教育水平而延缓建立家庭。尤为重要的是，妇女获得了权力与教育机会。在这种情况下，出生率下降得最快。因此，除了其固有的优点外，给予全球妇女的平等权利与平等机会也有助于削减人口过剩。

　　无论如何，如果世界将"只有"100 亿—110 亿的人口，而且地球可以养活那么多人的话，救生艇的比喻就失败了。然而，事情远没有那么简单。世界能养活某一数量的人口的能力，还要看人们吃什么。环境研究者加里·加德纳报道说："人们吃越多的肉、奶与干酪，谷物的需求就越大，因为这些产品是谷物密集型的，比如说：生产 1 公斤的鸡肉或鱼肉需要 2 公斤的谷物，而且 1 公斤饲育场养殖的牛肉需要 7 公斤谷物。"[26]

　　我们在前面介绍性的章节中看到，世界正处于淡水短缺中。研究员艾伦·杜宁（Alan Durning）和霍利·布拉夫（Holly Brough）提到：

　　谷物饲养的畜牧场，对水的消耗量很大。现在在美国的主要奶制品州加利福尼亚，家畜农业消耗掉了将近 1/3 的灌溉用水，同样的数字也适用于美国西部，包括那些正在使用缩减着的蓄水层的地区。超过 3 000 升的水被用来生产一公斤的美国牛肉。[27]

　　水问题专家桑德拉·波斯特尔补充说："每五吨的谷物中大约有两吨用来生产肉类和家禽；个人对食谱的选择从总体上会影响到满足未来的

食物需求所需要的水量。"[28]杜宁与布拉夫在1991年的文章中总结道：

> 一个肉类喂养的世界现在看起来像是一个幻想。1984年以来,世界谷物的生产已远远落后于人口的增长,而且农民缺少新的方法重复"绿色革命"的收获。以一种美国风格的食谱支撑世界当前的54亿人口,将需要2.5倍于目前世界农民为所有用途生产的粮食。一个80亿—140亿人口的未来世界,每人每天吃掉美国人220克定量的谷物饲养生产的肉,只能是一个空想。[29]

看起来世界粮食的远景不是像富饶论者朱利安·西蒙所认为的那样充满光明,因为有很多的限制。从另一方面来说,它们也不是像加勒特·哈丁的救生艇处境那样的凄惨,因为所有的人在这种限制之内都可以存活下去。但是,这就要求富人不仅只是提供资金,以帮助那些无法获得避孕与教育的穷人。我们也必须调整我们的饮食——更少地吃牛肉、猪肉、家禽、蛋以及奶制品——有效地利用地球的粮食生产能力。

心理利己主义与分享的可能性

如果我们完全从一种市场的视角来看待问题,就没有理由相信,有钱人会改变他们的饮食以为穷人提供食物。关于市场的经济学理论是假定人们在市场交易中的行为是利己的。某些国家中的人们是富裕的,另一些国家中的人们是贫穷的,这可能是不公正的,但那种状况是历史发展造成的。可能现在活着的任何一个人都没有责任,当然,我也是。因此,如果我因为购买食物而将那些喂养世界上穷人的谷物转而为了我而喂养牛的话,那么,我是自私自利的。但是存在着一个世界粮食市场,而且市场中自私自利的行为是在预料中的。

许多将市场作为处理生产与分配问题的最佳手段的支持者声称,市场中的利己行为是有益的。《华尔街日报》(*The Wall Street Journal*)的编辑罗伯特·L.巴特利(Robert. L. Bartley)写道:"人性的基本原则是普遍的⋯⋯历史表明,经济的发展依赖于对获得本能——贪婪——的驾驭,如果你一定要,或如亚当·斯密(Adam Smith)所指出的那样,自爱的话。"[30]巴特利在这里认为,利己是人性的基本原则之一,而且它可以被永远地驾驭。它可以在给定的社会约定中促进经济的发展。环境经济学家特里·安德森(Terry Anderson)与唐纳德·利尔(Donald Leal)赞同此观点,他们在《自由市场环境保护主义》(*Free Market Environmentalism*)中写道:

支持自由市场的环境保护主义认为人是利己的。这个利己主义可能是开明的。但⋯⋯好的动机将不足以产生好的后果。发展一种环境伦理可能是值得的,但是不可能改变基本的人性。良好的资源管理责任不是依赖于好的意图,而是依赖于社会制度怎样通过个体激励来驾驭利己主义。[31]

"And may we continue to be worthy of consuming a disproportionate share of this planet's resources."

　　大体而言,就如同经济学家一样,他们相信,通过设定在市场行为中占主导地位的是利己主义,就能够预测结果。一些思考者将这个关于市场行为的假设错误地等同于这样的信念,即人们除了利己外别无所有。这种为人所晓的立场被称为**心理利己主义**,即认为人们始终是利己地行动。用阿奇·邦克(Archie Bunker)的话说,20世纪70年代系列幽默剧中的最主要的特征就是,每个人只是"留心着自身利益"。

　　如果这是确凿的,那么当今世界上以及未来的许多人注定了要挨饿。许多富人需要肉类、蛋与干酪。如果利己是他们的准则,当穷人挨饿时,他们依然会购买谷物来喂养牲畜。

　　但是从长远来看,人们不可避免地是自私自利的吗? 看来似乎有例外,例如,小马丁·路德·金(Martin Luther King, Jr.)、莫罕达斯·甘地(Mohandas Gandhi)以及特雷莎修女(Mother Theresa)。他们一生致力于帮助别人。不太出名的人们似乎在一较小的程度上做着同样的事情。人们在公共汽车上让座以帮助陌生人。他们自愿做少年棒球联盟(Little League)的教练或参加兄弟姐妹计划(Big Brother/Big Sister)。他们帮助维修他们的教堂。这些行为看起来是无私的。

　　心理利己主义的辩护者回答说,在任何情况下,人们都是获取个人的利益,因而举止是自私自利的。比如说,在公共汽车上让座的人,是为了避免看到无论何时汽车移动时,那些老年人就像保龄球场中的木瓶一样摇来晃去而感到有愧于心。少年棒球联盟和兄弟姐妹协会中的志愿者们因孩子们高兴而快乐。教堂中无偿劳动的工人享受着与教友伙伴的情谊,知道他们在帮助他人,以及可能的永恒奖赏希望。因此,所有这些都是自私自利的行为。

　　心理利己主义的辩护是有缺陷的,因为它赋予了"自私自利"一种不寻常的意义。在一般意义上想一下自私自利,比如说,我将不想和一个自私自利的人去野营。我担心的是,如果我不巧摔伤了腿,她可能不顾我的伤痛。一切将取决于她从其自身利益出发想要干什么。因此,若有一个朋友说,"与简(Jane)去野营吧,她是彻底的自私自利者,但你将很快乐",我将表示怀疑。但是,再假设我的朋友又补充说:"不要担心。简很有良心且道德品质优良。她总是习惯于对他人的需要给予帮助,使自己问心无愧。"于是我可能会问我的朋友,为何说简是自私自利的。他说:"因为她总是为自己获得某些利益,诸如无愧的良心。"

我的朋友已是误解了自私自利的概念。我们通常说一个人是自私的,是当她在行动时没有对他人的幸福作出足够的重视。简一点也不是那样。说她是自私自利的,就使用了与这个词通常意义上的相反意思。语词具有意义是通过指出事件的某一存在状态而不是另一个。一个语词完全适用于特定背景下事件的任何状态,就等于什么也没有告诉我们。比如说,我有一个很友善的朋友几年前读过我的哲学论文,他对我所写的任何东西都说"了不起"。开始时让我感到很愉快,但是当我意识到他对自己朋友所写的任何东西都这样说时,我知道他的评论并未告知我,我哪一篇论文比其他一些更佳,或它是否真正有价值。他的评论实际上是无意义的。

当被运用到任何人任何时候的所作所为时,词语"自私自利"同样如此。比如说,当词语帮助我们挑选出野营的好伴侣时,这个词就是有用的且有意义的。但是,如果它被运用到所有人身上,它就不能这样了。它会是无意义的,就像我朋友的"了不起"一样。这就是为什么我知道了心理利己主义并没有在通常的方式上使用这个词。正常情况下,这个词语的确具有意义并帮助人们挑选朋友与合作者。自私自利的人们就是那些追逐自我利益而没有足够顾及他人福利的人。但是,并非所有人都是如此。大多数人追求自我利益,但却不是彻头彻尾地自私自利,他们从帮助他人中获取到许多快乐与意义。心理利己主义错误地否定了此点,或是错误地称之为自私自利。

人权

但是,如果人们能够关心或受到鼓舞去帮助他人,并且他们希望去这样做,那么,他们就需要在何种情境下何种关切行为是适当的方面得到指导。道德培育提供了这种指导,给我们许多价值观念与规定(行为准则)。比如说,我们都已经通过媒体知道了,市场经济与如苏联及其盟国的那些指令性经济相比,将能够更好地满足经济学导向的人类需求并促进繁荣。我们主要是人类中心主义的培育,这告诉我们,满足人们的需求是重要的,并且繁荣对于美好生活也是必要的。我们也被告知,个人自由是一件好事情。市场许可私人买卖者许多的自由,去决定制造什么、出售什么、购买什么以及支付什么。因而我们带着一种积极态度朝向作为繁荣手段之一的自由市场,开始着手考虑环境哲学的问题。这就给予我们解决污染与人口过剩问题的市场途径以一种初始的积极态度。

我们已经看到,市场途径对解决污染控制问题是有很大帮助的。但人口过剩是另外的事情。其他的一些价值观念看起来更为重要。考虑一下在真正的救生艇境遇下,我们所期望与尊重的行为,比如说,在 1997 年的电影《泰坦尼克号》(*Titanic*)中所渲染的那种。由于计划不周密,没有足够的救生艇以容纳所有的乘客。富裕的乘客受到了优先对待。贫穷旅客实际上被锁在甲板下面,致使他们无法靠近救生艇。如果我们想根据市场来作出这样的决定,这可能是合情合理的。富裕乘客为他们的泰坦尼克号船票支付了更多的钱,因此,他们应当对它的设备有更多使用的机会。

今天,大多数美国人所接受的道德培育使他们拒斥这种推理。我们认为,阻止贫穷旅客跑到泰坦尼克号的甲板上是不正当的。在生死关头,稀缺资源不应该落到出价最高者手中。这种观点在移植生命器官的法律规定中得到了体现。依照法律,美国公民不得为移植而购买心脏和肝脏。需求超出了供给,因而这些器官的市场上将是只有富人能付得起的高价。富人将获得他们所需的肝脏,而所有其他具有同样医疗需要的人会因肝功能衰竭而死亡。美国公众不允许这样做是因为他们认为它不是正当的。但是为什么呢?在我们的文化中所传播的,是其他一些什么样的价值观念与那些跟市场相关的价值观念产生冲突,并在这样一些情况下优先呢?

这样的一个价值观就是平等,立足于所有人类生命具有同样价值这一信念之上。宗教培养常常将这一价值观置于"所有人在上帝眼中都是平等的"话语中。展示这种观念的世俗方式就是所有人类具有同等的人权。现在,这些思想也在美国签署的国际条约中得到表达。其中之一就是《世界人权宣言》(*Universal Declaration of Human Rights*),它为 1948 年联合国会员大会所采用。其第一条声称:"人人生而自由,在尊严和权利上一律平等。"第三条声称:"人人有权享有生命、自由和人身安全。"第七条声称:"法律面前人人平等……"以及第二十五条声称:"人人有权享受为维持他本人和家属的健康和福利所需的生活水准,包括食物、衣着、住房、医疗和必要的社会服务……"在我们的文化中,我们被教导认为这些是普遍的权利,而且可能就解释了为什么我们谴责在一只正沉没的船上将穷人困在甲板下面。他们相对于富人而言没有得到"同等尊严与权利"的对待。

诸如此类的人权对美国公众来说是很受欢迎的。我们有福利计划以保障每个人的"为自身和家人的健康与幸福享有充裕生活水平的权利,包括食物……"我想,是纳税人资助了这些计划,因为他们认为在有足够粮食供养所有人时,不应有人饿死。这个观点可能依赖于平等人权的信念。

依据这一点,考虑一下世界上的饥荒与人口过剩。现在以及在可预见的将来,世界粮食状况允许所有的人都被养活,即使是人口增长到 100

亿或 110 亿,但是,只有在富人改变他们的饮食,包括更少的肉、蛋和奶制品的情况下才有可能。富人应该这样做吗?换句话说,与在泰坦尼克号上不同,救生艇为所有人准备了足够的座位。富人应为穷人腾出些空间来吗?

设想一下救生艇的境况,与在泰坦尼克号上不同的是,那里有足够所有人坐的座位。但是,假定人们买得起救生艇船票,而且一些富人能够支付每个人购买两个或更多座位的钱。他们需额外的座位,因为他们想保住他们的动物标本,而且他们需要一个地方来放置。但是,如果富人这样做,对所有人来说位子就不足了。由于对座位的需求超过了供应,座位的价格显著上升并超出了许多穷人的财力。如果只有市场在做决定,由于缺少钱以购买水涨船高的市场价格下的船票,穷人们就会溺死。

我想我们会拒绝接受这样的事情。我们发现,当一个富人保住一只动物标本的偏好需要以他人生命的付出为代价时,这在道德上是不适当的。普遍权利要求在这种境遇下给予每个人一个座位。我们不允许在座位上存在一个市场,因为它将不必要地牺牲掉他人的生命。

现在,让我们将此种情况运用到现在以及可预见的将来的世界粮食状况中。正如救生艇上有足够的座位给予所有人一样,世界上有足够的食物供应所有人。但是,在当前有一个粮食市场,并且,今天在世界上有8亿人太贫穷而无法获得充足的饮食。由于营养不良以及水质低下的影响,几乎每天都有 40 000 儿童不必要地死去。[32]居住在美国以及其他发达国家中的人们,如西欧、日本以及澳大利亚,可以在不同的消费品上随意支出。这些花费是否像富裕乘客那样为动物标本购买额外的座位?难道贫穷儿童就比救生艇上的贫穷旅客拥有更少的生存权利?

如今,我们可以仅仅通过私人慈善捐款以及对合适的政府主动行为加以支持就能帮助穷人。我们不必放弃我们的许多"东西"。比如在1998 年时,圣饼赈济会这一组织敦促美国国会通过一项法案"以再次关注美国在非洲撒哈拉沙漠以南地区促进自力更生并支持农业与农村地区发展这样一些项目上的承诺"[33]。纳税人的平均费用将会是最小的。然而,我们在将来可能亦需要改变我们的饮食习惯,以便地球上生产的粮食足够供应所有的人。我将在第四部分讨论这些事情以及其他一些生活方式的问题。

由于尊重人权可能最终要求生活在富国的人们放弃许多他们所享受的事物,我们可能会质疑人权的存在。为什么我们应该认为,存在包含于联合国《世界人权宣言》中的那种普遍人权?

权利不是像物理对象一样,我们可以通过感觉或科学观察去检测。我们主要是通过注意到我们自己对不同境遇与情况的评价而证明它们的存在。当一个生命器官或救生艇座位的市场允许富人生存而让穷人去死时,我们该怎样理解我们的反感态度呢? 似乎我们都相信,人人都有平等的生存权利。

在某些方面,这种证明方法与科学的方法相像。我们的直接经验感觉不到重力。我们是通过它对物质事物的影响中得知的。我们看到月亮绕地球运转,我们生活中感受到潮汐,我们知道窗口中飞出的垃圾可以落到地上,等等。科学家从这些事件中推断出一种我们称为重力的力量。推论得到证明,是因为它可以解释大量的经验。区别在于,重力解释了物质世界多种多样的经验,而人权解释了我们自己的赞成与不赞成。在第二部分中,在涉及进化论时,我考察了人们所作出的不同评价的科学解释。

讨论

看起来,人口状况不是像保罗·埃利希与"人口零增长"要使我们相信的那样,几乎是令人绝望的,但它仍旧是一个问题。我们关于人权的观点更多地需要通过分享而不是通过私有化与市场来提出。让我们考虑一些现实的运用。

- 吃肉对人来说不是必要的（可能除了那些有特殊健康问题的人）。它真正来说是一种奢侈品，也许应该对肉收取奢侈税。更高的肉价将降低整体的消费，这将改善大多数美国人的饮食。更少的肉类生产将降低稀缺农业资源的低效率使用，因为更多的谷物将为人消费而不是被牲畜吃掉。国家税收收入将对那些帮助穷国自身生产更多粮食的国际努力加以支持。你认为这一建议如何？

- 我们在引言中看到，环境中的农药可能要对某些癌症的发病率与死亡率的增长负有责任，有机农业避免了这些化学药品的使用。考虑一下这一鼓励有机农业的市场方法。政府可以在一计划中分阶段只为军队购买有机食品。这将造就一个生产有机食品的巨大市场，市场需求刺激了产量的增加。随着产量增加，更多的农民熟悉了有机生产的技巧，有机食品的价格可能会降落，这也就刺激了普通消费者对这些有利于健康的食品的需求。什么样的额外因素需要被考虑到呢？

- 《纽约时代杂志》(New York Times Magazine)的记者迈克尔·波伦(Michael Pollan)报道说，通过遗传工程，孟山都(Monsanto)公司已经发明了一种新型马铃薯，即，新秀叶(New Leaf Superior)。[34] 它通常可在没有杀虫剂的条件下生长，因为它的每个细胞中都含有 Bt 蛋白，Bt 对最严重的马铃薯害虫科罗拉多马铃薯甲虫来说是有毒的。第一次大面积收获的新秀叶马铃薯在 1998 年秋季就进入商店了。你可能还没有注意到这些，这是因为商店没有被要求对含有内置杀虫剂的马铃薯贴标签。它被推测是安全的，并可能是安全的，但它在马铃薯中的使用还未得到彻底的检测。你所吃的炸薯条可能是由这些马铃薯制作的。你认为贴标签的要求是应该的吗？这与设定的市场运作方式有何关联？

● 这里有一个更普遍的问题，我们在此章中已看到，市场在避免环境资源的破坏性使用与污染减少中是有帮助的。但是，只有当政府改变实现此目标的市场规则时，才能够减轻污染，正如当他们要求在汽车上安装催化转化器或工厂持有污染许可证时一样。这就产生了一个问题。政府如何证明它所支持的规则的特定改变是正当的？它怎样计算消除污染的适当水平？我们如何知道，比如说，是否汽车污染控制要比我们现在的状况好上十倍是一个不错的想法，从而应施加法律的要求？（到下一章中去发现。）

注释：

[1] Gregg Easterbrook, *A Moment on the Earth* (New York: Penguin Books, 1995), p.473.

[2] Clement A. Tisdell, *Natural Resource, Growth, and Development: Economics, Ecology, and Resource-Scarity* (New York: Praeger Publishers, 1990), pp.1—2.

[3] William F. Baxter, "People or Penguins: The Case for Optimal Pollution", in *Environmental Ethics: Readings in Theory and Application*, Louis P. Pojman, ed. (Boston: Jones and Barlett, 1994), pp.339—343, at 340.

[4] Baxter, p.340.贝克斯特的人类中心主义是平等主义式的。人类的每一分子都体现着一单位的价值。大概每一单位都是相等的。无论怎样，人类中心主义者的信念界定归根结底在于，唯有人类具有价值。但另一些人类中心主义者可能并不认为所有人类具有同等的重要性。

[5] Julian L. Simon, *The Ultimate Resource* (Princeton: Princeton University Press, 1981), pp.43—44.

[6] Simon, p.5.

[7] Garrett Hardin, "The Tragedy of the Commons", *Science*, Vol.162 (December 1968), pp.1243—1248.它被广泛转载。此处的引文摘自 Michael D. Bayles, ed., *Population and Ethics*, (Cambridge, MA: Schenkman Publishing, 1976), pp.3—18, at p.7。

[8] Hardin, "Tragedy", p.7.

[9] Hardin, "Tragedy", pp.7—8.

[10] Hardin, "Tragedy", p.8.

[11] Hardin, "Tragedy", p.9.

[12] Hardin, "Tragedy", p.9.

[13] Hardin, "Tragedy", p.14.

[14] Thomas Michael Power and Paul Rauber, "The Price of Everything", *Sierra* (November/December 1993), pp.87—88.

［15］Power and Rauber，p.88.

［16］Herman E.Daly and John B.Cobb，Jr.，*For the Common Good*（Boston：Beacon Press，1994），p.245.

［17］Daly and Cobb，p.245.

［18］"Civil War，Drought Create Famine in Sudan"，*Bread*，Vol.10，No.6，（September 1998），p.4.

［19］Garrett Hardin，"Lifeboat Ethics"，in William Aiken and Hugh LaFollette，eds.，*World Hunger and Morality*，2nd ed.（Upper Saddle River，NJ：Prentice Hall，1996），pp.5—15，at 6.该文最初发表在 1974 年的《今日心理学》杂志（*Psychology Today Magazine*）上。

［20］Hardin，"Lifeboat"，p.10.

［21］Hardin，"Lifeboat"，p.12.

［22］Hardin，"Lifeboat"，p.13.

［23］Hardin，"Lifeboat"，p.12.

［24］Bill McKibben，"A Special Moment in History"，*The Atlantic Monthly*（May 1998），pp.55—78，at 56.

［25］Jennifer D.Mitchell，"Before the Next Doubling"，*WorldWatch*，Vol.11，No.1（January/February 1998），pp.20—27，at 22—23.

［26］Gary Gardner，"Shrinking Fields：Cropland Loss in a World of Eight Billion"，*Worldwatch Paper ♯ 131*（July 1996），p.40.

［27］*Alan B.Durning and Holly B.Brough*，"*Taking Stock：Animal Farming and the Environment*"，Worldwatch Paper ♯ *103*（*July* 1991），pp.17—18.

［28］*Sandra Postel*，"*Dividing the Waters：Food Security，Ecosystem Health，and the New Politics of Scarcity*"，Worldwatch Paper ♯ *132*（*September* 1996），p.63.

［29］*Durning and Brough*，pp.40—41.

［30］*Robert L.Bartley*，*Editorial*，The Wall Street Journal Europe（*February* 15，1993）.

［31］*Terry L.Anderson and Donald R.Leal*，"*Free Market Environmentalism*"，in *Richard G.Botzler and Susan J.Armstrong*，eds.，Environmental Ethics：Diergence and Convergence，2nd ed.（Boston：McGraw-Hill，1998），pp.527—539，at 528.该片段选自作者的《自由市场环境保护主义》一书。（*Boulder：Westview Press*，1991），pp.4—23，169—172.

［32］参见 Poverty and Hunger：Issues and Options for Food Security in Developing Countries（*Washington，DC.：World Bank*，1986）。

［33］*Bread*，p.1.

［34］*Michael Pollan*，"*Playing God in the Garden*"，The New York Times Magazine（*October* 25，1998），pp.44—51，62—63，82，92—93.

第 2 章　能源、经济学与后代

全球变暖与后代

环境记者保罗·劳伯在《峰峦》的一篇文章中,设想了一场由于无法控制的**全球变暖**(global warming)而带来的噩梦,一场由于温室气体的排放而造成的地球全面升温。

缓慢地,几乎是无法察觉地,地球开始变得热多了。平均温度逐步升高;随着高温纪录一个接一个到来,我们注意到烤焦的印记。冬天变得更温和些,但却不时伴随有暴雨与暴风雪。……天气变得越来越极端——暴风雨更猛烈,飓风更具破坏性,生态系统开始变动,起初是细微的。树木为干旱与疾病所消损,在频繁的大火中被烘焦与烧掉。草地替代了曾经的森林,且沙漠取代了草地……更少有鸟禽成为你后院的食客。接着,一只都没有了。你从未听说过的物种被宣布灭绝。然后是那些你听说过的物种……融化的冰盖和冰河造成海平面的升高;海岸被侵蚀并因而消失……伴随温暖的冬天与早到的春天,蚊子遍地都是,人们由于那些以前认为只在遥远的热带才发生的疾病而生病。[1]

科学家们声称,全球变暖正在进行中。在 1995 年 11 月份晚些时候,政府间气候变化专门委员会(IPCC)一致宣称:"有证据表明,人类对全球气候的影响清晰可见。"[2]IPCC,1988 年由联合国首次召集,是由世界上研究全球变暖的大约 2 500 名科学家组成。地球的变暖主要是由于太阳的热能,当那些能量到达地球时,大多数被吸收并接着重新释放回太空中。我们的大气层中含有的**温室气体**(greenhouse gases),可以在这些热能到达太空中之前将其俘获,而这就使地球变得足够温暖以维持生命。这些气体主要是水蒸气、二氧化碳、甲烷、氮氧化合物和氯氟甲烷。《波士顿环球报》(*The Boston Globe*)驻联合国记者科拉姆·林奇(Colum Lynch)写道:

人类工业一直在为自然的加热系统添加燃料,19 世纪晚期以来,全球温室气体的含量已经增长了 25%,导致全球的平均地表温度升高了 1 华氏度。IPCC 最近的预测指出,如果全球温室气体的排放水平在当前的比率上持续增长,全球平均地表温度到 2100 年将会升高 1.8—6.3 华氏度。(最有可能的是升高 3.6 度。)[3]

对人类而言,这意味着什么? 保罗·劳伯的悲观预测引起了争议。记者格雷戈·伊斯特布鲁克在他 1995 年的《地球危机》中指出,某些全球变暖可能是有益的。他问道:"在拥有最热记录的 80 年代,经济运行的数据是怎样的?""全球农业的发展是强有力的,绝大多数的发展中国家为国内消费生产了足够的粮食……能源消耗减弱,冬季高峰需求成为电力需求中一个核心的变量。继而,能源价格下降。"更进一步的变暖也可能是有益的,伊斯特布鲁克写道:"IPCC 已经估测出,3.5 华氏度的升温将使苏联地区的农业产量提高 40%,中国 20%,美国 15%。"[4]

相反,西蒙·莱特莱克(Simon Retallack)在发表于《生态学家》的文章中,发现了 IPCC 报告中粮食保障面临的危险处境:

对于粮食保障而言的一种明显威胁,首先可能因长期干旱的激增而显露出来。比如说,正如 IPCC 模型所表明的那样,这可能会导致欧洲的土壤丧失掉多达 50% 的水分;其次由于扩散的洪水、猛烈暴风雨的增加、海平面的升高,有价值的可耕地被淹没……当 20 世纪以来最大的洪水

1991 年 6 月在中国长江爆发时, 我们面对气候变化时是何等的脆弱就令人吃惊地展现出来。中国, 面临着以世界上 8％ 的可耕地养活世界上 1/4 人口的挑战, 失去了她 20％ 的农田。[5]

1998 年发生在中国的洪水更是糟糕透顶。

更甚者, 全球变暖可能比 IPCC 所预测的更严重, 在变暖过程中可能会有正反馈。(变暖伴随一个滚动增值效应?)如果森林由于干旱而死去或燃烧, 它们将腐烂并向大气层中释放更多的二氧化碳。冻土地带土壤的升温可能释放出更大储存量的碳和甲烷。甲烷(沼气)可吸收 63 倍于二氧化碳所能吸收的热量。在一个更温暖的世界里, 当热能从海平面蒸发更多的水分时, 空气中将会有更多的水蒸气。这可能形成挡住太阳并使地球凉爽的低云层。然而另一方面, 它可形成更高的卷云层而具有相反的效果。而且水蒸气本身是一种温室气体, 一个更温暖的海洋也可释放更多的二氧化碳且吸收起来更为缓慢。此外,"随着积雪和冰持续融化, 地球上就会有更少的白色区域将太阳的热量直接反射回太空"[6]。如果这样的事情发生, 变暖将比 IPCC 所预测的远为糟糕。它可能是一场噩梦。

当然, 我们只是不知晓而已。那么, 为什么就不能谨慎行事并减少温室气体的排放呢? 只是因为经济吗? 我们释放的气体是燃烧诸如煤、石油以及天然气这样一些矿物燃料所产生的副产品, 而这些能源对于所有的工业经济来说是至关重要的。我们的汽车与卡车依靠汽油去行驶。重工业所用的大多数电力和大多数能量来自煤炭。这就是为什么美国的许多商业与制造业行业所担心的, 致力于减少温室气体排放的大胆措施从经济上来讲可能是灾难性的。

美国石油协会执行副总裁威廉·F.奥基夫(William F.O'Keefe)1995 年 5 月在华盛顿特区召开的气候变化国际会议上发表演讲。他说:"我毫不怀疑,在未来 20 年中,如果试图减少 20% 的温室气体排放,我们将导致一次全面的大萧条。"[7] 1996 年 7 月,100 多位美国大公司的 CEO 给克林顿总统写了一封信,涉及即将到来的限制温室气体排放协定的谈判。他们写道:"对于全球变暖的程度、时机与影响而言,仍旧具有极大的不确定性。"他们继续写道:

美国必须当心避免去承诺那些使美国人失去工作、减缓经济发展或破坏美国竞争能力的协定。同时,考虑到问题的长期性,是决定最佳战略的时候了,那是经济上健全的、总体性的、市场推动的,而且能够随时间而得到调整的战略,我们敦促总统确保使美国谈判团认识到,美国经济唯一需要的是最大程度的优先权,并采取一种保护美国利益的谈判立场。[8]

其他一些人所想的与此相反。格雷戈·伊斯特布鲁克认为,为防止变暖而提高能源使用效率,将改善我们的经济。工业将会在能源成本上节省开支并变得更加具有国际竞争性。立足于有效使用能源新技术的新工业将创造新的工作岗位。[9] 同样,我们只是不确信而已。

我们不确信的原因在于,全球变暖问题主要是未来的事情。当我们中的任何一人都不可能指望活到 2100 年时,我们是否就应当在这样的实际可能性基础上,即,即刻的行动对于保护那时的人们而言是必需的,而立刻变更我们的生活?为什么我们要为了帮助后代而应作出牺牲?这是关于人类中心主义考量之适当限度的一个哲学问题。

人权与未来性问题

经济学家罗伯特·海尔布伦纳(Robert Heilbroner)在 1975 年《纽约时代杂志》的一篇文章中提出了这个问题:

到 2075 年，我可能已经死去 1/3 个世纪了。我的孩子将同样可能死去了，以及我的孙子，如果我有的话，将也是老朽昏庸。那么生活在 2075 年的人将会怎样又与我有何干系……

对这个糟糕的问题没有理性的答案。没有任何立足于理性的论断使我去关心后代或是为了他们的利益而尽举手之劳。确实，任何一次理性的思考，恰好以不可抗拒的力量使我们接受相反的答案。[10]

身为一名经济学家，海尔布伦纳将合理性与对人类后代福祉的有限关心联系在一起。然而，我们在第 1 章中看到，有理性的人常常在我们尊重人权的文化理想推动下去帮助人口过剩国家中的穷人和挨饿的人们。同样的事情能否适用于后代？我们是否应出于对他们人权的尊重而帮助他们？

最初看来我们似乎应该这样做。后代将和我们一样是有人性的，因此他们应该如现在的人们一样有同等的权利，包括在能够获得的限度内免于疾病和营养不足的侵害的权利。全球变暖，可能面临着可怕疾病的传播，而且对于后代来说为所有人生产足够的食物是困难或不可能的。因此，如果我们继续将温室气体增加到大气层中而产生全球变暖，我们就侵害了他们的权利。

但是，如果后代甚至可以说还没有存在的话，他们如何能够拥有权利呢？思考一下刘易斯·卡罗尔(Lewis Carroll)在《艾丽丝漫游奇境记》中的这一段话，艾丽丝抱怨说，咧嘴笑的猫(Cheshire Cat)在与她交谈时总是很快地"时隐时现"。

"那好吧，"猫说，这一次它消失得很慢，首先是尾巴尖，最后是牙齿，在其余部分已消失时，牙齿还留了一段时间。

"啊！我常看到没有咧嘴笑的猫，"艾丽丝想，"而不是没有猫的咧嘴笑！这是我一生中所曾看到的最奇怪的事情！"[11]

卡罗尔在开玩笑，即使猫能够咧嘴笑，但若没有一只正咧嘴笑的猫就没有猫的咧嘴笑。同样，没有拥有这些权利的人类存在，看起来人权的存在也是不可能的，而且，后代这些成员并未存在。因此，他们怎么可能拥有权利？

一个答案就是，此刻他们没有权利，但是当他们最终出现时，他们将有权利。我们出于对他们在其存在时将要具有的权利的尊重，应该保护他们免受全球变暖的负面影响。正如牛津哲学家德莱克·帕菲特（Derek Parfit）所指出的，"如果我在我的土地上留下了一个陷阱，十年后残害了一个五岁大的孩子，我应受到谴责"[12]。同时，显而易见，当未来的人们生在一个满是疾病、饥饿和恶劣气候的世界中时，他们就能合法地声称，过去的人们侵害了他们的权利。对这些权利的尊重要求我们现在就行动起来抵制全球变暖。

帕菲特以这种推理指出了一个问题，哲学家称之为**未来性问题**（future problem）。先前例子中一个五岁儿童的存在，并不依赖于帕菲特是否在其土地上设置陷阱。如帕菲特所设想的境遇那样，她无论如何都要存在。因此，如果帕菲特设置的一个陷阱在后来伤害了她，她的权利就受到侵害。但是，我们是否并且如何来表明全球变暖，会影响到未来生活的条件和未来人们本身。这是很重要的。

考虑一下我们可以采取的抵制全球变暖的行动。我们可以资助城市大运量客运系统，特别是轻轨铁路，这样我们就可更少地驾车了。我们可以资助城市间的快速列车以替代更多的汽车和飞机运输，因为它们耗费了更多的矿物燃料并释放出更多的温室气体。我们可以资助太阳能以取代大量的燃煤发电厂。

在这样例子以及更多的例子中，人们拥有的工作岗位的类型将发生改变。如果我们对全球变暖漠不关心，许多人可能会在制造汽车，相反，若他们关心，他们将制造太阳能加热器或火车。每天往返工作的方式将会改变。大多数人将乘坐火车或公共汽车而不是驾驶小汽车。由于汽车导致的郊区蔓延使街邻改变。而轻轨可促成更多的沿铁路线的紧凑居民区。一个结果就是各种各样的人将在中学中、在每天的往返上班中，或在工作中相遇。各种各样的人将相爱并结婚，如果我们对全球变暖无动于衷，相遇、相爱、结婚就不像这样在各种各样的人之间发生。

　　这就意味着下一代中各种各样的人将存在，要了解此点，考虑一下你自己存在的偶然性。如果你的父母没有相遇，每个人都可能遇到他人而有了孩子。但所有的这些孩子都不是你，那是因为你的唯一性部分取决于你的基因代码，这个代码是你双亲的基因结合体。改变双亲中的一个（除非是同卵双生中的一个换成另一个），相同的儿童就不可能出生，因为不同的基因被编译进了儿童遗传密码的结合体中。

　　我的父母在一个兄弟（大学生）联谊会上相遇。我的妈妈约了林迪（Lindy），她的一个主日学校（Sunday School）的老朋友，他跟我父亲一样，也在同一所大学上学，也加入了同样的联谊会。林迪带我的妈妈去了遇到我父亲的那个聚会。如果我的父亲去别的地方上大学，或者我的母亲未曾去教会学校，或者我的父亲还没有加入联谊会，或者林迪没有上教会学校，或者林迪更早些遇上了伊迪丝（Edith）（他最终的妻子），或者……我将不会存在。我的兄弟姐妹也不会存在。如果我们不存在，我们的子女，孙辈也同样不会存在。

　　我们生命诞生的偶然性更大。我们的基因代码是我们父母个人基因的结合体，但是同样的父母不会生出具有相同的基因代码的孩子。除非是一对同卵双胞胎，否则兄弟姐妹之间的基因代码是不同的。卵子和精子分别携带双亲一半的基因代码，但每一卵子和精子中所分别含有的，是源于对双亲基因中那独特的50％进行的选择。因此，对于某个与你所携带的基因代码完全相同的人来说,当时必须是相同的卵子被完全相同的精子受精。

如果你的父母等待另一个月受孕,卵子将会是不同的,你的存在将是不可能的,你的有血亲关系的子女、孙辈、重孙辈不会且永远不会存在,因为不同的卵子将含有你母亲的基因中的一种不同选择。如果你的父母延迟了即使半个小时,比如说看一个电视片,那么在一次射精中的 2 000 万到 6 000 万个精子中,几乎不可能有相同的一个精子使卵子受孕,并且同样,你、你的子孙等将不会存在。当然,你可能正是因为你父母看了一场额外的情景喜剧方生出来。在对你父母的看电视习惯指手画脚前先考虑一下这个情况。

现在再想一下为抵制全球变暖制定出的政策。与众不同的人将相遇;与众不同的下一代将产生,所有下一代中与众不同的人们将孕育出在没有为抵制全球变暖而制定政策情况下可能不会存在的第三代。100 年之后,比如说,在 2100 年,如果不同的能源与交通运输政策被加以执行,那么几乎所有存在的人都将不会与原本可能存在的人相同。

那么设想一下,我们不去改变我们的生活方式或科技以制止全球变暖,地球更热了,气候更为极端,农业被恶劣天气和干旱所损害,并且传染病猖獗,所有的一切都是因为我们对全球变暖无动于衷。生活在那个时候的人会责备我们的无动于衷吗? 她能说她的权利受到侵害了吗? 她似乎不会。如果我们已经行动起来抵制全球变暖,她可能不会存在。相反会是其他一些人存在。换句话说,对她来说的选择就不是一个好的环境或恶劣的环境。可选择的是对其他人而言的好的环境,或对她而言的恶劣环境。除非她发现环境如此糟糕,她无论如何宁愿不存在,否则她必须为我们继续自私自利地为了我们自己便利而释放温室气体而感激不已,因为那样的政策对于她的存在来说无论如何是必要的。

这就是未来性问题。看起来我们的长期环境政策不会侵害到后代的权利,因为那些与众不同的未来人群的存在依赖于我们的所作所为。除非他们宁愿不存在,否则未来人群不可能抱怨我们的行为恶劣。我们的行为方式就是我们可以为他们做的最好的事情,因为这是使他们存在的唯一方式,如果我们为未来的人们做了最好的事情,他们怎么能够说我们侵害了他们的权利?

这里似乎出了点差错。如果我们通过全球变暖或任何一些其他方式把地球搞得一塌糊涂,而且人类生活比它所可能的样子更加糟糕,似乎我们就做错了并且未来的人们应该能够谴责我们。但是直接诉诸个体的人权并不使此点成为可能。因此,帕菲特引入了一项新的道德原则:"对人产生影响的原则(The Person-Affecting Principle),或 PAP",根据这一原则,在这样一些类型的情况下,"如果人们因受影响而向坏的方面发展,那就是恶的……"[13]但是这个新的原则只不过是在间接地说为后代准备糟糕的地球是不正当的。它没有解释清楚为什么它是不正当的。要理解为什么它是不正当的,我们需要在这些问题上将我们的观点与其他一些我们所尊重的道德原则联系起来。

公平契约与后代

这样的一项原则就是公平。我们为了检验公平而把我们自己置身于他人的位置(立场)之上并从他们的角度来判断我们的行为。如果他人发现我们的行为是可以接受的,我们通常就认为我们是公平的,我们因为这个原因而赞成大多数的市场交易。如果一个人自愿交易,她可能会得到她所想要的,由于从她的观点看是可接受的,所以交易对她就是公平的。

然而,在一些例外的情况中,我们认为人们在市场交易中受到了不公正对待。由于无知、冲动、经济困难或一些其他的原因,一个人可能会同意一项与她的利益相违背的交易。考虑这样一个例子:一个妇女死去了,她的女儿看到她的珠宝就难过不已。但她的女儿需要钱,并在商人所提出的价格下将珠宝卖给了商人。商人只是支付了珠宝实际价值的1/10并由此从中获益。我们知道,那个财政上陷于困境的女儿以后将为这项交易感到遗憾。

我们常常认为从处于此种境遇的人们身上获利是不道德的,因为我们的公平要领是在黄金定律(Golden Rule)指导之下的"你想人家怎样对你,你也要怎样待人"。我们以为其他的人都像我们自己一样,因此,如果我们站在他们的立场上,那么我们所想要的一切就是他们所想要的,我们不愿意某些人在我们需要钱的时候,利用我们的困难而为我们的传家宝支付极少的钱,因此我们认为,我们自己或任何其他人这样做都是不正当的。

哈佛大学哲学家约翰·罗尔斯(John Rawls)用公平的观点与黄金定律来解释社会正义的本质。我修正了他的观点,以解释何以我们认为一代人弄糟后代居住的地球是不公平的。

罗尔斯说,只有当人们理性地思考他们自己的利益并自由接受的时候,社会准则才是正义的。他把这些自愿的接受比作契约协议,一个正义社会的基本社会准则是当人们处于自由状态、信息掌握充分,并理性地保卫他们自己的利益时,建立契约而同意的那些准则。这是**正义的社会契约观**(social contract view of justice)。[14]

因为契约是公平的,没有人能够像商人利用处于困境中的那个妇女而获利那样利用任何其他人谋利。黄金定律必须受到尊重。要完成(实现)这些,罗尔斯要求我们设想一种假定的处境。设想那些制定一项建立社会准则的契约的人,不知道他们将在那个社会中所扮演的角色。他们不知道他们是富或穷,男或女,宗教的或世俗的,等等。在这样的状况下,罗尔斯称之为"在**无知之幕**(veil of ignorance)的背后",人们将尊重黄金定律。每一位立约者将支持公平对待任何人的准则,因为如果对任何人来说准则是不公平的,那么人们之中的立约者本身可能会受到不公平的对待。比如说,一名接受对妇女不公平的契约的立约者可能最终会发现,她本身是一个妇女,那么就必定会遭受到不公正。

这种"假定的契约"观点增强了第 1 章中讨论过的许多道德判断,我们认为人们在救生艇处境中为他们的"东西"购买额外的座位是不正当的,那会不必要地导致他人的死亡。我们认为在这样的处境下,人们拥有生存权。一项假定的契约将避免(排除)不必要地导致他人死亡的情况。

设想一架飞机正在南太平洋上空坠落。飞机的救生筏对所有人来说有足够的空间,救生筏用降落伞下降并在撞击水面后展开。在救生筏展开时,那些配备着降落伞的乘客在盘旋的飞机中等待,在等待时,他们讨论的是,那些降落到救生筏内的人是否有义务帮助那些降落到水中的人。乘客并不知道,谁会幸运地降到救生筏中,乘客们将选择公平地对待所有的人。他们将同意像他们想要被对待的一样对待任何人。他们将答应降落到救生筏中的人不应该将船划走,而是负有一种帮助那些落水者的义务。每个人都同意此点乃是出于一种恐惧,害怕自己成为降落在水中的一员而需要帮助。于是,假定的契约状态所导致的一项道德原则,满足了我们文化中的常识和正义感。

然而,契约并不完全能引致人权。我们先前说过,当救生艇对所有人来说有足够的空间时,人们就有一项得到座位的权利。契约说,人们在能够帮助别人的时候,就有一种这样去做的责任和义务,在涉及后代的地方,从权利到义务的这种转换就是有益的了。在人们还未存在时就说他们有权利似乎是有悖常理的。但即使他们还不存在,说我们有义务帮助他们或至少避免伤害他们也不是有悖常理的。

因此,假定的契约能够帮助解释为什么危害后代是不正当的。约翰·罗尔斯,一位契约论的主要支持者(奋斗者),假定了他的立约者都是同代人,因此他认为,契约只能确立对未来人们的有限责任。[15]但是我们可以想象到,在人们设立社会的规则时,未来人们所不了解的就是他们自己在历史中的地位。他们不知道他们在矿物燃料的大量使用之前或之后能否存在,在利用核裂变以产生电力之前或之后能否存在,在砍伐雨林之前或之后能否存在,等等。哪些政策对于他们的出生而言是必要的,他们也将一无所知,因此,他们将不会赞成这样的政策,即使这些政策是为了他们父母相遇的需要才制定的,而执行这些政策的后果是使地球恶化。

在这样的情形下,人们将会认可这样的规则,即要求那些早些生活的人考虑到那些后来生活的人的福祉。每个人都将担心,没有这样的规则(准则),更早一代人将会破坏地球,并使那些后来生活的人生存艰难,而且,她可能就是后来生活的人类一员。因此,所有的人都承认,更早的一代人有着维护环境的责任,以便于未来的人们能够有一种像样的生活。这个观点为我们的常识和道德培育所赞成,在这里是与我们接受教导的另一个方面相联系的,也就是我们对于在双方都有一个公平的机会来保障他们自己幸福并自由地达成协议上的积极态度。

环境交易与成本效益分析

我们的政府应该在为后代而保护地球这些方面走多远?在这方面的决定上和许多其他的环境事务中就包含了交易。因此,我们需要一种决策程序来帮助我们决定一件事情的付出要以另一件事情的多大代价来换取。比如说,我们燃烧的矿物燃料(让我们假定)会导致地球变暖并危及后代。然而,即刻且剧烈的缩减(让我们假定)会使今天的人们冒着经济萧条的危险。这就建议拉出折中方案以供考虑,我们应该以某种程度的减少(地球变暖)以保护后代,但不至于使我们这一代遭受更多的损失。但多少损失是正好呢?(恰到好处的呢?)同样的,在我们的空气,水和食物中(让我们假定)人造的、工业的化学物越少,大多数人患癌症的危险就更小。但是污染控制装置要花费很多可以花在其他方面的钱。我们应在污染控制上花费多少钱?

此外,考虑一下汽车排放的废气所导致的不利健康的烟雾增多。我们可以通过催化转化器来处理这个问题,要求在所有的汽车上装备催化转化器就可减少烟雾。但是每辆车大约要花费 300 美元。若没有安装转化器的要求,人们就能够将这些钱花费在其他的消费品上或者进行捐赠。当要求安装转化器时,这样的一些机会就失去了。这值得吗?它真的应该被要求安装吗?是否一些更低廉的,但效率较低的污染控制装备就足够了呢?另一方面,也许我们并没有在减少烟雾上花费足够的钱?可能最好有更进一步的污染控制。经济学家威廉·贝克斯特指出,我们的目的应该是"最适污染":

> 控制污染的成本,可以根据其他一些为完成此项工作我们将不得不放弃的物品来表示。正如我们迫切地需要更多的住房、更多的医疗保健,以及更多的交响乐团,但至少在我看来,我们可以少需要它们一些,以换取较为清洁的空气和河流……作为一个社会,我们应更好地考虑到,如果生产洗衣机的资源被转移到污染控制中后能够产生更大的人类满足,我们就可以放弃一台洗衣机……以交易进行折中,我们应该将我们的生产能力从现有的商品与服务转移到一个更清洁的国家的产生上去……直到——并且只要达到这一点,即我们对下一台洗衣机或下一座医院的重视要远甚于下一个标准单位的环境改善……[16]

贝克斯特承认,计算出适当的交易是很困难的:"它假定了我们能够在某种方式上测量出不同类型的商品在人类满足上所产生出的增益单位。"[17]我们如何能够作出这样的测量呢?

贝克斯特没有告诉我们,但大多数的经济学家赞成**成本效益分析**

（CBA）。CBA 要求每一个提议的成本和效益能够被鉴定出来，并把美元数目附加在每一项上。合计所有的成本和效益就能够使经济学家看出是否效益超过了成本。除非有一些其他因素，否则 CBA 建议以美元表示的相对于成本产生最大效益盈余的政策。美元数值的使用在这里是至关重要的，因为在考虑"极为不同的类型的物品产生的人类满足"的交易时，它能够使经济学家提出一些在数学上可辩护的建议。然而，我们将看到，用货币单位的方式来表示人类满足导致争论迭起。

CBA 不只是经济专业理论上的装饰品，政府决策者，包括核管制委员会（NRC）也经常使用它。1974 年的《太阳能研究、开发和示范法案》要求使用 CBA 来衡量太阳能示范项目的效果。[18]1969 年的《国家环境政策法案》要求对所有"严重影响人类环境质量的重要联邦行动"提交环境影响报告书。[19]这样的报告书中常常使用 CBA。1981 年 2 月 19 日，里根总统签署了第 12291 号行政命令，要求所有的行政部门和机构支持任何新的以 CBA 衡量的条例。[20]在 1999 年 5 月，一个要求所有新的联邦条例都要附有 CBA 方法的法案在国会中引发了一场辩论。[21]

因此，从成本效益的观点来考虑一下那些催化转化器。每年的成本，大约是每辆车 300 美元再乘以每年售出汽车的数量。效益是与减少的烟雾相联系的。这包括心脏病和肺病的较低发病率，治疗这些疾病的较低医疗成本，以及因此而降低的医疗保险费用。归功于健康的改善，人们就会更少地请假，而且工作更为有效率，于是，减少的烟雾促进了工人的生产能力。心脏病和肺病死亡率的降低帮助人们活得更长久、健康，并且降低了人寿保险的费用。烟雾对许多建筑物有腐蚀作用，因此它的减少就降低了建筑物的维护成本。最后，更为清洁的空气在美学上比烟雾更令人愉悦。人们享受着晴朗的天空。还有其他的效益，但这些足以证明这个主张了。

在此情况下，成本很容易计算出来，比如说，如果每年售出 100 万辆汽车,那么装备催化转化器的成本就需要3亿美元。然而,效益却是另一回事。我们知道烟雾伤害了人们的健康,但是很难准确地说有多少心脏病、肺癌、中风、肺气肿等的减少是源于某种假定的烟雾减少。然而让我们假定,这个决定可以通过合理的准确性作出,于是可以给出一个与医疗支出相关的所节约的美元数目和与健康保险费相关的所降低的美元数目。这些计算可以得出,是因为在医疗服务和健康保险中有市场存在,这些市场确定了这些领域的价格。在人寿保险和建筑物修理中的市场同样确立了相关价格,并准许对烟雾减少带来的节约进行合理的估算。再者,当人们活得更长久,他们常常工作得更长久,并且在他们更长的生命中,他们的额外收入和对经济的其他贡献也可以用美元衡量出来。

但是,源于烟雾减少的许多利益是非货币的。人们通常想活得更长久、更健康,而不是为了金钱生活。他们不想主要为了挣钱而活得更长久。相反,他们只是享受生活和畏惧死亡,对于这种欲求的满足无法建立一个美元评价的市场。我们不能直接购买更长久、更健康的生活,因此,我们不能从市场价值的角度计算烟雾减少的这种收益。同样,大多数人喜欢更晴朗的日子,但是他们不能用钱购买,因此这儿没有明显的审美受益的货币等价物。

在这样的情形中,CBA就有赖于经济学家所称的**影子定价**(shadow pricing)。一项可以用美元加以买卖的收益,被用作为某些不能被加以买卖的收益之恰当的金钱等价物。比如说,对于清洁大气的审美享受而言,其金钱等价物可能会从空气相对纯净的地方的房地产价格中被估价出来。另外,经济学家可以通过问卷询问人们,在多大价格上他们愿意支付更清洁的空气。问卷还可以询问人们愿意为延长的寿命支付什么,以美元表示的延长寿命的价值,也可以通过观察人们愿意为那些他们认为可能会延长寿命的服务,如定期体检、有机蔬菜以及作为健康俱乐部的成员等而支付的费用而被估价出来。

影子价格的准确性引起激烈的争论。CBA 的批评者坚持认为,这样的估价是如此不准确,以至于使作为结果的 CBA 毫无价值。但是,为了看清楚 CBA 可以怎样被用来决定是否现在的催化转化器或一些其他的技术应该被要求安装在汽车上,让我们暂且略过这一议题。我们知道转化器的成本,并且利用必需的影子价格估计不同效益的价值。假定每年的收益是 6 亿美元,而每年的成本只有 3 亿美元。这至少就证明了要求一些种类转化器的正当性。但并未告诉我们现在的转化器是不是最好的。

消除废气排放更为彻底的转化器又如何呢? 现在的每个成本为 300 美元的转化器可以减少 90％的排放,而成本为 500 美元的更好的转化器可以将废气排放降低 96％。伴随更强有力的转化器,现在每年的 3 亿美元成本将上升 2 亿美元而达到 5 亿美元,但是当空气更为清洁时,洁净空气的利益通常也会增加,如果伴随当前的转化器的利益价值 6 亿美元,从更为清洁的空气中获得的总体效益可能会上升 1.5 亿美元,达到 7.5 亿美元,因为更清洁空气的成本是 5 亿美元而效益是 7.5 亿美元,更新的、更强有力的,但更昂贵的转化器的成本可能看上去是合理的。然而,新型转化器所带来的额外收益即边际效益只有 1.5 亿美元,而额外成本却是 2 亿美元,因此,更强有力的转化器未能得到 CBA 的证明。作为一个社会群体,我们继续使用现在的转化器就有 0.5 亿美元的额外收益。

或许某种更为廉价的转化器,如果清除掉 80％而不是 90％的汽车排放,可能还会更好。如果我们在转化器上能够节约大概 2 亿美元,而只是丧失现在的转化器带来的 6 亿美元效益中的 1.5 亿美元,那么,CBA 就会推荐更廉价但效率更低的转化器。廉价的转化器每年只花费社会 1 亿美元,效益仍旧是 4.5 亿美元。而效益如果在转化器不再被要求的情况下将会完全丧失。当我们要求汽车上安装这种转化器时,我们的社会每年就会净增 3.5 亿美元的效益,而这就是令人满意的。

　　总而言之，利用 CBA 的经济学家希望支配市场的规则在适当的限度内保护共同利益，对公共用品的适当保护可使社会财富达到最大化。保护超出其保护价值的公共用品的规则比保护本身更有价值是不正当的，同样不正当的是这样一些市场规则，即允许那些产生出的财富不及其破坏成本的活动对公共物品进行破坏。这就是经济学家在决定是否采用催化转化器，或者说，在一设定的区域应该准许多少的工厂污染时，所使用的推理。

　　我们在第 1 章中已经看到，政府能够签署可买卖的污染许可，随着时间流逝，许可的污染越来越少，这样就能够减少工厂产生的空气污染。签署的许可越少（许可的污染越少），许可证在市场上就变得越昂贵。供给的减少提升了价格，污染许可证的更高价格证明了减少污染的更昂贵措施的合理性。

　　但是我们需要减少多少的污染呢？从某种社会的观点看，根据成本效益支持者的观点，污染许可证应当用来使社会财富最大化。什么时候增加额外的成本（由于供给受到限制，因此空气变得更清洁了）会从更清洁的空气中获得更多增加的效益，他们就会去做。相反，如果从更清洁空气中增加的收益要小于污染许可证的额外成本，那么，促进空气清洁的规则就做得过火了，因而额外的污染应被许可。

成本效益分析与日益增长的稀缺

　　对一些思想者来说，CBA 甚受欢迎，因为它似乎准许作出理性的决定，所有的相关因素都被放进相同的单位——美元中。这就使得所有支持污染控制的因素被放在一起以达到一个总的数目，而且相反方面的因素也同样被总结起来，于是对某一特定提议的支持和不赞成的总数能够从数学上加以比较。正如我们所说的那样，我们不必增加其他的衡量方法,因为衡量的一个标准单位已贯穿于整个使用过程中,决策可以从数学上得到证明,因而是理性的。

支持 CBA 的另一要点在于它的目标——对社会财富最大化的广泛尊重。社会财富在这里意味着社会中所有的商品与服务的美元价值,或是整个社会在一计算年份中生产的所有商品与服务的美元价值[国内生产总值(GDP)]。[22]换句话说,目标就是最大可能的经济,这个目标如此受欢迎,以至于每一国家部门的党派候选人,不管是民主党人还是共和党人,都支持它。这个目标正被日益运用到世界经济中去。例如,经济学家和政治家们常常支持国际贸易协定,理由是那会促进全球经济增长。

经济增长意味着人们正在创造出更大总额货币价值的商品与服务。当工人们创造出更多他人购买的商品与服务时,他们就可以获得更高的薪水,由于他们薪水更高,而且有更多的商品与服务被提供出来,人们就能够更多地购买他们所想要的一切,这就使得 CBA 建议,经济增长最大化行为这一压倒一切的目标应备受欢迎。我们将其与一种更高的生活标准和更美好的生活相联结。

然而,这种联结是具有欺骗性的。一个国家可以在 GDP(以定值美元计算)上有很快的增长而与此同时百姓却越来越穷。原因在于,美元价值通常反映的是市场上的供需。一般来说,需求的增加使价格上涨,而增加供给会使物价下跌。一种有充足供给的物品根本就谈不上什么价格,因为任何人只要想要就可以获得,而无需支付费用。比如说,对人类的生命来说,地球表面附近空气中氧气的含量是充足的,因而也是免费的。对生命而言这是必要的因而也是重要的。但它是免费,因为供给超过了需求。换句话说,它是免费的,因为它不存在稀缺。在伊甸园中,万物皆免费,因为人们所需之物无一稀缺。

当人们需要的某物处于稀缺之中时,它就具有了货币价值。想象一下,在这样一个地方,对人们来说有足够的田地供他们耕种以生产出他们想要的所有食物。土地将如同在我们周围的氧气那样，对他们是免费的。现在再设想一下，人口增加了，而且已经不再有足够的土地以满足所有人的需求。因为土地的稀缺，所以它具有了市场价值，它值钱了。人们现在不得不付出一些额外的劳动以赚取钱财，去租赁或购买土地来种植谷物。该地区资产的货币价值也已攀升。该地区变得越为富裕，正如对包含土地在内所有市场商品的总货币价值所计量的那样，经济已然增长。但是，人们的（常识性的、非货币的）生活水准并没有提高，相反，乃是每况愈下，因为现在他们不得不为那些过去都是免费的必要物品、可耕地支付一定的费用。他们的生活更为糟糕，但国家经济却越为成功。因而可以说，一个更为成功的经济并不总是意味着对所有人来说更美好的生活。它可能只是反映出日益增加的稀缺。[23]

剧情说明并非仅是理论上的。人类人口在持续增长，而土地因土壤侵蚀、盐碱化、道路建设以及城市扩张而不断丧失。用世界观察研究中心负责人莱斯特·布朗（Lester Brown）的话说："当世界迈步走向 21 世纪之时，地球生产出足够食物以满足我们膨胀的需求的能力……正成为压倒一切的环境议题。"[24]如果增长世界经济的美元价值是我们唯一的目标，我们将会鼓掌赞成因人口增长而导致地球在提供食物的能力有限的情况下带来的粮食稀缺。食物与良田的货币价值增长了，但饥荒也会扩大。因此，仅仅拥有一个庞大的经济并非总是好事。CBA 增加社会财富的货币价值的目的也不总是值得尊敬。

成本效益分析与政治平等

CBA 同样建议一些对民主造成侵犯的政策，比如说，政府应该原则上对所有公民的利益给予尊重。正如我们所看到的那样，CBA 也建议一些使社会中商品与服务的美元价值最大化的政策。除去那些没有在任何市场进行交易的物品上影子定价的使用外,这些美元价值皆取决于市场。在这样一些情形下,对那些出现在市场上的商品而言,经济学家就会评估人们可能会赋予的价值。不管哪一种情况下,美元价值所代表的是人们对于物品情愿付出的价格。消费需求(假定的或是现实的)是成本效益分析的基石。

人们对于物品(他们对市场提出的需求)自愿作出的支付反映了他们的欲求。通常人们情愿为他们欲求较强的物品支付更多。然而,支付上的意愿(消费需求)也反映出人们的支付能力。一个穷人与一位富豪对于一辆雷克萨斯车可能具有同等的欲求。但是,唯有富人能够事实上作出支付,因为只有他才拥有足够多的钱。由于囊中羞涩,穷人对那种类型的轿车并不具有有效的市场需求。所以,市场化不是仅为欲求所推动,而是为那些拥有足够金钱从而将欲求与购买合而为一的人的欲求所推动。换言之,市场的运作不是基于"一人一票"的原理,而是基于"一元一票制"。

CBA 被认为是认同于使得商品与服务的美元价值最大化的政策。美元价值代表着有钱要花的人们心甘情愿的支付,因此,当人们变得越富有时,他们对于美元价值的影响也日益增大。所以,为 CBA 指引的政府政策合法地将富人的欲求置于穷人的欲求之上。

考虑一下,比如说对有毒废弃物的处理,如核电厂产生的低强度放射性废物。这些废弃物将在很多年中持续具有危险的放射性,因此美国能源部(DOE)的策划者们寻找一些放射线能够被无限期封存住的稳定的地质层以掩埋它们。设想他们已经确定了两个同样合适的地层,但每一个都邻近一座城市。尽管政府确保安全问题,人们还是将会远离任何一座靠近废弃物埋藏地的城市。那个城市的财产价值将会暴跌。

假定一个是有着 10 万人口的富裕的城市,而另一座城市有 20 万人口的贫民区。即使第一座城市有更少的人口,但其总体的财产价值还是远远高于第二座。由于 CBA 建议那些使社会资产的整体货币价值最大化的行为,因此它会推荐在靠近第二个,即更大的城市附近放置核废弃物。它的不动产价值将会被极大地降低,但如果废弃物被置于更小一些、更富有的城市附近,损失将会小一些。

一个再平淡不过的例子可能击中了政治不平等这一议题的要害。城市需要垃圾处理场的空间以倒掉当地的垃圾。大多数城市有着更为贫穷和更为富有的区域。一座垃圾处理场位于附近的话,将在某种程度上使方圆一英里以内的财产价值降低大约 20%。设想一下,由于富人们有更大的房屋和更大的草坪,所以城镇的富人区比穷人区的人口分布更为稀疏。虽然如此,在一个富人区的一个建议的地点方圆一英里内的财产价值,仍会比在城镇贫民区中一个合适的地点方圆一英里内的财产价值多得多。按照 CBA,一大群贫民应该使他们的财产价值减少以避免富人更大程度上的财产损失。当当地官员的决策处于 CBA 的指导之下时,平等的价值将给予每一美元,而不是每一个人。遵循 CBA 就要求更多的而不是更少的人在此情境下被伤害,而且那些受到伤害的都是穷人,他们几乎没有财政上的保障以消解(弥补)任何的损失。

人们常常抱怨说,政府服务于富人的利益胜于穷人,而且认为这是应受指责的。他们认为,我们的政府应该对任何个人的利益给予平等的考虑(关注)。任何看上去是腐败的其他一些政策,可能反映了富人和政治家之间的竞选捐献和私人友谊。但是,如果经济增长是我们唯一的目标,那么,偏好富人胜于穷人就常常是正当的而不是腐败。

为什么这看起来是不公平的呢？因为它与我们所持有的政府应该平等关注所有公民的福利的理想相违背,并且它还与我们所持有的某种公平社会契约的理想相冲突。我们在先前看到,理解我们对他人责任的一种途径,就是想象我们制定了社会行为的准则而不知道我们自己在社会中的位置。在这样的情况下,我希望对任何人来说准则是公平的,因为如果任何人被不公平地对待,那个人可能会是我。此种想法更早些时候被用来解释为何我对于后代有保护地球的责任。如果我不知道我将何时存在，我将希望地球无限期地支撑健康的人类生活。

这种假定的契约就说明了我为什么希望政府平等地对待所有的公民，富人穷人都一样。如果政府给予富人额外的关照，而富人无论如何是最能够照顾自己的，况且我如果成了一个穷人，我将会很倒霉。因此我将偏好这样一些要求政府平等照顾所有公民的社会准则。CBA 指导下的准则是不会这样做的。

总的来说，那些相信我们的政府应该对所有的公民而不是对每一美元给予平等对待的人，将会希望政府决策者不要完全依赖于 CBA。

顺便问一下，在你住的地方，垃圾处理场在什么位置？

成本效益分析与后代

我们先前看到,在我们的社会中,我们相信我们对后代有一些义务。我们不应牺牲他们以服务于我们自己的利益。这个义务不能够建立在市场关系上,因为我们与未来的人们不可能有这样的关系。这个义务不能立足于未来人们的权利之上,因为认为那些尚未存在的人们已经具有权利是很离奇的一件事。同样还存在着未来性问题,即未来人们本身依赖于我们的环境政策。无论我们干什么,未来的人们都会把他们的恰好的存在归功于我们精确且丝毫不差的所作所为。如果他们情愿存活,他们就没有资格抱怨我们对地球的待遇。因此,我们将我们对于后代的义务建立在这样一个假定契约之上,即此契约是在假定对所有的团体(当事人)都是公平的条件下制定出来的。

现在,让我们通过考虑一些真实的案例把 CBA 与这种义务联系起来,核电工业就提供了许多案例。历经 40 年的时间,由于亚原子微粒的轰击,在时间到限时核电厂的墙壁会变得脆弱并不再安全。陈旧的电厂必须除役。我们不能只是用一个落锤破碎机将他们拆毁,因为即使高度放射性的核燃料被清除后,发生核裂变的建筑物内部还是具有放射性的。拆除建筑物就必须避免将工人或周围的环境暴露在这种辐射之中。这既不容易也不便宜。首先,与一反应堆中低强度辐射相接触的任何材料自身都变得具有放射性。因此,世界观察研究中心的成员尼古拉斯·伦森(Nicholas Lenssen)写道:

拆除这些设施,可能要比经营它们所产生出来的废弃物数量更大:一座典型的商业反应堆在其 40 年的使用生涯中产生 6 200 立方米的低放射性废弃物;铲平它会产生出额外的 15 480 立方米的低放射性废弃物。[25]

没有人曾实际上通过拆除而使一座商业规模的核电厂除役,因此成本只能被估价出来。旧金山一名独立的能源与环境政策顾问菲利普·A.格林伯格(Phillip A.Greenberg)在 1993 年写道:

拥有相对较小的 175 兆瓦的杨基·罗(Yankee Rowe)核电厂公用事业公司已预计到,使该电厂除役需耗费 2.47 亿美元,而拆除 330 兆瓦的圣符仑堡(Fort St.Vrain)核反应堆,最新估价显示为3.33亿美元……印第安纳密歇根电厂也准备各花费 5.5 亿美元以使其两座 1 000 兆瓦的库克(Cook)反应堆除役。[26]

这是一大笔钱。没有更廉价的选择吗?

使人们避免低强度辐射的最廉价方式,可能就是以混凝土将陈旧的反应堆覆盖起来。这事实上比拆除要节省数 10 亿美元。反应堆将继续停留在自然之中并占据着空间,但混凝土将保护人们免遭辐射,只要混凝土仍旧是完整无损。但是,我们最好的混凝土只可以维持 500 年的光景,而且放射性将会随时间推移更具危害,那么,将反应堆埋于混凝土之下,等于是寄给后代人一个有毒的包裹,他们可能更好或更糟地处置它。

我们在更早些时候看到,我们的道德培养中包括了对后代的义务。这些义务就说明了为什么**除役**(decommissioning)不应是混凝土的掩埋。但这是 CBA 所建议的。

CBA 将所有的事务都置于融资条件中,未来的成本或效益由于金融利率而被折现。假定我在某一年将收到 100 美元的遗产。今天它的价值是多少呢? 它就等于今天的某人将一定数量的金钱放入安全的银行而某年获得 100 美元。比如说,在 5% 的利率上,我将在某年收到的 100 美元在今天只值大约 95 美元,因为如果我只是在 5% 的利息下投入银行 95 美元,一年后它将会值 100 美元。如果我不得不等待两年再取到钱,那么它当前的价值将会更小一些,因为那将会积累两年的银行利息。它的当前价值将大约是 91 美元。

这就是为什么人们只需 45 或 50 美元就可以购买 100 美元的美国储蓄公债。归因于利息,公债在一个特定的年份中价值将会达到 100 美元。但它们现在不值那么多。它们的未来价值必须依照利率和到期为止的时间折扣,以达到它们当前的价值——45 或 50 美元。由于利率被用来计算对某一项未来美元的收益(或负担,比如说一项负债)要折扣多少,利率在此被称为**贴现率**(discount rate)。

正如我们已经知晓的,由于 CBA 将所有的事务都置于同样融资条件下,因此不同选择之间能够精确地加以比较。这看上去很好。但由于所有的事物都是在一个融资条件下,所以任何事物都必须依照一个贴现率而被打折扣,即使是人类的生命也不例外。讨论源于核电厂的运行所带来的辐射诱发的死亡时,能源经济学家萨姆·舒尔勒(Sam Schurr)在《美国未来的能源:我们面临的选择》(*Energy in America's Future:The Choices before Us*)中写道:

> 如果所有未来年月中可预知的死亡人数被累积起来,总数是非常庞大的,每个工厂是 100—800 人。(我们)建议将这些结果进行贴现以产生出它今日的对等数,正如未来收入被贴现以表现未来事件在今日计算中的更小价值那样。如果这些结果在一种合理的比率下被贴现,比如5%,那么每一电厂的年"贡献"将会是 0.07—0.3 的死亡率。[27]

CBA 支持者们为了将所有的事物都置于精确可比的融资条件之下,必须像我们对待财政回报那样对人类生命进行贴现。如果这样看上去是荒诞的或不道德的,那么,我们就有理由拒斥 CBA 并怀疑它在合理性的确定与货币价值的精确计算之间作出的认同。

就与后代的相关之处而言，我们有更为重要的缘由。试想一下那些未来的人，他们可能因为核电厂老化所导致的辐射泄漏而受到伤害，那些电厂被只能坚持 500 年的混凝土所覆盖。在 5％的贴现率下，那些未来的生命在今天价值几何？好，如果你今天存放 1 美元，在 5％的利息下，复利使它在 500 年后大约值 160 亿美元（糟糕的是你 500 年前并不知晓此事）。由此逻辑，从现在起的 500 年后，当今一条人命那时将值大约 160 亿条生命。

这就建议我们将核电厂埋葬在设计可维持 500 年的混凝土之下而使其除役。我们现在能够省数十亿的美元。我们可以利用这些资金的一部分去挽救人类生命，如降低导致癌症的污染或帮助那些贫穷国家中的人们。哲学家彼得·昂格尔（Peter Unger）在《高调而生与任人宰割》（*Living High and Letting Die*）中写道：

大约花每 17 美元，联合国儿童基金会（UNICEF）就能够为一个孩子接种预防麻疹的疫苗。颇为乐观的是，这种保护将持续一生……而且，每个儿童同时还能够针对五种其他疾病接种疫苗而受到终生的保护。据统计以下所有疾病，每年杀死大约 100 万发展中国家的儿童：结核病、百日咳、白喉、破伤风和小儿麻痹症。[28]

有着数十亿美元，拯救至少一条人命会是很容易的。

即使我们今天只挽救了一条生命，而且从现在起开始的辐射泄漏在 500 年内杀死了数十亿人，CBA 还是建议混凝土掩埋。今日的一命赶得上 160 亿人。只要被杀死的人数比从现在起 500 年内被杀掉的要少些，这项政策就获得了精确的证明。

显而易见，除了辐射外，某些事情被疏漏掉了。就后代而言，CBA 不是一种合理政策的可靠指南。不幸的是，正如已经提到过的，许可并监督核电厂的建设和运作的核管制委员会采纳了 CBA。

许多环境议题关涉未来的人类安全要远甚于 500 年之久。核电厂产生的高放射性废弃物其毒性会达 250 000 年之久。[29] 这些废弃物现在被储存在靠近核电厂的地方,但美国能源部计划将它们埋藏在内华达州犹加山(Yucca Mountain)的一处火山凝灰岩中以使废弃物保持干燥。"最大的问题……是水,"尼古拉斯·伦森写道:

从理论上讲,由于储藏地将位于高于当前地下水水位 300 多米高的地方,在犹加山的石灰岩岩床中的废弃物将保持干燥,而这也是因为在当前的气候条件下来自地表的渗漏是极微小的。但是,以美国能源部的地质学家杰里·希曼斯基(Jerry Szymanski)为首的批评者们相信,有 30 多处易发地震的断层相交织的犹加山的一次地震,可能会极大地提升地下水水位。如果地下水与炽热放射性废弃物相遇,由此引起的水蒸气爆炸可能会"将山脉的顶盖掀去"[30]。

这将把辐射散播到一个广泛的区域。伦森继续写道:

1990 年时,科学家们发现,正如他们更早些时所猜测的那样,一座距离犹加山 20 公里远的火山在最近的 20 000 年前——而不是 270 000 年前爆发过……值得回味的是,不到 10 000 年以前,火山在现在的法国中部爆发,而且英吉利海峡 7 000 年以前尚未存在……[31]

斯坦福大学地质学家康拉德·克劳斯科普夫(Konrad Krauskopf)在《科学杂志》(*Science*)1990 年的一篇论文摘要中写道:"没有科学家或工程师能够给予一个绝对的保证说,放射性废弃物将不会在某一天以危险的数量泄露出来,即使是最好的贮存处所。"[32]

我在此提出这个议题,是因为大多数人对于从现在起的数千年中的后代人的生存有一些关注。在 1992 年出版的《峰峦》一书中,环境新闻记者威廉·普尔(William Poole)提出:"大多数的内华达人——在上次的统计中有 75%——为高辐射核废弃物埋藏在犹加山中的主意感到厌恶。"[33]CBA 会认定这种关切是荒谬的,按照 CBA 的判断,我们可以省下数十亿用于使核电厂除役的美元,只是将高辐射的废料埋葬在可维持 500 年的混凝土之下就行了。根据 CBA 的计算方法,当如此长的时间已经过去时,即使辐射泄漏杀死数十亿人民也不存在真正的损失。

全球变暖的负面影响可能会更早地发生,也许是在 100 年以内。按 5% 的贴现率,今天的一条生命在 100 年内抵得上大约 120 条生命。这比 160 亿条人命好多了,但是我们真的认为,牺牲未来 120 个人的生命以使我们能够为了经济上的便利而挽救我们今天一条人命,这样做是正当的吗?

讨论

上一章和这一章表明,市场活动能够在环境问题上有益。当其不再是有益的时候,成本效益分析常常表明,需要那些控制市场的准则适应于境遇而作出改变。然而,我们发现,立足于 CBA 之上的建议不时与那些我们强有力地拥护的诸如人权、公民平等以及对后代的义务这样一些道德信念相冲突。但是,如果我们不利用 CBA 来作出适当的抉择,我们怎么能够合乎理性地对待诸如针对全球变暖以及当地的废弃物处理设备而言的某些决议呢?

- 与将当地的废弃物处理设备置于城镇的贫民区相反的是,一个来自不同的经济群体的人民委员会可以确定下一座处理设备所有的可行的地点。那么,一个随机选择装置,如掷骰子,可被用来决定实际的地点。这个方法的正反两面是什么呢?

- 在 1998 年 11 月,加利福尼亚空气资源委员会就像他们对旅行车的强制一样,投票强制对运动型多功能车、小卡车和轻型卡车实施同样的清洁空气标准。这将使这些车辆排放的废气两倍半清洁于当前的排放。[34]这个决议如何能够被证明为正当的呢? 什么样的 CBA 考虑会对这些车辆而非其他大多数车辆提出更强硬的标准呢?

- 全球变暖主要是产生于作为能源的矿物燃料的使用。美国人人均使用的矿物燃料能源远远高于其他大多数国家的人。事实上,在环境新闻记者比尔·麦吉本看来,"一个美国人使用的能源是一个孟加拉人的 70 倍,50 倍于一个马拉加西人,20 倍于一个哥斯达黎加人"。后果之一就是:"在下个十年中,印度和中国将分别增加 10 倍于美国将会增加到这个地球的人口——但是由新出生的美国人给自然世界带来的压力可能会超过新出生的印度人和中国人的总和所带来的压力。"[35]由于这些事实,以及缓和全球变暖的重要性,也许我们应该极力反对美国的人口增长。当前,美国人能够依靠孩子在所得税上进行课税扣除,也许这应该仅仅适用于前两个孩子。你怎么想呢?

- 美国大量的人口增长源于贫穷国家的移民。这些人很快就采纳了美国人的生活方式,并且可能比他们待在自己的国家消耗更加多的矿物性能源。我们应该通过减少来自贫穷国家的移民以对抗全球变暖吗? 如果我们不知道我们是出生在美国还是孟加拉国,当按照我们将会选择的社会正义的准则来判定时,这项提议看起来如何呢?

我们需要一些决策模型以解答这样一些和其他许多问题。但是,正如我们已经看到的,CBA 只是在某些时候是合理的。在下一章中,我们将要探究的人类中心主义的环境论,允许一种价值的多元化,能够包容更多我们所牢固持有的道德观。我称之为非经济人类中心主义。它建议一种数学化更少但在政治中、人际间、对话上更多的决策程序。

注释:

[1] Paul Rauber, "Heat Wave", *Sierra* (September/October 1997), p.34.

[2] Colum F.Lynch, "Global Warning", *The Amicus Journal* (Spring 1996), p.20.

[3] Lynch, p.23.

[4] Gregg Easterbrook, *A Moment on Earth* (New York: Penguin Books, 1995), pp.301—302.

[5] Simon Retallack, "Kyoto: Our Last Chance", *The Ecologist*, Vol.27, No.6 (November/December 1997), p.230.

[6] Retallack, p.231.

[7] 援引自 Lynch, p.23。

[8] 转载自 Retallack, p.232。

[9] Easterbrook, pp.303—306.

[10] Robert Heilbroner, "What Has Posterity Ever Done for Me?", *The New York Times Magazine*, January 19, 1975; 参见 *Environmental Ethics: Readings in Theory and Application*, 2nd ed, Louis P.Pojman, ed, (Belmont, CA: Wadsworth, 1998), pp.276—278, at 277。

[11] Lewis Carroll, *Alice's Adventures in Wonderland and Through the Looking-Glass* (New York: Macmillan, 1965), p.62.

[12] Derek Parfit, "Energy Policy and the Further Future: The Identity Problem", in Pojman, ed., pp.289—296, at 290.

[13] Parfit, p.295.

[14] John Rawls, *A Theory of Justice* (Cambridge, MA: Harvard University Press, 1971).

[15] Rawls, Section 44, pp.284—293.

[16] William F.Baxter, "People or Penguins: The Case for Optimal Pollution", in Pojman, pp.393—396, at 395—396.

[17] Baxter, p.396.

[18] 42 U.S.C.Paragraph 5877 © (1976).

[19] 42 U.S.C.Paragraph 4332(2)(B)(1976).

[20] 46 Federal Register 13193(1981).

[21] National Public Radio, "Morning Edition,"May 20, 1999.

[22] 当影子定价还未被用于计算资源及一些公共物品的美元价值时,GDP 常常将诸如清洁空气以及其他一些公共物品之类的条目的货币价值排除在外。

[23] 这一点首先是由经济学家詹姆斯 • M.劳德戴尔（James M.Lauderdale）所表明的，见 *An Inquiry into the Nature and Origin of Public Wealth and into the Means and Causes of Its Increase*，2nd ed.（Edinburgh：Constable，1819）；也可参见 Herman E.Daly and John B.Cobb，Jr.，*For the Common Good*（Boston：Beacon Press，1994），pp.147—148。

[24] Lester R.Brown，*Who Will Feed China?*（New York：W.W.Norton，1995），p.131.

[25] Nicholas Lenssen，"Confronting Nuclear Waste"，*State of the World 1992*（New York：W.W.Norton,1992），p.52.

[26] Philip A.Greenberg，"Dreams Die Hard"，*Sierra*（November/December 1993），p.85.

[27] Sam Schurr，et al.，*Energy in America's Future：The Choices Before Us*（Baltimore：Johns Hopkins University Press，1979），p.355；我在 Daly and Cobb，p.153 中发现了这一点。

[28] Peter Unger，*Living High and Letting Die：Our Illusion of Innocence*（New York：Oxford University Press，1996），p.6.

[29] Lenssen，p.50.

[30] Lenssen，pp.56—57.

[31] Lenssen，p.58.

[32] Konrad B.Krauskopf，"Disposal of High-Level Nuclear Waste：Is It Possible?"，*Science*（September 14，1990）；这可以在 Lenssen，p.55 中发现。

[33] William Poole，"Gambling with Tomorrow"，*Sierra*（September/October 1992），p.52.

[34] Morning Edition-Marketplace Report，National Pubic Radio，November 6，1998.

[35] Bill McKibben，"A Special Moment in History"，*The Atlantic Monthly*（May 1998），pp.55—78，at 72—73.

第 3 章 相互匹敌的人类中心主义价值观

发展中国家中的环境危害

1984 年 12 月 3 日一大早,安东尼·托马斯·亨里克斯(Anthony Thomas Henriques)就在印度博帕尔为逃命而狂奔。作为格里夫斯·科顿公司(Greaves Cotton)在孟买的一名雇员,亨里克斯先生正在博帕尔处理公务。他后来告诉《社会杂志》(*Society*),当他离开宾馆时他是极度惊骇的:

啊,我的天哪! 为什么所有这些人都躺在哈米迪亚公路(Hamidia)上? 他们死了,他们中的每一个人,成百人——死了。他们都在竭力逃避毒气。那些垂死的人在排尿、排便、呕吐……周围都是毒气,我感到窒息……我向湖边跑去……成千上万的人躺在那儿,一些还活着,他们在喝水,他们在湖中呕吐又喝下同样的东西。许多人已经死了,窒息了,尸体堆积起来,一个压在另一个之上……很快我将会死去。[1]

亨里克斯设法使自己站起来并继续奔跑。他幸免于难,但是很多人并没有如此幸运。官方公布的数字是,这一世界上最严重的工业事故杀死了 1 754 人,沃兹·莫尔豪斯(Wards Morehouse)在《生态学家》纪念悲剧十周年的一篇文章中这样报道。但是"基于寿衣的数目和接下来的星期中火葬木料出售数量的详细证据表明,死者可能达 10 000 人之多——这是经过为时一周的调查后,联合国儿童基金会的高级官员提出的数字"[2]。另外有 200 000—300 000 人受伤,许多人永久地带有失明和呼吸功能损伤的问题。自然流产和畸形儿的出生变得寻常。

对博帕尔灾难的反应,说明了在经济和非经济的人类中心主义之间存在的紧张状态。人类中心主义者只关心人类。经济人类中心主义希望把所有的价值都置于货币条件之下,以便于人们能够利用市场(或模拟市场)来选择那些增进最大极限的人类福利的行为和政策。非经济人类中心主义者也唯独希望人类福利的增进,但却宣称某些重要的价值不能被置于货币条件下。这就包括与人权、审美、国家遗产相关联的价值观念,以及那些对消费条款上漫无目的的消耗加以反对的价值观念。货币的成本与效益的数字核算忽视或扭曲了这些价值,因此人们必须讨论并权衡众多匹敌的价值观念间的某种多元存在,而不是将它们转化为可比较的货币单位。当前的这一章对非经济人类中心主义的支持胜于经济人类中心主义。

没有人故意在博帕尔杀死或伤害人,但是经济核算可能已经为产生危险的行为进行了辩护。调查报道中心的戴维·韦尔(David Weir)写道,总部设于美国的跨国公司联合碳化物公司(Union Carbide)于 1969 年创办了它的博帕尔杀虫剂工厂,以"进口、稀释、包装和运输杀虫剂西维因(Sevin)"[3]。公司接着计划在博帕尔——一座拥有 80 万人口的城市,生产和储存 MIC。MIC 是一种特别危险且备受争议的用于杀虫剂生产的化学混合物中成分特别的物质。由于它比空气重,所以当它逸出时会贴近于地面。它是高度腐蚀性的,在 39.1 摄氏度时就会沸腾(102.4 华氏度),而且易于引起产生高温的剧烈连锁反应。[4]

尽管在 1975 年时,政府颁布了一项命令,要求 MIC 设备要在远离城市的 15 英里之外建造,联合碳化物公司还是从 1980 年开始在博帕尔生产和储存 MIC,工厂"距博帕尔火车站不过只有两英里的路程,这对于运输是便利的,但对那些在 1984 年 12 月 2 日晚上的旅行者来说是灾难性的"。而且,工厂"被贫民窟所环绕,主要居住的是进城者(squatters),他们是在整个发展中国家中从乡村到城市的大量移民者中的一部分,尽管联合碳化物公司宣称这些人是在其建厂后到达的,但早一些的博帕尔地图所表明的却与此不同"[5]。

设备缺少最先进的探测装置。在弗吉尼亚州的因斯蒂图特,联合碳化物公司的工厂也在使用 MIC 生产杀虫剂西维因,但却有着计算机操作的自动安全控制,然而在博帕尔的工厂中只有一种手动操作系统。[6]韦尔同样在灾难发生的两年前报道:

从位于美国的联合碳化物公司总部来的三人安全小组一行参观了工厂,并提交了有关 MIC 部分安全隐患的揭露报告……报告建议进行诸多更改以降低工厂中存在的危险;但没有丝毫的证据表明建议曾被执行……此外,本来可能会减缓或部分容纳反应的少得可怜的应急系统,在事故发生时却无人操作。在机器不同部分测量温度和压力的计量器,包括至关重要的 MIC 储存罐在内,众所周知是如此不可靠,以至于工人们无视故障的前兆。使 MIC 保持在低温的冷却装置已经被关闭了一段时间。那些设计用来中和任何逸漏 MIC 的气体纯化装置,也为了保养而被关闭。[7]

而且报告中的隐患还被继续列举下去。

联合碳化物公司前董事长沃伦·安德森(Warren Anderson),起初就否认美国的设备和印度的设备之间在安全上所存在的双重标准。但是到了1985年3月时,他承认博帕尔工厂的运作方式在弗吉尼亚州是不被许可的。[8]这种双重标准对联合碳化物公司或印度来说不是独一无二的。农用化工厂在发展中国家或地区中变得普遍起来。韦尔写道:"比如说,在1984年期间,杜邦(DuPont)正式宣告在印度尼西亚和泰国建设新的杀虫剂工厂的计划;赫斯特(Hoechst)在印度、巴基斯坦和哥伦比亚;施多福(Stauffer)和山德士(Sandoz)在巴西;以及孟山都在中国台湾也都是如此。"[9]这些国家或地区需要那些钱。但是安全标准很少是与发达国家相同的。合约者在建设中投机取巧。当局检查员如此之少,而且他们对于安全隐患的报告也常常被忽视。工人们没有受到足够的处理危险化学品的教育。公司缺少一种安全文化,而且典型的是,许多人生活在拥挤之中,与设备很接近。结果就是,许多发展中国家的人们暴露于环境危害之中,而这在美国是无法容忍的。

制造工序不是唯一的危害。它们的副产品常常含有有害废弃物。贫穷国家中的许多人受到诸如焚烧灰、二噁英,以及多氯联苯(PCBs)等会导致癌症和其他健康问题的废弃物的影响。世界观察研究中心委员乔迪·L.雅各布森(Jodi L. Jacobson)在1989年报道说:

成千上万吨美国和欧洲的废弃物已经被运往非洲和中东。从意大利来的大约3 800吨有毒废弃物在1987年到1988年之间通过五次货运被倾倒在尼日利亚的小港口科科(Koko),其中至少含有150吨多氯联苯——这种化学药品使美国纽约的爱河城(Love Canal)污染事件备受关注。[10]

阿伦·萨克斯(Aaron Sachs)在1996年报道说,这样的有毒废弃物的货运仍在进行,"专家们相信,至少每年有3 000万吨通过了国境线(海关),而去往更加贫穷国家的百分比很高"。原因在于:

在80年代晚期,主要由于新法律的出台,在美国,危害废弃物的处理价格攀升到250美元每吨。与此同时,在非洲,环境法令和适当的处理技术事实上是不存在的,每吨的价格常常低到2.5美元。许多非洲国家乐意接受有毒的货物,因为随之而来的是人们非常需要的外汇。[11]

又是一种双重标准。卷入其中的公司可能出于自私自利而这样做，但 CBA 给予他们将世界财富最大化的口实。正因如此，穷人就忍受（接受）着威胁生命的危害而富人却可避免。这是正当的吗？

一命值几钱

我们在上一章中看到，如果道德规范取决于某一"无知之幕"背后所制定的一项假定契约的话，它就包含了平等的生存权和对生存而言任何本质的权利。如果我处于无知之幕的背后，我将不知道我是富有还是贫穷，因而我希望穷人与富人都受到同样的保护，以免遭致命的化学品溢流与有毒废弃物的危害。如果穷人与富人相比受到保护的权利更少，而我可能结果是一个穷人，被暴露于缩短或损害我的生命的化学药剂之下，而富人们不仅享受着他们的财富，而且享受着更为安全的生活条件。这看起来不公平。当人权源自于公平的概念时，那么，贫穷国家中如此之多的人们受到具有危害的工业加工和有毒废弃物的影响就侵犯了他们的人权。

这是许多专家对于人权的观点。沃德·莫尔豪斯指出说："罗马工业及环境危害与人权常设人类法庭"使人们更加注意到在博帕尔被杀死和受伤害者的境遇。他们"在 1992 年 10 月作出结论，认为受害人的基本人权已经被联合碳化物公司和印度政府完全地、粗鄙地侵犯了……"[12] 1994 年，一个专家团体在日内瓦聚会并撰写了一份更为全面的文件：《人权与环境原则宣言草案》。除了别的以外，它还正式宣布了一项享有"安全、健康、生态健全的环境"的普遍人权。[13]

但是，许多经济学家对经济增长给予了优先权，因为对普通的美国人来说，这通常意味着更高的薪酬以及更强的开支能力。市场交易整体上推动了经济增长，除了在涉及公共物品的地方。在这些情况下，经济学家们利用 CBA 而确定出使增长最大化的市场交易新准则。

我们注意到与此方法相伴随的问题。经济增长如果仅仅是反映出诸如种植谷物的土地等这样一些基本项目稀缺所带来的更高价格与更长的工作时间的话，它就不会增进人类福祉。当政府使用 CBA 时，他们对每一美元给予的平等尊重胜于对每一个人。这就违背了政府对所有公民给予平等关注的理想。不但如此，CBA 对后代人的生命进行贴现，好像更晚些生存的人们与生活在现在的人们相比拥有更少的人权一样。博帕尔的状况也为另一个问题敲响了警钟，这就是 CBA 给现今生活着的人们所指派的不同的货币等价物。

CBA 将所有的变量置于美元条件下，因此，最佳政策能够被精确地确认。正如我们在上一章所看到的那样，影子价格被运用到任何没有市场交易的事物上，包括人类生命。经济学家通过人们在人寿保险和医疗上的花费以及他们对危险工作所要求的额外报酬，来估计人们按照币值计算珍视自己生命的程度。而且，当人们在疏忽造成的意外事故中被杀死时，陪审团裁定就暗示了一条命的货币价值的通常估价。问题在于，在这样的尺度之上，一个贫穷国家的一条普通的人命就会比一个美国人、欧洲人或日本人的生命值更少的钱。这就否认了人类的平等生存权利。

这一否认就证实了向贫穷国家输送危险的生产工艺和有毒废弃物的合理性。如果这些国家中的人们由于事故或者持续的环境污染而死去，相比在富国中的人们的死去而言损失的钱会更少。设想一下，如果联合碳化物公司在弗吉尼亚州的工厂而不是在博帕尔的那一家工厂发生了爆炸，陪审团判决将会是怎样。数目将会达到数十亿美元。美国的烟草公司在 1998 年的晚些时候，同意向 46 个州支付总额达 2 060 亿美元的款项，作为与消费者自愿吸烟相关的医疗花费。如果人们不是由于自己的失误而被杀死或受到永久的伤害，设想一下陪审团的判决吧！

把这件事与博帕尔事故中给予受害者的赔偿做个比较。沃德·莫尔豪斯在《生态学家》中报道说,在经过四年的诉讼之后,印度最高法院命令联合碳化物公司的支付总额为 4.7 亿美元。

这笔钱,相当于对 592 000 个提出诉讼者来说人均仅得 793 美元,甚至不足以抵偿对毒气影响人群的监控和治疗,而这些费用在未来的 20—30 年内被保守估计为 6 亿美元。这个解决办法对联合碳化物公司是如此有利,以至于在宣布的当天,它在纽约证券交易所的股票价值每股上涨了 2 美元。[14]

每个人 793 美元！很明显的是,在印度杀死或弄残一个人要比在美国便宜多了。而且这看上去完全合乎逻辑。贫穷的印度人购买更少的人寿保险,在他们的一生中赚取更少的钱,并且对危险的工作要求更少的额外报酬,他们同样也更少地购买跑步机以及其他一些设备以延年益寿。在 CBA 中所使用的影子价格必定能够从这些事实中得出结论,那就是一个贫穷印度人的生命的货币价值要远低于一个美国人的。印度最高法院的判决反映出这种观点。

这种立场的逻辑,已经在 1992 年世界银行首席经济学家劳伦斯·萨默斯(Laurence Summers)一份被泄露给媒体的内参中解释清楚了。

只是你我私下里说说,难道世界银行不该鼓励污染工业更多地转移到最不发达的国家(LDC)中去吗？我能想到的理由有三点:

第一,对损害健康的污染的成本测定,取决于发病率以及死亡率的增长而被剔除的收益。从这样的一个观点来看,给定数量的损害健康的污染,应该在那些成本最低,也将是工资最低的国家中进行。我认为在工资最低国家倾倒有毒废弃物背后的经济逻辑是无可非议的;因此,我们应当直面这一事实。

第二，正如污染的初始增量可能具有非常低的成本一样，污染成本很可能是非线性的。我一直在想，人口稀少的非洲国家污染不足……

第三，因审美和健康理由所提出的清洁环境要求，可能具有很高的收入弹性。在一个人们可设法幸免于罹患前列腺癌的国家中，对导致前列腺癌发病率发生百万分之一改变的某种药剂的关注，显然要比一个五岁以下幼儿死亡率每1 000人为200人的国家中远远高出。

对于那些反对在LDC中加强污染的建议的观点（对特定商品的固有权利、道德理性、社会关注，等等）而言，与之相关的问题能够被反过来并或多或少有效地用来反对任何一项银行自由放任主义的提案。[15]

每一项这样的银行提案都利用着严格的经济逻辑，而这些经济逻辑却无视所有那些与固有权利、道德理性以及社会关注相关的非货币性关注。

萨默斯的备忘录令世界银行尴尬不已。看起来许多人似乎不是经济人类中心主义者。他们抵制将所有的道德价值转变到货币条件下。世界银行很快就声明，说萨默斯是不严肃的。但是他前后一贯地表明了经济人类中心主义的逻辑，此逻辑将所有的价值置于货币条件之下，并支持财富最大程度的积累。印度前总理英迪拉·甘地（Indira Gandhi）表达了同样的观点。她说："环境保护是文不对题：贫穷是我们最大的环境危害。"[16]1995年的《经济学人》刊登了一篇文章说，萨默斯的"直率惹恼了许多人，特别是环境保护论者"，并说萨默斯不应因他的观点而备受指责，因为他是正确的。他的备忘录"指出——正确但过于坦率——污染在贫穷国家中比在富裕国家中的社会成本更低"[17]。1999年，萨默斯在克林顿政府中担任美国财政部长。

我们应如何看待呢？难道经济人类中心主义者是正确的而那些不懂得如何增进真正的人类福祉的非经济人类中心主义者只是呆头呆脑、多愁善感而已？或者说非经济人类中心主义者所认为的纯粹核算使一些重要的价值丧失或被扭曲这一观点是正确的,因此为了最好地服务于人类,道德推理的不同方法是必需的?

这个议题有着现实的重要性。它潜伏着一个可能会使抵制全球变暖的国际间努力受到危害的争论。一些经济人类中心主义者在 1995 年的晚些时候向政府间气候变化专门委员会提交了一份报告。它计算了全球变暖所带来的花费以决定在与之对抗中应然的花费。社会学教授史蒂文·耶利(Steven Yearly)写道:

> 在为这份报告做出他们的核算时,经济学家们已经对各种各样可能源于气候变化和海平面升高而带来的损失,包括人员伤亡在内,赋予了一个价格。这一价格与可能会被使用的预防措施的成本加在一起,于是就可以在一项成本效益分析中被使用,以计算出行动的最佳方案。通过参考诸如人们将乐意且能够为避免环境危害而做出多少支付这样一些情况,他们就计算出了人命的"价值"。相应地,在发达国家中的"北方生命"(Northern lives)的价值,似乎要远远超出那些发展中国家中的"南方"(South)公民。[18]

发展中国家的代表提出反对。谁愿意在全球变暖中做一个"便宜货"呢?

这样的反对不容忽视。根据环境新闻记者比尔·麦吉本的报道,IPCC"推断,对矿物燃料的使用上某种 60% 的即刻减少,对于当前破坏水平上的气候稳定来说也仅仅是必要的"[19]。但是,《大西洋月刊》的格雷戈·伊斯特布鲁克在 1995 年注意到,"如果所有的发达国家减少其产生的温室气体排放量的 20%,……而发展中国家只是维持其当前在能源消耗上的增长率,到 21 世纪的早些时候,全球二氧化碳的排放也将增加 15%"[20]。据伊斯特布鲁克的报道,IPCC 估计,"按当前中国煤电生产的增长率,到 2025 年时,仅中国释放的温室气体就将比加拿大、日本与美国的总和还要多"[21]。那么,发展中国家的协作对于抵制全球变暖就是至关重要的了,而如果我们携有一种将他们的价值放置在我们的价值之下的打算的话,几乎就不可能期望得到他们的合作。经济人类中心主义不会成功。

一些支持和反对卖淫合法化的理由表明,非经济人类中心主义会更好一些。

卖淫应被合法化吗

卖淫在美国几乎所有的地方都是非法的,然而在英国却是合法的,但卖淫者公开拉客是犯法的,而在荷兰,卖淫者可以合法地从事她们的交易并宣传她们的服务。为什么卖淫在美国是非法的呢?哲学家雅克·蒂洛(Jacques Thiroux)在《伦理学:理论和实践》(*Ethics：Theory and Practice*)中表达了许多这样的观念:

卖淫导致了对卖淫者(通常是一名女性)和人类性活动本身应有尊重的缺乏,而性活动本身被认为是增进配偶之间关系的亲密行为……相反,卖淫将人类的性活动降低到兽性般的淫欲行为……在美国,卖淫是一项大生意并且常常为犯罪分子所掌控和运营。卖淫者经常受到拉皮条者和顾客动物般的对待;许多人被毒打,而且有些人最终被杀死。此外,拉皮条者迫使卖淫者吸毒以使她们受到控制……没有比卖淫更快或以更特定的方式传播性病和艾滋病了,因为除了通过性传播外,卖淫者也可能作为瘾君子而为注射针所感染。……更有甚者,由于卖淫者和她们的许多顾客可能有配偶,因而传播这些疾病的可能性就会成倍地增加……因为所有这一切,卖淫应被从我们的文化中清除出去……[22]

我们应该继续拥有和加强反对卖淫的法律。

请注意,反对使卖淫合法化的一些思考能够被置于货币条件下。比如说,传播性病和艾滋病的风险可以被转化为相关的医疗及保险费用。但是,当人们公开谴责通过卖淫而导致的艾滋病传播和滥用毒品时,金钱在他们的心目中就是最重要的吗? 我并不这样认为。

为了反对卖淫合法化而提出的其他一些思虑,彰显了非货币的理想。卖淫者没有被作为人而受到尊重。被认为是加深夫妻之间私密关系的人类性活动被贬低到兽欲的地步。这些思虑依据人们应该如何相互对待以及性应怎样适应于人类生活的那些理想。在这样的设想下,反对卖淫的人们将不会考虑是否卖淫合法化可以增加 GDP 或带来税收。

现在,让我们考虑另一个方面。保守的专栏作家乔治·F.威尔(George F. Will)在 1974 年认为,卖淫应该免于惩罚。他写道:

考虑到国家立法者们对任何理由不甚充分的观点可能会凭直觉退缩,那么这一点可能不会很容易地实行。但是,使卖淫免于惩罚的理由完全是保守的,这包含了对隐私权、自由、宪法、法律和警察的尊重。卖淫是不道德的,但它对于社会结构不是一个威胁。由于卖淫是双方同意的成人之间的私人性行为,因此,政府不应将其摒弃于法律保护之外,除非政府能够证明它包含有事实上具有危害的公共后果。但是与卖淫相关联的具有危害的公共后果,或是不受禁止它的那些企图的左右,或者是由这些企图所产生。……反对卖淫的法律终归是侵犯了隐私权……常常在其话语中且总是在其运用中,(它们)通过歧视女性而侵犯了宪法的平等保护条款。[23]

威尔强调了非货币的考虑因素。美国人民拥有自由权利、法律上的平等保护权和隐私权。这就是一些不能用货币价值进行计算的社会理想。而且,即使它们能够被计算,威尔赞成它们也不是因为拥护这些理想而使国家更富裕,而是因为这可以使国家更美好。因此,对卖淫合法化的论断与反对它的论断一样,预设了货币考虑未能顾及的道德规范的一些方面。双方都拒绝经济人类中心主义。

非经济人类中心主义 vs.经济人类中心主义

学者马克·萨戈夫(Mark Sagoff)解释了为什么经济人类中心主义是吸引人的,而非经济人类中心主义是正确的。人们既是公民又是消费者。

> 作为一个公民,我关注公共利益胜于我自己的利益;共同体的收益胜于我的家庭的福利……在我作为一个消费者的角色中……我关注自己私人或利己主义的需求和利益;我寻求作为一个个体所具有的目标。我将我作为一个公民认真对待的关系到共同体的价值放在一边,而总是把个人利益放在第一位。[24]

我们业已评论过的支持和反对卖淫合法的论断都采取了一种公民的立场,而不是消费者的立场。总体而言,消费者希望经济尽可能的庞大,因为这将会使就业机会、收入和产品选择最大化。然而,为卖淫论辩的双方都没有提及这些考虑。他们的观念反映出,他们所思考的是如何使社会更好,而不是更富。

如此之多的经济学家们何以未能领会到显而易见的这一点呢?经济学家的一个主要目标在于预测人们在市场交易中将会做什么。预测通常最好是这样,即假设人们在市场语境下的行为常常是利己的。市场中的利己行为在经济学上被认为是理性的。

许多经济学家之所以误入歧途,在于他们认为,每当经济利益受到影响时,人们就会从经济视角进行思索,并且自私自利地行动。人们常常站在一个公民的立场上认可某些经济上不利于他们的政策,例如,拥有舒适收入的人们通常赞成工作条件规定以确保工人安全。这些人和他们的家庭成员并不在那些缺乏上述规定条件便会危险重重的煤矿或工厂中工作,因此他们个人并不从中获益。相反,这些法令使得采矿和制造过程变得更加昂贵,从而提升了许多消费品的价格。这样就会使这些富有消费者的市场地位恶化。作为消费者,我们一般来说偏爱更低而不是更高的价格。因此,为什么富有的人们支持由美国职业健康与安全管理局(OSHA)所批准的工作场所法规呢?在萨戈夫看来:

社会规约(social regulation)表明了我们信奉什么,我们是什么样子,作为一个国家我们的主张是什么,而不仅仅是作为众多的个体的我们希望购买什么。社会规约反映出我们集体选择的公共价值,而这可能会与我们个体所追逐的需求和利益相冲突。[25]

对于我们作为消费者和作为公民的角色间冲突,以及对于公民而非消费者视角的更多承诺,萨戈夫提供了补充说明:

去年,我贿赂一位法官以逃避两张驾驶违章传票的惩罚,而且我之所以乐意这样做,是因为我因此而保全了我的驾照。然而,在选举时,我帮助投票把那个腐败的法官赶出办公室。我在公路上超速行驶;然而我希望警察对超速行驶实施制裁……我喜欢我的车子;我痛恨公交车,然而,我投票支持那些承诺对汽油征税以补贴公共运输的候选人……我所支持的政治事业似乎与我作为一名消费者毫无关系,因为当我选举以及当我逛商店时,我采取了不同的观点去看待这两种行为。我有一辆贴有"即刻环保"标签的汽车,但在任何地方停车时,它都会漏油。[26]

萨戈夫声称,当人们将公共政策的优先选择看作消费需求时,人们就犯了某种逻辑的错误,这被称为**范畴错误**(category mistake)。在他看来,范畴错误"就是当你声称不具相关意义的另一个概念是某一概念的属性的时候犯的错误"。[27]比如说,声称 2 的平方根是蓝色的或要求普通美国人的姓名和地址,就是一种范畴错误。同样地,无论是谁

去询问,公民们为了实现他们经由政治团体所拥护的主张而可能做出多少支付时,他都犯了一项范畴错误……公众"偏好"所包含的不是欲求与希望,而只是意见或观点。它们所表达的,是对于作为一个整体的共同体或群体来说,一个人所认为是最佳或正当的事情。……那些为支持或反对一项公共政策而论辩的人们,希望他们的观点能够被倾听到并且被理解;他们寻求对其论断的某种回应……没有人主张人们持有信念的强烈程度或是他们在宣扬时所付出的费用,能够显示出他们在智识水平上令人信服。正是论断的中肯性,而且不是同党们乐意付出多少钱,才为公共政策提供了一个可靠的基础。[28]

堕胎争论说明了总是将人们看作消费者而从来不是公民的荒诞。经济学家休·H.麦考利(Hugh H. Macauley)和布鲁斯·扬德尔(Bruce Yandle)在《环境利用和市场》(*Environmental Use and the Market*)中,建议通过建立一个堕胎许可市场去解决堕胎争论。他们写道:

有一个堕胎的最适数目,正如存在着某种污染或清洁的最适水平一样……那些反对堕胎的人,如果其激越的情感是如此强烈,以至于做出的支付在边际量上要大于任何想要堕胎者所给出的价格,那些反对堕胎的

人就将会完全达到目的。[29]

亲生命派(反对堕胎)和亲选择派(主张有权堕胎)的支持者们指责此种推理为荒谬的,它犯了一种将政策偏好看作消费需求的范畴错误。情愿支付所衡量的是消费需求,而不是政策偏好。

审美价值

如果最大财富的产生不是关于公共政策合乎逻辑的判断的唯一基础,那么,环境保护论者应该利用其他一些什么样的标准呢?我们已经了解到生存权是一个标准。它表明了对于将危险的制造流程、生产工艺以及有毒的化学药剂出口到发展中国家的贫民中去的行为进行谴责的正当性。但是还存在着其他许多环境议题,而且它们不能通过诉诸生存权而得到解决。比如说,环境保护论者经常希望保存荒野地并且将野生动物放归到它们的自然栖息地中去。

纯粹经济的兴趣(经济人类中心主义者所作出的那种选择)很少会为保存荒地辩护,因为通过开发荒野地可以赚到更多的钱。一个例子就是国王峡谷(Mineral King),它的命运在 1972 年时掌握在最高法院的手中。国王峡谷位于毗邻红杉(Sequoia)国家公园的一处国家森林之中。波特·斯图尔特(Potter Stewart)法官将其描述为"一处为文明成果整治的准荒野地"。它"几乎完全被用于娱乐目的……它相对地难于进入以及缺乏开发……限制了每年参观者的人数"[30]。威廉·O.道格拉斯(William O.Douglas)法官从没有光顾过这个山谷,但他将其设想为"好比是内华达山脉的其他一些奇观一样……在那里人们可以远足……狩猎……钓鱼……或参观……只是静穆于孤寂与惊异之中……"[31]

1969 年,美国森林管理局(Forest Service)授权迪士尼公司在国王峡谷修建一座滑雪场地。这项计划

　　耗资 3 500 万美元,由汽车旅馆、饭馆、游泳池、停车场以及其他一些设计每天容纳 14 000 名参观者的建筑物综合而成⋯⋯其他的设施,包括滑雪电梯、滑雪道、一段齿轮助力的铁路,以及电力装置,都要被建在山坡之上⋯⋯为了便于通往这个胜地,加利福尼亚州计划修建一条长 20 英里的公路。跟用来为这一名胜提供电力的一条计划中的高压电线一样,此条公路的一部分要穿越红杉国家公园。[32]

　　峰峦俱乐部①,一个对内达华山脉有着特别兴趣的环境组织,反对这样做。俱乐部声称:"开发将会破坏或者在其他方面影响风景、公园中的自然与历史景观以及野生动植物,而且将会损害后代人对公园的享有。"[33]峰峦俱乐部并未宣称,保留国王峡谷作为一处准荒野地将产生更多的国家收入并使 GDP 最大化。相反的意见是很明显的。滑雪者的银行存款余额就会像滑雪屐在奔跑一样下降得飞快。而且每天就会有 14 000 名参观者! 峰峦俱乐部的非经济兴趣有多强烈呢?

　　他们所提出的一个关注是从审美的角度入手的。迪士尼计划将会"给风景带来不利影响"。看一下对另一处荒野地的描述就可以来评价这种兴趣的强度。20 世纪前半叶生态科学的奠基者奥尔多·利奥波德,在 20 世纪初这样描绘科罗拉多河三角洲:

　　在地图上,三角洲是被河流分成了两半的,而事实上,这条河哪儿也不在,同时哪儿都有它,因为它在 100 个绿色的潟湖中,决定不了哪一个能为它提供一条最清的、最少险滩的通向海湾的河道⋯⋯"他把我领向静静的流水之旁",在我们乘着我们的小船探索绿色的潟湖之前,我们一直把这句话看作书中的一句短语⋯⋯静静的流水是深绿色的,我想这是因

---

① 峰峦俱乐部:美国自然保护组织,1892 年由一群加州人创设,旨在保护太平洋沿岸山区的野生动物,濒危物种等。——译者注

为水藻的缘故,尽管如此,也绝不比绿色差。由牧豆树和柳树组成的绿墙把河道与其后面的长满荆棘的荒漠隔了开来。在每个拐弯的地方,我们都看见许多白鹭站在前面的池塘里,犹如一动也不动的白色雕像,恰与其水中的倒影相对称。一群鸬鹚开动它们黑色的船头,去搜寻掠过水面的羊鱼。红胸反嘴鹬、半蹼白翅鹬和小黄脚鹬,正用一只脚立着作假寐状。绿头鸭、赤颈鸭和蓝翅鸭因惊吓而飞向空中。[34]

我不能分辨清楚一只水凫和一只鹬,但是利奥波德的描述使我希望自己能够欣赏科罗拉多河三角洲的那些绿色潟湖。

利奥波德继续写道:"我们从不事先计划第二天的事,因为我们早就知道,在荒野里,在早饭前,某种新的突然的心血来潮,会把这一天的计划全部推翻。像那条河流一样,我们自由地游荡着。"[35]有一天,利奥波德看到空中"出现了一个转动着的由白色斑点组成的圆圈,时隐时现。一声轻微的号角似的叫声马上告诉我,这是一群鹤。它们正在巡视着它们的三角洲,发现它是非常完好的"。他报道说无法辨认清楚它们的种类,但那也没有关系。"关键在于我们与这群最天然的鹤共享着我们的荒野。我们和它们,都在这遥远的、僻静的空间和时间里,找到了一个共同的家,我们都返回到更新世(Pleistocene)去了。"[36]

尤金·C.哈格罗夫(Eugene C. Hargrove)在其《环境伦理学基础》(*Foundations of Environmental Ethics*)中讨论道,正是像这样一些审美的考虑支持了环境保护。18世纪的欧洲人和美国人喜爱整齐匀称的花园胜于更为自然的风景,植物在此被修剪成几何图形。但是其后的审美情趣发生了变化。

在美国和欧洲的园艺协会开始成立的同时，非规整园林变得流行起来。这些协会向世界各地派出工作人员，从而带回植物和种子。庭园自然地成为这些植物展览的观光地，而且通过迫使园艺爱好者们接受新的以及更为野性的美的标准，这些新植物的引进产生了一种朝向自然的更加随和的态度……可以这样说，由于每一种独特的植物都是来自地球神秘的和古怪的角落的一位使者，园艺爱好者的思想不可避免地转向对于自然且陌生的环境的注视……在此方式上，一种对荒野地区的兴趣就产生出来，从而为后来的既是科学的又是审美的径直鉴赏铺平了道路。[37]

哈格罗夫劝告我们以我们想象艺术品的方式来想象这样的荒野地。我们的生命由于体验到它们而充盈起来。不只是为了提供更为丰富的体验，同时也是因为我们相信，世界拥有这些实体比起不拥有它们来说是一个更美好的存在。换句话说，我们视其自身具有**内在价值**（intrinsic value）。因此，如果直接观赏它们容易摧毁它们时，我们就情愿只是观看复制品和照片了。哈格罗夫提示道："按照惯例，任何时候这样的观赏开始危害到艺术品时，它们就会从公众的视野中消失。"[38] 对洞穴壁画来说也是一样的，如法国拉斯柯洞窟（Lascaux）一处著名的鹿画。向观光者展示绘画时所需的灯光促成了一种毁灭性真菌的生长，因而不再对游人开放。作为替代，附近的游客中心有一个照原尺寸大小的洞穴模型。出于同样的理由，马默斯洞穴（Mammoth Cave）国家公园中一处全天然的洞穴走廊禁止审美观光，人们可以观看图片。[39] 同样的，我知道，如果科罗拉多河三角洲的绿色潟湖今天还存在的话，我将希望它们被保护起来，即使我个人没有当面参观它们的机会了。

国家野生生物基金会将审美的诉求转向内在价值。1998 年 12 月，我收到一封信，信中极力劝我支持黄石狼恢复计划。狼是黄石地区的自然物种，但是在很多年以前由于猎杀而导致其在当地灭绝。在 1994 年时,它们被重新引进。然而,近来"一位联邦法官已经命令美国鱼类和野生生物局禁止该计划并将那些狼驱逐出去……黄石狼的壮观可能会永远地消失!"哈格罗夫可能会认为,这是一种诉诸栖居于黄石的狼群之内在价值的审美情趣。没有组织观光这些狼的建议,更不用说宠爱它们了。这个论断实则是,这个世界有黄石狼比没有要更美好。

我不敢确定,哈格罗夫是否正确地划分了作为人类中心主义者的人们对于马默斯洞穴国家公园天然洞穴走廊或是黄石狼的关注。在不考虑人类与它们的任何交互作用的情况下,对这些事物的珍视似乎不是人类中心主义式的,因为人们除了仅仅知道它们存在外并未获得任何收益。它们的存在似乎是因为其本身被认为具有价值,而且这对于保存(或恢复,在狼这一例子中)来说是一种非人类中心主义的基本准则,我们在下面的四章中将考察非人类中心主义。

国家遗产

国家遗产(national heritage)是保存的另一个缘由。峰峦俱乐部坚持认为国王峡谷作为一处滑雪胜地的开发将会毁灭"自然和历史景观",我们国家遗产的一部分将会丧失。

尤金·哈格罗夫宣称,"在美国,……荒野地作为一种国家荣耀,至少已有一个半世纪之久,而且荒野已经被作为某种专门的特征将美国景观的自然美与欧洲的那种区别开来".[40]马克·萨戈夫将这种关系更远地追溯到18世纪的神学家乔纳森·爱德华兹(Jonathan Edwards)。萨戈夫将这样一种信念归因于爱德华兹,即"美国人能够在自然的体验中发现灵魂的觉醒……自然是一种神圣的象征;而且,荒野使美国人确信他们与上帝特殊的关系"[41]。之后,萨戈夫在杰斐逊(Jefferson)、爱默生(Emerson)、梭罗(Thoreau)、梅尔维尔(Melville)以及惠特曼(Whitman)的作品中,也为这样一种观点找到了更多的支持,即"自然具有能够被阅知或至少可以被转化入美国人的国民性中去的崇高品质……"[42]

詹姆斯·费尼莫尔·库珀(James Fenimore Cooper)的《皮裹腿故事集》(*Leather Stocking Tales*)在 19 世纪流传甚广,因为这些故事都表达了对荒野地和荒野美德所怀有的深深敬意,而在文明的挺进中,这些东西正在丧失掉。美国历史学家佩里·米勒(Perry Miller)写道:"原始森林越是快速地、越是贪婪地被砍倒,诗人和画家以及传道者——越是绝望地致力于将这个共和国的个性与原始的、未受玷污的或'浪漫'的自然关联起来。"[43]总而言之,美国的艺术家、作家以及传道士们在美国人心目中灌注了与自然盟约的信念。这个盟约中包含了乔纳森·爱德华兹所谓的仁慈。萨戈夫写道:

这种仁慈充分尊重事物自身的成就。它重视事物的特性并通过阻止人的干预以允许事物自身的完整。这是一种对所有事物的尊重,立足于此之上,我们可以建立一种合意的环境伦理。它足够地尊重自然,并不对其加以干预。[44]

因此,荒野地区的保存能被用来更加清晰地增进美国的价值观,以及保留那些具有内在价值的审美对象。

萨戈夫声称,他和他的学生们讨论了迪士尼公司在国王峡谷建设一座滑雪场的提议。他发现,如果是一处滑雪胜地而不是依然的一片荒野地的话,会有更多的学生期望去那个地方参观。他们将会花费大量数额的钱,因此,这个计划肯定会提供更多的工作岗位并增加 GDP。虽然如此,学生们还是不同意森林管理局许可迪士尼开发的最初决定。据萨戈夫说:

学生们认为迪士尼计划是令人讨厌并且是卑鄙的,森林管理局批准它就已经侵犯了公益信托。而且,我们所拥护的作为一个国家的价值观驱策我们去保护我们拥有的这些规模很小的荒野地,为其自身的缘故并作为留给后代人的一份遗产。[45]

拿我来说,我情愿假定萨戈夫的学生并不只是在谄媚。

国王峡谷的故事最终以有利于保存主义者的一面告终。国会废除了迪士尼的租约。萨戈夫写道,他们的决定

立足于审美的和有关历史的关注之上,诸如一处庄严的百万年之久的荒野,客观上说要胜于一所商业性质的低级娱乐场所这类论断。以此种方式,国会对公民在公共事务听证会上的争论中表达出来的意见给予了回应,而不是对个体可能从一个市场中的利益出发而支持的需求给予回应……[46]

换言之,人们是作为公民作出决定的,而不是作为消费者。如果他们唯一的关注是人类的福祉,这就是非经济人类中心主义在起作用了。

价值观念的转化与后代

布赖恩·诺顿(Bryan Norton)声称,面对自然能够使人们的价值观念从物质主义的消费中转移出来,并且朝向一种更为充实的人生。当被设想为使生活更美好的玩具和其他"东西"(乱七八糟的玩意)所环绕时,许多儿童变得厌烦且不高兴。诺顿设想这样一个儿童的如下转变:

假设一个大人遇到一个在树林中玩耍的小孩。这个小孩非常高兴地

从步行鸟鸟巢中掏出鸟蛋破坏鸟巢。大人温和地向小孩解释鸟蛋对于孵出幼鸟是必要的,而且向小孩展示另一个巢中的幼鸟。小孩惊呆了,看着幼鸟在巢中被鸟妈妈喂养,他失去了对破坏游戏的兴趣。现在他开始表现出对于鸟的幸福焦虑的关注,并问了许多问题……对于破坏的感性偏好及其体现出的需求价值而言,起初的吸引力现在业已被转移出来。[47]

如果某种对自然有真挚兴趣的生活好于一种愚蠢破坏的生活的话,这种转变就构成了进步。诺顿设想一名开始参加一个保护组织会议的年轻人某种类似的转变:

她意识到,自从她第一次参加保护会议后,她已经改变了,她已开始学习生态学教材并且发现在树林中的一次散步是令人振奋并令人满足的……购物一整天,曾是她非常喜欢的活动,现在却使她感到,还不如为了一项保护事业而作为一名志愿者工作一天得到的满足更多。虽然没有真正地思索过此点,但是她已经意识到有比物质占有更为重要的事物……而且她相信,由于这些改变,她成为了一个更完善的人。[48]

诺顿写道,这种转变是保存荒野与濒危物种的一个理由。他认为这种转变是好的。"但是,如果自然被更改到与野生物种的邂逅都成为不可能,这种转变就不会发生。物种保存主义者们应该强调野生物种的价值,特别是那些濒危物种,以促使人们再次思考他们当前感性偏好的消耗行为。"[49]

总的来说,如果你认为我们社会中的人们总体上说是过于物质主义的,你将希冀有助于对抗物质主义的政策,而且这就包括了保存和保护荒野地和濒危物种的政策。这样的政策不可能使经济增长最大化,因为任何关于完全立足于人类福祉之上的论证都依赖于非经济人类中心主义。

这些政策使社会更完善,而不是更富有。

非经济人类中心主义支持许多保存主义者在后代问题上的论断。我们在第 2 章中看到,我们对后代人负有避免将地球弄得一团糟的义务。经济人类中心主义无法与我们在有关这些义务的信念上达成一致,因为它要求将未来人们的生命进行贴现。

还有一个问题困惑着经济人类中心主义。即使它将未来的人作为我们的同辈,它也不能够告诉我们,如何去履行对他们的义务。它的目标是使消费者满足最大化。但是在许多方面,未来人们的消费需求将依赖于我们留给他们的是什么样的世界。满足他们消费需求的目标将是本末倒置。这就像在你设计好房屋之前就试图购买适合于你卧室的家具一样。萨戈夫以他生动的笔触写道:

如果我们留给(后代人)一处只适于猪猡生存的环境,他们将会像猪一样生活……假设我们毁灭掉我们所有的文学、艺术以及音乐遗产;假设我们留给后代人的只是粗制滥造的罗曼史、荧光天鹅绒画以及迪斯科歌曲;我们于是将保证得到一个近乎文盲的未开化的种族。现在,假设我们留下一个由垃圾堆、地面矿场以及公路所主宰的环境。同样……未来的个体将是目不识丁的,尽管是在另一种意义上看。

后代人可能不会抱怨说:一群蠢货①才会喜爱一个收售破烂的环境。这就是问题所在。这种未来是最经济的……但它终究是场悲剧。

萨戈夫总结道,我们拥有一项义务,为未来个体提供一处与我们认为

---

① "yahoos",又译耶胡。出自《格列佛游记》。——译者注

是好的这样一种理想相一致的环境。[50]

总而言之，只有当我们的判断不仅反映了经济关注，而且也反映了我们的审美标准、我们的国家遗产观念以及我们人人具有平等价值的观念时，我们的社会才会公平地对待我们所有的价值观念。正如在卖淫的情况中一样，这些议题只通过经济吸引力是不能够被富有意义地加以表明的，更不用谈解决它们了。

道德多元论

CBA 完全依赖于在真实或假设的市场中的消费需求，把所有的考虑都置入货币条件下。如果目标是最大化的经济增长，数学就决定了行动的最佳方向。然而，我们已经看到，CBA 并不总能产生合意的结果。CBA 鼓励有害的稀缺，而且宽恕那些有利于富人而不是穷人、有利于现时代的人而不是后代人、有利于发达国家而不是发展中国家的不公正行为。

对 CBA 来说，一个选择就是**道德多元论**（moral pluralism），它是由那些不可能被浓缩成任何一条原则的众多并行的道德原则所指导的。比如说，我们能够为审美的、国家遗产的以及形形色色关于人类最佳生活的观点所指引。但是，我们怎样就能够解决它们之中的冲突呢？暂且假定人类最佳生活中含有对野生动物的猎杀，但这需要建设一些会损害荒野地区之美景的道路。我们如何才能晓得，哪一种考虑应该占上风？有些哲学家声称，由于缺乏一种清晰的决策程序，道德多元论是不可取的。[51]

但这不是一个严重的问题。人们常常在没有数学程序或固定不变的优先准则下通过篡改并行的价值观念而作出合意的决定。比如说，细想一下某些严重的犯罪问题、人身安全以及政治自由方面的问题。通常来说，我支持对严重罪行的镇压，我希望罪犯被抓住、被审判并受到惩罚。

但是我也珍视我的隐私和政治自由。我不希望警察毫无理由地冲进我的房屋并搜察我的资料文件和财产。然而,我必须承认,给予警察自由决定搜查和抓捕的权力将有助于禁止严重犯罪。警察将能够基于最细微的线索快速行动(当然不是在我的房间了!),而且有时会找到能够把那些坏蛋送入监狱的严重犯罪的证据。

但他们不一定每次都是基于好的线索而行动的,他们可能会对某一并不确切地说我贮藏了很多毒品的谣言作出反应。(20 世纪 60 年代我的确有读研。)更糟糕的是,警察可能是市长的朋友,而后者反对我的在公立学校中进行性教育的观点。为了使我在学校董事会议中缄口不语并威胁其他一些赞成我们观点的人,市长可能已经要求警察搜查我的房屋以寻找可能会玷污我名声的令人困窘的材料。即使搜查并未发现什么,这也是一次痛苦的经历,我的性教育观点在那些希望避免那种痛苦经历或是那些在家中藏匿令人困窘的秘密的人中可能会失去支持者。总而言之,警察应该被允许做一切能够禁止犯罪的事情的原则与人们在他们的家中应是安全的并且政治上应是自由的原则相冲突。

道德多元论者坚持说,这些原则不可以被简化为任何一个原则。比如说,我们不能将所有的变量置于货币条件之下,并采用财富最大化的原则。那么,我们怎样决定做什么呢? 一个原则建议无限制的警察搜查,而其他一些原则则认为不可以有住宅搜查权。

道德多元论的反对者声称,不存在对这样一种冲突的合理解决方法,但是在美国宪法第四修正案中包含了一个解答:“人民保护其身体、住所、文件与财产不受无理搜查与扣押的权利,不可侵犯;亦不得颁发搜查证、拘捕证或扣押证,但有可信的理由,有宣誓或郑重声明确保,并且指定了具体搜查地点、拘捕之人或拘押之物的除外。”这个解答是一种折中。人们通常在他们的房屋中是安全的。但是如果警察使法官相信,在房屋里可能藏匿有确定无疑的犯罪证据的资料,警察就可以搜查一所房屋。这是一种合情合理的折中吗？它不是源于数学计算，因此它不是从那种方式中推理出来的，但大多数人却认为它是合理的。

当然，冲突依然存在。汽车也应如住宅那样被同等地对待吗？不完全是。由于它们是自由移动的，在所有的情况下要求警察取得一项司法授权是不切实际的。但是，它们是私有财产，人们希望免于任意的搜查，因此，警察一般来说必须在搜查一辆车之前就有恰当的理由相信，他们将会找到一项犯罪的证据。

然而，对此也存在着例外。最高法院在 1973 年的合众国诉鲁滨逊案 (*United States v. Robinson*)[52] 中裁定，警察在任何时候作出逮捕时，即使没有恰当的理由，搜查也可进行。原因在于：保护抓捕人员的安全并且保存犯罪活动的证据。艾奥瓦州的法律更进一步，允许在任何时候驾车者由于违反交通规则被叫停时的全面搜查。

在诺尔斯诉艾奥瓦州案 (*Knowles v. Iowa*) 中[53]，这条法律是否违宪引起了争论。一名警官测定，帕特里克·诺尔斯 (Patric Knowles) 在艾奥瓦州牛顿 (Newton) 的一处限速每小时 25 英里的地段以每小时 43 英里的速度行驶。除了对超速行驶签发一张传票外，警官凭着一种他承认不是一种恰当理由的"直觉"，进而搜查了汽车，发现了大麻和一个小吸管，因此他拘捕了诺尔斯，因为他触犯了该州的管制物品法案。这种对隐私的侵犯是不可取的吗？

最高法院认为是这样。在 1998 年 11 月的口头辩论中，史蒂文斯 (Stevens) 法官指出，在艾奥瓦警官为一次交通违章而阻止某些人时，他们可以提出警告而不是签发一张传票。肯尼迪 (Kennedy) 法官由此推论说，艾奥瓦州的法律将允许一名警官在缺少恰当理由并在没有签发一张传票的意图的情况下就可以搜查一辆车，并且如果发现了犯罪证据就可以拘捕车里的人。金斯伯格 (Ginsberg) 法官评论道，这就给予了警官"某项无比大的职权"[54]。在 12 月时，首席法官伦奎斯特 (Rehnquist) 作出了合议庭意见,他指出,在没有恰当理由下就允许搜查的两种借口在此例中不适用。搜查车辆不能发现超速的额外证据。同样,在交通传票或警告的情况下,对于警官安全的关注不能如实行逮捕时那样在同等程度上提出。[55]

道德在于,当诸原则与价值观相冲突时,讨论可以产生大多数人都认为是合理的妥协。恰当理由准则就是这样的一个折中。警察在进行逮捕时的免责就是在那种和解之内的一项折中,但仅是在交通传票或警告的情况下就免责,乃是过犹不及了。因此,对帕特里克·诺尔斯因为携带大麻而进行的定罪就被推翻了。然而,车中携带有大麻时最好不要超速(或超速行驶时在车内最好不要吸食大麻)。

这就是马克·萨戈夫在环境问题上用以指导公共政策的那些种类的讨论和折中处理。保存一片荒野的拥护者们可能会从他们的立场出发提出审美的、与历史相关的以及教育的理由。开发商将会提出与此相冲突的考虑,比如说,满足消费需求与促进经济增长的价值。大多数人认为我们的政府应该帮助个人找到工作并获取收入,以便他们能够购买他们所需要的东西。金钱非万能,但实在重要。金钱的考虑应该不是排除讨论,而是应使讨论富有活力。比如说,人们可能会同意,赚钱就是开放一处国家森林以进行择伐的理由,但是审美的考虑就排除了皆伐以及迪斯尼类型的开发。

货币因素也在另一种方式上关涉环境政策。利用多样化的原则和价值观念进行的政治辩论可能会导致这样的决策,比如说,美国应该将其温室气体的排放降低到一定程度以缓和全球变暖。正如我们刚刚看到的那样,货币因素可能会合理地影响人们,但不会命令人们作出这些决策。现在我们达成了实现适宜减少的排放数量。在所有其他各点都相同的情况下,常常最好是在最低成本上达到我们的目标。当单纯的成本考虑不能设定目标(如 CBA 可能要求的那样)时,它们可能会合理地指导着策略以实现目标。经济理性的使用被称为成本效率分析(CEA)。与 CBA 只是通过货币考虑来设定公共政策的目标不同,CEA 只是表明如何以最小成本达到目标。

道德相对主义

这里有一个问题。萨戈夫建议我们在讨论并行的价值观念和原则后再作出决策。问题在于,如果文化的价值观念和原则是有缺陷的,决策就将可能是不完善的。考虑一下人民诉木村案(*People v. Kimura*)。[56]一名日裔美国妇女在得知她丈夫的婚外恋后,

企图实施携子自杀(Oyakoshinju)时,杀死了她的两个孩子。依据辩护律师以及日本人社区的成员来看,在日本传统文化中,对于一名妇女而言,洗除其身上因丈夫不忠所带来的耻辱,死亡仪式是一种可被接受的方式。[57]

如果那是美国人的习俗的话,就不会再有人去羡慕20世纪90年代晚期美国著名政治家的子女了。在另一个案例中,居住在美国的来自老挝群山苗族的一名成员,行使了他在苗族文化中处死通奸妻子的权力。[58]

这就是那些我们(我想当然地)认为是在错误的原则上作出决策的例子,因为我们不认同它们所体现出的原则与价值观念。但我们也可能是被有缺陷的原则和价值观念所指引。比如说,对许多人来说,猎杀野生动物是完美人生的一部分。其他人则不这样认为。

再次考虑一下国王峡谷。对一些人来说,红杉美丽迷人且象征着美国的高贵庄严,因此,出于审美和国家遗产的原因而应在红杉国家公园和

国王峡谷中得到保存。其他人认为企业家精神是美国对世界最为重要的赠予,因此他们支持把国王峡谷作为一处滑雪胜地进行开发,不仅是为了钱,而且是作为企业家卓越成就之价值的明证。这样的人可能发现,以树木镶边的滑雪坡比一个满是树木的山坡要更为优美。这不足为奇。商业广告影响着审美情趣,而且多数广告的设计是为了产生收入。滑雪者因掏钱而处于山腰之上;树木则不会掏钱。

总而言之,让自然的命运取决于那些基于我们国家的原则和价值观念而作出的决策时,可能不会比一名通奸的苗族妇女被置于其丈夫传统良知上的命运更好。下章开始,我们将再考虑这一问题。我在这里只是指出,这个问题对于经济的和非经济人类中心主义而言是相同的。在经济人类中心主义者中最终决定行动的正确路径的消费需求,和非经济人类中心主义者所采用的原则和价值观念一样,都是具有文化依赖性的。

讨论

- 由于妻子没有可存活的卵细胞,因而许多夫妇不能生育。一些这样的夫妇就付钱给另一名妇女,一个所谓的代孕妈妈,通过与那个丈夫的精子进行人工授精而受孕,生下婴儿,接着将孩子让给那对夫妇。这对夫妇除了支付所有的医疗账单外,还给予代孕妈妈10 000或15 000美元,你会如何支持(或反对)给予代孕契约充分的法律保护? 在你的推理中,经济增长的价值占据了何等地位?

- 许多贫穷国家中的人们想要得到他们从诸如可口可乐、福特以及耐克这样一些公司所做广告中了解到的消费品。就像美国的穷人一样,他们做着更为富裕的人们不愿干的工作以赚钱,如采煤或做服务生。你可能会如何论证,对于发展中国家来说,接受那些在发达国家不可接受的制造业工作与有毒废弃物倾倒是公平的(或不公平的)？

- 在博帕尔，只有贫民区受到了污染。中产阶级居住的山上丝毫未损。考虑你对于前一个问题的解答，在面对那些在贫穷国家中因危险工业生产而实际获得大多数赔偿的人，和那些因最终暴露于有毒物质之下而面临最大风险的人时，这些解答将会有什么样的调整呢？

- 你是否觉得只是知道有一些种类的鲸存在就很满意，即便你还没有看看它们的特别愿望？ 如果是这样的话，这是不是就是哈格罗夫所提出的那样，是一种审美人类中心主义的关注，或者说，你对鲸本身有没有非人类中心主义的关注呢？ 再者，如果你希望鲸类物种被保存下来，您愿意为一个致力于这一目标的组织每年支付多少钱呢？ 假如真有其事，在这样的背景下提到金钱将怎样使其成为一个经济人类中心主义而不是一个非经济人类中心主义的话题呢？

注释：

[1] Claude Alvares, "A Walk Through Bhopal", David Weir, ed. *The Bhopal Syndrome*(San Francisco: Sierra Club books, 1987), pp.159—180, at 165—166.

[2] Ward Morehouse, "Unfinished Business: Bhopal Ten Years After", *The Ecologist*, Vol.24, No.5(September/October 1994), pp.164—168, at 165.

[3] David Weir, *The Bhopal Syndrome* (San Francisco: Sierra Club Books, 1987), p.31.

[4] Weir, p.32.

[5] Weir, p.36.

[6] Weir, p.33.

[7] Weir, pp.40—42.

[8] Weir, p.59.

[9] Weir, p.60.

[10] Jodi L.Jacobson, "Abandoning Homelands", *State of the World 1989*, Lester R.Brown, ed.(New York: W.W.Norton, 1989), pp.59—76, at 70.

[11] Aaron Sachs, "Upholding Human Rights and Environmental Justice", *State of the World 1996*, Lester R.Brown, ed.(New York: W.W.Norton, 1996), pp.133—151, at 144.

［12］Morehouse，p.168.

［13］Sachs，p.148.

［14］Morehouse，p.167.

［15］*The Guardian*，14 February 1992，p.29,原文强调。转载自 Steven Yearly，*Sociology*，*Environmentalism*，*Globalization*（Thousand Oaks，CA：Sage Publications，1996），pp.75—76。

［16］引自 Weir，p.60。

［17］*The Economist*，11—17（March 1995），p.73.转载自 Yearly，p.76。

［18］Yearly，p.141,脚注 4,报道于 *The Guardian*，1 November 1995，pp.6—7。

［19］Bill McKibben，"A Special Moment in History"，*The Atlantic Monthly*，（May 1998），pp.55—78.

［20］Gregg Easterbrook，*A Moment on the Earth*（New York：Penguin Books，1995），p.314.

［21］Easterbrook，p.313.

［22］Jacques Thiroux，*Ethics：Theory and Practice*，5th ed.（Englewood Cliffs，NJ：Prentice Hall，1995），p.359.

［23］George F.Will，"Prostitution Should Be Decriminalized"，*The Washington Post*（August 26，1974）. Reprint Robert Baum ed.，*Ethical Argument for Analysis*，2nd ed.（New York：Holt，Rinehart and Winston，1976），p.80.

［24］Mark Sagoff，*The Economy of the Earth*（New York：Cambridge University Press，1988），p.8.

［25］Sagoff，pp.16—17.

［26］Sagoff，pp.52—53.

［27］Sagoff，p.93.

［28］Sagoff，pp.94—95.

［29］Hugh H.Macauley and Bruce Yandle，*Environmental Use and the Market*（Lexington，Mass：Lexington Books，1977），pp.120—121.我在 Sagoff，p.231，note 44 中发现了该观点。

［30］405 U.S.727(1972).部分重印于 Green Justice：The Environment and the Courts，Thomas More Hoban and Richard Oliver Brooks eds.（Boulder，CO：Westview，1987），pp.143—154，at 145。

［31］Hoban and Brooks，p.150.

［32］Hoban and Brooks，p.146.

［33］Hoban and Brooks，p.144.

［34］Aldo Leopold，"The Green Lagoons"，*A Sand County Almanac with Essays on Conservation from Round River*（New York：Ballantine Books，1970），pp.150—151.

［35］Leopold，p.155.

［36］Leopold，p.157.

［37］Eugene C.Hargrove，*Foundations of Environmental Ethics*（Englewood Cliffs，NJ：Prentice Hall，1989），pp.82—83.

［38］Hargrove，p.127.

［39］Hargrove，p.169.

［40］Hargrove，p.82.

〔41〕Sagoff，p.133.

〔42〕Sagoff，p.135.

〔43〕Perry Miller，*Errand into the Wilderness*（New York：Harper and Row，1964），p.207.在 Sagoff，p.140 那里可找到。

〔44〕Sagoff，p.142.

〔45〕Sagoff，p.51.

〔46〕Sagoff，p.135.

〔47〕Bryan G.Norton，*Why Preserve Natural Variety?*（Princeton：Pricenton University Press，1987），pp.189—190.

〔48〕Norton，p.209.

〔49〕Norton，p.210.

〔50〕Sagoff，p.63.

〔51〕J.Baird Callicott，"The Case against Moral Pluralism"，*Environmental Ethics*，Vol.12，No.2(Summer 1990)，pp.99—124.特别注意 pp.109—113。

〔52〕414 U.S.218.

〔53〕*Knowles v. Iowa*，No.97—7597(1998 年 12 月 8 日裁定)。

〔54〕*The United States Law Week*，"Arguments Before the Court"，Vol.67，No.18(November 17，1998)，pp.3329—3330.，at 3330.

〔55〕*Knowles v. Iowa*，No.97—7597.

〔56〕No.A—091133(Los Angeles Cty. Super. Ct. filed April 24，1985)，引自无记名备忘录："The Cultural Defense in the Criminal Law"，*Philosophical Problems in the Law*，David M.Adams ed.(Belmont，CA：Wadsworth，1996)，pp.391—398，at 391。

〔57〕无记名备忘录，p.391。

〔58〕无记名备忘录，pp.391—392。

第二部分

非人类中心主义

第4章 动物解放与功利主义

动物虐待

迄今为止,对人类中心主义的关注一直支配着这本书。我们只是已经探讨了人类福利。但是在这个星球上,不只是有人类的存在,而且许多人也怀有非人类中心主义的关注,其中就有对动物的关注。[1]这一章从功利主义的视角探索对动物的关注,并考察作为伦理学理论的功利主义的恰当性。我们的思考从动物虐待开始。

美国防止虐待动物协会(Prevention of Cruelty to Animals,ASPCA)在1998年秋寄给我的一封信中这样开头:

它的肚子瘪了。它是被饿成这样的。后门可以开关,而阿斯特罗(Astro)可能希望获得食物。但是它的主人从没有给它一些吃的。事实上,他来回走过时看都不看一眼阿斯特罗。阿斯特罗从它被链子锁住的柱子旁边的小泥坑中喝一点水。这些不纯净的水使它活着,但泥坑也干涸了,阿斯特罗存活的时间屈指可数了。

在一个邻居因阿斯特罗给我们打电话时,那只狗几乎就要死了。阿斯特罗是如此虚弱而不能吠叫,甚至不能站立起来。……工作人员跪在地上,向阿斯特罗轻轻地说话。

于是他们看到了它。阿斯特罗在摇动它的尾巴。它几乎不能移动,但是——这个可怜的虚弱的狗似乎在说:"欢迎你,朋友!"

阿斯特罗的主人因虐待动物受到指控……他承认他故意想把那只狗饿死。

幸运的是,……阿斯特罗被一个充满爱心的家庭收养。今天它快活而健康,营养充足且被人关爱着。

大多数人反对虐待动物。美国所有的 50 个州中都设有反虐待法令。伊利诺伊州《人道关爱动物法案》(1973 年),一个典型的反虐待法令,要求主人们给予每一只动物"卫生的食物和水;对付恶劣天气的充足的遮蔽所和保护;以及在防止病痛时必要的兽医关照"。此外,任何人或主人都不可以殴打、虐待、折磨、过载负重、过劳或以其他的方法滥用任何动物。[2]

这样的法律使阿斯特罗的主人,这个已经是一个令人讨厌的家伙,成为一名罪犯。美国人道协会(Humane Association,AHA)鼓励反虐待法令严格的强制实施。他们在 1998 年秋天的信中详述了对动物虐待的加大的惩罚。一个例子如下:

那是对一只名字叫公爵(Duke)的达尔马提亚狗的残忍折磨和谋杀。三名 20 岁上下的男人将公爵绑在一棵树上,用胶带将它的下巴封住,然后让他们的比特斗牛埂(Pit Bull)对其实施屠杀,在公爵临死时,他们还割掉了它的尾巴和耳朵,最后压碎了它的头盖骨……他们被判入狱三年——三个人都被送入监狱!

在另一个案例中,"一名 42 岁的罗德岱堡(Fort Lauderdale)居民将九只活的小狗放入纸袋中并把它们埋在了他的后院中。三只死了,六只不可思议地被救活了"。行凶者受到了"四个月监禁并缓刑五年"的处罚。[3]匹兹堡(Pittsburgh)一个十几岁的孩子将一只鹅锤死,同样也入狱受罚。

为何要惩罚这些人呢? 如果道德规范完全是以人类为中心的,将很难为这些案例中的惩罚辩护,因为人们没有被伤害,只有动物受到伤害。

当然,人们可能会间接地受到伤害。比如说,"一名休斯敦的男人对他女朋友的两只猫投毒,然后将它们放入微波炉中并打开开关。猫最终死去"[4]。这个人受到两年缓刑和 1 800 美元罚金的处罚。这里,这个女朋友受到了伤害,因为她的猫被杀死了。假设她还有人性的话,她的财产权就是指控这个微波炉杀手的人类中心主义理由。

但是财产权无暇照顾到所有的方面。阿斯特罗的主人在饿死它,财产权将会处于主人的一边,但该行为仍是非法的。为什么?

一个原因可能就在于阿斯特罗被绑在屋子外面,在那个地方,那个呼叫 ASPCA 的邻居能够看见它悲惨的境况。反虐待法保护邻居们和其他人免于那些令人不快的声音与情景,而且那可能就是他们的理由。

这个基本理由也不能涵盖所有的情况。如果在一个有隔音设备的地下室中饿死一条狗,那里没有其他人能够看到或听到,但也如同在光天化日下做的一样是非法的。

大约 200 年以前,哲学家伊曼纽尔·康德(Immanuel Kant)给出了另一个基本理由:

> 如果一只狗长时间忠诚地为它的主人服务,它的服务与人类服务相类似,值得回报,因此,当这只狗已如此之老而不能服务时,他的主人应该照顾它直到它死……如果……他因为这个动物不再能够服务而因此射杀了它……他的行为就是无人性的并因此而损害了他自身的人性,对于人类而言,他负有展现人性的义务。如果他还没有扼杀他自身的人类的情感,他必须向动物践行仁慈,因为虐待动物的人也会在其对待他人中变得无情起来。[5]

依照康德的看法,即使你拥有那个动物并且是在密不透风的地下室里秘密实施暴虐,你还是败坏了自己的人品,而且这终究会使你虐待他人。基于这种推理,反虐待法的真正图谋是保护人类。

　　我不知道虐待动物是否会导致对他人的残暴,而且我也不认为任何其他人也了解此点,因为没有一个人曾系统地对这个主题进行过研究。我们所知道的是,对动物的虐待可以替代对人的虐待。踢狗一脚可能会发泄怒火因此而宽恕了一个小孩。微波烘烤一位女友的猫可以取代对女友的微波烘烤(那对情侣有问题了)。从另一方面讲,喜爱动物者并不总是对他人友好。比如,有人告诉我说,希特勒特爱动物。

　　更有甚者,动物虐待并不被指责为扭曲人格的唯一活动。许多人认为,橄榄球运动和拳击也会教人们反社会的侵略行为。这些运动中的某些职业选手被指控有暴力行为,然而,与动物虐待不同,这些运动仍旧是合法的。区别何在?

　　可能原因在此,与橄榄球运动或拳击运动相比,动物虐待更加令许多人不安。即便当他们不必然目击时,他们也希望这被阻止,反虐待法可能是缓解这样一些人焦虑的人类中心主义企图。

　　但这不是充足的正当理由。堕胎烦扰着许多人,但我们没有因为那个原因就认为其非法。我们的法律尊重个体的选择。况且人们反对堕胎并希望认定其非法,不是因为这种行为妨害了他们,而是因为堕胎杀死了胎儿,而他们认为胎儿理应受到保护。因此,如果我们对堕胎定罪的话,那将是保护未出生者,而不是为了缓解亲生命派的焦虑。

　　这是理解反对虐待动物法令的关键所在。我们对虐待动物进行定罪不是为了安抚喜爱动物者,而是为了保护动物。禁止虐待动物的法律首要地不是人类中心主义的,它们是保护动物利益的非人类中心主义的尝试。这是一个主要的论点,因为它放弃了这样的假定,即我们社会将道德重要性只是归属于人类。这个假定是不正确的。对我们社会中的许多人而言,动物也是在道德上具有重要性的,因此我们剥夺了人类随心所欲地对待即使是他们自己的动物的自由。我们的观念是如此坚强有力,因此我们支持真正地惩罚我们所不赞成的行为。

什么能够证明,这种道德规范从人类中心主义到非人类中心主义关注的拓展是合理的呢？解释并确证道德观点的一种途径就是使其与某种**伦理学理论**(ethical theory)相联系。伦理学理论以全称措词解释了任何行为的对或错、善或恶。如果此理论看起来是正确的,并且如果它在检讨之下证明了道德判断的正当性,那么人们就在这些判断中获得了信心。这一章介绍并批判了这样一种理论——功利主义。

功利主义

功利主义(utilitarianism)是一种影响深远的伦理学理论,它可为反对动物虐待的法律作出解释和辩护。此理论之所以影响深远是因为它看上去是清楚、朴素的,而且具有全面性。最重要的是,它看上去合乎常识。注意这里的"看上去"(seems)这个词。我们从它的拥护者的视角来探究一下功利主义。对他们来说,这似乎是最好不过了。在本章的后面部分,我探讨了其局限性和缺陷。我断定,功利主义对我们的道德思考作出了一项重要的但却有局限性的贡献。

以下是功利主义的本质及其对常识的诉求。作为一种常识,如果我用一个锤子敲打我花园里的一普通石块,没有人会为了石块的利益而提出抗议;然而如果我对一只鹅作出同样的举动时,像匹兹堡那个十几岁的孩子那样,我就是一名罪犯了。人们为了那只鹅的利益而反对我这样做。区别在什么地方呢？那只鹅是活的而且它的生命能够更长或更短、更好或更糟都取决于上述举动。石块不是活的而且在被锤打时也不会变得更好或更糟。那只鹅具有利益,石块则不具有。

这就在道德判断上表明了某种通则。道德判断只是与影响到具有利益的存在物的行为相关。我们可以用其他一些事例来检验这个理论。假设在没有征得我的许可并违背我的意愿的情况下,某人拿着一把斧头去

127

砍倒我后院中的木栅栏,我将不会因栅栏自身的利益提出抗议并追索赔偿,因为它只是成片的无生命的木头。它没有利益。但是我却有利益,其中之一就是在我亲戚的狗光临时将它们拒之门外,以防止它们在我的地毯上小便。(你可说我是小肚鸡肠。)为这个原因,我认为对我栅栏的任意毁坏在道德上就是不正当的。

总而言之,似乎只有生物才能够拥有属于自己的利益。对所有其他事物的处理,只有在其直接或间接影响到生物的利益存在时,在道德上才具有了相关的重要性。但是,这是一些什么样的利益呢?许多利益指的是生物所需要与所想要的。比如说,我也在如下的物品中拥有自己的利益,说来也不多,那就是地毯不要被尿渍污染、低税率以及文字处理器。其他许多人很关心时尚服饰、经久耐用的汽车以及白头鹰。阿斯特罗渴望水和食物。但有一些利益却不是自觉欲求的对象。鹅有头部不被重击的利益,而小狗们有不被活埋的利益。但它们可能不会自觉地想到这些事情。这里存在一个共同的思路吗?

功利主义者们认为体验就是共同的思路。为什么我讨厌狗在我的地毯上小便?我不喜欢那股味道或者不愿看到污渍。文字处理器对我而言利益何在?它使我写书更方便。低税收对我来说利益何在?低税收可使我有更多的钱去享受。我可以去法国旅行并支持我最喜爱的慈善事业。在这里,体验似乎是最为根本的。

假设我身处一种持续性植物状态之中而永无再获活生生体验的机会,那将会怎么样?事实上,有成千上万的人就处于这种状况之下。我可能会被运送到法国,但我却不知晓这些,更谈不上什么享受了,因而该旅行对我来说毫无益处可言。狗在地毯上撒尿也不再使我烦恼,因为我将再也不会看见或者闻到那些污秽了。文字处理器的改进或者毁坏也与我无关了。功利主义者们总结说,唯有体验使得事物有好有坏。

着迷于最新潮服饰的人们为他们镜中或是照片里的美貌而感到莫大

的享受。在期待着新的时装季节里以及与行家里手所进行的时尚讨论中他们很是惬意。但是，假如他们无法去体验的话，时尚对他们而言又有何干系呢？对动物来说也是如此。我们可以设想，对一只鹅来说，头部被锤子重重地敲击是一次糟糕的体验，就如同小狗们被活埋一样，而这就是这些行为不正当的原因。

为检验此观点，留心看一下一根活着的胡萝卜。尽管它拥有生命而且为继续存活下去就需要水与矿物质，但依照功利主义的观点，它没有什么利益可言，因为（人们通常认为）它不可能关切自己的生命。它不能关切是因为它不具有意识。相应地，我们不会因为人们用锤子敲击胡萝卜，或是用微波炉加热一些具有生命迹象的类似事物，就将其收押入狱。没有意识与体验的可能性，对胡萝卜而言，不管什么样的遭遇都是无关紧要的。它所受到的对待实际上就跟石块以及木栅栏一样。不管这些胡萝卜是鲜活的还是已收割的，对那些胡萝卜的行动而言，是对还是错，还要依赖于其对于那些可能拥有利益的存在物的影响来决定。就如同人类与动物那样，这些存在物不仅是存活的，且能够享乐与受苦。

那么，依据功利主义理论，行为的正当与否，善还是恶，还要看它们是如何影响到那些能够具有体验的存在物的感受。在此，更多的是一些常识性问题。什么样的影响使得一个行为对于体验而言是善的或是正当的呢？是良善的后果。而不良经验的体验是行为不良或不当的依据。杰里米·边沁（Jeremy Bentham）——功利主义的"鼻祖"——在大约200年前的著述中称所有的良善体验为"快乐"而所有的糟糕体验为"痛苦"。在边沁看来，快乐与痛苦包括了灵与肉的体验、神圣与世俗的体验、听觉与味觉的体验，等等。"幸福"是另一个我们可以意指此类体验的语词。

因此，在边沁看来，道德的目标在于增进那些良善的体验并阻止那些不良体验，或者用他自己的术语来说，增进快乐并阻止痛苦。由于他将所有的善等同于快乐，所以他的功利主义被称作为享乐主义型的，**享乐主义**

(hedonism)是这样一种观点,即快乐是唯一的善。根据享乐主义型功利主义来看,只要行为产生了快乐,就是正当的,若它产生出痛苦,那就是不当的了。

人们应该尽力产生出多大的善呢?越多越好,当然,问题也越来越复杂。同样的行为可能会带来快乐中夹杂着痛苦的后果。在这种情况下,我们就必须将痛苦从快乐中减去以获得一个净快乐的量。比如说,对于雇员来说,被开除是痛苦的。但如果这对于那种促使更大量劳动力被雇用的整体竞争力来说是必要的话,功利主义者们可能会认为那样做是对的。长远来看,这会产生出最大化的净快乐。

应该强调的有两点。首先,长远影响与直接后果同样重要。我们应该总是尽量产生出最佳的净快乐。至于快乐先来还是痛苦先到,是不重要的。快乐与痛苦的产生无论何时都具有同等的重要性。

第二点,至于是谁获得了快乐与痛苦,这并不重要。快乐是善的,痛苦是恶的,不管谁体验到皆是如此。功利主义者们对最大化的净快乐目标的追求不是自私自利的行为。这是**利他主义**(altruistic)的体现。利他主义者认为自身与他人的幸福具有同等的重要性。相比之下,自私自利者将一己之幸福置于他人之上,而无私的人们则认定他人而非自己的幸福更重要。作为利他主义者,功利主义者视自己的快乐与痛苦与任何他人的无异,故尽力产生出最大的快乐与最小的痛苦。如果对于提高总体的快乐而言是必要的话,功利主义的公司主管将宁肯减少自己的报酬。

清楚明白的是,没有人总是像一名功利主义者那样去行动。比方说,我们在第 1 章中看到,人们往往只是在某些时候是利他的(无私的)。在其他一些时候,他们是利己的。因此,功利主义并未描摹出人类的举止,但它的确规定了人们应该如何去行止,且这些规约似乎也与我们通常有关是与非的判断相吻合。我们称赞那些置他人利益于一己私利之上用以产生最佳实得效果的人。比如说,我们称赞那些把生命献给祖国的战斗英雄。在另外一些情形下，我们赞美那些其生命可能因无私行为而高贵的人；我们称赞那些无私的篮球运动员，他们更多地关注团队的成功而非个人的统计得分；我们讴歌那些"回报社会"的成功人士；等等。功利主义可以作为联合劝募协会（The United Way）的法定伦理学理论。

功利主义在某些方面类似于 CBA。两者都建议使净收益最大化的行为并依赖于数学计算以鉴定这些行为。二者都赞成净收益总额（一种情形下是幸福，另一种是财富）的最大化，但却不关心这些利益怎样分配。如此，在两种情形下都引发了这样的可能，即有些人将得不到公平的利益分享。我们在本章结尾处来考虑一下功利主义正当性的问题。

在其他方面，功利主义与 CBA 之间存在着差异，这些差异使得功利主义得以避免 CBA 的某些潜在危险。我们看到，CBA 对未来影响进行贴现，其中包括对未来的人类生命损失。相反，功利主义绝不对未来贴现。它不赞成当下效果对长远影响的优越，因而比方说，它不会建议为了今天一人之命而牺牲未来 160 亿人。

CBA 的另一个问题，在于它所赋予穷国人民的生命更卑微的价值。从功利主义的视域来看，由于所有意识正常的人都能够体验到类似量的快乐与痛苦，因此（大致说来）所有人都是平等的。如果存在一些任何这方面的不平等的话，也都是源自体验快乐与痛苦的能力差异，而这与个体或他们所处社会的财富不相干。因此之故，享乐主义型的功利主义者对印度博帕尔人们的苦与乐的关注，一如他们对美国人民的那样。功利主义者珍视人类幸福而不拘于种族、宗教或是民族。此外，这也与我们最高的道德抱负相一致。

功利主义者们声称，他们的理论消除了道德多元论的变幻无常。道德多元论指的是这样的观点，即存在一些基本的道德原则，诸如保护隐私、政治自由以及有效的执法之类。由于每一原则都是基本性的，因而任一原则都不可能从其他原则中推出。正如我们在第 3 章中所看到的，当这些原则所建议的不同做法时常在执法中得到体现时,就不存在固定的决策程序。人们探讨问题并且常常作出折中。没有办法精确地表明,这种折中真正来说是最佳的。

相反,享乐主义型的功利主义者宣称,具有一种解决这些议题的数理程序。他们只有一种唯一的善(good)——快乐——和一条唯一的道德原则——人们应该将净快乐最大化。他们从不用为一种善而出卖另一种善。更有甚者,这种"统一货币"能够在边沁所谓的"快乐量的计算"中被量化。这就是边沁所设想的路径。人们应该计算他们所面对的相互冲突的选择中的每一个选择。他们应该计算出每一个选择会产生多大的快乐和痛苦,然后选择相对痛苦而言幸福余额最大的那条道路。理论上讲,通过快乐量的计算而作出的决策应该可以精确地加以说明。

物种歧视主义

享乐主义型的功利主义有助于解释说明道德从人类到动物的拓展(延伸)。许多种类的动物能够经验到快乐和痛苦。如果道德目标是净快乐最大化而不问谁拥有快乐,那么,动物的快乐与痛苦应该在快乐量的计算中与人类一样得到考虑。

这就说明了为什么那只名为公爵的达尔马提亚狗不应该被绑在树上遭到屠杀。设想一下公爵的恐怖经验吧。另一方面,比特斗牛梗和那三名策划这场杀戮的年轻人可能从中得到了快乐。但是我们假定,公爵的痛苦要远胜于其他人从中得到的快乐。更为重要的是,其他的那些(人与动物)可能在不同的方式上已经有了无比的快乐。撕碎一个里边装有常用狗食且香味适合的碎布娃娃,比特斗牛梗从中就可能获得了享受。那三个男人可以从一段狮子杀死羚羊的野生动物王国录像,或者其他一些自然素材的电影中获得快乐。即使比特斗牛梗和那些人从这样的选择中获得了较少的快乐,由于公爵被残忍屠杀的痛苦的免除,净利益也是更好的。

习惯于人类中心主义的人们可能在道德规范向动物的拓展这一点上进行阻碍。但习俗常常让路给逻辑一致性。比如说,当杰斐逊在《独立宣言》中写下"人生而平等"时,他拥有农奴。杰斐逊为奴隶制所困扰,但并未坦白地驳斥它是与人类平等相矛盾的。矛盾在后来变得如此显而易见,人们最终进行反抗来结束这种暴行。因而我们现在谴责美国奴隶制度为不公平的种族主义例证。

即使是在奴隶制度被废止之后,美国妇女那时仍然是二等公民,她们的选举权被否定,平等受教育的机会被拒绝,同工不同酬,而且被拒之于诸如律师之类的职业外,而丝毫不顾及她们的成就。今天,美国法律和大多数美国公民的道德观都谴责过去那些不公平的性别主义惯例。

今天的享乐主义型的功利主义者遵循杰里米·边沁的指导,声称动物虐待无异于种族主义和性别主义。种族主义者赋予他们自己种族的人相比于其他种族更多的道德重要性,性别主义者指定给男人相对于女人而言更多的道德重要性。那么我们如何称谓那些人呢,他们对活埋小狗和微波炉烘烤小猫的行为表示宽恕,而且还是在猫和小狗都是活着的时候?功利主义哲学家彼得·辛格(Peter Singer)称他们为物种歧视主义者。依照辛格看来,**物种歧视主义**(speciesism)是,"拥护自己的种类成员的利益并反对其他种类成员利益的一种成见或偏见"[6]。辛格声称,物种歧视主义与种族主义以及性别主义相类似。正如一致性的思维逻辑导致种族主义和性别主义的不受欢迎,它也因此导致享乐主义型的功利主义者对物种歧视主义的责难。

当然,动物有别于人类远胜于黑人不同于白人,妇女不同于男人。这是因为黑人、白人、妇女、男人都是同一个物种的成员,而且是有许多共同特征都归属于同一物种的特有成员。比如说,正常的人类,不管其种族与性别为何,都能够推理并使用复杂的语言。动物或是完全不能做这些事情,或是在做这些事情时没那么熟练或高深。哲学家伊曼纽尔·康德认为动物对于推理的无能为力,证明了我们现今称谓的物种歧视主义的正当性。

功利主义者反对物种歧视主义。不同的能力或潜能常常可以用来说明对个体不同的对待,但并非意味着对于它们的快乐与痛苦不同的关怀。比如说,由于它们不能够推理、辩论、读、写,言论与出版自由在涉及动物的对待时就是不相关的。然而,对于人类而言,这些自由的否定则将会伤害他们。因此,功利主义者赞成这些自由只属于人类。

然而,人类与动物在很多方式上是相类似的,而且在这样一些问题上,他们应该受到同等的关注。二者都能体验到心理和肉体的痛苦与欢乐,因此,快乐量的计算中就应该包含对这些快乐与痛苦的同等关切。这就说明并证明了反动物虐待法令的正当性。

杰里米·边沁概括了对于此种法律的功利主义辩护。在他写作时,奴隶制仍旧在美国实行,但已经在法国被禁止:

> 法国人已经发觉,黑皮肤并不构成任何理由,使一个人应当万劫不复,听任折磨者任意处置而无出路。会不会有一天终于承认腿的数目、皮毛状况或骶骨下部的状况同样不足以将一种有感觉的存在物弃之于同样的命运?

1789 年,边沁从这个有关人类而非动物有推理与交谈能力的评论中得出结论:"问题并非它们能否推理,亦非它们能否交谈,而是它们能否忍受。"[7]① 由于它们能够感受痛苦,我们就应该保护它们免受虐待。1866年成立的 ASPCA 就致力于这项事业的推动,现在已为法律所肯定。

---

① 参见[英]边沁:《道德与立法原理导论》,时殷弘译,商务印书馆 2000 年版,第 349页。——译者注

畜牧业

然而,动物虐待在我们的社会中持续存在。彼得·辛格的《动物解放》(*Animal Liberation*)记录了农业中残忍的行为。考虑一下猪肉产业。辛格写道:"农产企业的院外活动常常要使我们确信,只有幸福的、被很好关照的动物才能够是多产的。"[8] 但是辛格声称,作为工厂化农作(factory farming)的现代农业是残酷的。

商业用途的猪与宠物猪一样聪明与敏感。辛格提到,当放归到荒野中去时:

它们组织成为稳定的社会团体,建造共同的巢穴,粪便之所远离巢穴,而且,它们充满活力,整日就是在林地边缘的周围以鼻拱地。当母猪准备生产时,它们离开共有的巢穴并建造自己新的巢穴,寻找一处适宜的地方,挖一个洞,并用草和小枝填充……工厂化农作使这些猪不可能遵循这些本能的行为模式了。[9]

它们拥挤在有着水泥地而非泥土、灰尘与稻草的小笼子般的地方。水泥地更容易清理。其状拥挤不堪,乃是因为猪都被限制于小笼子之内,利用这一空间以容纳最大数目的猪群以使生产成本达到最小。辛格也指出:"由于来回移动空间更小,猪将会在徒劳的运动中消耗更少的食物,而预计这样就可使消耗的每磅食料带来体重的更多增长。"他引用一名生猪生产商的话说:"我们设法去做的是改变动物周围的环境以实现最高利润。"[10] 动物无处可去并无事可做。压力是显而易见的。

1987 年,我参观了靠近我在伊利诺伊州斯普林菲尔德的家附近的一座模范养猪场。它每周末向公众开放以炫耀其如今已是标准的现代生产方法。我的三个女儿,那时在 12 岁到 15 岁不等,要我发誓保持沉默,以使她们不会感到局促不安。我看着并听着。猪在有水泥地的笼子里实际上是一头爬在另一头之上。一些猪的眼中明显有狂躁的神情。我们前面与后面的人对于他们所看到的表示出惊讶和恐慌,并且说他们将放弃食用猪肉,至少暂时会这样。

猪身上存在压力的一个迹象就是"反社会"行为。它们相互咬对方的尾巴。美国农业部(USDA)不是去建议缓和猪的紧张情绪,而是建议截短猪尾巴,"用侧向切削的钳子或其他一些钝器从其身体上将尾巴切掉 1/4 英寸到 1/2 英寸",USDA 这样建议。[11]他们没有建议(更不消说要求)使用麻醉剂。辛格在截短尾巴的话题上引用一名养猪场工人的话:

> 它们痛恨它！猪群非常痛恨它！而且我想,如果我们给予它们更多的空间,可能我们就不用剪短它们的尾巴,因为给予它们更多的空间时,它们就不会变得狂躁和自私。有了足够的空间,它们事实上是非常好的动物。但是我们提供不起。这些建筑物花费很大。[12]

这种压力使许多猪只是由于"猪应激综合征"而死亡。辛格引用《农场主和畜牧业者》(*Farmer and Stockbreeder*)杂志的话说:"这些死亡无论如何不会使更高总产量带来的额外收益变得无意义。"[13]猪的痛苦是不相干的。

水泥地损伤了猪的脚与腿。但辛格引用一名农场主的话说:"我们不会因为这里有良好的动物生产条件而得到报酬。我们通过重量(磅)获取报酬。"而且,《农场主和畜牧业者》补充说:"在严重畸变产生之前,动物通常将会被屠杀。"[14]那是宽慰人的话了。

事实上,那些年纪轻轻就死去的猪可能比那些活得更长的育种母猪情况更好。辛格写道:

怀孕时,她们通常被关进两英尺宽六英尺长或勉勉强强比母猪大一丁点的单身铁厩中……在那里她们将生活两三个月。在那期间,她们或前或后,或转身,或以任何其他方式活动时,都难以挪动一步。

当母猪就要生仔时,她被移出……(而且)可能会在移动上要比她在厩里时遭受更为严厉的限制。……表面上,目的是制止母猪滚动并压倒小猪,但是,也可以通过为其提供更自然的条件而达到这个目的。[15]

辛格引用了一段一头母猪在第一次被系链套住放入厩中时如何反应的记叙:

母猪将她的身体猛烈地向后扯动以用力拉扯系链。母猪在挣扎并为获取自由的移动转身中,猛烈晃动她的头。经常是发出响亮的尖叫,而且会发生有猪用身体撞击厩的边侧的事情。这会使母猪不时跌倒在水泥地上。[16]

更有甚者,辛格写到,育种母猪和公猪"永远处于饥饿之中"。它们所获得的,"仅是在食物供应充足的情况下可能吃掉的食物量的60%"。这样做是为了什么? "从生产的观点看,给予育种动物超出于维持其繁殖勉强所需最低量的多余食物,纯粹是金钱的浪费。"[17]

简言之,辛格观察到:"一名将狗的整个生存置于类似状况之下的普通公民将会冒因虐待而被起诉的危险。然而,在此种方式上饲养一只具有相当智力的动物的生产商更有可能受到酬答……"[18]为何生猪生产者能够逃避惩罚呢?

从法律上讲,答案再简单不过。作为典型例子的伊利诺伊州《人道关爱动物法案》免除了"良善饲养方法"的麻烦。这就包括了所有通常的农作方式,无论其对动物来说是多么痛苦和压抑。

当小猪进入市场时情况会变得更糟,因为连接农场与市场之间的黄砖路①要经过一座屠宰场。盖尔·埃斯尼兹(Gail Eisnitz)作为人道农作协会(Humane Farming Association)的调查员,记载了"屠场"中的暴行。她注意到一项联邦法令,即《人道屠宰法案》,是被设想来保护动物免于残忍屠宰的。但是,最先加入到肉类工业中以反对该法令的美国农业部,却被委以执行实施的重任。[19]对该法令的违反无论如何也没有受到惩罚。埃斯尼兹发现,屠宰工序从始至终都是残忍的。

工序一开始是将动物运送到屠宰场。埃斯尼兹与约翰·莫雷尔(John Morrell)公司的工人们交谈并访问了公司在艾奥瓦州苏城(Sioux)的屠宰场。托比·格伦(Toby Glenn),一名工作已有十年的精肉加工工人,讨论了生猪的运输。

在夏天,他们把它们(猪)挤到货车中并带它们远离加拿大。他们不停下来而且不向它们喷水以使它们凉爽下来,以至于你会发现一大批猪死于炎热。

在冬天,经历一次类似的长途奔波之后,总是有10—15头猪死去,冻死的猪横七竖八……很多次有活的猪夹在其中(与冻死的在一起)……你会发现它们仍然抬着头,四处观望。[20]

死去的那些被送去煎熬脂肪,在那里它们被磨成粉以作为动物饲料、肥料以及其他一些产品。但是,格伦告诉埃斯尼兹:"并不罕见的是,(你)会发现一头活着的猪被埋在死猪堆中用来煎熬脂肪。"[21]这些猪被活活地磨碎成粉了!

有关运输就谈这么多。抵达后,生猪通过一个引导斜坡进入屠宰场。

---

① 黄砖路出自美国人鲍姆所著的《绿野仙踪》,意指希望之路,在此亦可理解为金银财宝之路。——译者注

汤米·弗拉达克(Tommy Vladak),另一名莫雷尔公司的雇员,告诉埃斯尼兹:

> 猪不愿意进去。当猪闻到血腥味时,它们不愿意进去。我看到过猪被殴打、鞭挞、踢头以使它们到达运送器。一天晚上,我看到一名司机盛怒之下用一块木板将一头猪的背部击断。我看见过生猪运输员拿着电击棒插入猪的肛门以使它们移动。[22]

在这个时候,据说生猪就要被电昏而失去知觉以利于无痛屠宰。但是,弗拉达克继续说,电击伏特数经常太低:

> 管理者时常因猪的脊背皮开肉绽而抱怨我们。他们声称,电击伏特设置过高时会将肉撕开。管理者总是希望电击伏特很低,而不管我们是在击昏多大体格的猪。那么,当你将大的母猪和公猪放置入运送器时,击昏器将完全不能工作。[23]

结果就是那些有知觉的猪冲向捆绑住它们后腿的桌子,以至于桌子会被举起来或翻过来。弗拉达克抱怨说:

> 很多次,猪会跳离捆绑桌并落到我的工作地盘中。它们业已被电击,因此它们是痛楚的。它们将会对靠近它们的任何人或物体狂咬不止。
>
> 工头将会对我吼道:“在它逃跑前逮住它!”因此我抓住它的前脚,将其背着地翻滚过来并绑住它(在脖子上),之后立即逃离那儿。因为这些猪在你捆绑它们后会从地上弹转过来。它们将绕圈奔跑大约五分钟,只是流血,并试图抵挡它们所遭遇的一切。[24]

"You'll always be much more than a commodity to me."

其他一些猪在仍有知觉且实际上还在踢脚的情况下就被成功地铐住，并为了屠宰而被头下脚上地悬挂起来。准备割断它们动脉的杀猪者，由于这些动物被不停移动而忽略了它们仍是活的这一事实。同样，当一只动物尚有知觉的时候，它会收紧它的肌肉因而流血就不会太快。因此，许多猪不是在被沉入滚烫的开水之前就流血而死，而是仍然活着的时候被烫死或淹死。

埃斯尼兹发现，莫雷尔公司的生猪运输与屠宰在这个行业中是有代表性的。她也发现，对于牛的屠宰与运输与此类似。在冬天运输中，一些小牛在到达时已被冻死在货车的一边。一旦进入屠宰场，牛一样也被捆绑并倒挂起来，在被割断喉咙之前，据称牛是被从头部电昏的。但是流水线常常是速度很快的，导致许多牛在"屠夫"试图割断它们的喉管时仍然有知觉并踢打。当切割不彻底时，血液流出得很慢，而且流水线移动得很快,一些牛在抵达生产线终点时,全身的皮虽被剥光了却仍然活着!

辛格也详细记录了在家禽与蛋类产业中的惨状。他写道:

蛋鸡从很小就开始受苦。刚孵出来的小鸡要被"分鸡手"(chick puller)分为公鸡与母鸡。由于小公鸡没有商业价值,所以要被丢弃。有的公司把小公鸡用煤气毒死,但大多是活活丢到塑胶麻袋中,让它们被逐渐累积的重压窒息而死。另有一些公司则活活把它们碾成喂母鸡的饲料。美国每年毒死、闷死或碾死的小公鸡就至少有 1.6 亿只。[25]

母鸡被允许生存下来,然而这可能会更糟。它们将在比平均每只鸡的翼展还要小的铁丝笼中度过一生。况且每一只母鸡还得与其他几只共同享有这个笼子。拥挤使它们变得极为反社会,所以它们的喙被剪掉以防止攻击,正如在养猪场猪尾巴被剪短一样,且工人们不使用麻醉剂。笼子被建在一处斜坡之上,以便鸡蛋能够滚动到能被轻易捡拾的地方。你曾试过整天站在一个处于斜面的地点之上吗?辛格报导说,之所以使用铁丝网般的地板,是为了"粪便可透过网孔落下去,堆积好几个月,等待一次清除。⋯⋯不幸的是,鸡爪并不那么适于站在铁丝上,只要有人肯去察看,总会看到鸡脚受伤。由于没有坚实的地面承受体重,鸡爪往往会变得特别精壮,有时会跟铁丝结合在一起"[26]。随着粪便越堆越高,空气变得有毒起来。

到这会儿,你明白了吧。不管是牛肉、猪肉、鸡肉或是鸡蛋,你在一个食品杂货店中所发现的一切,几乎总是产生于令人震惊的动物虐待。我们似乎就像在美国独立革命时声称人生而平等,但未能将黑人当作人的那些人一样了。我们宣布动物虐待为非法,但却未能认识到家禽和家养的宠物对于残暴同样敏感。我们应想到什么?我们该做点什么呢?

素食主义

我们应将反虐待法规的保护拓展到家禽吗？许多功利主义者认为我们应该这样做。如果家禽以我们所需求的对待宠物的方式去被对待时，极大数量的动物痛苦将会消失。

但是人类的痛苦与快乐又会怎样呢？家禽遭受痛苦有其缘由。对它们当前的处理是饲养并杀死它们的最便宜的途径。如果这些方法被禁止，肉蛋的价格将会上升。这将会降低那些希望食物价格低的人的快乐，因为那样他们就可以剩余更多的钱以用于其他必需品的支付上，更不用说奢侈品了。

功利主义对此有两种回应。首先，即使人们由于给予农场动物更好的待遇而受到损害，动物的利益要远远超过人们受到的损害。人们常常因为法律阻止他们做他们喜欢做的事情而失去一些快乐。虽然如此，由于动物的痛苦远大于人类丧失的快乐，因此我们不允许微波炉烘烤小猫或活埋小狗。同样的，保护家畜的法律将会增加净快乐。动物可能会因人类付出的代价而获得利益，但这只会使物种歧视主义者——对动物福利怀有偏见的人苦恼。

功利主义的第二个回应就是，保护农场的法律对人类和动物都将会有帮助。这是一个双赢的情形。美国人就他们自身的健康而言食用了太多的肉类和禽蛋。如果由于动物必须要受到更好的对待而价格上升，美国人就会消费更少的肉类和蛋类而吃得更加健康。

更有甚者，我们在第1章中看到，世界各地有大量穷人在忍饥挨饿，而且挨饿人口可能几乎要比现在的人口翻一番。如果美国人吃更少的肉类和蛋类，就会有更少的谷物用于饲养家畜，因而喂养美国人就只需要更少的土地。这就会使分配美国谷物生产量以缓和世界饥荒的国际间协定成为可能。比如说,贫穷国家可以通过保护他们的森林或当地的生物多样性或降低温室气体的排放而获得粮食贷款。但如果美国人继续他们的食肉习惯,而且美国人口在 21 世纪预期将翻番[27],这样的建设性协议将不太可能达成。

因此,上述几点考虑就支持将反虐待法律拓展到农场动物并严格实施已经在屠宰场中采用的反虐待法。如果这些举措使肉价上涨,并且美国人吃更少的肉,那么,整体效果是积极的。

当动物仍然在农场与屠宰场中饱受虐待时,人们应该做些什么呢?设想一下,奴隶制时代的废奴论者意味着什么。在最低限度上,他们拒绝拥有奴隶,因为他们希望自己在不道德制度中的私人卷入达到最小化。同样,彼得·辛格声称,反对动物虐待的人们应该拒绝购买残忍地生产出来的肉和蛋。如果找不到肉类的替代来源,他们就应该成为素食主义者。

蛋类的替代来源是常见的。受到人道待遇的母鸡产的蛋,被称为"土鸡蛋"或"留窝蛋",可以广泛获得。但人道饲养与屠宰的商业肉类是很难找到的,因此,辛格推荐素食主义(vegetarianism),即一种将杀死动物以取其肉排除在外的饮食。素食主义者吃动物产品,诸如牛奶和鸡蛋,但不是动物本身。**严格素食主义者**(vegan)还避免吃动物产品。

有没有反对成为一名素食主义者的理由呢?有,但不是非常有力。喜食肉者拒绝吃肉就将拥有更少的快乐。但大多数人会发现,他们几乎同样喜欢素食者的饭菜。更为重要的是,拒绝吃肉将减少需求并阻碍农场主非人道的家畜饲养。因此,净快乐增加了。

其他一些反对素食主义的理由明显是伪造的。人们想知道素食主义者的饮食是否是健康的。我们现在知道它们现在位于最健康的饮食之中。我在 20 年以前为彼得·辛格所引导步入素食主义者行列,而且从那以后更加健康。人们同样想知道，如果没人吃，农场动物会怎么样。它们将会在无人管理的农场中四处游逛呢，还是侵犯郊区居民的后院？不会这样。当肉类需求减少时，控制家禽数量的农场主将首先会调整他们的饲养规模。多余的家畜将不会被生出来。

套马与斗牛

功利主义者批判诸多种对动物的利用。如在套马和斗牛中那样。斗牛在美国通常来说是不合法的，而套马却是一项美国传统。区别何在？它是功利主义者可以接受的一个差异吗？

蹦跳的野马是套马的主要吸引力所在。你是否曾经想过为什么它们要蹦跳？我所见过的大多数的马只是站立在周围并偶尔吃一下草。蹦跳的野马行为之所以野蛮与疯狂，是因为组织套马的人们已经故意将其置于痛楚之中。据动物之友公司（Friends of Animals，Inc.）称，一条令其蹦跳的带子被放置于小肠与肾的部位，于是被收紧到不可忍受时，温顺的马匹就会被激怒至"疯子"般极度痛苦的挣扎之中。而且，"电刺也被用来刺激马匹使其达到一种痛苦与恐惧的发癫状态，这样它们就会上演一出好戏"[28]。公牛也受到类似的对待以使它们上演一出好戏。什么证明了这种痛苦的正当性呢？

观众之所以喜欢看套马，可能是因为此举象征着人类战胜野兽的永恒的"戏剧"。套马行业在提供职业选手的同时也提供了一种职业，而且鼓励了勇气与技巧的发展。虽然如此，功利主义者还将会说，套马未被证明为正当的，因为人们可以在不伤害动物的情况下娱乐、获得工作以及接受挑战。健康俱乐部、篮球运动、保龄球联合会以及能够替代套马的其他消遣可供人们选择。所有这些都提供了就业机会并鼓励自我发展。因此，如果套马被认定为非法的，动物的痛楚可以在不牺牲人类快乐的情况下得以减缓。

现在看一下斗牛。这也是一种使人与野兽相斗的观赏性运动。它为职业选手提供了就业机会，并且鼓励勇气与技巧的发展。如同在套马中一样，动物因痛楚而引发暴躁的行为，但是，这里全然是公牛而非马匹。那么，和套马有什么区别吗？

在斗牛中，公牛被杀死以使观众高兴。也许区别就在于公牛的死亡。在宾夕法尼亚州，斗牛士公司（Bravo Enterprise）决定上演清除了死亡部分的斗牛。他们称之为美式斗牛，其中将会有一次由铜管乐队以及其他尤具斗牛色彩的庆典所构成的游行。公牛将被弄疼从而变得狂躁不安，它的背部将被刺伤，它将会冲向摇晃着红披肩的斗牛士。然而它最终与驯牛或蹦跳的马一样，不会受到伤害。宾夕法尼亚州防止虐待动物协会将斗牛士公司告上了法庭，声称他们对待公牛的方式违反该州的反虐待法令。法院竟然同意了！[29]我们在此是否忽视了某些事情？

我们未能考虑到种族偏见。我们在上一章提及将道德决定立足于人们价值观念之上的危险。这些价值观念可能是令人厌恶的，正如那些苗族人所认为的杀死其通奸妻子是正当的那种观念一样。这可能就是此处的问题所在了。价值观念的错误在于针对西班牙或拉丁文化的种族偏见，正如这就是所谓的美式斗牛被认为是虐待动物而套马却不是虐待动物的唯一原因一样。

这里的要点在于，享乐主义型的功利主义学说并不带有这样的偏见，它并不将道德决定建立在人们的价值观念之上，而是完全立足于快乐与痛苦之上。许多功利主义者可能会谴责套马与美式斗牛，而其他一些人则可能对此表示赞成，而这依赖于他们对牵涉于其中的痛苦与快乐的估量。可是，如果在关涉痛苦与快乐上这两者并无不同的话，前后一贯的功利主义者将认定它们是同一的。功利主义者声称对诉讼、法律以及政策提供了一种文化中立的评价。这就更增强了本章早先时候提出的论断。

功利主义不会贴现未来人群的生命。它不会贴现贫穷国家中人们的生命。而且从理论上讲,快乐量的计算使得决策可以被精确地加以证明。

替代论证

不幸的是,享乐主义型的功利主义存在着缺陷。这些缺陷的存在并不是因为人们应该使净快乐最大化这一原则。这是一个好的原则。问题在于功利主义宣称其为唯一的原则。功利主义是种一元论的理论。它认为只存在一个基本的道德原则。所有其他的原则都能够从此一原则中引申出来。这就是问题的所在。功利主义与其他一些独立的道德原则结合在一个多元的理论中时是最优的,于是合理的妥协就能够被作出。但当功利主义原则被单独使用时,它就带来荒谬的结果。

许多的荒谬与动物种群的大小相关。由于享乐主义型的功利主义赞成这个世界上的净快乐最大化,它就在某些境况之下建议种群数量的增加。通过那些能够体验快乐的个体(人类与动物)数目的增加,净快乐总额就常常能够被增加。[30]现在设想一下,当人道的畜牧业与无痛屠宰最后被确定下来时会是什么情景。反对动物虐待者将对此表示欢迎,而且这并不是一件科幻小说中幻想出来的故事。如果奴隶制能够被废止,妇女们能够被给予选举权,动物就应该能够在一个如我们这样富裕的国家中被人道地饲养。

农场动物于是将过上快乐的生活。它们的安乐死将结束它们的快乐,但却不会在其他方面减损它们生命中的愉悦。在此情况之下,功利主义者会不会因为一个快乐生命的结束所带来的每一次死亡而减少了世界中的快乐,从而反对将动物作为食物杀死呢? 我并不这样认为。如果人们停止杀死动物以作为食物,农场主们将停止对它们的饲养。家畜数目将直线下降,而那些人道饲养的家畜所体验到的快乐随之也会减少。世界上的快乐总额将随着农场动物中快乐量的减少而变小。功利主义者们赞成快乐的增加,那么在此情形之下,他们将反对素食主义。素食主义将因为导致家畜数量的削减以及由此导致的快乐量的下降而降低了世界上的快乐总额。

按照这样的思考方法,功利主义就要求人们人道地饲养动物、将其无痛楚地杀死、将其享用为食物,接着以另一只动物替换被杀的动物并过上快乐的生活。这被称为替代论证(replacement argument)。因为它声称,幸福的动物应该被无痛楚地杀死并以其他的幸福动物取代它。

像彼得·辛格这样的拥护素食主义的功利主义者,很快就指出这一论证在此时此地的不适用性。今天,动物的饲养与屠宰中伴有具有极大残忍性的一面,因此家畜越少越好。但是,我们正在拷问的是,当农场中的动物虐待终止时,功利主义会提出什么样的指引。在此情形下,我们就应该食肉。按功利主义行动!

但是请等一下,那些世界上还未能果腹的穷人会是什么样子呢?正如我们在第1章中所指出的那样,当我们食肉时,我们是在低效率地利用地球的粮食生产能力。如果农民们种植谷物是为了人类吃而不是为了家畜吃的话,地球可能会支撑更多的人口。人口持续快速增长,且很多人业已处于饥饿之中。这就表明,即便是当农场动物受到了很好的待遇,功利主义者也应该去推进素食主义。素食主义减少了人类的不幸。

支持素食主义的另一个理由在于享乐主义型功利主义对净快乐最大化的独一无二兴趣。牛与猪是大型动物。其中的每一只都会吃掉人类与地球能够生产出的很多食物。世界本可以支撑100倍之多数量的同样幸福的小鸡、松鼠、大鼠(澳洲)以及其他一些又小又让人喜爱的生物,它们可以因为易于幸福而被饲养。(不快乐的患精神疾病的那些可在它们繁殖前被无痛楚地杀死。)谁说一只快乐的大鼠比一头快乐的母牛给予这个世界的幸福要少呢?

如果此推理是正确的,享乐主义型的功利主义者或者应是素食主义者,或者应将(那些被幸福地生下、人道地饲养并且无痛楚杀死的)小鸡、兔子以及松鼠吃掉。功利主义者也应该饲养并照料小的、快乐的宠物,如大鼠与沙鼠。即使这会使年龄超过 11 岁的人们感到厌烦与苦恼,如果至善在于最大的净幸福的话,饲养这些动物就是一项庄严的义务。人类烦恼的痛苦小于所有那些小生命所体验到的快乐。

但是,使饲养小而幸福的动物成为一项重要的义务似乎是很荒谬的。问题的根源在于享乐主义型的功利主义者视快乐与痛苦为唯一的善与恶,而且认为我们最重要的义务在于使净快乐或幸福最大化。

反抗享乐主义

享乐主义的一个问题在于快乐不能被精确地加以测量,从而使得快乐的量的核算不可靠。幸福的大鼠与知足的母牛体验到同样多的快乐吗? 我们又如何知道呢?

这个问题也困扰着人类。边沁坚信,快乐的强度影响着快乐的量。在其他一切都相等同的情况下,快乐的强度越大就会有更多的快乐,而且会在快乐量的计算中占有更重要的分量。但是我们如何能测量强度呢? 假定一对夫妻想买一处新的房产。妻子想要一座单层(single-level)的带有牧场风格的,而丈夫则想要一所多层(multi-level)的维多利亚风格的房屋。这两个人如何能够使对方相信,最大的幸福源自对她或他所偏爱的房子的购买呢? 她说:"我会对一座牧场风格的房子感到由衷的喜爱,因为我讨厌爬楼梯。而且只要电视机能正常工作,你就不用操心房子。"他反对说:"我喜欢从二层的窗口看树上的小鸟,而且我会对看上去是如此平淡与乏味的牧场风格式房子感到局促不安。"

假定每个人都是极为诚恳的,他们就不晓得在此情况之下如何使快乐或幸福最大化,因为任何一方都不能拥有另一方的世界体验并知晓他者的快乐或痛苦。我们对他者体验的知识依赖于我们的移情能力,而且移情不会为精确核算提供准确而足够的信息。因此,在很多情况下,不管是丈夫还是妻子都不能够判定出(识别出)他或她因一种不乐意的选择而产生的痛苦会比配偶的痛苦大一些或小一些(更为强烈或更不强烈),快乐的比较也受到同样的限制,因而快乐量的核算也是不可能的。享乐主义型功利主义宣称要精确地证明道德判断的合理性,但却未能做到。

更为重要的是,最大净快乐或幸福并非大多数人一生的目标。亲密的私人关系能够使生命更加尊贵与充实,但却经常带来超出于快乐之上的更多痛苦。留心看一下莎士比亚戏剧中的哈姆雷特(Hamlet)。哈姆雷特的叔叔杀死了哈姆雷特的父亲并与哈姆雷特的母亲成婚以成为丹麦国王。哈姆雷特意欲报复他的叔叔,但却由于无力行动而痛苦不已。

啊,我竟是这样一个恶棍,蠢汉!

……

只是一个迟钝,糊涂的蠢汉。

醉生梦死的对于我的责任漠不关心,一言都不能发;

不,一个国王的性命及一切身外之物都被奸贼消灭了。

我还是莫敢谁何。我是一个懦者吧?

谁叫我做小人,

谁剖开我的脑盖?

谁薅掉我的胡须喷在我脸上?

……

怎么,我真是一条蠢驴!

慈父被人杀害,我这个为人子者,

受了天地的鼓励要去为父报仇,

如今竟像娼妇似的空言泄愤，

像村妇贱奴似的破口咒骂，

这未免太勇敢了！[31]①

哈姆雷特怨气冲天。莎士比亚笔下的奥塞罗（Othello）也是备受折磨的。他认为其妻子德斯底蒙娜（Desdemona）对自己不忠：

对，让她今晚就腐烂，灭亡，受罪；因为她是不能再活了。唉，我的心变成了石头；我捶胸，伤了我的手。啊！世界上真没有比她更可爱的女人；她可以睡在一个皇帝的身旁而命令他去做事。[可是]我恨死她！[32]②

如果社会被组织起来以避免人们身心感受到痛苦的话，世界会不会更美好呢？在 20 世纪最为重要的一部小说《奇妙的新世界》③（*Brave New World*）中，阿尔道斯·赫胥黎（Aldous Huxley）对此想法进行了探索。他描绘了一个为使幸福最大化而组织起来的社会。意识到如同父母与孩子、丈夫与妻子那样一些紧密的私人关系会造成极大的不幸，小说中的文明社会将它们都取消了。人类在试管中诞生，因此无人能知其父母。婚姻不复存在，而且两性杂交受到鼓励，因为这样的话，人们就将不再发展深刻的情感纽带。在这样的一个社会中，哈姆雷特与奥塞罗身心上遭受的巨大痛苦都将是不可能的事情了。

---

① 相关译文主要参考［英］莎士比亚：《莎士比亚全集 32，哈姆雷特》，梁实秋译，中国广播电视出版社 2001 年版。——译者注
② 相关译文主要参考［英］莎士比亚：《莎士比亚全集 34，奥塞罗》，梁实秋译，中国广播电视出版社 2001 年版。——译者注
③ 相关译文主要参考［英］A.赫胥黎：《奇妙的新世界》，卢佩文译，外文出版局 1980 年版。——译者注

在我们的社会中,单调的工作也会带来不快。在小说中,胚胎通过化学方式被加以改变,以生产出不同智力与想象力的人,因而每个人都对他或她的工作感到满足。单调的工作交由合适的人去做。对于人们生活中仍旧存在的一些压力,可以通过服用索玛(Soma)来解决,那是一种没有持久副作用并使人们幸福的缓和剂。这个社会的指挥者穆斯塔法·蒙德(Mustafa Mond)提到:

现在的世界是稳定的世界。人们是幸福的,凡是他们想要的,他们都能得到,凡是他们得不到的,他们绝不会想要。他们生活舒适,他们安全……他们没有父亲母亲的累赘,也没有妻子儿女或者情人来勾动七情六欲;给定他们的条件使他们实际上不能不按照他们应该做的那样去做。假如出了什么岔子,有索玛。[33]

你想不想快乐地生活在那样的一个社会,一个无需作出你自己的——可能是错误的——决定的自由社会中?在这样的一个社会中,你将不会获得允许去尝试进行重大成就的挑战。尝试的失败会使人们不快乐而且有时还会是反社会的,因此最幸福的社会禁止尝试任何困难的事情。思念也是形成强大的家庭纽带的能力。这样的联结偶尔会招致更大的苦难。在我们的社会中,大多数私人间的暴力发生在家庭之内。

最后一点,你愿不愿意借助毒品使自己幸福呢?当毒品被用来减轻苦恼时,人们丧失了他们与现实所特有的人类关系。依照《基督教世纪》(*The Christian Century*)1970 年的一篇反对使用毒品的文章来看:

当影响精神过程的毒品被吸收以后……人暂时地退回到动物……大脑对现实环境中的改变不再作出反应,对自我的真正需要亦是如此……

只是对于毒品有反应。这样一种状态可能是令人愉悦的——的确,那就是它为何被寻求的真正原因。但在这样的一种状态之下,一个人不再是一个完整的自我……一个现实之人与其他现实的人在相互影响中体验到的暧昧不明与紧张……也远胜于那种实际上不会让我们逃避掉任何事情、由化学物质诱发的逃避感所带来的幸福感觉……[34]

许多毒品在我们的社会中之所以是不合法的,原因之一就在于人们赋予现实的某种超越快乐之上的价值。因此,享乐主义使快乐最大化的目标并非总是人们的偏好。

偏好功利主义

对那些偏爱现实的人们来说,偏好功利主义(preference utilitarianism)认可那种超越快乐之上的现实的价值。偏好功利主义的目标不是使快乐或幸福最大化,而是使偏好的满足最大化。

由于动物没有致力于抽象概念的开发,因而大多数的功利主义者都认为,动物通常来说偏爱最大化的快乐。据称,动物们不会仅仅为了自由的生活而宁愿选择悲惨的生活,而不是拘禁之下的快乐生活。假如幻象中含有更多可靠的、持续存在的快乐,它们的偏好将不是现实而是幻象。立足于这一假定之上,偏好功利主义将在动物问题上作出与享乐主义型功利主义相同的判定。

同样,对于那些偏爱快乐的人而言,偏好功利主义会努力保障快乐,因为这就是那些人的偏爱。相反,对于那些偏爱坚定的私人关系的人而言,偏好功利主义就支持这种纽带,即使它们会带来感情创伤。爱使人受伤。简言之,偏好功利主义允许人们为自己确定其认可的善,并且要求那些对人们碰巧具有的不同偏好最大化的满足加以促进的行为。

　　偏好功利主义存在着几个问题。其一涉及偏好的度量。由于偏好间时常发生冲突，我们有必要对它们的相对强度加以估价。我们在早先了解到，我们不能准确无误地测量出相对于另一个人的快乐（或痛苦）而言某个人的快乐。当偏好被视为内在心理状态时，这一点同样正确。比如说，我偏爱有线电视网中的思想扩展大学（Mind Extension University），相反，其他一些人则对一个特别购物频道有偏好。我们如何能够以数学般的精确说出谁的偏好更有力呢？假定我们中的一个人比其他人叫得更欢。这可能只是揭示了不同的个人风格、社会实践或是习惯，而非偏好强度的差异。

　　在收视方面，特别购物频道可能比思想扩展大学频道更为流行。但这并不意味着，当偏好强度被加以关注时，偏好就得到了更好的满足。少部分人强烈偏好的满足与大部分人的微弱偏好的迎合相比，可能会使偏好得到更多的满足。但是问题依旧，我们如何能够精确测量出偏好的相对强度呢？

　　经济学家所赞成的一种方法就是利用消费需求。他们通过人们的支付意愿来评价偏好。这就将所有的事物都置于货币条件之下并将偏好功利主义转变为 CBA 了。我们已然知道，成本效益分析常常酿成对穷人与后代人而言的恶果。但对动物而言，这是荒诞的。动物要为农场上更好的处所、更舒适的运输以及更人道的屠宰支付多少呢？一毛不拔。享乐主义型的功利主义考虑到了动物的福祉。当偏好为支付意愿所判定时，偏好功利主义就不会考虑到此点。

　　与偏好功利主义相关的另一个问题在于，它在满足偏好这一目标上无视偏好的本性与起源。学者马克·萨戈夫指出：

许多的偏好——比如说，……抽一支烟的迫切要求——是为那些拥有这些偏好的人所不齿的。为何我们应该将那些易上瘾的、粗野的、违法的、欺诈的、外在于个体的、愚蠢的、古怪的、有害的、无知的、嫉妒的……或是可笑的偏好满足视为一种自身为善的事物呢?[35]

比如说，考虑一下一位健康诱人的 19 岁女孩对于隆胸术的偏好。她希望看上去更像模特(许多模特已经隆胸)一样。如果她的偏好得到满足，世界就是一个更为美好的所在吗? 我们不能断定，因为她将会幸福，世界因而就更加美好。得其所欲未必会给她带去幸福，有句谚语说:"小心你所希望得到的东西，因为你或许会因此受到惩罚。"同样，如果幸福是总体目标的话，我们又返回到了种种问题缠身的享乐主义型的功利主义。

在我看来，即使这位女性不存在医疗并发症，更美好的世界还是一个她所接受的不存在植入的健康身体世界。就如萨戈夫一样，我认为，为了决定何时何地的偏好满足是好的，我们必须判定哪一种偏好是值得的而哪一偏好却不是。偏好功利主义者则不同意这样做。

享乐主义型以及偏好功利主义可能会建议对个体权利的践踏并无视正义的存在。比如说，考虑一下 1998 年时对威廉·杰斐逊·克林顿(William Jefferson Clinton)总统的指控，据称他对一个大陪审团说了谎。[36]证言涉及与莫妮卡·莱温斯基(Monica Lewinsky)的性关系。据说谎言涉及谁在何时何地伤害了谁。就私生活而言，我不想知道。但是在誓约之下撒谎是一项严重的罪行，因为我们的司法制度经常依赖于发誓证言的可信赖性。然而，在此情境之下指控某人撒谎是不多见的，因为伪证罪是很难证实的，而且公诉人还有许多的小偷、毒品贩子以及谋杀犯等着要处理。这就意味着克林顿不应被指控吗?

从任何功利主义的视角去看，"令人瞩目的"案件应该受到不同于他者的对待，即便该为非作歹者与那些所控罪行被忽略的人一样无罪。其理由就是威慑。从一个功利主义者的角度看，我们经常指控并惩罚不法行为主要是防止他人犯下同样的罪行。那些知道了惩罚的人有望被加以震慑。指控一个名人一般来说比指控一个无名小卒提供了更多的威慑因素。更多的人了解到了这项指控，因而更多的人就被震慑住了。这就使得被告个体成为他人的一个实例教训。知名的被告人在同一情况下会受到更加严厉的对待。许多人认为这会侵犯个人的权利且是不公正的。但功利主义通常都要求这样做。

另一种类型的正义问题源自文化对偏好的影响。设想有这样一个社会，其中有半数人的社会生活宁愿放在对另一半的需要的服务上。他们的最高向往就是向另一半人提供生育孩子、管理家务以及情感支持的无偿服务。当他们在家庭外工作时，他们通常期望比另一半中来的人更低报酬与更少权力的岗位。他们可能会升迁到秘书长的位子，但不会是董事会主席。

在此方式上成功社会化的人们将会实现他们的偏好，而且这也可以使净快乐最大化。偏好型与享乐主义型功利主义者将对此表示赞成。但是，按照当前美国人的思维方式，他们往往会认为，这样的一个社会是不公正的。

功利主义的缺陷不必影响到我们对于动物虐待的反对。在不必要的动物苦难不存在的情况下，这个世界会是更美好的，因为快乐一般来说是善的而痛苦通常是恶的。但净快乐（或偏好满足）的最大化不可能像功利主义者所宣称的那样，是所有道德规范的基础。我们无法测量快乐（或偏好满足）以知晓它何时能被最大化；我们中大多数人不认为所有的偏好值得满足；而且我们珍视个体的权利与社会正义，就如同快乐与偏好的满足一样。总而言之，我们应与诸如自由、隐私、政治参与以及正义这样一些价值观念一道，将快乐与偏好的满足包含在一种多元的道德展望中去。

讨论

- 假设从彼得·辛格以及盖尔·埃斯尼兹那里得到的有关畜牧业与屠宰的信息当前存在且是准确的话，一个人如何才能证明食肉的正当性呢？

- 吃鱼在道德上是正当的吗？鱼生长在何处？它们是如何被宰杀的？

- 一些人对皮毛制品的反对胜于他们对皮革制品的反对。产生这种区别的理由在哪里？

- 大麻应被合法化吗？除了快乐及偏好的满足之外，相关的价值观念是什么呢？

- 珍古德(Jane Goodall)在她 1990 年出版的《大地的窗口》(*Through A Window*)中写道："人类的 DNA 与黑猩猩 DNA 之间的区别仅仅为 1% 多一点。"[37] 如何能够证明在抗击诸如艾滋病以及乙肝这样的医学研究中使用黑猩猩的正当性呢？有什么样的理由可避免黑猩猩在医学研究中的使用？（医学研究的更多内容参见下章。）

注释：

[1] 在该书中我所使用的单词"动物"意指"非人类动物"。

[2] *Illinois Revised Statutes*，第八章 703 节与 704 节。

[3] 我业已将此引用从现在时态改变为过去时态。

[4] 源自美国人道协会的 1998 年秋季来信，被改变成了过去时态。

[5] Immanuel Kant, "Duties to Animals and Spirits", *Lectures on Ethics*, Louis Infield trans.(New York: Harper and Row, 1963)，并且部分重印于 *Animal rights and Human Obligations*, Tom Regen and Peter Singer eds.(Englewood Cliffs, NJ: Prentice-Hall,

1976），pp.122—123，at 122。

[6] Peter Singer，*Animal Liberation*，新修订版（New York：Avon Books，1990），p.6.特别加以了强调。

[7] Jeremy Bentham，*The Principle of Morals and Legislation*，第十七章第一节，(1789)，见 Regan and Singer eds.，pp.129—130，at 130。

[8] Singer，p.129.

[9] Singer，p.120.

[10] Singer，p.123.

[11] Singer，p.121.

[12] Singer，p.121.

[13] Singer，p.122.

[14] Singer，p.124.

[15] Singer，p.126.

[16] Singer，p.127.

[17] Singer，p.128.

[18] Singer，pp.125—126，特别加以了强调。

[19] Gail A.Eisnitz，*Slaughterhouse*（Amherst，NY：Prometheus Books，1997），p.24.

[20] Eisnitz，p.101.

[21] Eisnitz，p.102.

[22] Eisnitz，p.68.

[23] Eisnitz，p.68.

[24] Eisnitz，p.70.

[25] Singer，pp.107—108.

[26] Singer，pp.109—110.

[27] 正如美国国家广播公司在 2000 年元月 13 日的"早间新闻"中所报导的那样，全国人口普查局估计，美国人口到 21 世纪末时将达到 5.71 亿。

[28] Friends of Animals，Inc.，重印于 Robert Baum eds. *Ethical Arguments for Analysis*，2nd ed.（New York：Holt，Rinehart and Winston，1976），p.333。

[29] *Pennsylvania S.P.C.A.v. Bravo Enterprises，Inc.*(1968) 237A 2d 342.由于上级法院否定了 PSPCA 在此事务上先行进行上诉的法定司法身份，所以斗牛士公司最终赢得了诉讼的胜利。

[30] 就此议题的某些探讨，参看 L.W.Sumner，"Classical Utilitarianism and the Population Optimum"，R.I.Sikora and Brian Barry eds，*Obligations to Future Generations*（Philadelphia：Temple University Press，1978），pp.91—111；Jan Narveson，"Moral Problems of Population"，Michael D.Bayles eds，*Ethics and Population*（Cambridge，MA：Schenkman Publishing，1976），pp.59—80；Peter Singer，"A Utilitarianism Population Principle"，Bayles，pp.81—99。

[31] William Shakespear，"Hamlet，Prince of Denmark"，第二幕，第二景，参见 *The Complete Works of William Shakespear*，Hardin Craig eds. (Fair Lawn，NJ：Scott，Foresman and Company，1961)，pp.901—943，at 919。

[32] William Shakespear，"Othello，the Moor of Venice"，第四幕，第一景，参见 Craig eds，pp.943—979，at 969。

[33] Aldous Huxley，*Brave New World*（New York：Bantam Books，1962），p.149.

［34］ *The Christian Century*(March 4，1970)，重印于 Baum eds，p.56。

［35］ Mark Sagoff，*The Economy of the Earth*（New York：Cambridge University Press，1988），p.102.

［36］ 克林顿也因为所谓的妨碍司法执行而受到指控,但案件的那一部分却说明不了此处的论点。

［37］ Jane Goodall，*Through a Window：My Thirty Years with the Chimpanzees of Gombe*（Boston：Houghton Mifflin Company，1990）p.206.

第 5 章　动物权利与医学研究

引言

克利福兰都市总医院(Cleverland Metropolitan General Hospital)神经外科实验室的领导人罗伯特·J.怀特(Robert J.White)在 1998 年《读者文摘》(*Reader's Digest*)的一篇文章中讲述了如下这个故事：

四年前，我作为手术小组的一员，试图从一个九岁女孩的大脑中将一个恶性肿瘤除掉。由于我们未能阻止脑组织的出血，手术失败了。我们未能将那个小女孩与正在慢慢杀死她的肿瘤分离开来。为赢得时间，我们对她实施了放射性治疗的计划。

与此同时，我们正在我们的脑研究实验室用新型高精度激光刀进行实验。在那些已被人道对待并正确麻醉的猴子与狗的帮助下，我们完善了我们的手术技巧。于是，在 1985 年的 7 月，我的同事……与我利用激光刀将那个小女孩的肿瘤全部移走。现在的她 13 岁了，健康幸福，且期待着一个美满的人生。动物实验已使我们能够治愈一个我们在 15 个月前的更早些时候感到无能为力的一个孩子。[1]

怀特医生并未提及猴子与狗身上发生了什么。最有可能的是，它们被无痛楚地杀死了，我是这样猜想的。我们应对此表示关切吗？许多人认为应该如此，因为他们相信，为了人类的利益而伤害动物是不正当的。

在 1990 年出版的《大地的窗口》一书中，老练的灵长类研究者珍古德讲述了一只被俘获的大猩猩拯救了一个人的生命的故事。被称为"老家伙"(Old Man)的黑猩猩已经被一处实验室中的人们或马戏团虐待过了，直到它在八岁时被救并被放置到佛罗里达的一座动物园为止。在那里它与三只雌黑猩猩住在一个安全岛上。它的残忍凶狠是出了名的,因此当马克·丘萨诺(Marc Cusano)几年后被雇用来照顾这些黑猩猩时,他被警告要离"老家伙"远一点。马克听从人们的警告,开始时只是从船上向黑猩猩扔食物,但后来冒险地进入岛上,最终能够用手喂"老家伙"并且为它清洁岛上的环境。雌猩猩们,其中的一只正在喂养一只幼年的猩猩,仍旧保持远远的距离。珍古德写道:

> 有一天,当马克在清洁安全岛时,他滑倒在地。这惊吓到了幼年的猩猩,使它尖叫起来,而它妈妈的保护本能被唤起,立刻跳起去攻击马克。在他面朝下躺在地上时,她咬住了他的脖子,他感觉到鲜血顺着胸部涌了下来。另两只雌猩猩也冲了过来帮助她们的朋友。一只咬住了他的手腕,另一只咬住了他的腿,……他想他已经玩完了。
>
> 就在那时,"老家伙"担负起了拯救它多年以来第一位人类朋友的责任。它将每一只极为惊怒的雌猩猩都从马克身上扯开并将她们扔得远远的。于是,在马克缓慢地爬到船上并且安全时,它待在很近的地方,并且阻止雌猩猩们的进攻。"你知道,'老家伙'救了我的命。"马克后来告诉我说……

若"老家伙"是人类的话,我们将称赞"老家伙"是一位乐善好施者(Good Samaritan)。我们应该尊重一只其行为与道德英雄气概相似的动物吗?如果是这样的话,我们应该在动物实验或其他的消遣中全然为了人类的利益而使用它们吗?这就是动物权利的议题。

动物权利不同于动物解放,乃是因为根本的道德关怀是不相同的。动物解放立足于功利主义的净快乐或偏好满足的最大化这一价值观念之上。我们应避免那些伤害动物胜于帮助人类的行为。相比之下,动物权利据称是与人权相类似的，而大多数人将其排除在效用核算之外。支持者宣称，许多动物与人类足够相似，理应获得同样的权利。

权利的本质

联合国《世界人权宣言》第 19 条宣称一项言论自由的权利："人人有权享有主张和发表意见的自由；此项权利包括持有主张而不受干涉的自由，和通过任何媒介和不论国界寻求、接受和传递消息和思想的自由。"即便是此项权利的实践会降低世界上的总快乐，如同其所可能的那样，例如即使有人以言论去说服人们吸烟，压制这样的言论自由也是不道德的，因为这就侵犯了一项人类权利。对有害言论的传统补救方法是更多的言论，此处即是指反对吸烟的论证。

《世界人权宣言》的第 3 条说："人人有权享有生命、自由和人身安全。"正如利奥·卡茨(Leo Katz)在《不义之财》(*Ill-Gotten Gains*)中所提出的如下假定所表明的那样，这就不允许牺牲一条生命以拯救其他几条生命。卡茨写道，想象一下一名外科医生：

> 他有五个病人，所有这些人都处于死亡的边缘。除非他们接受器官移植，否则他们就注定要死亡。两个人需要肾，两个人需要肺，一个人需要心脏。找不到捐赠者——除了一名走进外科医生办公室以接受年度体检的非常健康的顾客。看到他，外科医生意识到他是一处各种有用的备用器官的移动储藏库，这些器官如果被精明地重做部署，就可在牺牲一人的条件下救活五条生命。假使外科医生非常迅速且毫无痛楚地将他未经预约即来就诊的健康顾客杀死并利用其器官来救活另外五个人，结果会怎么样呢？[2]

那会是可以做的正当事情吗？当然不是。但为什么呢？

功利主义者可能说,外科医生杀死他来求诊的顾客是不正当的,因为这将妨碍人们对必要的医疗照顾的获取。(一双有着冰冷双手的医生已足以使我失去勇气了。)功利主义者断言,从长远来看,与偶尔牺牲一个健康病人所获得的拯救相比,更多的人将因体格检查的缺乏而更受伤害。

长远的核算可能是正确的,但这不是大多数人谴责外科医生行为的原因。我们对其加以谴责乃是因为这样做侵犯了某些人的"生命、自由和人身安全"的权利。如果杀死健康的患者是罕有之事并且处于保密之中,我们将仍旧会谴责它。正如在言论自由的情形中一样,总效用是无关紧要的。个体权利更为重要。

动物权利的拥护者们声称,许多动物也拥有权利,因此之故,即使从无痛楚地杀死一只动物中获得的收益大于对其造成的伤害,这也是不正当的,因为这样做侵犯了动物的生存权。但我们为何要将权利拓展到动物中去呢？动物权利的拥护者会就人类提出同样的问题,并说任何把权利归属于人类的证明就证明了将这些权利同样延伸至许多动物当中的正当性。

他们并非是说动物与人类拥有的权利都是相同的。赋予一只不会言语的动物以一项言论自由的权利是没有意义的。但在人类与(许多种类的)动物能够同等地从个体权利保护中获益的地方,它们就同样有权受到保护。这一议题可浓缩为此问题,即,是人类拥有动物所缺乏的证明其权利得到认可的属性,或者相反,还是许多动物同样应得到那些对它们有益的权利。

有关动物权利的看法常常走入极端。一些人说动物完全没有权利,因为它们缺少适宜的属性。其他一些人则声称,当动物们能够从授予人类的权利中同样获益时,它们就如人类一样拥有完全相同的权利,因为它们完全拥有证明人类权利的那些属性。一种折中的观点是,许多动物拥有某些与证明人类权利的属性相类似的特征。但相比于人类而言,它们是在较低程度上的拥有。因此,动物通常要比人类拥有较少的权利。但它们是有权利的。

我现在讨论一下人权的五种证明,并将其中的每一证明都与动物拥有权利的声言联系起来。这五种证明是:人类具有不朽的灵魂;人们能够言说并进行抽象的推理;人们能够合乎道德地行动;人们能够拟定并遵守契约;人们能够从基本人权中获益。

不朽的灵魂与权利

17世纪的科学家与哲学家勒内·笛卡尔(Rene Descartes)认为,拥有一个不朽的灵魂使人类与动物区别开来,而且他利用这个区分来证明动物活体解剖,即在生物实验室中将活的动物切碎的正当性。他声称,是我们不朽的灵魂使我们能够思想、推理并言说。相反,动物就如机器一样不能思想、推理并言说。活体解剖就像是将一只钟表或其他的机械装置拆开一样。没有人会反对拆散一只钟表。另一方面,如果动物不是机器并且"如同我们那样具有思想,它们就将像我们一样拥有一个不朽的灵魂。而这是不可能的,因为没有理由让人相信某一些而不是所有的动物都是如此的,况且它们中的许多如牡蛎与寄生虫一样,在这一点上是如此的不完善以至于令人无法置信"[3]。总而言之,"更有可能的是,蠕虫与苍蝇以及毛虫乃是在机械地移动而非拥有不朽的灵魂"[4]。没有不朽的灵魂,它们就没有反对活体解剖的权利。

对于灵魂不朽的主张悬而未决,且哲学的观点交替变幻。据拉丁诗人奥维德(Ovid)称,生活于公元前6世纪的古希腊数学家与哲学家毕达哥拉斯(Pythagoras)相信,人类灵魂在死亡之际进入了动物中去,从而使动物成为我们的亲戚:

我们不仅有肉体，

也有生翼的灵魂，我们可以托生在

野兽的躯体里，也可以寄居在牛羊的形骸之中。

凡是躯体，其中都可能藏着我们

父母兄弟或其他亲朋的灵魂

因此我们不应该伤害任何肉躯……

用刀宰杀小牛，听它哀鸣而不动心的人

就会养成一种罪恶的习惯

并且很容易进一步去杀人！

谁能忍心听见羔羊像婴儿一样地啼哭还把它杀死呢……

这种行为和杀人的行为又相差多远呢。[5]①

今天，很少有人将其人权观点建立在对不朽灵魂的不确定的以及受到驳斥的宗教观念之上。不管赞成还是否定动物权利，人们都在为普遍的同意寻求更为坚实的依据。

语言、抽象思维与权利

权利的一项传统依据是人类的语言，它帮助人们进行抽象的思维。动物缺少这种语言，致使它们未能具有抽象的思维能力。如果抽象思维的能力是识别"生存、自由与安全"权利的基础，那么，只有人类才拥有这些权利，动物们因而可以被用以帮助人类而遭遇致命的实验。这是笛卡尔的另一考虑。

但是，对于动物或是人类的抽象思维能力而言，语言并非本质性的。

---

① 译文参考［古罗马］奥维德：《变形记》，杨周翰译，人民文学出版社 1984 年版。——译者注

麻省理工学院语言学家史蒂文·平克（Steven Pinker）在其畅销书《语言本能》（*The Language Instinct*）中提供了一个人类的例子。他讨论了由发展心理学家卡伦·温（Karen Wynn）所做的一项实验，该实验表明，前语言的五个月大婴儿能够做"一种简单形式的心算"。此实验假定，如果一个婴儿

看到一捆东西的时间够长的话，……婴儿就变得厌烦起来并四处观望。改变那一场景，而且那个婴儿注意到了差异的话，他或她将重新获得兴趣。

在温的实验中，……台子上有一个橡胶的米老鼠玩具展现在婴儿们面前，一直到他们的小眼睛四处观望为止。于是，挂上一个帘子，而且从幕后伸出一只看得见的手将第二个米老鼠放在帘子之后。当帘子被移走后，如果能够看到有两个米老鼠（或者其他一些婴儿们从未看到过的某些东西），这些婴儿只会注意一会儿。但是，如果只有一个玩具在那儿的话，婴儿们就被迷惑住了——即使这就是在帘子放置之前使他们厌烦的那个场景……婴儿们一定是一直追踪着帘子之后到底有多少玩具这一问题，在玩具增加或减少时修改他们的计算。如果数字无法说明地背离了他们的预期，他们就会仔细观察那个场景，似乎在寻求某些说明。[6]

即使没有语言，婴儿似乎也在思考数字以及/或者因果关系。

一些猴子似乎也能够抽象思考与推理而无需语言。平克探讨了灵长类动物学家多萝西·切尼（Dorothy Cheney）与罗伯特·塞弗思（Robert Seyfarth）在肯尼亚（Kenya）所做的长尾黑颚猴研究。他们所观察研究的那些猴子将自己分入大家庭中。有一次，家庭间陷入了冲突之中：

一只年轻的猴子将另一只按倒在地并使其尖叫。20分钟后，受害者

的姐姐靠近作恶者的姐姐,并在无任何激怒的情况下咬了她的尾巴。因
为报复者已经确定了准确的目标,所以她将不得不解决如下的类比问题:
利用"……的姐姐"的正确关系(或者也许是"……的亲戚"),A(受害者)
对 B(我自己)来说正如 C(作恶者)对 X 一样。[7]

时间是许多动物可以恰当处理的另一个抽象因素。哲学家玛丽·米
奇利(Mary Midgley)在《动物以及它们何以重要》(*Animals and Why
They Matter*)中提到:

比如说,有充分的证据表明,家养动物有着遵循一个每周一次循环周
期的能力。因此,希拉·霍肯(Sheila Hocken)的导盲犬无需在那天被告
知的情况下,就很快并自发地学会了每周五带她去周末购物的地方。更
值得注意的是,每周喂食一次的野猫也学会了在喂食应到的那天就提前
出现。[8]

这就推翻了传统上赋予权利的语言要求背后所存在的基本原理。笛
卡尔与其他一些人断言,拥有语言是拥有权利的一个先决条件,因为语言
是抽象思维能力的一种标志,而且只有能够抽象思考与推理的存在物才
应具有权利。他们说,人们拥有语言而动物却不具有,因此只有人才具有
权利。现在来看,语言对于人类或是动物的抽象思考而言似乎是不必要
的,因此,人类拥有语言而动物却没有的事实与权利的拥有是不相干的。

人类与动物间的差异仍然存在。大多数的人能够通过语言表达抽象
的思考,而动物只有通过非语言的行为来表明其思考。同样,比如说,在
数学或艺术中许多人类的抽象观念要比我们有把握地归于动物的那些远
为复杂。因此,如果权利是立足于抽象思维能力之上的话,人们就可能具
有比动物更多或更强有力的权利。但我们不能在此基础上就说动物根本

不具有权利。

道德人格与权利

正如在先前的章节中所探讨的那样,18世纪的哲学家伊曼纽尔·康德在人类中心主义的根据之上反对动物虐待,因为这种虐待最终伤害了人类。他否认动物具有权利,声称只有能够具有道德或不道德行为的存在物才具有权利。他认为动物缺少道德(或不道德)行为所必需的推理能力以及对于本能冲动的摆脱。比如说,动物的父母常常很好地照顾其子女,但它们这样做是无需推理的。它们如此做是出于决定它们行为的本能。在康德看来,它们没有选择或自由,因此它们不会因其行为而应受到道德的褒扬。相反,好的人类妈妈应受道德褒扬,因为她们的行为充满了远虑,而且是基于自由的选择。

我们刚刚了解到,许多动物能够具有的思维要比康德所能意识到的更为抽象。现在,让我们看一下似乎是将思维与道德敏感结合起来的一些动物行为。在珍古德所讲的故事中,黑猩猩"老家伙"在拯救马克·丘萨诺的生命时似乎展示出了某种道德敏感。它那样做似乎是出于友谊。我们依据什么去说"老家伙"的行为是出于盲目的本能,而一个人在做同样的事情时却是进行了一项自由的选择呢?我对此一无所知。如果任何一方应受到道德褒扬的话,另一方也应如此。

珍古德给出了一个黑猩猩妈妈"精灵"(Gremlin)的例子,精灵对她的孩子金柏(Gimble)的悉心照料远不止是对他叫声的简单回应:

就如一个好母亲一样,她将会未雨绸缪。因此,当金柏与年轻的狒狒玩耍时,精灵常常是密切地注视着,并且如果游戏发生了一丁点麻烦,且远在金柏似是要焦虑之前,她就坚定地将他带走。曾经有一次,她正带着他顺着一条小路走时,发现了前面的一条小蛇。她小心翼翼地将金柏从其背后放下并使他靠后,与此同时,她对小蛇挥动树枝,直到小蛇溜走。[9]

动物有时比人类表现得更为道德。社会学家斯坦利·米格兰姆(Stanley Milgram)与其耶鲁大学的同事们进行的一系列实验表明,许多人在命令之下心甘情愿地伤害人类同伴。[10]在一项典型的实验中,受实验者受到误导并因此认为自己是一项学习实验中的一名教师。他被告知,向另一人即初学者,读出成对单词的列表,而后者将尽力学会它们。"教师"于是认为他在通过阅读一对单词中的第一个单词来检验"初学者",并看"初学者"能否以第二个单词作出回应。"教师"认为他是被如此要求的,即对"初学者"不正确的回应施以时间不断增长的电击,据称是为了看到学习效果。

实际的实验是发现受实验者("教师")在命令之下情愿对另一个人施加多大的伤害。"初学者"的回应在一个磁带录音机上被播放出来。实际上,没有任何一个人受到了电击。但是,实验中的受实验者("教师")对此并不知情。事实上,在给予任何电击之前,他被告知"初学者"有心脏病。此外,一些用来执行电击的控制杆上面标有警告说,这些电击是严重且危险的。"教师"能够听到"初学者"处于痛苦中的尖叫(只是一个录音),为自己的生命担忧而要求饶恕。最后,"初学者"完全停止了反应。大多数的受实验者("教师")仍然信守行政管理负责人给予的信心,即不会造成永久的伤害。因此,在尖叫、电击控制杆的标签以及其他方面的信息表明可能是致命的时候,他们继续给予"初学者"电击。他们这样做是因为权威人物说,实验必须进行下去。

在《创自动物》(Created from Animals)一书中,詹姆斯·雷切尔(James Rachels)对 1964 年在(美国)西北大学医学院对恒河猴进行的一项有些类似的实验进行了报道。两只猴子被置于一个笼子之中,并以一块单相镜隔开。其中一只猴子能够通过单相镜看到另一只,且已被训练通过拉两条链子中的任何一条以获取食物。另一只猴子被系缚于导电的金属线网中,因而他或她会受到无法躲避的电击。一会儿之后,第一只猴子处的链子被绑定在可导致另一只猴子被电击的电源开关上。因此,当第一只猴子通过拉取任何一根链子而获得食物时,第二只猴子就经受了一次严重的电击。拉链子的那只猴子能够看到而且有时能听到另一只猴子对电击的反应。它们做了什么呢? 雷切尔写道:

> 经过为数极多的实验之后,实验者得出结论:"大多数的恒河猴将坚持忍受饥饿而不是在同类生物遭受电击的代价上获得可靠的食物。"尤其是在某一组实验中,8 只动物中的 6 只表现出此种类型的牺牲行为;在第二组中,10 只中有 6 只猴子是这样的;而且在第三组中,15 只中有 13 只是这样的。在目击到[对另一只猴子的]电击后,其中有一只猴子抑制自己去拉任何一根链子达 12 天之久,而且另一只达到了 15 天之久——这意味着它们在那一时间中没有任何食物。[11]

电击他者的意愿在猴子中变化不一,但并不与猴子的性别或是它们在社会等级中的相对地位相吻合。不管怎样,那些已在此设备中被电击过的猴子更不情愿去电击他者,而且猴子们更不情愿去电击先前笼中的伙伴。

雷切尔总结道,恒河猴展现出了利他主义,正如人们所做的那样,"为帮助他者而情愿放弃自身的一些利益"[12]。两个物种的成员在其利他主义上变化多样,并且当他们同情他者的痛苦或者私下里就认识他者时会更加表现出利他主义。

但是,在人类与猴子身上的实验表明,与猴子相比,社会等级与权威对人类利他主义的表现将产生更大的影响作用。这可能归因于人们更突出的抽象思维能力。我们可以认同诸如科学进步这样的一种抽象理由，而权威人物可以援引此而贬抑利他主义。于是，我们在抽象思维上对于动物智力的优势可能在某些时候导向于道德上的卑微。但无论如何，我们不能再因为唯有我们展现出道德行为就说只有人类才被赋予权利。

契约与权利

政治哲学家卡尔·科恩(Carl Cohen)在《新英格兰医学杂志》(*New England Journal of Medicine*)中为活体解剖辩护，并争论说动物不能拥有权利。科恩声称：

> 权利……在任何情况下都是指在道德行为体的共同体中提出的要求或可能的要求。只有在那些相互之间实际上做出或者能够做出道德要求的存在物之间，权利才会产生并能被清晰地加以辩护。……权利的持有者必须拥有领会义务准则的能力，这些准则支配着包括他们自己在内的所有的人。……只有在一个能够对道德判断加以自我约束的存在物共同体中，一项权利的概念才能被正确地唤起。[13]

科恩对"权利"的使用过于严格。比如说，我们通常以为，婴儿在其"做出或能够做出道德要求之前……"以及在他们"具有理解义务准则的能力"之前便具有权利。死去的人们在他们丧失掉这些能力后仍保留有权利，比如说，他们的遗嘱受到尊重的权利。那些从未具有并将永不具有这些能力的严重智障患者同样拥有权利。

科恩看起来把两个群体弄混了。一个是更小的群体，其成员是另一个更大群体的一部分。更小的那个群体是认识到或者认可权利存在的群体。该群体必定是由像我们这样一些能够超出婴儿、严重智障患者以及

(也许是)所有动物的能力之上的存在物所组成的。但是有另一个更大一些的群体，它包括了第一个群体中赋有权利的那些存在物。这就是有权利的那个群体。科恩假定第一个群体的成员，即认识到权利的那个群体，将如同某些门槛很高的乡间俱乐部只接纳其会员一样，把认可限于他们本身；客人是不被承认的。但是，道德共同体却并非如此。能够"理解义务准则"的人们通常不仅将权利赋予他们自身，即小群体，也同样赋予诸如婴儿以及严重智障患者这样的他者。为何不把动物也包括进去呢？

答案不是由科恩给出，而是由哲学家彼得·卡拉瑟斯（Peter Carruthers）在《动物问题》（*The Animal Issue*）中给出的。卡拉瑟斯声称，所有的道德规范以及诸如所有的道德权利与义务都是来自无知之幕背后所做出的一项假定契约。我们在第2章中谈到过此点。卡拉瑟斯假定契约各方是利己的，因此他们只想保护他们自己。他们的承诺是，只尊重那些通过尊重他们的权利以作为回报的他者的权利。由于只有具有理性的个体能够互换利益，因此卡拉瑟斯认为，契约者只会把权利延伸至如同他们一样能够协商并遵守一项契约的有理性的个体中去。他写道：

> 既然是理性个体在选择准则体系而且是利己的选择，因此，只有理性个体才将其境况置于准则的保护之下。似乎没有理由应把权利赋予非理性的个体。动物因而将不具有道德地位……[14]

这儿存有疑问。为何假定道德应遵循一个完全由利己的人们作出的契约呢？正如我们业已看到的那样，大多数人并非全然利己的，而且认为那些全然自私者是危险的反社会者。想象一下，两个人在讨论权利与义务。如果他们发现全然残忍的行为是可以接受的话，一个人会说："这就是在电影《教父》中他们所干的事情。"而另一个人则会回答说："是的，那么这必定是正当的。"我们中没有太多的人会接受这样一种行为标准。

　　与其早先全然利己的假设不相一致的是，卡拉瑟斯事实上假定，人们进行协商以形成一项契约从而"分享自由的与非强制的协议以达成这一目的"[15]。换句话说，他们业已认为，施加社会安排不应通过以强凌弱的手段。他们需求一项契约，乃是因为他们不想把强权混同于公理。但是，如果他们是带着这种道德观进行协商的话，那么，并非所有的道德规范都来源于契约了。某些道德规范先于契约而存在，而且那些道德规范中可能包含许多立约者对动物福利的关注。这样的立约者可能会坚决要求社会确立动物权利，包括"生存、自由与安全"的权利。[16]

　　玛丽·米奇利对此项关切作了进一步的展望。在自私的、利己主义的个体之间明确互惠的权利与义务的契约，不可能产生道德的全体，她认为：

　　作为传递性的——一代接一代传下去的双亲义务不具有如此多的互惠性。父母亲将他们从其父母那里得到的照料给予了他们的孩子，而他们的父母也从自己的父母那里得到了这种照料，这样无限地进行下去。主要的偿还就是永不回归到给予者，而总是向前给予接受者……[17]

　　更为重要的是，父母对于孩子的照料是出于爱。他们视其孩子的福利本身为善。米奇利把这一事实与进化论相联系：

　　除了对于一个独断的利己主义者以外，双亲的动机应不会使任何人感到困惑，况且独断的利己主义者只需四处观望一下鸟类与哺乳动物通常的双亲行为，就会发现他独断之见的不可信。善的利己主义者造就恶的父母，而且……自然选择很快就会使其家世消失……作为我们物种特征的漫长孩童时代之所以可能，只是因为自然选择已然眷顾了带来宽宏大量的养育子女的情感构成。[18]

总而言之，道德规范比自私自利的假定契约者所涵摄的要多得多。因此，不管这样的立约者将说些什么，动物都可能拥有权利。

动物的生存权利

动物拥有"生存、自由与安全的权利"吗？联合国《世界人权宣言》将这些权利归属于人类。我们已经通过好几种方式，考虑了人们与动物的不同或可能不同之处，但这些都不能够证明权利是人类而不是动物的归属。关于不朽灵魂的主张是有问题的。只有人类具有复杂的语言，但这并未阻止动物抽象地思维，尽管与人类相比只是较低的程度而已。动物能够像有道德的存在物那样去行动，与人类相比，有些时候还会表现出更高程度的道德。因此，为何只有人类才拥有生存、自由与安全的权利呢？哲学家汤姆·雷根（Tom Regan）认为这毫无道理。

考虑一下生存权。为何我们将此权利归属于人类呢？我们之所以这样做，乃是因为即便是一次无痛楚的早逝也伤害了人们。它剥夺了人们的回忆、他们的朋友以及他们的家人。它剥夺了他们的未来。它破坏了他们的计划并结束了他们的梦想。如果这就是无痛楚地将人杀死亦为不正当的缘由的话，禁止杀戮也应该适用于所有那些将会受到同样伤害的动物。雷根提出了一个术语以指称人类以及此范畴中的任何他者。他称其为"**生活主体**"（subjects-of-a-life）。他写道：

个体如果具有信念与欲求，就是生活主体；拥有感知、记忆与一种包含他们自己未来的未来感；一种伴随快乐与痛苦感受的感情生活；具有偏好与福利利益；在其欲求与目标追逐中具有行动起来的能力；……以及某种[独立于]……任何他者的利益。[19]

173

在雷根看来,并非所有的动物都是生活主体,因而并非所有动物都具有生存权。但是,所有成年哺乳动物都是生活主体。比如说,考虑一下黑猩猩。珍古德描述了黑猩猩费根(Figan)升迁至其社会等级最顶端的"发迹史"。他表现出一名总统候选人的巧妙而长期的战略:

当迈克(Mike)废黜歌利亚(Goliath)并荣登群体中第一流的位子时,费根是 11 岁,而且他显然为想象中的新领导地位这一谋略所吸引。就迈克而言,在其进攻表演中,四加仑的空锡罐也加入进来,当他冲向其对手时,就击打这些锡罐并踢向他们,终究在对所有对手——包括比他块头要大得多的个体——的胁迫中取得了胜利。······费根是我们所看到的唯一一只在两种不同的场合使用迈克已废弃的罐子进行"练习"的黑猩猩······只有当更年长一些的黑猩猩看不到时他才这样做。······[20]

当年龄使迈克变得虚弱时,汉弗莱(Humphrey)取得了头领的位子。珍古德报道说,"即便在其统治的早期几个月中",

汉弗莱似乎在费根身上觉察到潜在的威胁:他常常更多是当费根在场而非其他时候表现其自身无与伦比的威力并发威······就费根而言,他仍旧专注于对付(他早期的对手)埃弗雷德(Evered)的漫长斗争中。确实,回顾狂躁不安时期的事态发展,似乎可能的是,费根自始至终都意识到,埃弗雷德而非汉弗莱才是他最强大的对手。[21]

最终,费根通过获得其兄长费本(Faben)的可靠支持而取得胜利。

正如你从这里所看到的那样,一次无痛楚的天年未终对于费根而言就如同罗伯特·肯尼迪(Robert Kennedy)被暗杀一样,将会带来同样的伤害。据灵长类动物学家弗朗斯·德瓦尔(Frans De Waal)的记载,许多动物都拥有一种类似的自我同一感。他写道:"只有黑猩猩与猩猩这两个非人类物种在看镜子时,似乎理解它们是在看自己……"[22]但是,德瓦尔继续写道:

镜子测试提供了一种相当褊狭的自我意识衡量。毕竟这种察觉可以从无数的其他行为中表现出来,并且包含不仅仅是视觉的其他感觉。如何看待狗对于自己尿迹与其他狗尿迹之间在嗅觉上作出的区别、蝙蝠在众多的其他蝙蝠中捡择出自己声音回波的能力呢……?[23]

高度发达的自我意识在群居物种中尤其必要。

一只短尾猿或狒狒在不知晓每个群体成员的社会地位、个体可能在一场战斗中相互支持的血族关系、他者对特别行为的反应等等情况下,就很难发挥作用。一只猴子在不知道其能力与局限以及与他者相比自己处境如何的情况下,怎么能够掌握其群体的社会事务呢? 理解自身周围的环境是与理解本身是相同的……[24]

这与生存权有何关系呢? 我们先前了解到,人们拥有生存权在某种程度上来说在于保护他们免受伤害。死亡因剥夺了他们的记忆、亲戚关系、筹划以及期望从而伤害了人们,而所有这一切都与他们的自我感受相关。在完全没有这样的自我意识下的无痛楚死亡,可能不会伤及某一存在物,因此有这样的短语:"今朝有酒今朝醉,明日死来明日忧。"但是,即使是无痛楚死亡也伤害了具有自我意识的个体,而且我们现在也知道,至少这其中包括了所有的(非婴儿)哺乳动物。给予人们一项生存权利的同样理由似乎也适用于这些动物。用汤姆·雷根的术语讲,他们都是生活主体。

这里就存在着某种暗示,即,至少就哺乳动物而言,它们是不应该作为食物被饲养并宰杀的,即使它们是被人道地饲养并无痛楚地杀死,因为这侵犯了它们的生存权。这就与上一章中探讨的功利主义观点有所不同。寻求最大化快乐的功利主义者可以人道地饲养动物,无痛楚地杀死它们作为食物,然后用另外的幸福的动物来代替它们。这就是第 4 章讨论的替代论证。对于不理会净快乐总值与偏好满足的雷根的观点而言,这当然是不适用的。

其他的含义涉及自由。作为生活主体的人类和动物也会因为他们的自由受到侵犯而受到伤害。如果我们赋予人类避免这种伤害的自由的权利,我们也应该将这种权利延伸到其他那些作为生活主体的存在物上去。

动物实验中的利益

根据农业部技术评估办公室消息,仅 1956 年在美国就有上百万只哺乳动物被用于实验。其中包括 49 000 只灵长类动物,54 000 只猫科动物,180 000 只狗,以及 1 200 万只老鼠和 1 500 万只耗子。[25]哲学家悉尼·吉定(Sidney Gendin)争论说,普遍接受的数字远高于此——并且总计在 7 000 万到 9 000 万之间。[26]

且不管数字如何,人们从此研究中是否获益或达到何种程度尚不清楚。医学收益可从三个不同的综合类型研究中寻找到:基础生物科学;诸如起搏器之类的外科手术技术与医学器械;以及药物、激素和其他一些药剂的测试。人类从药物测试中受益的理由最为无力。

简·麦凯布(Jane McCabe)是对这些受益持积极观点的一位母亲:

我的女儿患有囊性纤维变性(一种严重的疾病,常使肺部以及胰腺、肝脏产生堵塞)。她正常生活的唯一希望就在那些研究者那里,他们中一些人利用动物,将找到一种疗法⋯⋯

这些利用动物进行的研究,怎样帮助那些患有囊性纤维变性的人呢?我的女儿每天三次使用从猪的胰腺中提取的酶来消化她的食物。她服用那些先在老鼠身上测试过的抗生素。作为一个成人,她可能会患上糖尿病从而需要胰岛素——一种通过在狗和兔子身上作研究而获得的药物。如果她需要心脏移植,外科医生在奶牛身上的实验会使她如愿以偿⋯⋯[27]

在 1988 年的白皮书《生物医学研究中动物的使用:挑战与回应》中,美国医学协会(AMA)承认:

自 1901 年以来,76 名诺贝尔生理学或医学奖得主中的 54 人曾经是通过使用实验用的动物获得了发现与进展⋯⋯事实上,20 世纪医学科学的每一次进展,从抗生素和疫苗到抗抑郁药物和器官移植,几乎都是或直接或间接地通过实验室试验中对动物的使用而取得的。[28]

比如说,"在脊髓灰质炎疫苗的进展中,灵长类动物扮演了十分重要的角色,所有这些都是至关重要的"[29]。在工业化国家,脊髓灰质炎已经极其罕见了。

其他一些人并不赞成这种看法。纽约大学眼科学高级医生斯蒂芬·考夫曼(Stephen Kaufman)坚持认为:"在几个领域中最为重要的关键发现,是通过临床研究,病人观察以及人类尸体解剖而获得的。"[30]考夫曼援引《美国医学杂志》(*American Journal of Medicine*)上"著名医生保罗·比森(Paul Beeson)"就肝炎历史的著述称:

对人类疾病的理解与控制中取得的进步必须以对人的研究开始、结束⋯⋯肝炎,尽管作为通过对人类的研究而获得进展的一个几乎"纯粹"

的例子,也绝非绝无仅有的;事实上,这几乎是法则。引证其他例子:阑尾炎、风湿热、伤寒症、溃疡性结肠炎以及甲状腺功能亢进。[31]

考夫曼声称,动物研究实际上妨碍了医学进步并危及人类,因为人与动物是有差异的:

比如说,肝炎的动物模型研究导致对传染机制的误解。这就延误了器官组织培养的进展,而这对于一种疫苗的发现来说是至关重要的。另一个例子是,在1963年以前,对所有人类患者的每一种预期性以及回溯性研究都显示,吸烟导致癌症。不幸的是,健康警告被延误了很多年,成千上万的人先后死于癌症,原因在于实验室结果是冲突的。[32]

考夫曼争论说,今天对动物测试的依赖将使人们暴露在癌症的额外风险中。考夫曼提示,国家癌症研究中心对试验中的动物进行的研究表明:"在19种人类已知的口腔致癌物中,只有七种致癌。"国家癌症研究中心的数据显示:"在实验动物中并未表现出致癌性的一种物质,有可能依然会导致近100万美国人患上癌症。"[33]

在动物医学研究是否为人类提供净收益问题上,专家们意见明显不一。除了那些可能显示出不相一致的选择性记忆的历史记载外,还存在着方法论上的缘由来说明,何以利用动物进行药物测试的净收益是无法确定的。通常来说,我们在将药物用于人类之前会在动物身上进行药物测试,以观察它们是否安全有效。如果药物在动物身上不能获得预期的效果,或是毒害到它们,就不会在人类中进行尝试,这可能会使人们免于那些无用或有毒物质的试验性使用。这是其积极的一面。但是,它比消极的一面更重要吗?

对动物无益的可能会对人类有帮助,而且,对动物是有毒的可能未必伤害到人类。由于我们为了保护人类而利用动物进行研究，因而我们从不会把那些对动物而言无效或带来伤害的药物给予人们。因此，人们可能会失去安全有效的药物。悉尼·吉定写道："青霉素是药物中一个有趣的例证，这样一种药物对于几内亚猪而言，即使是很低的剂量也会致命。其他的一些药物对人类有效用而对许多动物是致命的，包括肾上腺素、水杨酸盐、胰岛素、可的松、美其敏。"[34]

我们没有途径可以获悉，由于必需的动物测试，我们现在正在丧失着多少的收益，因此，我们也不知道从这些测试中是否人们的收益多于他们失去的东西。萨拉·麦凯布（Sarah McCabe），那个患有囊性纤维变性女孩的母亲，她感激那些为她的女儿带来医学帮助的动物研究，但她也许未能意识到，动物测试可能会使她女儿失去将来某一天所需要的胰岛素。如果动物测试在很久以前就被消除掉的话，囊性纤维变性现在可能会得到更好的治疗。

动物权利 vs.动物研究

但是，如果某种对动物的医学使用对人们的确有助益怎么办？这就保证了我们利用这些动物的方式上的正当性？在当前的艾滋病研究中正在使用黑猩猩。珍古德描绘了马里兰州罗克维尔（Rockville）实验室的状况：

两到三岁大的年幼黑猩猩，两个两个地被塞在狭小的笼子里，有人告诉我说这些笼子长宽各为 22 英寸，高两米。它们几乎不能走动。且不说任何试验的那一方面，它们早已经被监禁在那里超过三个月了。……况且，在这个笼子里有什么可以提供呢？居住舒适？生活鼓舞？一无所有。[35]

一旦感染了艾滋病毒，这些黑猩猩的状况更加恶化。因为这是一种传染性疾病，所以它们被隔离于其他的黑猩猩之外。珍古德在附言中说：

设想一下被关押在这样一个小房子内，四周都是围栏，前后左右上下，全是围栏。而且无所事事。不知如何去消磨漫长时日中的无聊。与同类中的另一位也绝不会有身体上的接触。友好的身体接触对黑猩猩来说是极端重要的。[36]

在此状况下的黑猩猩像大多数人一样，只会发疯。

在抗击艾滋病的战役中，对黑猩猩这样的款待是必要且有帮助的吗？许多人类志愿者将心甘情愿去取代这些动物，因此这不是必要的。是有帮助的吗？前途无望，因为人与黑猩猩之间的差异也是如此之大。黑猩猩甚至不会染上艾滋病。当传染上病毒时，它们会患上轻微的感冒。同样，我们知道，艾滋病所攻击的免疫系统是深受压力的影响的。由于实验室状况下精神压力极大，因此，实验室黑猩猩的免疫反应不能照搬到过着正常生活的人类身上。[37]

我们已经从对人类的观察中获得了相关的信息，因此，许多伤害动物的医学研究是不必要的。许多研究被用来表明某种成瘾性药物，如可卡因，对我们的健康有害。彼得·辛格描述了一个实验，情况如下：

恒河猴被锁在监禁椅中。于是，它们被教会通过一个按钮，自己负责将它们所需要数量的可卡因直接注射到血液中。根据一份报告，"被试验的猴子不停地按下按钮，即便是在抽搐之后。它们不睡觉也行。它们吸入了5—6倍于它们正常数量的毒品，而且变得消瘦下去。……最后，它们开始自我伤残，并最终死于滥用可卡因"[38]。

缺乏我们不同寻常的语言能力,它们不能够"抗议",从这个实验中我们了解到什么呢? 即便如此,这是正当的吗?

许多动物因为检测过热对它们的影响而渐渐死去。以下是彼得·辛格对一个实验的描述:

1954 年在耶鲁大学医学院,M. 莱诺克斯(M. Lennox)、W. 西布利(W. Sibley)与 H. 齐默曼(H. Zimmerman)将 32 只小猫放入一个"辐射热"隔间内。这些小猫"面临着总共 49 次的热周期……挣扎是常见的,尤其是当温度升高时"。抽搐发生了九次……五只小猫在抽搐中死去,另有六只在无抽搐情况下死去。其他的小猫被实验者杀死来进行尸检。实验报告说:"在小猫体内人工诱引发热的结果,跟人类在临床与脑电波(EEG)上的发现以及先前对小猫的临床发现是一致的。"[39]

" THIS ONE WE GOT FROM THE COUNTY POUND IS HOUSEBROKEN AND EVERYTHING. AND LOOK … HE EVEN KNOWS HOW TO BEG!"

这种行为是否比诸如活埋小猫等非法虐待动物的行为更佳?

类似的涉及狗、猫、鼠、猴子以及黑猩猩的恐怖故事大量存在。美国反活体解剖协会援引以下的研究：

几内亚猪在 100 摄氏度的水中被浸没达三秒钟。这就造成了每一只动物休表超过 50% 或 70% 的"完全深度烧伤。"此外，在这种过程中这些动物是清醒的；唯一的麻醉剂就是烫伤过程中的氟烷。在所有三个报告中，研究者都注意到其他实验者的类似研究；而且，他们还改变了一些变量以验证他们的工作。……环顾世界，在医院病房中充斥着如此之多的烧伤患者的悲惨状况下，将如许的苦难加诸这些有感知的动物身上，看起来毫无必要。[40]

对此，我们如何应对呢？像功利主义那样，动物权利要求我们避免动物的不必要苦难，而且我们尚未发现拒绝给予这些动物以权利的真正理由。它们拥有我们所提到的那些为人类赋有这些权利作辩护的特征，尽管这些特征与人类相比通常处于更弱的程度上。

专门从事实验室动物管理的兽医理查德·C.西蒙兹（Richard C.Simmonds）认为，以这种方式对动物进行研究是正当的：

根据地球上生命的自然定则，所有生存的有机体的存在都建立在其他有机体的牺牲之上……自然并未在一个物种可能会为了生存而攫取其他物种上强加限制，因而我主张人类为了我们自身的生存与利益而具有一种攫取其他物种的"权利"。我把作为我们生存主要部分的医学药剂与疗法包括在内。[41]

我认为，"自然并未在一个物种可能会为了生存而攫取其他物种上强加限制"这种观点，意味着强权即公理——并非人们所钦佩的道德标准。如果强权即公理，那么人类就是道德上不受谴责的，不管是在可能有用的试验中使用动物,还是在可能有趣的游戏中虐待它们。事实上,如果强权即公理,占据上风的人们就不会为虐待他人而备受谴责了。比如说,这就是在证明种族清洗中的强奸的正当性。

珍古德反思了我们对于实验中虐待行为的接受:

> 如果我们这些生活在西方世界中的人,看到一个农民在毒打一头年老憔悴的驴子,我们会震惊并怒不可遏。这真是一种残忍的行为。但是,将一只幼小的黑猩猩从其母亲的手臂中抢过来,并将它锁在实验室的凄凉世界中,给它注射人类病毒——如果是从科学的名义来看,这并不被认为是残忍的。然而归根结底,驴子和黑猩猩都因人类的利益而被攫取并被滥用。为何其一要比另一更为残忍呢?难道只是因为科学已变得备受尊崇……[42]

崇拜科学既危及人类又危害到动物。上文中斯坦利·米格兰姆的服从试验表明,人们情愿在科学权威的影响下,去实施那些他们相信是合理的然而对人类而言却是"致命电击"的事务。

反思平衡中的有限动物权利

在《沙乡年鉴》中,生态学家奥尔多·利奥波德邀请读者采用野生动物的视角来看世界。他谈论到1月的积雪与解冻。

> 老鼠是很精明的子民。它懂得,青草生长是为了让自己把它们造成地下草垛而贮存起来,下雪是为了可以让自己建立起一个又一个的地道……对老鼠来说,雪意味着它们不会有贫困和恐惧。
>
> 一只毛脚鵟在前面草地的上空飞翔着……然后像一枚翼导炸弹一样

落到了灌木丛中……我断定它已经生擒了一只忧心忡忡的老鼠工程师，而且现在正在大嚼着——这只可怜的老鼠没有耐心等到天黑，就去巡视它那本来是井然有序的世界而遭到了伤害。

毛脚鵟并不知道青草为什么生长，却很明白，雪的融化是为了它可以再逮到老鼠。它充满着冰会融化的希望而降落在北极以外。对它来说，冰的融化则意味着没有匮乏和恐惧。[43]

这些老鹰是否侵犯了老鼠的生存权利？不是这样的，因为老鹰别无选择。它天生就是一个依靠杀死其他动物来维生的掠食者。在野生动物界中，我们接受强权即公理。

但在涉及人类存在时却不是如此。当掠食者威胁到人类生存时，我们在任何可能的时候都不会在保护或拯救人类上犹豫不决。如果在国家公园有一只熊威胁到露营者，若必要的话，我们会认为用直升机去营救他们是合情合理的。但我们不会试图保护熊掌下的其他牺牲品。

在涉及接受援助的权利方面，差异会更加大。联合国《世界人权宣言》第 25 条声称："任何人都有权利获致这样的生活标准，足够以维持他个人及其家人的健康与福祉，包括食物、衣服、住房与医疗保健……"国家通常应为穷人提供这样的福利计划以尊重他们的权利。当自然或人为的灾难对一个国家有效回应的能力造成沉重的打击时，联合国、国际红十字会、无国界医生等国际团体会做出反应并提供援助。我们试图防止大规模苦难的发生。

然而，我们很少喂养或遮护处于困境中的野生动物。为什么？比如说，如果我们在冬季去喂养所有那些挨饿的鹿，鹿群就会过度膨胀，它们在夏日就会吃掉很多的植物，植物将遭受苦难。随着植物的消耗，许多依赖植物生存的动物，诸如鸟类和松鼠，将会挨饿。拯救这些动物，也就要求把荒野转变成为野生宠物农场，原本自然而然的肉食掠夺者吃起了"素食三明治"。这使我们大多数人感到不快,因为我们珍视荒野的野性。这些价值以及与动物权利相冲突的其他一些价值在第 6—7 章讨论。

在我们的思维中,这里存在着一种张力。一方面,我们信奉有关基本权利的一般原则以及将这些权利归属于个体的理由。这些原则暗示了人类与许多动物共有的权利。这些动物具有我们借以为人类进行辩护的那些特征,尽管通常是在一种较低的程度上。然而,另一方面,我们拥有一些特殊的道德判断,它们是与人类权利对动物的全然赋予相冲突的。我们相信,人类权利要求保护人们免于掠夺与饥饿,然而动物权利常常不能证明这种保护的正当性。即便是动物个体被掠食者杀掉或饿死,我们通常认为让自然保持其野性会更好。

当我们的思维中存在着这种张力时,想想哲学家约翰·罗尔斯告诉我们的对他所谓的**"反思的平衡"**(reflective equilibrium)的寻求。我们应尽力通过变更我们关于一般原则或者特殊状况的看法而使我们的思维保持连贯一致。既然如此,我们就可以变更我们对于特殊情境的看法,从而决定将肉食掠夺者从荒野中清除掉以保护它们的牺牲品。我们因此将协调一致地赞成人权与动物权利的同等保护。

另一方面,我们可以变更我们关于权利的一般原则。比如说,我们可以说,动物拥有权利,只是比人类的级别更低而已。之所以级别更低,是因为它们在证明权利归属原由的特征拥有上具有较低的程度。我们也可以说,我们拥有特殊的责任来保护人类,因为他们是我们的同种类成员。结果就是,人类比动物赋有更有说服力或更多的权利。总而言之,我们可以认为,人权在总体上比动物权利更具有强有力的道德影响力。这种原则上的转变说明了我们任由动物们在荒野中被杀死或挨饿的意愿。

然而,这种原则上的转变并不要求对动物权利的全然弃绝。设想一个想要更多了解荒野中的黑猩猩的人,在费根努力成为它生活的群体中的老大时,将其无痛楚地杀死。这个人想要了解这对于群体中其他成员的影响。我认为这将是不道德的,即使杀死过程中并无痛楚。这将会侵犯到费根的生存权。如果我能够通过和平的手段阻止这个好奇的杀戮者,我将会这样做以保护费根。为何在此情境下保护费根是正当的呢?因为它有生存的权利。

如果这样做是正确的,我们就必须重新形成动物权利的原则以获致反思的平衡。可能性之一就是,动物拥有免除人类危害的权利,但不是免除来自其他动物、体质因素、恶劣天气等危害的权利。这就是为什么一个人无痛楚地杀死费根是不正当的,而当埃弗雷德正在杀死它时(可能是充满痛楚的)我们却不应插手。

我们对于将荒野转变为野生动物宠物农庄的厌恶,暗示了另一种也许是补充性的观念。权利从来都不是绝对的,因为它们常常相互间产生抵触,也因为我们除了权利外还有其他的价值观念。考虑一下我们言论自由的权利。在一座拥挤的剧院中喊叫"失火了"是非法的(除非是真的着火了),因为由此导致的恐慌会危害到人们的性命。在这种情况下,生存权限制了言论自由的权利。

也许我们的动物权利原则之一应该是这样的:动物作为个体享有权利,但野生动物的权利受限于保持野性自然之荒野性的需要。一些保持野生自然之荒野性的理由在第 7 章中会得到考虑。这就是在我们涉及动物权利的思考中达到反思平衡的一条路径。其他一些获致反思平衡的方式将在第 6 章和第 7 章中进行研讨。

带着一种达致反思平衡的视角,让我们将动物权利联系到上一章中讨论过的一些话题。大多数美国人认为,斗牛要比套马技术更令人厌恶,即便是公牛不被杀死。然而,伤痛对于动物们而言是一样的。达到反思平衡的一种方式,就是认为其半斤八两而已。它们都是道德上许可的,或者它们都是道德上不正当的。但是,究竟属于哪种呢?

设若在制作一部如《情人》这样的大片的过程中,动物受到了虐待的话,许多人会感到不适。如果这些人通常都反对那种为了人类的娱乐而对动物实施的暴行的话,一致性(反思的平衡)要求他们对即便是美式斗牛、套马这样的运动也加以谴责,而且如果我所了解到的动物虐待的确存在的话,这也包括马戏与赛狗。

从另一方面讲,一些人可能会认为马戏、赛狗、斗牛以及套马还是不错的,如果他们了解到这样一些娱乐表演伤害到了动物的话,他们的继续支持就意味着他们对于伤害动物以取悦于人表示了宽恕。那么。他们是否从根本上反对动物虐待呢?他们将原谅在一头真正的驴身上玩驴尾巴上钉铜钉①吗?他们在既支持当前反动物虐待的法律又拥护诸如赛狗、套马以及马戏表演的同时就不能再保持一致性。

反思平衡中的动物研究

在动物医学研究方面,这对我们又有何启示?一方面,这并非为了娱乐,而是为了延长并改善人们的生活质量。(我们常会说"拯救人的生命",但这是误入歧途。不论医学怎样进步,我们最终都会死亡。)

延长人类生命并使之更健康是壮丽的目标。假若动物比人类拥有更少的并且更可怜的权利的话,也许我们应该利用这些动物来增进这些目的。然而,正如我们已了解到的,动物医学研究的真正收益是有争议的,比方说,通过对实验动物而不是人类的伤害带来了可以保护人类的有益的药物疗法时,这些研究对于医学进步的妨碍性于促进。此外,在过去的一百年间,人类健康的大幅度改善归功于医学科学的也甚微。更好的饮

---

① 即驴尾巴游戏。这是一种摸彩游戏,游戏者被蒙住双眼,原地转几圈,然后把手上拿的驴尾巴图案钉在一张没有尾巴的驴子的图画上,谁把尾巴钉到最接近正确的位置,谁就赢了。——译者注

食提高了人们对疾病的抵抗力,而且公共卫生措施也已减少了人们与病菌的接触。悉尼·吉定写道:"人们一般都承认,在对抗传染性疾病中的进步大多归功于个人卫生与社区范围的卫生措施。"[44]最具决定性的是,几乎所有动物研究的收益都转移到10%—12%的人口中去。富裕的他们足以付得起尖端精密的健康护理。我们可以通过改善发展中国家中的饮用水质量而挽救更多人的生命,而不是为了富人的健康而通过动物研究来强化治疗能力。这些就是立足于人类中心主义之上反对这些研究的理由。

但是,生物科学中一个前途看好的研究项目是很难抵挡的。美联社的保罗·里瑟(Paul Recer)在1999年1月份的报道中称,对老鼠的干细胞研究可能会使人类从中受益。研究者发现,"通常构成成年鼠脑组织的神经干细胞可以转变成造血细胞"。如果这可以施之于人类的话,总有一天,一个人自己的"干细胞就可被用于培育新的肝脏或皮肤,并制造细胞以修复一个衰弱的心脏,或者取代为阿尔茨海默症疾病杀死的神经细胞"。这可能会延长一些人的生命抑或改善他们的健康。里瑟这样描述实验:

在实验过程中,研究者使用了老鼠神经干细胞,这些细胞通常会发育成三种类型的脑和神经组织。

他们将这些细胞注入另外一组老鼠的血液中,这些老鼠的骨髓已被放射性毁掉。这些细胞很自然地就移植到了被毁坏骨髓的间断处。

一旦到达那儿,它们就从神经干细胞转化为造血细胞——与它们原本扮演的角色相比是一个彻底的改变。[45]

里瑟从未告诉我们这些有用的老鼠遭遇如何。"献身"是惯用的术语。但是这些老鼠像许多生活主体、像许多宠物一样是有感性并且有智能的。它们不具有权利吗？我们能够证明伤害并且接着杀死它们以延长我们的生命是正当的吗？总而言之，我们认为人应该活多久呢？我们能否提出比"强权即公理"更好的辩护呢？这是些棘手的问题。假若我得了阿尔茨海默病，我可能会愉快地接受一些有活力的脑细胞。哎，我讲到哪儿了？

讨论

- 我们看到，至少在一段时间内，绝大多数恒河猴为使其他猴子免受电击而宁可挨饿。你的利他心如何？在何种程度上，你会为了帮助人类成员而情愿放弃自己的一些利益呢？比如说，你每星期会拿出多少钱来解除穷人的饥饿呢？

- 你如何看待动物拥有权利的主张与动物园存在的关系？你自己在反思平衡中持何种立场？

- 对照并比较一下，在成为一名素食主义者方面，动物权利与功利主义理由上的差异。哪一种更具说服力，为什么？你自己在反思的平衡中持有何种立场？

- 彼得·辛格与汤姆·雷根反对那种未经证明地认为人类这一物种优于其他物种的物种歧视。看一下这一概念与我们允许许多动物，当然不是人，在荒野中为掠食者杀死有何关联。证明这种对于我们自身物种偏好的理由何在？

- 有一些人说，像猎鹿那样，有助于保持荒野地区。然而猎鹿人故意地杀死了生活主体。联系到动物拥有权利的主张，你怎样在这一个议题上保持立场的一致性？对于捕猎的更多探讨可参见下一章。

注释：

[1] Robert J. White, "The Facts about Animal Research", *Reader's Digest* (March 1988), 重印为 "Animal Experimentation Is Adequately Regulated", 参见 *Animal Rights：Opposing Viewpoints*, Janelle Rohr ed.(San Diego：Greenhaven Press, 1989), pp.77—82, at 78。

[2] Leo Katz, *Ill-Gotten Gains* (Chicago：University of Chicago Press, 1996), pp.53—54.

[3] Rene Descartes, "Animals Are Machines", Tom Regan and Peter Singer eds, *Animal Rights and Human Obligation*, (Englewood Cliffs, NJ：Prentice Hall, 1976), pp.60—66, at 64.

[4] Descartes, p.65.在笛卡尔时代,哲学家并不像我们一样经常使用权利的术语,但他的论点也能为我们的权利概念很好地把握住。

[5] Ovid, "The Teachings of Pythagoras", *Metamorphosis*, 重印于 Kerry S. Walters and Lisa Portmess eds, *Ethical Vegetarianism：From Pythagoras to Peter Singer* (Albany：SUNY Press, 1999), pp.16—22, at 22。

[6] Steven Pinker, *The Language Instinct* (New York：HarperPerrenial, 1995), pp.68—69.

[7] Pinker, p.69.

[8] Mary Midgley, *Animals and Why They Matter* (Athens, GA：The University of Georgia Press, 1983), pp.57—58.

[9] Jane Goodall, *Through a Window：My Thirty Years with the Chimpanzees of Gombe* (Boston：Houghton Mifflin Company, 1990), p.169.

[10] 更为详尽的说明,参见 Stanley Milgram, *Obedience to Authority：An Experimental View* (London：Tavistock, 1974)。

[11] James Rachels, *Created from Animals：The Moral Implications of Darwinism* (New York：Oxford University Press, 1990), p.150.

[12] Rachels, p.149.

[13] Carl Cohen, "The Case for the Use of Animals in Biomedical Research", *The New England Journal of Medicine*, Vol.135 (1986), pp.865—870, 重印为 "The Case Against Animal Rights", Rohr eds, pp.23—38。

[14] Peter Carruthers, *The Animals Issue* (New York：Cambridge University Press, 1992), pp.98—99.

[15] Carruthers, p.103.

[16] 对 Carruthers 一书更为综合性的批判,参见 Peter S. Wenz, "Contracts, Animals, and Ecosystems", *Social Theory and Practice*, Vol.19, No.3 (Fall 1993), pp.315—344。

[17] Midgley, p.84.

[18] Midgley, pp.84—85.

[19] Tom Regan, *The Case for Animal Rights* (Berkeley：University of California Press, 1983), p.243.

[20] Goodall, p.44.

[21] Goodall, pp.47—48.

[22] Frans de Waal, *Good Natured：The Origins of Right and Wrong in Humans and Other Animals* (Cambidge, MA：Harvard University Press, 1996), p.67.

[23] De Waal, p.68.

［24］De Waal, pp.68—69.

［25］Rohr, p.61.

［26］Sidney Gendin, "The Use of Animals in Science", *Animal Sacrifices: Religious Perspectives on the Use of Animals in Science*, Tom Regan ed.(Philadelphia: Temple University Press, 1986), pp.15—60, at 18.

［27］Jane McCabe, *Newsweek*(December 28, 1988), 引自 Rohr eds, "The Ability to Empathize", pp.101—102, at 101。

［28］American Medical Association, "Use of Animals in Biomedical Research: The Challenge and Response",重印于 Rohr eds, pp.68—76, at 69。

［29］AMA 参见 Rohr eds, p.65。

［30］Stephen Kaufman, "Most Animal Research Is Not Beneficial to Human Health", 重印于 Rohr eds, pp.68—76, at 69。

［31］Paul Beeson, "Growth of Knowledge about a Disease: Hepatitis", *American Journal of Medicine*, Vol.67(1979), pp.366—370,见 Kaufman, p.70。

［32］Kaufman, p.69.

［33］Kaufman, p.75.更为完整的说明参见 Hugh LaFollette and Niall Shanks, *Brute Science: Dilemmas of Animal Experimentation*(New York: Routledge, 1996)。

［34］Gendin, p.28.

［35］Goodall, p.226.

［36］Goodall, p.227.

［37］Kaufman, pp.71—72.

［38］Peter Singer, *Animal Liberation*(New York: Avon Books, 1990), p.68.

［39］Singer, p.62.

［40］The American Anti-Vivisection Society, *The Case Book Of Experiments with Living Animals*(August 1988),重印为 "Animal Experimentation is Unethical", 见 Rohr, pp.50—53, at 57。

［41］Richard C.Simmonds, "Should Animals Be Used in Research and Education?", *The New Physician*(March 1986).重印为"Animal Experimentation is Ethical", 见 Rohr, pp.50—53, at 52。

［42］Goodall, pp.249—250.

［43］Aldo Leopold, *A Sand County Almanac with Essays on Conservation from Round River*(New York: Ballantine Books, 1970), pp.4—5.

［44］Gendin, p.30.

［45］Paul Recer, "Studies Continue Stem Cell Revelations", *The State Journal-Register*(January 22, 1999), p.4.

第6章 物种多样性与盖娅

大规模的物种灭绝

前两章讨论了动物个体的福祉与权利。当我们从动物自身而不仅是为了人类的满足而对其加以珍视时，这样一些**个体主义的非人类中心主义关注**（individualistic nonanthropocentric concerns），就呈现了出来。这一章与接下来的一章，主要是针对物种与生态系统，来审视那些并行的**整体论的非人类中心主义关注**（holistic nonanthropocentric concerns）。

20世纪80年代后期，作家道格拉斯·亚当斯（Douglas Adams）与博物学家马克·卡沃定（Mark Carwardine）环游世界以考察濒危物种。亚当斯在《最后一眼》（*Last Chance to See*）中记录了他们的冒险经历。他这样描述他们所访问的印度洋上的一个岛国毛里求斯（Mauritius）：

> 所有动物中最有名的……是一种体型较大而温驯的鸽子。一只不同寻常的大鸽子，事实是：它的体重最接近一只肥胖火鸡的重量。它的翅膀很久以前就放弃了提升其丰满身体逃离地面的企图，因而退化为装饰用的短肢……无论如何，它不需飞翔，因为那里没有对它造成伤害的掠食者，同样，它自身也不具伤害性……由于它肉苦难嚼且难以下咽，因此人类也从未想到要杀死它。
>
> 它有一个又大又宽阔且黄绿相间的低沉的喙，这给它带来一种些微苦闷与忧郁的样子，像钻石般小而圆的眼珠，以及尾巴上三片不可思议的显眼的小羽毛……
>
> 然而，我们任何人都不会再见到这种鸟，因为很不幸的是，最后一只在大约1680年被荷兰殖民者棍棒打死了……而且这就是毛里求斯最为

闻名的所在:渡渡鸟(dodo)的灭绝。[1]

　　1973 年,美国为促进物种保存而通过了《濒危物种法案》。在 1978 年、1982 年和 1988 年时,这一法案又得到了进一步修订而不是削弱。[2] 诸如 1973 年的《濒危物种国际贸易公约》(CITES)这样一些国际协议同样保护了物种。签署国现在已有 130 个。[3]

　　我们为何要保护物种呢? 乱棒击死无助的渡渡鸟似乎是残忍的,因而这可以说明,我们保护物种的原因与我们保护动物个体免遭虐待的原因。我们关心动物。然而,避免虐待动物的理由并不适用于物种,因为它是**整体论意义上的实体**(holistic entities)而非有机个体。它们事实上并不像动物个体那样,由于囚禁、棒击刺杀等而遭受痛楚。只有个体才能真正感受到痛楚。棒杀最后一只渡渡鸟导致该物种的灭绝,但这可能并不会比在屠宰场中棒杀一头喉管未被完整割开的猪带来更多的痛楚。然而,尽管人们常常反对这样去对待一头猪,造成灭绝还是会更深刻地震惊许多人,至少他们会由于不同的原因而加以反对。即便所使用的手段是无痛楚的,灭绝仍是最坏的事情。

　　动物权利同样也不能适用于物种。作为生活主体的动物同人们一样,至少拥有一些自我意识、筹划、社会生活。对它们的杀戮,即便是无痛楚的,也伤害了它们。但只有个体才是生活主体,物种不具有自我意识、筹划,诸如此类。因此,为何要保护物种呢?

　　保护不可以立于这样的观念之上,即物种就其本性来讲是永恒不灭的,这是一个为古希腊哲学家亚里士多德所捍卫并广泛影响的观念,直到达尔文的观点占据统治地位为止。新闻记者格雷戈·伊斯特布鲁克坦率地提到:

　　要想着手处理物种保存以及它的同属性问题——生物多样性——这

样一些话题的话,至关重要的是首先要清楚:自从自然开始存在,所有物种中业已有 99% 被"唤进"了最终灭绝的深渊。此种看法几乎为所有的研究者所接受……灭绝是自然法则。[4]

因此,为何人们现在却要保存物种以使其免于灭绝呢?

原因之一就在于人类造成的物种灭绝率的极大提升。世界观察研究中心研究员约翰·图克希尔在 1998 年写道:

对海洋无脊椎动物化石记录的考察表明,灭绝的自然或"本底率"——在进化年代的百万年间已占主导的比率——据说每年的灭绝量是一到十个物种的样子……对当前形势的大多数判断是,至少每年要有 1 000 个物种在丧失。一个高于本底率 100—1 000 倍的灭绝率……就如同 6 500 万年前恐龙的灭绝一样,人类社会现在发现其自身处于物种的大灭绝之中……然而与恐龙灭绝不同的是,……我们是罪魁祸首。[5]

在当前受灭绝威胁的物种中,许多是脊椎动物,我们生物学上最为密切的近亲——鸟类、哺乳动物、爬行动物、两栖动物以及鱼类。图克希尔写道:"久远流传的脊椎动物种群是鸟类和哺乳动物,在它们这些物种中,分别有 10% 和 25% 左右受灭绝的威胁。"[6] 在我们最为密切的近亲中,状况糟透了。世界上大约有半数的灵长类动物物种数量急剧下滑。[7]

灭绝的原因

世界范围内物种灭绝的首要原因是栖息地的丧失。人们破坏了动物们赖以获得食物、遮蔽、交配或产卵的地区。洄游切努克(Chinook)鲑鱼就是一个例子。在 1996 年的《峰峦》杂志上,苏珊·米德尔顿(Susan

Middleton)和大卫·利特斯库维格(David Liittschwager)描述了他们摄影杂记中的这一切：

经历了 500 万年的存活后，许多野生鲑鱼现在——在我们这样的大变动世纪——处于了灭绝的边缘。在不到人类一生的时间内，我们已经如此彻底地在它们的河流内筑起大坝，改变了它们的产卵区，因而在西部地区导致了超过 200 多个鲑鱼种群和相关联的远洋鱼类的灭绝，并且另有 200 多个种群处于危险之中。举例而言，北加利福尼亚的洄游切努克鲑鱼，已经由 1969 年的 117 000 尾产卵者缩减为近年来的 1 000 余尾甚至更少。[8]

沙漠乌龟同样由于栖息地的丧失以及捕猎——导致灭绝的第二个主导原因——而面临威胁。它们在莫哈维(Mojave)和索诺兰(Sonoran)沙漠的数量已由每平方公里的 1 000 只下降到 200 只。米德尔顿和利特斯库维格写道："摩托车爱好者碾碎了它们的'盔甲'并压塌了它们的洞穴。枪手用子弹将它们打成筛子。牧场主的牛羊摧毁了它们赖以生存的植物。采矿者建立起的废料池成了它们的溺亡之地。"[9]

栖息地的丧失和捕猎也造成了灵长类动物数量的锐减。约翰·图克希尔写道：

越南的东京塌鼻猴可能是当今世界上最稀有的灵长类动物。1950年以来的猎杀以及它们将近 90％ 的低地雨林栖息地的丧失，已经使其数目减少至屈指可数的不到 200 只，所有这些猴子生活在［接近］自然保护区的森林碎地中。[10]

导致灭绝的第三个主导原因是**外来物种**(exotics)的引入。外来物种是由人类带入一个地区的物种,或是有意的或是无意的。比如说,野鸡起初是来自亚洲。因为它们自己飞不到也走不到北美,所以在美国它们是外来物种。

外来物种之所以能造成物种灭绝,是因为生态竞争有点像商业竞争,各个公司试图用同样的原材料,雇佣同样的工人,并/或者吸引同样的消费者。比方说,动物物种的成员不得不获得一些基本的生存技巧以避免物种的灭绝。找到一个配偶,生产并抚养幼仔到其自身能完成同样的技巧之前,它们必须获得合适的食物与栖身之所,并且避免成为其他动物的食物。**适合目的性**(fitness)是一物种通过其成员的活动,无限期地存活于环境中的能力。外来物种常常在它们的新家中没有天敌,经常在竞争中战胜本地物种,降低了本地物种的适合目的性,并因而可能导致它们的灭绝。

在诸如新西兰这样相对孤立的环境中,许多动物的成长过程中并未存有严酷的竞争。一个物种在世代的进化中保持或提高其适合目的性被称为**适应性**(adaptation)。适应于新西兰孤立环境的一个物种是枭鹦鹉(kakapo),一种夜行鹦鹉。道格拉斯·亚当斯描述了它在交配时的鸣叫:

千百年来,在合适的季节,这种叫声在夜幕降临后就能听见……它就像一种心跳的声音:一种深沉的、有力的悸动,回响在黑暗的溪谷中。它是如此深沉,许多人会告诉你,在能够辨别出实际的响声前,他们觉得它在搅动他们的心脏。[11]

尽管很好地适应一处没有天敌的环境,但由于掠食者的引进,这种鸟现在处于灭绝的边缘。1990 年时,只有 43 只存活。亚当斯对于它的身体特性和活动做了诙谐的描述:

它是一只极肥的鸟,一只大型的成年鸟体重在 6—7 磅左右,而它的翅膀只是用来摆动一下,假如它认为将轻快地跳过什么东西时——但飞行是完完全全不可能的。然而可悲的是,似乎枭鹦鹉不仅忘记了如何飞行,而且还忘记了它已经不记得如何飞行了。很显然的是,一只极为困窘的枭鹦鹉有时将会跑到一棵树上并一跃而起,随而像一块砖头一样飞起并在降落中笨拙地跌到地面。[12]

亚当斯解释了这样一只不合宜的鸟可能是如何进化的。它适应于一种没有掠食者的环境。

直到相对来说最近的时期——在事物进化的尺度内——新西兰的野生动物几乎完全由鸟类组成。只有鸟类可以到达那个地方……没有掠食者。没有狗,没有猫,没有白鼬或是黄鼠狼,尤其没有任何鸟类需要躲避的动物。

而且,飞行当然是一种逃跑的手段。这是一种存活机制,然而这是新西兰鸟类所发现的它们尤其不需要的一种机制。飞行是辛苦的事情,而且消耗了大量的能量。

不仅仅如此而已。在飞行与饮食之间也存在着一种平衡。你吃得越多,飞行就越困难。因此,日益发生的事情是,这些鸟儿不是来一顿轻便的快餐然后就飞走,而是停顿下来吃一顿可观的大餐,然后蹒跚而去。[13]

由于枭鹦鹉不再飞行,它们退化了可使它们飞行并逃避掠食者的翅膀。但是,人们却乘船将掠食者带到了那个岛上。枭鹦鹉处于灭绝的边缘是因为它们很容易被掠食。适应了在一种没有掠食者的环境中存活,它们不能够共同与掠食者斗争。

继续探究那个与商业进行的类比,亚当斯将枭鹦鹉比作为一种长久

以来免于外来竞争的受保护工业,它不再具有竞争性:

事实上,作为一种鸟(枭鹦鹉),在某些方面使我想起英国的摩托车工业。长久以来,它拥有自己独特的一面,只是变得古里古怪……它制造了一定数量的摩托车并且有一定数量的人群购买了它们,仅此而已。它似乎不在乎那么多的噪音,难以维护。[而且]到处撒油……日本人突然认识到,摩托车不是必然要那个样子。它们可以是雅致的、清洁的,可以是可靠并且"行为端正"的。[14]

首先,英国制造商失去了生意。幸运的是,它们在破产(不再存在)前对此挑战作出了回应,而且现在生产出具有竞争力的摩托车。

这是类比失效的地方。工业可以再设计并在一段相当短的时间内进行重组,但许多物种需要几千年去进化。与英国摩托车制造商不相同的是,枭鹦鹉不能足够快地适应。亚当斯观察到:

不幸在于,这些掠食者在新西兰的生意都发展得如此之快,等到自然开始选择支持那些稍微更有力的并且快腿的枭鹦鹉时,剩下的枭鹦鹉已经不多了,唯有蓄意的人类干预才能保护它们免于那些它们自身无法应对的掠食。[15]

为何我们要保护濒危物种

通过一项花费昂贵的计划,枭鹦鹉现在被重新安置于没有掠食者的岛屿上而得到了保护。格雷戈·伊斯特布鲁克描述了其他一些拯救物种免于灭绝以及/或者将它们重新放归自然栖息地的努力:

自从 1983 年以来,为了阻止加利福尼亚秃鹫的灭绝,至少已经投入了 2 500 万美元。人工孵化的幼鸟在笼中受到 24 小时的监护,通过布袋玩偶饲养以表明一只母鸟的存在,并且允许找到畜体展示在它们面前以鼓励野生饲养。在 1983 年,人们所知道的是,只有 22 只加利福尼亚秃鹫还活着,今天大约存活有 70 只,有几只被重新投放到野生环境中……

美国注册的捕虾船现在已安装了一种称为海龟逃生器的机械装置,以减少海龟的死亡。这些设备对于坎普氏蠵龟来讲为时已晚,……在 1985 年时,这些海龟已知的巢穴已减少到 200 个。联邦政府花费 400 万美元将这种海龟的卵空运到得克萨斯州加尔维斯顿的一处实验室,那里的人工孵化是"领先"的……然后将它们重新放归大海。

佛罗里达黑豹已降至大约 50 头的数量。佛罗里达动物协会的监护者现在正跟踪剩余的黑豹。当一头黑豹被发现受伤后,就会被空运到一所动物医院进行治疗,然后再放归荒野。

濒危的苏门答腊虎在野生环境下不能自然地生产,位于华盛顿特区的国家动物园已经使用西伯利亚雌虎进行实验,以其作为代孕妈妈(试管授精),它们在笼中即将分娩。[16]

还有许多其他例子。人们为何要自找麻烦且不惜重金?

这是因为人们从生物多样性中受益,存在着人类中心主义的理由以拯救这些物种免于灭绝。约翰·图克希尔写道:

生物多样性支撑着我们的卫生保健系统;在美国,包括化学合成药物在内,处方所开列出的药中,大约有 25% 源于野生物种,而且世界范围的买卖双方直接交易的这些药品,其价值每年至少有 400 亿美元。数十亿的人口正依赖着以植物和动物为基础的传统医学。[17]

保存濒危物种的原因之一在于这样的可能性,即被拯救的物种将孕育出医学上的突破。

生物多样性同样也改良了农业。比如说,野生稻米品种被用来提高驯化品种的抗病能力。此外,图克希尔写道:

昆虫、鸟类、蝙蝠甚至是蜥蜴,提供了授粉的服务,没有它们,我们无法养活我们自己。青蛙、鱼类以及鸟类为我们提供了自然的害虫控制;蠓以及其他的水生有机物使我们的水供给变得洁净;植物和微生物恢复并肥沃着我们的土壤。[18]

总而言之,没有其他生物的帮助,我们无法存活。

但是,这样一些人类中心主义的理由不能清楚说明当前许多的保护努力。从最后一只渡渡鸟被囚禁时,人类就已达至繁荣。果真会有人相信,如果1983年残存的那22只加利福尼亚秃鹫已听任其死去,人们将会缺少至关重要的食物、衣服、药物或住房吗?当然不会。如果新西兰剩余的43只枭鹦鹉被掠食者吞食掉,人类也将会衰亡吗?当然不会。尽管人们在至关重要的生计上依赖于大自然中很大数量的物种多样性,阻止灭绝的许多努力并不能在这种理论基础上得到证实。

我们在第3章中看到,布赖恩·诺顿提供了一种他认为是人类中心主义的物种保存的不同理由。他说,天然品种具有"转换价值"。它帮助我们的价值观从不能令人满意的消费转化为对自然本身及其活动更令人满意的欣赏。[19]这种有益的转化"将不会发生",他写道,"如果自然被如此地改造以至于与野生物种的遭遇不再可能的话"。他总结道:"物种保存主义者应重视野生物种尤其是那些濒危物种的价值,以作为当前对消费的感性偏好重新审视的催化剂。"[20]

但是,这种物种多样性的转换价值真正来说并非人类中心主义的。

按照诺顿的模型,只有当我开始欣赏生物多样性的内在美时,自然种类的持续生存才可以美化我的生活。但在这一点上,我的关注是因为那些濒危物种自身,或者是因为总体上的生物多样性自身,而不是为了我自己,或为了其他一些人的利益。我的价值观不再仅仅是人类中心主义的。如果诺顿是正确的,那么我现在具有的非人类中心主义的关切也会有助于人类生活的改善。这就阐明了我所称谓的环境协同论,我将在第8—10章中进行讨论。

动物权利 vs.物种保存

关心其他物种自身是一种整体论的非人类中心主义的关切。但正如早前所提到的,这不同于对动物个体的福祉或权利的关切。在冲突之下,差异会尖锐地凸显出来。

重新审视一下新西兰的枭鹦鹉,这些鸟未能逃脱被掠食是因为它们适应了一处没有掠食者的环境。残存的枭鹦鹉被迁徙到没有掠食者的岛屿上。但是,由于不存在这样的岛屿,人们就清除了鳕鱼岛(Codfish Island)和小巴厘(Little Barrier Island)岛上的掠食者,以便为枭鹦鹉提供一处安全的避难所,然而这正是物种保存与动物权利相冲突的地方。马克·卡沃定提到:"鳕鱼岛上寄居了野猫,换言之,也就是重新回归荒野的猫。"新西兰的自然资源保护部决定杀死它们:

杀死它们,残存的每一只,以及所有的负鼠和白鼬。所有的动物都被移至岛外,除了枭鹦鹉。虽然令人很不乐意,但那就是岛屿原始的样子,而且是使枭鹦鹉存活的唯一办法——在人类到达以前新西兰正好所拥有的环境。不要掠食者。[21]

对残存掠食者的捕杀是持续的，因为人们从未确信它们都消失了。动物权利辩护者汤姆·雷根将会谴责对于生活主体的有意杀害，而且动物解放辩护者彼得·辛格将反对带来痛楚的任何杀害。这些哲学家强调个体主义的而反对与之竞争的整体论的非人类中心主义关切。

个体主义和整体论经常争论。在印度洋毛里求斯附近的圆岛（Round）那里，亚当斯被告知：

这里有更多独一无二的植物和动物物种……比地球上任何对等的地区都要多。大约 100 年、150 年前，有人出了一个"聪明"的主意，那就是将野兔和山羊引进到该岛，任何因船只失事的人在那里都会有一些东西吃。但数量很快失去了控制。[22]

根除再一次成为唯一的解决办法。

生活主体在物种保存的计划中也被用作为食物。濒危物种在被放归野外前必须经常在笼中得到喂养。然而在笼子中，它们无物可吃。一旦重归荒野，为提高它们的繁殖率，它们可能也会需要额外的食物。理查德·刘易斯（Richard Lewis）正在毛里求斯致力于保存一种猎鹰——茶隼，他解释道："保护并不是为了那些弱者。我们不得不杀死一些动物，部分是为了保护濒危的物种，而且部分是用来喂养它们。许多鸟类以田鼠为食。"[23]亚当斯描述了为提高野生茶隼的产卵数量而对它们的喂养：

理查德将小老鼠高高地抛在空中……小鼠达到它的陡峭抛物线的顶端，它的……重心在空中缓慢地转变方向。

最后，茶隼从它的栖木处落下，在空中盘旋……它划出的圆弧与降落的小鼠轻快地相交，茶隼干净利落地将小鼠置入爪中，掠过附近的树梢，发出厉声的尖叫。[24]

亚当斯描述了另一个可能会使动物权利保护者更加烦扰的事例,因为被拯救物种的一些成员,科摩多巨蜥,不是生活主体。科摩多巨蜥是一种巨大蜥蜴,数量极少,残存于印度尼西亚靠近巴厘(Bali)岛附近的一个小岛屿上。蜥蜴和其他的爬行动物从智力上讲,是如此原始而不是生活主体。然而,拯救它们的努力包括屠杀山羊以给它们提供新鲜的肉食。而山羊是像我们一样的哺乳动物,是生活主体。

总的来说,拯救濒危物种缺乏人类中心主义的理由。而且个体主义者与动物福祉相关的非人类中心主义的理由并不适用,因为物种并不能感受痛楚而且也不是生活主体。更为重要的是,当动物个体遭受痛楚的死亡是为了保护或喂养濒危物种的成员时,保存物种的努力与动物解放以及动物权利是冲突的。整体论的非人类中心主义凭什么理由来为保护这些物种辩护?

作为生物个体的物种

哲学家劳伦斯·约翰逊(Lawrence Johnson)提出了保存濒危物种的整体论的非人类中心主义理由。他论证说物种是独特的生物。为弄清他的观点,考虑一下是什么使一物体成为独一无二的个体。无生命的某一客体,如保龄球、钢笔、椅子或岩石是彼此不同的,就是说,因其质料的不同而成为独一无二的个体。不管在颜色、外形、尺寸、重量等方面,一块岩石相对于另一块来说如何相似,每一块与另一块都是有区别的,总之,就质料中的每一片而言都是不同的。一块是由此种分子构成而另一块却是彼种分子构成。

我现在知道这一点是因为当我大约四岁时,我妈妈欺骗了我。我有一个形影不离的枕头,就像许多小孩整天与一条婴儿时代就熟悉的毛毯形影不离一样。那个枕头已经污秽不堪了,我的母亲想扔掉它,但是我拒绝了。因此,她告诉我说,她只不过是想放一些新的羽毛进去而已。这下我同意了。但是,当我取回它时,它不再是灰色的,而是黄色的。她告诉我说,随着枕头被塞入新的羽毛时,它就会有一个新的枕面和衬里。即便那时,我就怀疑这是不是还是那同一个枕头。

如果我的母亲更换了相对少些的羽毛,或者只是枕面的部分,我们会说它还是那一个枕头。当我更换了滤油器时,我拥有的仍旧是那同一辆汽车。但是,如果我更换了发动机而有人又说:"你还驾驶那个老古董。"我将很快指出它的新发动机。准确地说,它已经不是那辆旧汽车了。

生物与此不同。即便是那一个体还保持着它的同一性,这一有机体的分子也在产生变化并且持续更新。多细胞植物和动物内的单个细胞有规律地死去并为完成同样功能的其他细胞所替代。如果替代是逐步进行的,并且有机体保持了维持其生命所需的所有功能,我们说个体的同一性是保存下来了。劳伦斯是这样来阐释的:"一种存活系统,诸如一个人或一棵树,不是像拖拉机一样是凝固物,它是一种发生于具体事物中的生命过程。"[25]这一个体基本上保持同一,不是因为其质料仍保持不变,而是因为逐步变化的质料使生命过程持续下去而毫无中断。

在上一章中,我们探讨了拥有知觉与自我意识的生物,汤姆·雷根称之为生活主体。相比而言,哲学家霍尔姆斯·罗尔斯顿探讨了所有的生物,包括那些缺乏知觉与自我意识的生物。他坚持认为,所有的有机体,即使是那些最简单的,"都有自我发动和自我保护的倾向"[26]①。尽管一束花草由于缺乏意识因而并不是生活主体,但它是"一个评价系统……(它)生长、繁殖、修复创伤并抵抗死亡。我们可以说,有机体所寻求的那种物理状态……就是一种价值状态。……每一种有机体都有属于其物种的善,它把自己当作一个好的物种来加以维护"。

---

① 相关译文主要参考[美]罗尔斯顿:《环境伦理学》,杨通进译,中国社会科学出版社 2000 年版。——译者注

哲学家保罗·泰勒(Paul Taylor)提出了同样的观点：

像树和单细胞原生动物这样的有机体并不具有意识……它们没有思维或感觉，因而对发生在它们身上的任何事情都没有控制能力。然而，它们拥有自身的善，围绕此善，它们的行为被组织起来，……每一个都是目标指向的活动，是一种统一、连贯的有序系统，它具有保护并维持其有机体生存的持久倾向。[27]

本性使然，那些对无生命物体不构成伤害的方式会伤害到有机体。当有机体被杀死时，它们失去了一种它们自身所拥有的善。相比而言，当一辆轿车在碰撞中"报销"了时，我们会说它受到了损害，但这只是意味着一个使用此轿车的人失去了一些好处。与有机体不同的是，轿车是无生命的，因而不拥有属于其自身的善。它不可能像一个有机体那样受到伤害。

泰勒和罗尔斯顿总结道，杀害任何有机体都需要作出正当性说明，因为造成的伤害要求作出正当性说明。至于哪一种辩解是充足的，他们有不同的观点。此处的关键在于，针对物种可以得出很多与此相同的观点。它们是存活的系统，拥有它们自身的偏好与福祉。

一个物种通常拥有许多的成员。存在着属于同一物种的过去、现在、未来的有机个体。但物种并非仅是适合于一定种类的个体之集合。就如同我的老唱片、我后院篱笆的木条，以及我那银杏树上的叶子一样，物种不同于仅仅是这样的集合或种类。劳伦斯·约翰逊借用了戴维·赫尔(David Hull)在 1981 年《科学哲学》(*Philosophy of Science*)杂志上所写的一段话："通常归属于物种的那些特性在运用于分类时毫无意义，……物种是这样的，它进化、分化、萌发新物种并灭绝，等等。类别不是这种事物，它不能完成这些进程中的任何一项。"[28]约翰逊承认："尽管形势似乎已明确转向这样的观点,即物种是实体而非类别,但理论争论并未结束。"[29]让我们考察一下此观点蕴涵的意趣。

在这一视角下,物种与其诸有机体成员的相关性如同有机个体与它们的组成分子间的关系。正如有机个体不同于任何时候都存于其体内的分子那样,物种也有别于作为其成员的诸有机体。这是因为有机体和物种都被卷入目标指向的进程中去。对于有机体或物种的本性来讲,目标本身(生存)要比目标借以实现的质料或个体更为核心。有机体的主要目标是继续存活。相比之下,物种的目标在于维持基因的延续。

历经世代的进化以适应于它们环境的物种更善于利用资源。枭鹦鹉适应了一处没有掠食者的环境从而丧失了飞行能力。它们以吃得更多和长得更重的能力作为交易。这帮助它们自己从那个环境中获益更多。罗尔斯顿这样说:

> 生命形态可以自我更新,顺应其环境,有时还演变成一个新物种。物种会超越个体现有的实然状态,去探求一种有价值的应然状态。物种尽管不是道德代理人,但它仍然保持着生物学上的同一性,这种同一性本身就是一种价值。[30]生命的物种形态努力推进"它的"种类的生存,维护"它的"生命形态。这个"它"是一个生生不息的具有个性的历史过程,尽管它不是一个单独的有机体。[31]

这种为一个物种所捍卫的价值是独立于其成员个体的目标的。罗尔斯顿举例说:

> 对麋鹿个体的捕食,保护并改进了鹿属物种。……当狼撕扯一只麋鹿时,麋鹿个体处于痛苦之中,但这一物种并不痛苦。狼以后将会愈来愈难以捕捉到麋鹿这一事实表明,麋鹿这一物种正在得到改进。[32]

　　从这种观点看,物种类似于有机个体。每一个都是一种拥有自己善的生命体。然而,不同于无生命对象的是,每一有机个体都会因妨害其目标获得的事件受到伤害。根据罗尔斯顿和约翰逊的观点,由于伤害任何事物都需要作出正当性辩解,因此,就像杀死一个有机体一样,消灭一个物种需要提供正当性的说明。

　　当然,鉴于整个物种本身事实上不会行动,我们将活动归因于有机个体。物种只能通过其成员个体的活动而"行动"。因此,物种并不完全类似于个体生物,但有机个体与物种间的相似性是如此显著,故而可鼓舞那些对诸如茶隼、枭鹦鹉以及加利福尼亚秃鹫这样一些物种灭绝加以阻止的努力。

　　然而,有机个体的类比仍使这样一些问题悬而未决,即人们何以要自讨苦吃并花费昂贵地去拯救这些物种。依照此类比来看,正如杀死一株植物就剥夺了一无知觉存在物的善那样,消灭一物种亦是如此。这个类比表明,消灭一物种在道德严肃性上是与杀死一株植物差不多的。但这似乎并不正确,我们杀死一株植物是因为一些相对来说不足道的理由,比如说,为使家园风景宜人。我们更为严肃地看待一物种的消灭。许多人认为,消灭一物种肯定是不道德的。我们需要超越这种有机个体的类比来证实这种观点。

盖娅假说

一个古老的,然而又令人惊奇的新颖的观点是,地球作为一个整体是活的,而且诸个体在某种程度上也类似于一个生物体内的细胞。物种与组织相似,即那些功能在于维持系统同类的细胞群体。这就是盖娅假说,20 世纪 60 年代由詹姆斯·拉伍洛克首先提出。盖娅是古希腊女神,我们可以称之为大地母亲。想到我们自己是一个更大活体的一部分,可能会促使我们更为谦卑,并且促发我们审慎地对待地球与其他物种。这也有助于我们确认整体论的非人类中心主义关切的正当性,从而努力避免消灭物种。但盖娅假说首先且最为重要的是一种科学,因此,让我们在考虑其道德内涵前先了解一下盖娅科学。

我们何以认为地球是活的呢?地球的行动在某些方面类似于某一生物。考虑一下温度控制。就像我们这样的温血动物,在周围温度不断变动时,会保持一个相对来说恒定的体温。当天气热时,我们就出汗,皮肤上液体的蒸发使我们凉下来。我们也倾向于避免剧烈运动,因为这样的运动会消耗我们肌肉中的卡路里从而产生热量。然而,当我们感到冷时,我们倾向于运动肌肉以产生热量。我们会打寒颤或是跳上跳下。在更为寒冷的状况下,我们会穿上羊毛衫、大衣并戴上帽子。其他的温血动物会长出毛和层层的脂肪以在寒冬中维持一个恒定的内部体温。

冷血动物也必须将其体温维持在一定的范围之内,因为生命所必需的化学反应只有在此范围内才会以充分的速度发生。因此,冷血动物不能在寒冬中生活。在温暖的天气里,当感觉太冷或太热时,它们会通过曝晒于日光下或是钻入阴凉处来调节它们的体温。

动物将内部体温维持在一个很窄范围内的倾向属于某种被生物学家

称为**体内环境平衡**(homeostasis)的一部分。体内环境平衡是所有生物的恒定趋向。生物要求特定的内部状态以维持其生命,因此,它们对环境中的变化作出回应以维持这些内部状态。当外部条件改变时,它们会成功地维持("静态"部分)同一("相同"部分)状态。

就其温度、空气的化学成分以及海水的含盐量而言,地球似乎也具有体内环境平衡的倾向性。考察一下温度。在 35 亿年的时间里,地球拥有了一个相对稳定的气候。这是怪事,因为在那段时间内太阳的热能输出至少增长了 30%。[33]在一个半球仅仅 2% 的变化就会造成正常气候与冰河时代的差别。[34]假定在无数世纪前,当生命开始存在时地球的温度对生命来讲是适宜的,而且太阳的热能输出又增长了 30%,为何地球没有变得炙热难当? 拉伍洛克并不知晓答案的细节,但认为地球稳定的温度是其活着的证据。

如果地球只是一个坚固的无生命体,它的表面温度将会随着太阳能的输出而变化。怎么也不会有绝缘的外衣保护一块石碑无限期地免于严寒或酷暑。但不知如何,在 3.5 京年的时期里,地球表面温度依然是恒定的并且有益于生命,正如我们的体温一样,不论是夏天还是冬季,抑或不管我们发现自己处于极地还是热带的环境中,仍保持恒定。[35]

拉伍洛克提供了一个模型,来说明地球有生命的部分何以回应于太阳能输出的改变而维持稳定的温度。就像许多科学模型一样,它被有意简化以强调其重要的特征。

设想一下雏菊的世界,一个只有雏菊物种的世界。它的"雏菊的色度从黑暗到火亮",黑雏菊要比火亮的那些吸收更多的热量,而火亮的雏菊将热量从地球上反射出去。假设雏菊生长的最适宜温度是 20 摄氏度,5 摄氏度以下就会太冷,40 摄氏度以上会太热。

设想遥远过去的雏菊世界中有这么一段时间。提供热量的星球更为黯淡，因此只有近赤道地区的裸地才具有足够温暖的平均温度——5摄氏度。在此，雏菊种子会缓慢地发芽、开花。我们假设第一次的种植中就是多色的，火亮的和黑暗的品种被平均分布。即使在第一个季节的生长完毕之前，黑雏菊将已然受到了眷顾。它们将吸收更多的阳光……将自身温度提高到5摄氏度以上。[36]

由于反射的太阳能多于吸收的太阳能，火亮的雏菊将仍旧因为太冷而无法茂盛起来。因此黑雏菊将十分繁盛并使作为一个整体的地球表面变得比过去更黑暗。这温暖了作为一个整体的地球，并使得远离赤道附近最温暖地区的雏菊的存活成为可能。因此，雏菊的生命改变了地球的气候，从而使地球上更多的区域利于雏菊的生长。

然而，当地球上的黑雏菊越来越多时，地球温度接近了雏菊生存温度范围内的最高限度。在这种状况下，更火亮一些的雏菊将比黑雏菊状况更佳，因为黑雏菊吸收了更多的热能而使地球变得酷热难当，而火亮一些的雏菊反射掉更多热能因而为其兴旺保持了足够的凉爽。因此，地球表面覆盖着越来越多的火亮雏菊。这使得地球表面过热的趋势得以反转，转变为一个更为凉爽的地球。然而，当地球变得更凉时，它表面更多的地区会鼓励黑雏菊的生长。总而言之，雏菊的生长将地球温度带回其值域的中心点，并保持在那种状态。假如像我们的太阳那样的热量外源地增加了其输出，火亮的雏菊就可以保持温度的稳定。

"在盖娅科学中，雏菊的世界被证明是一个转折点，"生物学家林恩·马古利斯（Lynn Margulis）在她1998年出版的《共生地球》（*Symbiotic Planet*）一书中写道，"英格兰丹佛舒马赫学院（Schumacher College）的史蒂芬·哈丁（Stephan Harding）教授，现在用23种不同颜色的雏菊物种与食用雏菊的食草动物以及猎杀食草动物的食肉动物仿制出了雏菊世

界。"[37]结果与詹姆斯·拉伍洛克的预测一样,地球就如同许多生物一样维持了其温度。马古利斯总结道:

> 温度调节不仅是雏菊世界也是身体和生命群落的一项生理学功能。哺乳动物、金枪鱼、湿地上的臭菘以及蜂窝都将其温度调节在一定范围之内。植物细胞或是群居蜂如何"懂得"保持温度?不管从理论上讲答案如何,金枪鱼、臭菘、蜜蜂以及老鼠细胞都展示了盛行于地球上的同种类型的生理学调节。[38]

地球从这一点上来讲就如同某一生物。

然而,地球也类似于某些机械装置,如冰箱和微波炉,它们保持着(相对)恒定的内部温度。这些设备由人类发明并制造。把地球的温度恒定比拟为一个微波炉,就暗示着某个威力无比的存在物或一群存在物——一个神或众神——就像人们使用微波炉那样,在地球上设立起温度调节过程。

这是可能的,但地球更像一个生物体而不是一架机器。首先,不管地球的系统是如何形成的——偶尔,设计或进化——其运作部分是生物,如同植物和动物的细胞与组织,而不同于一个微波炉的机械结构。其次,众所周知,机器是由人类设计的,然而地球体内环境平衡倾向的起源,就如生命自身的起源一样,仍属沉思的问题。

尽管盖娅科学表明地球非常像一个生物体,这并不意味着它是有意识的,更不消说它设计出一个维持其温度的有意识计划,但至少要比臭菘植物所做的更多。拉伍洛克很清楚这一点:"在雏菊世界中,全球环境中的一个属性——温度,在范围广阔的太阳光下,借助于可以设想的星球生物群落而无需求助于先见或策划,被表明得到了有效的调整。"[39]

地球似乎也在控制着大气中的氧气含量。当生命在地球上起源时，大气中几乎没有氧气。于是在一个今天依旧持续的过程中，最上层大气中的水蒸气分裂成氢原子和氧原子。氢原子如此之轻以致逸出了地球的大气层，带来了氧原了净含量的提升，它们三三（臭氧分子）两两（氧分子）地结合起来。

拉伍洛克声称，对氧气来源的这种解释是不足以说明其在当前大气中的分布水平的。植物是一个更为重要的来源。植物主要由碳构成，这些碳取自空气中的二氧化碳。从二氧化碳中取走碳就剩下氧气，这就是氧气。绝大部分的氧气通过氧化作用——燃烧，不管是在火中还是作为食物——被置换为二氧化碳。但有很少的一部分，大约 0.1％ 左右的碳对氧化过程而言不再可用，因为它们被埋于沉积岩中去了（其中一些转化为基于碳的矿物燃料，如煤炭和石油）。缺少碳以燃烧的氧气持续存在于大气中从而累积起来。这就是氧气获致并保持当前大气中 21％ 水平含量的主要原因。[40]

植物的生理活动因而为生命在地球上的扩张创造了条件。当大气中的氧含量接近其当前水平时，环境不仅适宜于植物，也适宜于呼吸氧气的动物。

然而，空气中氧气的含量如果提高到超出 21％ 的水平，就不可能不对植物生命造成严重的危害。拉伍洛克写道：

氧气浓度每超出当前水平 1％，闪电带来的森林大火的可能性就会提高 70％。氧气含量超过 25％，我们当前的植被就很少可能逃过暴虐的大火灾，这样的大火灾会毁灭热带雨林，并同样会摧毁北极苔原。[41]

那么，是什么使空气中氧气的含量保持在稳定的 21％ 的呢？

可能性之一集中于与地球生命不相关的自然过程。比如说，当风化作用将其暴露于空气中时,一些氧化物(与氧气发生化学反应从而将氧气从空气中剥离的物质)唾手可得。同样,火山也带来了氧化气体。然而,用自然过程不受地球生命影响的假说来解释十亿年来氧气的恒定水平是不科学的。这就好比说,将氧气保持在一个恒定水平的过程发生在一次完全偶然的机会,恰好是那个时间,恰好是那个数量。假定一条持续了十亿年的幸运链是不科学的。

拉伍洛克重视生命过程。我们刚知道植物向空气中释放出氧气。然而,另一种生命体,厌氧菌,具有相反的效果,产生出甲烷。厌氧菌存活于从牛到白蚁皆以纤维素为食的动物肠中,但绝大多数的厌氧菌生活于"无氧的淤泥、海底的沉积物、沼泽、湿地中以及产生炭沉积的河口处",并从中产生甲烷,"微生物以此方式产生的甲烷数量惊人,至少每年有十亿吨"[42]。

甲烷通过氧化作用影响了空气中的含氧水平,拉伍洛克谈到:

大气底部中发生的甲烷氧化作用耗尽了数量丰富的氧气,每年用掉200亿吨。这个过程行进缓慢,并在我们居住和生活的空气中持续着……一旦甲烷产生稀缺,氧气浓度将在尽可能短的12 000年中升高达1%。这是一个非常危险的改变,而且从地质年代的尺度看,是一个太过于快速的升高。[43]

拉伍洛克推测:

氧气浓度的恒定表明一个有力的控制系统的能动存在,也许是对空气中最适宜氧气浓度的任何偏离所进行的一种感知与信号方式;这可能与甲烷生产以及炭沉积联系在一起。……一个迷人的想法是,没有那些生活在海底、湖泊、池塘中厌氧微小植物的协助,可能也不会有书籍的写作与阅读。没有它们产生的甲烷,氧气水平将会无情地升高,由此引起的任何大火都将会是一场大毁灭,而且,除了那些潮湿处的微小植物外,大地上的生命将不再可能。[44]

似乎又一次看起来,地球具有与那些生物相类似的体内环境平衡过程。这些过程有诸如细菌、植物和动物这样一些有机体的参与,它们使得地球保持为这样的状态,即适宜于它们自身以及其他生物的延续、扩大和发展。拉伍洛克对其地球生命观点补充了额外的证据。他讨论了其他一些大气气体、海水的含盐量以及酸性物质。对于理解他的观点我们已经作了足够的想象,还是让我们来看一下支持其观点的科学。

这种科学被公认为是推测性的。大抵而言,我们没有完全知晓地球是如何设法维持其体内环境平衡的:比如说,相对恒定的气候和大气中的氧气。盖娅假说,即认为地球是一个活的、自动调节的系统,这是一个比十亿年运气更为可信的对体内环境平衡所作出的解释。

从科学到隐喻

拉伍洛克写道:

活的地球的名字——盖娅——不是生物圈的一个同义词。生物圈被界定为生物常态存在的地球之一部分。盖娅更不同于生物区,生物区只是所有生物有机个体的集合。生物圈和生物区集中在一起也不过是盖娅的一部分而非全部。正如背壳是蜗牛的一部分,岩石、空气和海洋因而也是盖娅的组成部分。[45]盖娅是生命最壮阔的显示。[它是]生命系统与其环境的紧密相连。[46]

这意味着盖娅可能被认为是某一大型生命体。马古利斯解释说，再生性是生命的特性，而且盖娅能够再生。她写道：

如果我们将生命界定为能够进行自然选择的再生系统，那么盖娅是活的。理解这一点的最简便方法，是进行一个最简单的思想实验。设想一艘携带有微生物、真菌、动物和植物的太空船被发送到火星上，让其生产自己的食物并循环其废物，并让其坚持两百年。从整体上看，盖娅是一个循环系统。一个盖娅的芽体萌生这种一分为二地产生第二个的事将会发生。这样一个微型盖娅的构建将代表事实的再生。[47]

这将不是基于人类模型的再生，而是基于通过分裂而再生的有机体模型。而且，那也不是它的全貌。当单细胞有机体再生时，整个细胞分裂了，然而当盖娅在马古利斯所描述的方式中再生时，只是盖娅中的人类这一部分在行动。他们独自采集生命体并将之送到另一个星球。反之，盖娅以此进行的再生可以说类似于单细胞有机体的再生。

正如我们所看到的，盖娅科学并未表明盖娅是有意识的，更不必说具有其筹划和目的。盖娅更像一棵树而非一只哺乳动物，因此，地球母亲这一术语可能是误导的。我们通常认为母亲是有意识的、操劳的、关切的，然而盖娅一点也不具备。从另一方面讲，地球对我们而言在某种程度上类似于母亲。尽管是无意识的，它是一个我们于其中发展并持续生存的活的存在物。它的生存状态为我们的生活提供持续的支持，如同一个母亲的生命支撑起她腹中的胎儿一样。如同胎儿生活于一个母亲体内，我们生活于盖娅中。（我们生活于盖娅中而非盖娅上，因为大气是地球生死攸关的一部分，而且我们是为大气所环绕，而非居其之上。）只是在隐喻意义上，盖娅是我们的母亲。

隐喻与道德蕴涵

假若有的话,盖娅假说的道德内涵是什么? 盖娅假说对于道德的影响主要通过其隐喻的效果,我们利用此隐喻来描述自然以及我们与自然的关系。在日常言谈与写作中,我们广泛地使用隐喻,至少因为它们能够改善我们对实在的把握。你瞧,我刚刚使用了一个。你注意到了吗?"把握"一词最初是用来指示物质实体间物理关系的。"把握",根据我手头的词典,是"渴望般拿取或占用"。名词"紧握"首先指示的是"强有力的持有"。[48]这主要意味着诸如一个人的手这样的物理实体抓住一支钢笔这样的另一个实体,又如一个人有力地抓住她初学步的孩子以免他撞倒在街道上那样。

然而,当用以描述心灵与实在的关系时,"把握"一词被隐喻地延伸了。当心灵把握(领悟)实在时——不管该实在是物理对象、社会关系、抽象概念,或其他什么——它领悟了实在。为何"把握"一词被用来指示悟性? 理由可能在于,悟性通常提供一种对实在的掌握力,正如把握对于物理对象一样。

许多心理概念源自那些原始意义在于描述物理实在的术语。直到她意识到入室行窃不是一个"聪明"的主意前,她是"飘飘然的"。我们使用那原本描述物理实在的概念来描述内心现实,是因为物理实在易为我们的五官接近从而更好地被理解。我们选取物理概念来"澄清"我们精神生活的特定方面,源于其中共享的属性或关系存在。比如说,身处一堆垃圾中将使大多数人感到不快,因而我们谈到不幸的人时就说,"他们倒霉透顶了",当梦见自己像鸟儿那样翱翔时,大多数人会感到快乐,因此我们说人的幸福时用"飘飘欲仙"。当能够帮助人们认清(现实)时,观念就是鲜明的,至少因为明亮的光线帮助人们看清(认清)物理实在。

我们也常常通过隐喻从物理实在中获取道德和法律的概念表达。我们说人们承担有"重大"的责任。在犯罪审判中，国家"负担"起证据的责任。评审团必须"估量"(掂量)证据的分量。

隐喻是如此常见，以至于离开对它们的使用就很难去讨论它们。隐喻性使用的术语通常具有(这里又有了一些隐喻)一个"原生地"，一个更容易理解的区域，在这里该术语被非隐喻性的使用，比如说，人们称量金子和银子的重量以看它们到底值多少钱。加利福尼亚大学伯克利分校语言学教授乔治·拉考夫(George Lakoff)将这一点称作为语言的源域。于是又有了"目的域"。这就是那些术语隐喻性运用的区域。比如说，当评审团衡量证词时，他们对于它到底有何"价值"、有什么重要性、如何可信上作出判定。最后，形成一个从起源到目的的"映射"，这是一种在术语源初意义与目的域之间结构性或其他方面上的类似，此类似证实了此隐喻使用的正当性。[49]令人信服的证据被认为是有价值的，如同沉甸甸的金子或银子那样。

人们有时会将隐喻误解为字面描述的含义。他们有时也会将隐喻转化出实在的新意来而载入词典中。在我的词典中，"grasp"(把握)的第三种意义是，"用心灵去掌握；理解"。术语"virus"(病毒)最初被隐喻性地用来表明在计算机程序中的问题根源。现在，这个术语有了一个崭新的实在意义。

但是，如果源域与目的域间的关联在事实或科学中只有有限基础的话，仅通过人类的选择，隐喻性意义并不能借助隐喻而成为实实在在的。心灵与电脑的隐喻性联想常常被认为是实实在在的，但这却是一个错误。我们不过是在对于心灵或大脑如何工作所知甚少的情况下理所当然地采用电脑隐喻的。完全采用电脑隐喻可能会导致人们相信，比方说，当电脑变得足够复杂时，它们将如人类那样体验到情感。但这也许是不正确的，可能的情形是，无生命的计算装置不管多么复杂，都不能够产生情感。如果假定大脑就像是一台电脑那样,我们可能会在试图理解产生人类情感的大脑之角色时遭受挫败。

当源域是一种行动指南时,隐喻指引着我们的行为。比方说,拉考夫指出:"时间被隐喻性的理解为一个如金钱般的资源。因而,时间就可被节约、失去、花费、预算、有利可图地使用、浪费等。"[50]大多数人赞成节约用钱而不是浪费,因此,当时间被隐喻性地与金钱挂钩时,人们倾向于认为节省时间比浪费时间更美好。心灵与电脑的隐喻性联想同样也是行为指导性的。表明这样一些特定的研究活动,如对大脑物质结构的探寻,其过程可通过二值逻辑加以描述。对心灵与鬼怪或精神实体的隐喻性联想又暗示出另一种探究方向。

在第1章中,我们考察了另一个行动指南的隐喻。加勒特·哈丁赞成性地引用了前洛克菲勒基金会副总裁艾伦·格雷戈在喂饱世界上饥饿平民的主题演说。格雷戈将正在增长的人口称作为地球的一种癌变。该隐喻表明人口增长是恶的,并应该加以制止。正如我们在本书引言中所看到的,制药公司正引导一场针对癌症的"战争"。从其癌症隐喻中,格雷格获取了反对喂饱平民的道义上的支持:"癌变般的人口增长需要食物;但就我所知,他们从未因获取到食物而被治愈。"[51]

自然的机械隐喻与有机体隐喻

我们通常用隐喻将自然比作为一个整体,这是因为它如此浩大与复杂,以至于很难作出精确的描绘。这些隐喻常常是行动的指南。17 世纪的哲学家和数学家勒内·笛卡尔认为,所有空间中的物质实体是机械运作的。恒星、太阳、月亮和行星,似乎就像一根保持准时的机械钟的指针一样,在天空中运转。心脏供血就如同机械泵抽取矿坑中的水一样。

笛卡尔没有想到他在使用隐喻。他认为,正如人们依于机械原理而建造的钟表和水泵取得了意料中的效果那样,上帝依于同样的机械原理创造了天体和动物心脏以实现他的目的。在笛卡尔看来,人类心灵是地球上唯一不是机械而是精神的事物,因而精神弥足珍贵。因而,不论是上帝创造还是人类创造的所有机械性事物,最终都是为人类服务。

尽管笛卡尔认为整个自然事实上是机械的,然而我们知道许多自然事物——比如说,磁场、亚原子微粒以及生物体,都不完全依于机械的原理运作。因此,我们现在可将笛卡尔的机械论观点看作一种隐喻。

这一隐喻是行动的指南。人们将钟表拆卸开来以了解它如何工作,而且,当它们损坏时又进行修复。目的就是为了更好的服务于人。同样的,笛卡尔建议对动物进行活体解剖以了解它们的"机械作用"。这将使医生最终能够通过机械的干预治疗患病的人类。医生们现在在外科手术中就干这些。于是,在笛卡尔的(思想)影响下,自然的机械隐喻导向了这样的观点,即自然中无神圣之物。自然的一切就像是一块手表一样,为了人类目的,人们可以拆开它或者建造它。人们以自己认为有益于人类的任何方式改变自然是不应感到道德上的不安的。

相比而言,盖娅假说提出了一种有机体隐喻。生物有别于机械装置。霍尔姆斯·罗尔斯顿这样论说:

> 车子没有自我发动和自我保护的能力……当一个人暂时离开她的汽车时,她就带走了汽车的全部目的、要求……和利益,所有这一切都是她在购买汽车之初就赋予汽车的……但是,当一个人离开鹿或飞燕草时,她并不能带走后者的目的、要求和利益……它们有自我发动和自我保护的倾向……[52]有机体是……一个评价系统。因此,有机体能够生长、繁殖、修复创伤并抵抗死亡……[53]

盖娅假说声称,地球同样拥有其自身的自然倾向和它自身的善。如同一生物那样，当这些方面受到削弱时，地球就受到了伤害。因此，鉴于机械隐喻所暗示的，地球就如同一辆轿车一样，是为了服务于人类而被创造出来的，就其自身而言，不会受到伤害。而盖娅假说声称，地球能够被认为是拥有生命并有其自身的善，我们的行为会伤害到它。

"I think we agree, gentlemen, that one can respect Mother Nature without coddling her."

盖娅假说可以以两种不同的方式指引行动。首先，它削弱了机械隐喻及其相关的纵容。我们不再有充分的理由这样去对待地球，就像它是被设计出来专役于人的一个机械装置一样。

其次，盖娅假说激发出自身的隐喻：活的地球与我们的关系就如同一名孕妇与她腹中的胎儿一样。我们的生命是在地球生存状态中发育的，而且地球的生存状态持续支撑着我们。我们欠其太多。

但是，我们如何尽到我们对于地球母亲的义务呢？无疑，在母亲节时做一些使她们高兴的事情会表达出我们对于我们母亲的敬意。我们虽然没有认为盖娅是有意识的，但我们可以观察到地球倾向于创造和维持的状态。这自有其价值。其中之一就是物种多样性,尽管在所有曾经存在的物种中有 99％已然灭绝,但相对灭绝而言,地球倾向于更快地产生出物种来。除了在洪水时代的物种衰微,整个物种的数目随时间而变得越来越巨大。因此,尊敬盖娅的一种方式就是通过人类的活动抵制物种丧失。

我们对于物种灭绝的不安以及保持物种的努力可以在这一点上得到一种解释和辩护。我们先前看到,盖娅似乎将其温度保持在一个相对窄的范围内,正如人们自身所做的那样。不适感是人们体温控制系统的一部分。拉伍洛克指出:"如果颤抖和寒冷不是那么令人讨厌的话,我们将不会现在还讨论它们,因为我们的先祖可能已死于低体温症。"[54]病菌部分地讲是我们的救生包。它激发我们处理诸如低体温症这样一些可能威胁我们生命的问题。

也许盖娅拥有一个类似的系统。我们是盖娅的一部分。许多人在获悉人为造成的大规模物种灭绝时会义愤填膺,从而士气高昂地避免更多的物种丧失。因此,我们就有了制作精心且昂贵的物种拯救计划。人类的此种反应可能就是盖娅对大规模物种丧失的回应。我们可能就是盖娅的某一部分,通过我们的道德不适而感受到对盖娅某一备受敬重状态的偏离。正如我们对冷的感受是我们身体系统保持体温的一部分那样,我们对大规模物种丧失的道德不适是盖娅维持其物种多样性增长的一部分。

下一章将考察作为整体论非人类中心主义关切之依据的其他一些隐喻。我们将看一下保存物种多样性的其他理由以及说明我们道德反应的其他方式。

讨论

- 1999 年 2 月,我收到了来自慈善组织"关怀"(Care)的一封信,是关于许多贫穷国家中洁净、卫生水源的短缺问题。不卫生的水导致

"腹泻、霍乱和伤寒症。后果将是灾难性的：死于腹泻、营养不良或相关原因的五岁以下儿童每年达到 1 200 万"。他们身处"没有安全卫生、洁净水源可以使用的将近几亿的人群中。"[55] "关怀"组织呼吁捐款以继续他们的计划，该计划从 20 世纪 50 年代以来已向大约 1 000 万人提供了安全的水源。当现在需要钱来拯救儿童的生命时，我们应该拿出多少钱来拯救最后几只枭鹦鹉，极少留存的加利福尼亚秃鹫以及其他的濒危物种？

- 对物种的威胁，主要源于人类土地利用所导致的栖息地减少，正如当人们由于农业原因而砍伐森林时那样。许多穷人居住的国家食物短缺，因而扩大农业生产以为人们提供食物就成为紧迫之事。然而，许多环境组织赞成对自然保护区和禁止农牧业的指定荒野地区加以保留和扩展。这对于拯救物种以免于灭绝来说是必需的。怎样才能以任何一方都觉得公平的方式来解决这些不同需求间的冲突？

- 如果我们通过机械隐喻看待自然，利用转基因技术来创造出无羽毛（免得再拔毛）的小鸡，无头或脑的类人生物（他们的器官因而可以在移植中使用），或是智商更高的人（他们因而更容易教导），如果说有问题的话，出在什么地方？ 这些议题对于机械隐喻而言又暗示着什么？

注释：

[1] Douglas Adams and Mark Carwardine, *Last Chance to See* (New York: Ballantine Books, 1990), pp.203—204.

[2] 参见 Paul Rauber, "An End to Evolution," *Sierra* (January/February 1996), pp.28—32 and 123, at 31。

[3] John Tuxill, "Losing Strands in the Web of Life: Vertebrate Declines and the Conservation of Biological Diversity", *Worldwatch Paper* #141 (May 1998), p.61.

[4] Gregg Easterbrook, *A Moment on the Earth* (New York: Penguin Books, 1995), p.552.

［5］Tuxill(1998)，p.9.

［6］Tuxill(1998)，p.7

［7］John Tuxill，"Death in the Family Tree"，*World Watch*，Vol.10，No.5（September/October 1997），pp.13—21，at 13.

［8］Susan Middleton and David Liittschwager，"Parting Shots：Species Your Grand-children May Never Have a Chance to see?"，*Sierra*（January/February 1996），pp.40—45，at 43.

［9］Middleton and Liittschwwager，p.41.

［10］Tuxill(1997)，p.14

［11］Adams，p.111.

［12］Adams，p.115.

［13］Adams，pp.114—115.

［14］Adams，pp.119—120,特别加以了强调。

［15］Adams，p.116.

［16］Easterbrook，pp.553—555.

［17］Tuxill(1998)，p.9.

［18］Tuxill(1998)，p.10.

［19］Bryan G. Norton，*Why Preserve Natural Variety?*（Princeton：Princeton University Press，1987），pp.189—190 and 209—210.

［20］Norton，p.210.

［21］Adams，p.124.

［22］Adams，p.188—189.

［23］Adams，p.190.

［24］Adams，p.195.

［25］Lawerence E.Johnson，*A Morally Deep World: An Essay on Moral Significance and Environmental Ethics*（New York：Cambridge University Press，1991），p.156，特别加以了强调。

［26］Holmes Rolston，Ⅲ，*Environmental Ethics: Duties to and Values in the Natural World*（Philadelphia：Temple University Press，1998），p.105.

［27］Paul W.Taylor，*Respect for Nature: A Theory of Environmental Ethics*（Princeton：Princeton University Press，1986），p.105.

［28］David Hull，"Kitts and Kitts and Caplan on Species"，*Philosophy of Science* 48（1981），pp.141—152，at 146.参见 Johnson，p.154。事实上,物种也是类,因此,赫尔的观点可以更为贴切地作为对"纯粹的类"与"作为物种的类"之间存在的区别的表达。

［29］Johnson，p.155.

［30］Rolston，p.143.

［31］Rolston，p.149—150.

［32］Rolston，p.147.

［33］J.E.Lovelock，*Gaia: A New Look at Life on Earth*（New York：Oxford University Press，1979，1987），p.19.

［34］Lovelock(1979)，p.23.

［35］Lovelock(1979)，p.20.

［36］James Lovelock，*The Ages of Gaia: A Biography of our living System*（New

York: W.W.Norton, 1988), p.37.

[37] Lynn Margulis, *Symbiotic Planet: A New View of Evolution* (New York: Basic Books, 1998), p.37.

[38] Margulis, pp.127—128.

[39] Lovelock(1988), p.39.

[40] Lovelock(1979), p.70.

[41] Lovelock(1979), p.71.

[42] Lovelock(1979), p.72.

[43] Lovelock(1979), p.73.

[44] Lovelock(1979), p.74.

[45] Lovelock(1988), p.19.

[46] Lovelock(1988), p.39.

[47] Margulis, p.125.

[48] *Webster's New Collegiate Dictionary*, 2nd ed., p.361.

[49] George Lakoff, *Women, Fire, and Dangerous Things: What Categories Reveal about the Mind* (Chicago: The University of Chicago Press, 1987), pp.276—278.

[50] Lakoff, p.209.

[51] Garrett Hardin, "Lifeboat Ethics," in *World Hunger and Morality*, 2nd ed., William Aiken and Hugh LaFollette ed (Upper Saddle Rive, NJ: Prentice Hall, 1996), p.12.

[52] Rolston, p.105.

[53] Rolston, pp.99—100.

[54] Lovelock(1988), p.56.

[55] *World Report: A Newsletter for Friends of Care*, No. 101(Winter 1999), p.3.

第7章　土地伦理

猎杀动物以保存生态系统

盖娅如何维持地球的温度,大气中的氧气以及其他一些生命存在所需的必要条件呢? 我们无从得知其细节。但我们知道的是,用生物学家林恩·马古利斯的话说,"盖娅是交相作用的生态系统之[一个]系列"[1]。在这一章中,我们察看一下生态系统的本性及其价值。生态系统容纳着栖息地,这些栖息地的丧失威胁着许多的物种。如同物种一样,生态系统是整体论意义上的实体,许多人认为其自身就很珍贵。生态系统也是包括我们自身物种进化在内的生物进化背景。而且,生态系统处于土地伦理的核心,后者是由生态学家奥尔多·利奥波德所开拓、我们在此章中要探索的那些整体论非人类中心主义观点。

在有关捕猎的争论中,核心在于对生态系统的关注,这一点成为个体主义的非人类中心主义者(他们希望保护动物个体)与整体论的非人类中心主义者(他们更加关注整体论意义上的实体,诸如物种和生态系统)的分水岭。捕猎者常常声称,他们的活动对于生态系统的保存是必要的。[2]

1998 年秋天,我收到一封来自美国步枪协会(NRA)关于捕猎的信。它是这样开头的:"亲爱的谢弗(Shaffer)先生(我想他住在隔壁)",

对11 岁的迈克来说,这是一个重大的日子——这将是他第一次加入父亲和祖父队伍进行猎鹿的一天。当太阳开始照亮东方的天空时,三个猎人悄悄溜进了家庭花园住宅后的村地里。

突然,一群怒目而视的入侵者从村子里冲了出来,喊着"野蛮人!""谋杀者!"还有"驱赶捕猎者!"

迈克被红色油漆泼了一身。他的老祖父被推搡倒地。迈克的父亲要求侵犯者滚开,遭到了他们的唾弃。

今天将不会有捕猎了。一群目无法纪的动物权利极端分子已经终止了美国最古老的传统之一,而且将一个年轻人的热切希望粉碎了。

这里存在着某种冲突。如果猎杀鹿这样一类的动物,那些如同我们一样是拥有生命权利的生活主体的话,那么,纯粹作为运动的捕猎无异于谋杀。在发给亲爱的艾比(Abby)的信中,一位母亲对其丈夫带着他们12岁的儿子打猎的意图表示担忧:

我不认为人类拥有杀死动物的权利,除非他们的生命受到了直接的威胁,或者除非他们需要那些肉以存活下去。我们属于一个中上阶层的城市家庭,所以这两种情况几乎都不可能发生。

我丈夫说他想让我们的儿子去了解一下,在我们正迅速绝迹的荒野中感受到的快乐。我就说:"那好,带他去野营。并教给他林区人的技巧。"

他声称他想让我们的儿子懂得追踪猎物······运动的挑战。

我说道:"那好······让他用一个照相机去追踪。而且,如果他需要一些战利品······就带回些照片。"

他说他想要我们的儿子熟练地运用一支步枪。我并不介意这一点。我们就去一个非常棒的有许多教练的双向飞碟射击场。

最后,并且在我看来最糟糕的是,我丈夫说,他想要我们的儿子成为一个男人······艾比,对我而言,一个真正的男人(或女人)应该是这样的人,他(她)因生命的美丽而喜悦,他(她)努力工作以保全所有的美,他(她)尊重人类和所有的动物,而且他(她)不是迫不得已不会杀戮,并从不为快乐或运动而杀戮。[3]

"He was very old and quite sick."

回应这位女性这种美好的推理,猎人们声称,捕猎推进了整体论的非人类中心主义的目的。它维持着物种多样性与生态系统的健康。比如说,当掠食者——狼群、郊狼以及人类中的猎人——未能减少鹿群的数量时,鹿群倾向于"数量过剩"。最终,"数量过剩"导致饿死。拥护捕猎者声称这是可怕的。因此,当人们忘记捕猎时,动物并未从中受益,生态系统反而遭到破坏。就像牛群因过度放牧而毁掉一座牧场一样,在鹿群挨饿之前,它们就啃完了植被从而使生态系统恶化。在这两种情况下,植被因贫乏而不再能够支撑更多的动物生命。在《沙乡年鉴》中,奥尔多·利奥波德描述了鹿群在一座山上过度啃食的后果:

我看见所有可吃的灌木和树苗都被吃掉,先变成无用的东西,然后死去。我看见每一棵可吃的、失去了叶子的树只有鞍角那么高。这样一座山看起来就好像什么人给了上帝一把大剪刀,并禁止了其他所有活动……

我现在想,正是因为鹿群在对狼的极度恐惧中生活着,那一座山就要在对它的鹿的极度恐惧中生活。而且,大概就比较充分的理由来说,当一只被狼拖去的公鹿在两年或三年内就可得到补替时,一片被太多的鹿拖疲惫了的草原,可能在几十年里都得不到复原。[4]

总而言之,包括猎人在内的掠食者,常常有助于生态系统的健康维护。

生态系统之本性

评估此种对于捕猎的辩护需要具有对于生态系统的理解。如同盖娅一样,生态系统包括了相互作用的活体以及它们的无机物环境。它们与盖娅的区别部分在于其更小一些的存在。每一生态系统只占有地球上的一部分区域。盖娅是它们的总和,而这就是活的地球。

生命需要能量,而且地球上几乎所有的能量都来自太阳。绿色植物通过光合作用将太阳能转化为化学能。植物含有的化学能直接转化到了食草动物身中。动物(以及一些食用昆虫的植物)吃掉了这些食草动物。奥尔多·利奥波德将这种能量获取与转化系统比作为一个金字塔。他称之为**生命金字塔**(biotic pyramid)。

植物从太阳那里吸收能量,这一能量通过一个被称为生物群落的路径流动着,这个生物群落可以由一个有很多层次组成的金字塔表示出来。

它的底层是土壤,植物层位于土壤之上,昆虫层在植物之上,马和啮齿动物层在昆虫之上,以此类推,通过各种不同的动物类别而达到最高层,这个最高层由较大的食肉动物组成。

在同一个层次里的各个品种的相似之处,并不在于它们的来源,也不在于它们的外貌,而在于它们的食物。每一个接续的层次都以它下面的一层为食……这样不断向上推进着,每一只食肉动物都需要数百只由其捕食的动物,它的被捕食者又需要几千只由自己捕食的动物、几百万昆虫,以及无数植物。这个系统的金字塔形式反映了从最高层到最底部的数量上的增长。[5]

生物中食与被食的关系有时被称为**营养关系**(trophic relationships),但利奥波德将其称为**食物链**(food chains):

因此,土壤—橡树—鹿—印第安人是一条链子,这个链条现在已大部分转化为土壤—玉米—乳牛—农场主的形式。包括我们自身在内,每一物种都是许多链条中的一个链接物。鹿食用不光是橡树的上百种植物,乳牛也食用不光是玉米的上百种植物,所以两者又都与上百个链条相联系。所以,这个金字塔也是一团不同的纠缠在一起的链条,它们是如此复杂,以至于好像毫无头绪,然而,这是……高度组织起来的……[6]

利奥波德将生态系统指称为"土地",而且把土地上的生物机体——**生物群落**(biota)内的能量循环比喻为源泉。能量是源泉内隐喻意义上的水。正如泉水底部之水要丰富于浪花所及的高处,土地形成了一个金字塔,底部的绿色植物中贮藏的食物能量,要更多于顶端的食肉动物。利奥波德写道:"所以,土地并不仅仅是土壤,它是能量流过一个由土壤、植物,以及动物所组成的环路的源泉。食物链是一个使能量向上层运动的活的通道,死亡和衰败则使它又回到土壤。"[7]**生态龛**(niche)是另一个术语,用来描述某一特定物种在对那些最终来源于太阳的能量进行循环中所扮演的角色。

生物多样性(biodiversity)的增加,即在一个指定系统中物种的多样化,通常带来生物多样性程度的更大提高。一系统中的物种种类越庞大,可食用的食物种类也就越多。添加的物种通常进入到生态系统中去,或者与其共同进化,以开发食物的新来源。诸如此类地,这些物种必然成为更多物种的食物。因此,地球上的生命随时间的流逝变得更加丰富多彩。生命金字塔肇始时是有几分扁平的,而现在已经变得高些了。利奥波德声称:"最初,生命金字塔是又矮又低的,各种食物链也是短而简单的。进化使它一层又一层,一种联系又一种联系地增加着……进化的趋势是使生物群落更为精致和多样化。"[8]

商业活动的隐喻有助于解释物种多样性何以倾向于提升。想象一下昔日,那时大多数人生活在农田里并生产自己的食物。人们需要购买农具,购买布匹以缝制衣服,以及一些食用调料。但商业活动低下,因为人们相对而言是自足的。他们的买卖不多。

接着,农业活动变得更加机械化,这使每个农民能够耕种更多的土地。其他新技术——化学肥料和新品种玉米、小麦以及其他的农作物——提高了单位亩产量。新的除草剂使用更少的人力就可杀灭杂草。结果就是更少的农田作业。养活社会只需要更少的农民。

但是,在经济生活的其他地方,更加专门化的分工提高了。许多不是农民的人制造农具、农药和除草剂。数量日益增多的科学家和工程师致力于改进这些产品。需要更多的机械专家服务并修理日益增多的设备。在这些设备的销售方面,机会也增加了。由于农民需要新技术方面的培训,就需要更多的农业专家来完成此工作。当农场(以及社会中其他地方)更多地使用内燃机时,就增加了石油工业的机遇。对地质学家找到石油,石油公司销售其产品来说,所要做的事情就更多了。

商业隐喻将这样一些专家比作动植物的不同物种。人们在其分工中越是专门化,就越是依赖于他者以满足其所有的要求。这种依赖又被补充进来的专家"物种"创造出新的商业生态龛。当更多的人从他人那里为自己的需求购买更多时,结果就是商业的提升。作为衡量经济中货币流通量的 GDP 提高了。在隐喻意义上说,这就像一个生态系统中整个能量流动的增加一样。

实际上,对于生存来说,一项新策略的进化发展就像是商业中一项新技术的发展一样,鼓励或要求专业化的分工。比如说,当恐龙阔步于地球之上时,哺乳动物逐渐扩充。大多数恐龙的活动集中于日光温暖的时候。能够在寒冷的薄暮与黎明时分中活动的物种可以逃避大多数的恐龙。对于生存的新策略而言,就是小型哺乳动物的温血和更好的夜视能力。这些哺乳动物拓展机遇成为食肉鸟类,诸如猫头鹰和鹰,成为哺乳动物和鸟类的寄生昆虫,成为捕食寄生昆虫的鸟类,成为食用死尸的清道夫,以及成为分解死尸的微生物。

物种不仅相互间创造出新的生态龛,它们也相互阻止。比如说,当橡树从橡实中发芽时,兔子就吃掉它们。利奥波德观察到:

每一棵幸存的橡树都是因为要么兔子没注意到它,要么就是兔子少了的结果。有一天,会有一位耐心的植物学家画出一张橡树生长的频率曲线,从上面可以看出,每隔十年,表中的弧线便要突出来,而每一高出的部分都是因为兔子的繁殖在这期间处于低潮。(一个动物区系和植物区系,正是通过物种之间的这种连续不断的斗争而得以共存的。)[9]

在这样的物种间竞赛中,人类常常意识不到自己是全程参与者。比如说,考虑一下在威斯康星州的大草原与森林之争。大草原的草地和森林同样都适宜于威斯康星州。树木对草原来讲具有高度上的优势,因而可以阻止草地获得它们生长所需的阳光。那么,为何威斯康星州大部分为草原所覆盖而非森林呢?大火是答案所在。起于闪电的燃烧带来草原的大火,事实上支持了草原而非森林。大火过后,草原的草地能够很快地重生,而树木却需许多年才能发育到其高度可给予其竞争优势的一刻。在对阳光的竞争中,大火将所有的竞争者撤回到起跑线前,而在赛跑的早期阶段,草地要胜过林木。

由于从大草原中开辟出来的农场在通常大火肆虐的四月时节形成了很多空地,因此,农业在无意中起到了支持森林而非草原的影响。这些空地像火巷一样限制了大火的范围。许多草原地区并未燃烧是由于火势未达其地,芒刺橡树从而在这些地区立足。一旦扎根,这些橡树就可抵抗草原大火,并使这些土地适宜于其他树种。因此,农民无意中改变了威斯康星州从草原到森林的许多地区的力量平衡。如同松鼠埋藏橡实(这支持了橡树和森林)和兔子(它们吃橡树嫩芽从而支持草原)那样,人们在其居住的生态系统中扮演着他们的角色。[10]然而,在很大程度上,我们并未觉察到我们的角色存在,因为我们还未理解整个的游戏。如同松鼠、兔子和芒刺橡树一样,我们要在比我们所能意识到的更多途径上影响着生态系统。

捕猎有助于还是有害于生态系统

正如我们所看到的那样,猎人们声称它们的运动有助于维持健康生态系统中的生态平衡。根据利奥波德的看法,一个下述的生态系统是病态的:

当土壤失去肥力，或冲刷要快过形成时，以及当水系表现出不正常的洪水和短缺时……其他一些紊乱……虽有保护的努力，动植物物种还是不明不白地消失；虽有控制它们的努力，其他一些物种还是突然入侵……在缺乏更为简明的解释前，这些必须被认为是土地有机体的病态症状。[11]

在利奥波德看来，相比之下，自然保护区倾向于健康的存在：

古生物学家提供了大量的证据表明，荒野地区在无比长的时期内维护着自身；它的组成物种罕有丧失，更不消说它们会失去控制；天气和降水构建土壤的速度等同或快于其流失。因而，荒野作为一个研究土地健康的实验室显示出出人意料的重要性。[12]

捕猎保存并改善，还是降低并削弱了土地健康？猎人们指出，衡量捕猎积极影响的一个标准，就是在 20 世纪许多捕猎物种的恢复。比如说，据《箭术世界》（Archery World）杂志称："在 20 世纪之初，海狸从密西西比河流域诸州以及除缅因州外的所有东部诸州中消失了。"到了 20 世纪 80 年代，它们"在除夏威夷之外的几乎所有州中的大量存在已是很平常之事"[13]。同样地，依照美国生物调查（U.S. Biological Survey）的研究结果，"在 1900 年时，北美的白尾鹿数量估计大约有 50 万头……美国现在的鹿群数量估计在 1 600 万头左右"[14]。野火鸡、野天鹅、林鸳鸯、白鹭以及苍鹭的数量也有所提升。总而言之，拥护者们声称，捕猎有益于生态平衡和野生生物群体。

猎人们也提醒道，我们都参与到了我们居住的生态环境的存活中去。非捕猎人群与猎人们一样，争夺环境资源并导致其他动物的死亡。在《峰峦》中，自由撰稿记者玛格丽特·诺克斯（Margaret Knox）曾援引凯文·拉基(Kevin Lackey)的话,后者是"以蒙大拿州密苏拉(Montana Missoula)为基地的猎人团体——落基山麋鹿基金会的保护项目负责人"。拉基指出:"即使是素食主义者也参与到了在野生生物栖息地上进行的粮食生产——我们所吃的玉米可能就是在野生鸟类先前筑巢的地方生产出来的。"[15]弗吉尼亚理工学院暨州立大学渔业与野生生物系的帕特里克·斯坎伦(Patrick Scanlon)强调指出,捕猎示范了一种在人与自然之间通常是正当与现实的关系:

许多未能理解人类在全球生态系统中的地位的人,就认识不到其作为参与者的角色;恰恰相反,他们将人类视为旁观者或从某种角度上作为生态规划中分离出来的未参与者。……他们消费、排泄、成长、繁殖并死去。消费时,他们就与其他生物实体进行了竞争。人类消费对于植物的成长和演替形成冲击……那些捕获野生动物的人至少在某种程度上参与并发挥着人类在生态中的角色。[16]

简言之,那些认为自己是非消费者因而对于导致动物死亡无罪的人,在斯坎伦看来是自欺欺人的。

然而,不仅仅是这么回事。美国猎人每年捕杀的相对来说微不足道的2亿只动物,反过来可能会由于数量过剩而毁灭生态系统。[17]比如说,大多数鸟类通过领地性行为限制它们的数目。筑巢的配偶将不会允许其他同类的鸟儿在自己已筑好鸟巢的一定距离内建筑另外一个巢。这就限制了在该地区的筑巢点、筑巢数目以及由此带来的新生命。相反,松鼠有时是可爱胜过聪明。它们忘记了埋藏食物的地点,从而由于饥饿或寒冷而死去,但却无害于生态系统。哲学家罗伯特·洛夫廷(Robert Loftin)写道:

　　大多数狩猎动物……将不会数量过剩。大多数的狩猎动物是鸟类：鹌鹑、火鸡、松鸡、野鸭、鹅、鸽子、丘鹬、鹬、秧鸡、黑鸭以及黑水鸡。所有这些都将不会过剩……更小的哺乳动物如松鼠、浣熊、兔子或负鼠，也将不会过剩。[18]

　　当人们不属于控制动物数量的生态系统因素的固有部分时，人类的捕猎会损害生态系统而不是帮助它们。玛格丽特·诺克斯援引雷蒙德·达施曼（Raymond Dasmann）的《野生生物学》（*Wildlife Biology*）原文："由不能[如掠食者般]构成一生态系统的不可或缺的一部分的这样一物种所进行的捕猎，夺走了掠食者、寄生虫、食腐动物以及所有其他一些又受这些物种影响的有机体的食物供应。"[19]

　　猎人们不仅因夺走了野生动物必需的食物，而且因枉杀了动物而损害生态系统。洛夫廷写道：

　　自然掠食者通过除去老的、十分年幼的、有病的以及柔弱的捕获物而使其受益，只是因为这些个体更容易捕获。相反，现代狩猎活动颠倒了自然的消耗，而将猎物群体中最大和状况最佳的动物除掉……捕猎者有意选择猎群中的统治头领——那个最适于传递最优基因的个体。[20]

　　这就损害了物种的进化体质，而且可能对繁殖造成不利影响。比如洛夫廷报道说，在加拿大角羊中，"猎人们除掉了更为老练的领头公羊后，搅乱了羊群的社会等级，从而导致了过度的争斗和更加年幼的公羊对母羊的骚扰，结果就是更低的繁殖水平和羊群的分散以及体质上的实质性下降"[21]。

　　即使是当猎杀行为对于避免生态破坏是必要的时候，捕猎通常也是有害的。奥尔多·利奥波德，一位热切的、终身的猎人，解释了其缘由：

它是如此造成的：在大猎物管理方的利益驱动下，狼群和狮子被清除出一个自然保护区。于是，大猎物兽群（通常是鹿或麋鹿）的增加导致该区域的过度放牧。于是，捕猎者被鼓励去捕获过剩的鹿群，但现代的猎人拒绝放弃一辆轿车去活动；因而，就必须建造一条通往过剩猎物的道路。反复如此，自然保护区已被这一过程所撕裂，但这一切仍旧在继续。[22]

在先前援引的利奥波德著作中，他写到山岳害怕它们的鹿群，这并非为赞美捕猎而写，而是反对这种杀害狼群以为猎人们带来更多鹿群的活动。利奥波德认为，自然掠食者（天敌）的重新引入，如最近时期黄石国家森林公园中狼的重新引进，要比捕猎更好地保存了自然保护区、生态平衡以及所有类型的物种。

现代的生态学家同意这一点。世界观察研究中心的约翰·图克希尔在 1998 年写道："一地区的最高掠食者或支配性的食草动物的灭绝……会在维持一生态系统之多样性与功能的物种间关系中触发一连串的中断。"[23] 相比而言，重新引进这样一些物种可使整个的生态系统获益：

在它们 1995 年重归以前，狼群在黄石已经消失了大约 50 年。……狼群——现在数目接近 100 只……主要依赖于麋鹿生存，这是一种体型很大的鹿，许多生物学家认为它正在啃食掉公园中许多最佳的野生生物栖息地。为躲避狼群，麋鹿群现在花费更多的时间呆在更高的山地上，在那里它们能够更容易发现狼群。生态学家期望这种转变将促进丰富的河底柳树群和白杨群的恢复。[24]

好处还不止于此。狼群正使郊狼的数量下降，那些郊狼已吃掉了"75％的黄石野鼠、地松鼠以及囊鼠……这些啮齿动物的供应，对于其他一些掠食动物，包括鹰、隼、猫头鹰、獾以及松貂而言已是唾手可得——这样的改变被期待着用以增进一个更为平衡并从而更为变化多样的生态共同体。"[25]

图克希尔指出,郊狼也因狼群的重新引入而受益,因为狼群只吃掉一头麋鹿畜体上部分的肉。剩下的就属于郊狼和

其他一些兼职的食腐动物(清道夫),如鹰、大乌鸦以及黄石最濒危的居民,大灰熊。科学家们猜测,这些新式样食物的充足来源可以帮助大灰熊迅速提升其种群数量。熊的幼仔在母亲冬眠期间出生,一只母灰熊所产的幼仔数量直接依赖于它进入冬眠洞穴时的营养状况。[26]

植物物种也可以直接仰赖生态系统中大量哺乳动物的持续存在。图克希尔在1997年写道:

比如说,在美洲热带地区,当绒毛蛛猴在森林的广阔地区内搜寻食物时,它们消耗掉数量很大的野生坚果。许多树种在极大程度上依赖于这些猴子播撒它们的种子。当猴群被驱赶出一片森林时……[一些]树种的下一代的产生就遇到了困难,因而同样产生困难的是受到该物种支撑的鸟类、哺乳动物、昆虫、真菌以及其他一些各种各样的生物。[27]

同样,在非洲的一些地区,山榄树以及所有那些赖之得以生存的生物,可能由于大猩猩与大象的减少而濒临灭绝。该树的种子可能只有被那些大型动物吃掉并经由其肠道排泄出来,才生根发芽。

从某种意义上说,这一点也不惊奇。我们已看到,专门的物种为其他物种创造出生态龛,因而一生态系统中物种越多,附加物种的机会就越多。生物多样性具有雪球效应。因而,无需惊奇的是,处于灭绝的物种将具有极大降低生物多样性的反面雪球效应。然而,从另一种意义上讲,这种急

237

剧的削减几乎总是一件意想不到的事情,因为它们依赖于错综复杂的,且通常不为人所知的、在共享有一个生态系统的生命形态间的相互关系之中。生态律之一就是你不能只做一件事,因为你所做的任何事都改变着许多其他的事物。而且,我们通常不可能预测到这些影响,因为它们取决于那些尚未被充分理解的相互关系。总而言之,从生态学立场出发,我们不会建议移除掉掠食物种以为捕猎者提供猎物。生态律一般作出相反的反应。

　　这并不意味着对野生动物的所有猎杀在生态学上都是有害的。比如说,我们在上一章看到,人们有时必需杀死外来物种成员以保存濒临灭绝的本地物种。但是,在动物必需被杀死以保存物种或健康的生态系统的地方,正如我们所知,捕猎仍属拙劣之举。这样一些捕猎需要在自然保护区中修建道路并允许杀死目标物种中的冤屈者。依照生物学家安·考西(Ann Causey)的看法,专业剔除是对此种问题的正确反应。在《环境伦理学》杂志中,他写道:"如果我们的目的是剔除猎物群体,受过专门训练的射手使用强有力的自动武器,并且不受制于特定季节或一天中的特定时间,当然比遵循渔猎法的普通猎手更为有效。"[28]

　　推动捕猎以维护土地健康,就如同为了人们的健康而鼓励外行的外科手术一样。人们有时会需要外科手术,正如生态系统有时需要物种的剔除一样。但是,如果我们把外科手术当成一项运动,那么,人类的健康通常将不会得到改善。外行的外科医生将切除掉不该切除的组织,拙劣地包扎剪线,造成感染并留下丑陋的伤疤。业余捕猎者往往会对生态系统带来类似的伤害。这就是为什么尽管从未声明放弃捕猎,奥尔多·利奥波德却开始赞成通过自然摄影和野生生物研究沉浸于荒野中。[29]

为何珍视生态系统

　　我们现在知道了生态系统的本性以及它们何以能在健康、复杂性以及丰富性上产生变化。问题依然在于,即使生态系统或多或少是健康的、复杂的或丰富的,我们为何就应该对之加以关注呢?病态的、简易的生态系统具有更少的生物多样性从而使许多物种的连续性受到威胁,因此,保存物种的理由就是有利于生态系统健康的理由。当我们珍视物种只是为了人类的娱乐或健康时,这就是一些人类中心主义的理由,而当我们是因物种自身而珍视它们时,就是整体论的非人类中心主义理由。考虑一下整体论的非人类中心主义理由。过去人们并不总是认为,为了物种或生态系统自身的目的而对之加以保存是值得的。现在为何会采纳这样的价值观?

处理这样的议题就需要直面伦理学的基本原理。利奥波德在1940年写道:"改变有关土地为何存在的观念就是改变关于任何存在物为何存在的观念。"[30]依照哲学家J.贝尔德·卡里科特(J.Baird Callicott)的看法,利奥波德在进化理论中找到了足够的理由去改变关于土地或任何其他事物何以存在的观念。

当前存活的物种都已在满足生存的基本需求所必需的资源竞争中获得成功。所有的动物物种都进化出某些特性,这些特性能够使其成员搜集食物,找到配偶并在足够长的时间内避开掠食者以抚养后代成长,直至其掌握同样的本领。这就是物种的适应性。

如同其他许多物种一样,人类是群居的。我们的存活很大程度上依赖于我们与自然物种的其他成员合作工作的能力。比如说,这就解释了我们颈项与喉咙的进化。它们将我们的气管置于骨骼的防护之处,这就使我们易受攻击,它们也可能导致本来是去往胃部的食物"呛"到肺部。但它们也使我们能够发出言语的声音。

进化理论表明,言语改善了整体的适应性,否则的话,只有气管受到更佳防范的生物,像其他的灵长类动物那样,才可以生存下去。因此,言语的价值何在?言语能够比其他可能的方式使人们相互之间交流更复杂的思想。也许言语通过使我们能够相互合作以完成更复杂的任务,就使我们的物种变得具有适应性。它同样使我们能够传递抽象概念与复杂知识,因此,后代就可以从先人的智慧中获益。

然而,合作所需远不止语言能力。它也需要一种合作的意向。我们在第1章中了解到,人们并不总是自私的。相反,他们常常乐于尽力去帮助他人。在达尔文提出进化理论之前,生活于18世纪的哲学家大卫·休谟,就已认识到人们既有自私行为也有无私行为的倾向。他坚称,我们那些无私行为的倾向,是所有道德规范的基础。当人们帮助并与他人合作而不是行为自私时,我们通常称赞他们是道德上善的。

人们为何要品行端正?通常是因为他们想那样做。这会让他们感到满足。会满足他们的同情心,是一种由于情绪上的感动而为他人的善付出的倾向。休谟认为,若无此种情感,人们相互之间在举止上将很不友好,而且,道德规范也将不复存在。因此之故,休谟被认为是持有一种**情感主义伦理学**(sentiment-based ethics)。

卡里科特告诉我们说,查尔斯·达尔文接受了这种道德观,并为伦理学与道德规范所依赖之情感提供了一种进化论的解释。在其成员通常具有同情心时,人类物种是更具适应性的。人类依靠合作而完成生活的基本任务,而且同情心使人们的合作更为有效。增进合作有利于人们获取食物与住所,躲避掠食者,找到配偶,并抚养孩子一直到他们能够完成同样的事情。这就改善了此物种长期生存的前景。合作者将此种同情的倾向传递给后代子孙。因而,今天许多人拥有使道德规范成为可能的这种情感。

人们几乎不会把同情心同等地延伸到每个人。我们通常对我们的家庭、社会群体或团体中的人们有更强烈的依恋感并情愿帮助他们而不是陌生人。遵循其时代的惯用法,达尔文评论这种他称作技能上原始的人为"野蛮人"。"一个野蛮人将会冒着生命危险去拯救同一团体中的一员但却对一陌生人完全无动于衷。"[31]依据进化论,这是合情合理的。在家庭和小团体中成长,人们依赖于相互之间的合作。与该群体之外的人们的关系通常充满了敌意。当然,适应性也很少因对陌生人的同情和合作的行动而得到改善。因此,同情心自然地只是兼济于一个人自己的团体。

但是,团体的分界线也不是固定的。卡里科特指出:

> 人类社会在程度或广度上不断发展,在形式或结构上不断变化。印第安部落——如易落魁部族(Iroquois)或苏族人部族(Sioux)——的形成,建立在先前分离并相互仇恨的部族的合并之上。……社会中的每次改变就会带来道德准则上的相应变动。道德共同体的扩展与新划出的社会分界线成为同延的,而且德行与邪恶、正当与不正当、善与恶之间的表现也改变了。
>
> 今天,我们正目睹着一个人类超级共同体——全球范围的"地球村"——的艰难诞生。[而且,]一种相应的全球人类伦理——"人权"伦理,正如其流行的称呼那样——业已被更为明确地阐发出来。[32]

同样,从进化的视角来看这也是合情合理的。我们同情心的存在促进了我们共同体内的合作。当技术日益将所有人类一并带入到相互依存之中时,地球上其他各个地方的陌生人进入了我们的共同体。我们与他们相互作用并且必须与之合作。技术培育出相互依存,同样也允许我们去注意并开始了解其他文化的人们。由此发生的共同体感自然地导向同情心和关切。因此,我们宣称所有人都拥有相同的人权。

卡里科特提及,生态科学的知识也扩充了我们的共同体感。它使我们认识到,正如我们所看到的那样,我们人类在与我们所居住的生态系统中的土壤、水源、微生物、植物以及动物的相互依存中,纠缠在一起。据猜测,生态系统中大多数非人类成员缺乏我们对于相互依存的那种科学理解,从而并不认为它们自身是包括它们和我们在内的共同体成员。然而,它们和我们相互依存以满足基本的生活需要,其方式与人类共同体内的相互依存相仿。因此,人们可以说,生态系统至少是隐喻意义上的共同体。

土地伦理就立足于此隐喻之上。利奥波德写道:

> 迄今为止发展起来的所有伦理学都仰赖于一个单一前提:个体是由相互依存的部分构成的共同体的一分子。他的本能推动他在共同体中为其地位奋争,但他的道德观念也促使他协作⋯⋯土地伦理只是扩展了共同体的分界线,将土壤、水源、植物和动物,或者共同的土地包括进来。[33]

正如人们对于他们的人类共同体及其成员所感受到的道义上的责任那样,他们也能够意识到对于土地以及土地共同体中成员的义务。利奥波德声称:"总而言之,一种土地伦理将源自土地共同体之征服者的智人角色转变为其普通一员和公民。它意味着对其伙伴成员的尊重,而且也是对共同体本身的尊重。"[34]利奥波德用这样一个基本原理来总结土地伦理:"一事物的正当就在于其保存生物群落的完整、稳定和优美的倾向。反之就是不正当的。"[35]

在卡里科特看来,当人们对自然的生态学社会表象有足够的了解,从而认识到生态系统(或土地)是他们的共同体时,他们自然倾向于采纳这种伦理。他写道:"一种土地伦理⋯⋯一种对于自然环境的道德响应⋯⋯会在人类中自然地触发⋯⋯因而,一种土地伦理浮现的关键,简言之,就是普遍的生态学素养。"[36]简而言之,如果人们了解了生态学的事实,他们将认识到包括土地在内的共同体,而且将自然地采纳土地伦理。

不幸的是,在这一点上我们未能赢得人们对土地伦理的普遍认可。生态系统的共同体表象是一个隐喻。它依赖于生态系统与人类共同体间的真正相似,但差异还是存在着。在大多数人类共同体中,人们通常与他人进行合作,这些人有意识、有目的并自由地进行自愿地协作活动。我们常常以道德的行为回报其他人在行为活动中对于道德规范的自觉尊重。比如说,当说谎更为便利的时候,我们却能够说出真相。我们意识到,其他人常常也会发现说谎是便利的,但是社会关系会由于普遍的欺诈而受到损害。因此,我们自觉地放弃欺诈以期望他人也将如此去做。

在大多数生态系统中,这种成分不复存在。蜜蜂在为我们的农作物授粉时并未将其自身视为局外人,紫花苜蓿在向土壤中追加氮肥时也是如此。我们受益于这些有机体的所作所为,但是,有人也许会说,我们并不欠它们的情,因为它们只是做了它们必须要做的。它们别无选择。它们并未因帮助我们而放弃什么,因而共同体与同情的观点并未使我们承担一种为迁就它们而自身有所放弃的义务。正如它们专心于满足自己的利益那样,我们应该专注于我们人类自身的利益。因而,与土地伦理相反,我们可以合情合理地作出决定,去征服土地共同体中的非人类成员以为人类的目的服务。

与以共同体为基础对土地伦理进行的辩护相联系的另一个问题是,在许多人类共同体中,人们并不认可对人人都负有责任。比如说,奴隶社会通常拒绝给予奴隶基本权利,即便是奴隶主依赖于这些奴隶的服务。

总而言之,将共同体义务扩展到生态系统的所有方面是可能的,但科学并不使其成为必然。即使是在关涉人类共同体的地方,对于同情的固有倾向也不会造成我们对于共同体成员的普遍尊重。文化的规范影响着一共同体的构成、共同体的成员以及共同体成员能够期待的道德关切。这些规范在各文化之间互有不同。[37]

相互冲突的道德承诺

土地伦理的核心箴言与许多被广泛遵守的道德观念存在着冲突。那一箴言是："一事物的正当就在于保存生物群落的完整、稳定和优美的倾向,反之就是不正当的。"这一信条的简单性自有其优势与不足。只遵守一条准则,追求一种善——生物群落的善。其优势在于,在任何情况下,似乎很容易决定要做的正当事情。比如说,我们在某一特定形势下猎杀鹿群,对援助生物群落来说是必需的,那么,捕猎实际上就是必需的。然而,如果猎杀鹿群在一特定的形势下牵涉到自然掠食者的灭绝以及出入道路的修建,那么,由于其伤害了生态系统因而实际上是不正当的。

简单性的不足之处在于其与日常道德规范的冲突。比如说,人口在近些年来已得到极大的增长。同时,栖息地的减少是导致大规模物种灭绝和生态系统单一化的一个主要因素。栖息地减少通常源自人口过剩。如果我们为了保存生态系统而剔除鹿群,而且如果我们唯一的道德指导原则是增进生物群落,那么我们此时就应该剔除人口。大多数的人认为这是不道德的。它侵犯了人权。动物权利拥护者汤姆·雷根称其为"环境法西斯主义",因为群体的利益在此被认为比个体权利要更加重要。[38]

幸运的是,土地伦理不是如此简单。利奥波德并未打算以他的基本原理构建起道德规范的全部。他并不打算取消我们通常对于家庭成员、同事,以及国家在道义上的责任。卡里科特明白利奥波德的意思,那就是:人类道德规范的演变是在不取消旧规范的同时增加新的责任。比如说,当人们生活于一个大家庭中从而形成更大规模的社会时,他们并未消除对于家庭成员所有的特别义务。家庭成员对于我们来说,仍旧合情合理地重要于社会中其他不熟悉的成员。我们被认为理所当然地对他们报以更多的同情并尽我们更大的努力去帮助他们。然而,源于我们作为更大规模社会中一分子的义务影响着我们对于家庭成员合情合理的付出。比如说,更大规模的社会必须向我征税以正常运转,因而我就必须缴纳这些税,即便我可能更情愿把这些钱花在儿女身上。

由此,我的义务在同心圆中从我这里扩展出去。在其中心地带,我必须照顾好我自己以及我的近亲家庭成员。接下来,我必须顾及同事以及我的乡邻。再远的就是我的祖国。接着是外国人,再下来是国际机构,最后是非人类世界。依照此种观点,我不能容忍对人口进行剔除以提高生态系统的福利,因为我对于人类的义务要远大于对于生态系统的义务。

在同心圆方法中,对于人类的义务并不总是优先于对于生态系统的义务。正如我宁愿合法地纳税而不是为我的孩子购买不重要的玩具那样,我也宁可合情理地使我的孩子忍受我那小车的相对不舒适而不是购买一辆宽敞的小型货车或 SUV。小汽车的不舒适是不重要的。因为它是更省油的,它向空气中排放出更少的二氧化碳,因而,与那些油老虎般的小货车和 SUV 相比,它会减轻因全球变暖而对生态系统造成的危害。在此,在关切最近的圆中的一员就(束上安全带后)屈居于非人类环境之后。因此,土地伦理在未危及人权的同时又具有不错的效果。然而,卡里科特承认,这些价值观念的平衡有时会带来"一个困难而棘手的问题"[39]。

发展中国家中的老虎与大象

当人类的生存与拯救物种以免于灭绝的努力之间发生直接的冲突时,我们该怎么办?哲学家霍尔姆斯·罗尔斯顿对于这一议题这样说过:

我们应不应该拯救自然,如果这样做会导致人们挨饿?导致人们死亡?遗憾的是,有时答案是肯定的。在 20 年的时间里,非洲黑犀牛的数量从 65 000 只下降到 2 500 只,损失了 97%,该物种面临着迫在眉睫的灭绝……主要的直接原因是对犀牛角的盗猎。人们不能吃掉犀牛角,但他们可以出售犀牛角以购买食物。津巴布韦对于盗猎者有一项很强硬的射杀政策,而且已有超过 150 名盗猎者被杀死。[40]

这些死亡被证明是值得的吗？罗尔斯顿引用《圣经》中的洪水故事而认可了这一点：

在那一点上，上帝似乎更关切于物种而胜于那些深陷迷途的人类。在上帝与人类重新建立于希望之乡之上的誓约中，野兽被明确地包括进来。"让他们与你共活······各从其类。"（《创世记》6.19—6.20）对于这样一种伦理，存在着某些不虔诚的对待，那就是，迟来的智人将其自身这一物种的福利傲慢地视为至高无上的，其他所有500万物种的福利都成为祭品。[41]

罗尔斯顿通过指出我们经常置自身快乐或便利的选择于穷人的需求之上，增强了其牺牲人类以拯救物种这一实例的说服性：

每当我们为妻子或丈夫购买一份圣诞礼物，或去听场交响音乐会，或是给予一个孩子大学教育，或是开一辆新型号的汽车回家，或是打开空调时，我们花费了可能会帮助根除贫困的钱。我们多半会做一些我们更为偏好的事情而非喂饱饥饿的人群。

如果有人赞成总是先喂饱饥饿人群，别无所求直至世界上无人挨饿，这将终止文明。人们将不会发明出书写或去炼铁，或创造音乐，或发明飞机。[42]

罗尔斯顿假定我们都足够珍视这些发展，因而我们能够享有它们以至于如果必要的话，可容忍一些人饿死。即使在今天，我们也将某些价值置于人类生命自身之上，罗尔斯顿声称："富国设立边界，穷人因之被禁止穿越。如果我们完全信任移民法的话，在边界附近处于更为富裕的一边的我们会认为，保护我们的生活方式要比穷人的改善更重要，即便他们只是想吃得更好一点。"[43]

鉴于这样一些优先的考虑以及人们已对其他的物种及生态系统所进行的伤害,罗尔斯顿总结认为,我们现在应情愿牺牲人类生命以维护濒危物种及其所必需的生态系统。看一下濒危之中的老虎——处于生物区系金字塔之顶端的一种大型食肉动物。在印度拉贾斯坦邦(Rajasthan)的伦腾波尔(Ranthambhor)国家公园禁猎区的 40 只老虎,因人口压力所带来的生态系统退化而面临威胁。罗尔斯顿写道:

在公园心脏地带的三英里范围内集聚了 20 万印度人——比 21 年前公园开始创建时的人口多了一倍还多。大多数人依靠公园里 150 平方英里内的树木来做饭。"他们在公园里和公园周围放牧了大约 15 万头牛……牛将栖息地啃食得贫瘠不堪,并且将疾病传染到作为老虎的食物基础的蹄类动物身上。"[44]

罗尔斯顿声称,这些人并未明智地照顾好他们的资源。比如说,更换牛的品种以产出更多的牛奶,或者对牛的粪便加以利用,如作为热源。他想知道,这些老虎,"这些威严的动物",是否由于人类未能够明智地照顾自身及其资源而应该成为受害者。"留给我们的思考是,是否老虎应该总是失败而人类总是赢得胜利。"[45]

但是,故事还有另一面。印度作家和历史学家罗摩占陀螺·古哈(Ramachandra Guha)在《生态学家》中声称,真正的问题只与 6 000 名部族居民相关:

他们在这个地区待过的时间要比任何人所能记得的都要长久,也许与那些老虎一样长。卡纳塔克邦(Karnataka)森林部要求部族迁出,声称他们破坏了森林并杀死了野生猎物。作为回应,部落成员回答说,他们的

要求是适度的,主要是薪材、果实、蜂蜜和零星的鹌鹑或山鹑……[46]

古哈反对西方(发达国家)的野生生物资源保护官员对待这样一些部落(土著)居民的态度。比如说,约翰·G.罗宾逊(John G.Robinson)博士"为位于纽约的野生生物资源保护协会工作,监督着在 44 个国家中进行的 160 项计划"。在罗宾逊博士看来,部族成员与老虎争夺食物,从而导致它们灭绝,而且"它们的灭绝意味着生态系统的平衡被搅乱,而且这具有一种雪球效应"[47]。

罗尔斯顿与古哈聚焦于不同的事实。在罗尔斯顿笔下,大约有 20 万危害老虎的人,他们的人口在增长而且为维持他们整个生活而挥霍地利用公园。在古哈的笔下,大约有 6 000 名与老虎友善的人们,他们的人口是稳定的,而且他们为其必不可少的需要而"节俭"地利用着公园。在为拯救濒危物种而牺牲人类之前,我们应澄清这个事实。

价值观念也必须被考虑进来,而且其中之一就是正义。古哈提到:

部族成员与老虎已共同生存了几个世纪,正是由于城市与工厂的需求,才给森林带来了难以忍受的压力,与之相伴的是物种接二连三地列入濒危名单。部族成员正成为替罪羊,而真正的森林毁灭者——盗猎者、农场主、政治家和奸商——避开了人们的注意。正如罗宾逊博士匆匆飞离赶往下一项计划一样,他可能会反思一下自己高强度的生活方式,这比一打、或许是成百的森林部族成员带给世界资源的压力都要大得多。[48]

罗尔斯顿提议人们作出牺牲以拯救其他物种,但是,被要求作出牺牲的人们就是理所应当的吗? 古哈援引生态学家拉曼·苏卢马(Raman Sulu-mar)的话:

仅仅要求社会中的一个特定阶层——边远地区的农民与部族成员——来承担动物劫掠所造成的整个损失是不公正的。迫切需要再调整我们对于野生生物自然保护区的管理，以向当地社区转移经济利益。……[49]

但是，获取这样一些利益可能会在动物权利以及物种保存之间引发冲突。

看一下非洲的大象。世界观察研究中心研究员彻里·休格（Cheri Sugal）在 1997 年报道说："漫无限制的象牙盗猎将几乎确告大象的灭绝。只是在一个十年中，……非洲大象的总数量削减了一半——从 1981 年的 120 万头到 1989 年的 62 万头。"[50] 1989 年，在《濒危野生动植物物种国际贸易公约》(IFES) 的制定下，一个对于象牙贸易的国际禁令开始实施，从而大象的数量有显著的恢复。现在已有如此之多。

在过去，象群控制着它们自己的数量。大象在其生活的树林中吃树苗、树皮和树叶。它们践踏并推倒许多树木，这些树木随后被森林大火所吞噬，从而将林地转变为草原。于是大象就离开。当它们为寻找食物与水源而离开家园如此之远时，许多大象就会饿死。同时，草原又变为林地，这又可喂饱更多的大象。"然而，在最近的数十年中，"休格写道，

这种循环已被打破。由于人类发展的扩张，被限制于更小区域内的大象很快会超出它们的容纳限度。它们忽然的杂沓由于这样一个事实而加剧，即公园和避难所现在提供了一个恒定的水源供应——极大地稳定了历来不确定的栖息地并几乎确保了不间断的繁殖……这可以为其数量的急剧增加做好准备——迟早会达到无法忍受的地步。[51]

当这些发生时,当地的人们会蒙受损失,休格提到:"比如说,在1995年,居住在赞比亚班加韦卢(Bangweulu)湿地野生生物自然保护区附近的村民,在来自公园的大象开始践踏农人并破坏农作物之后,几乎处于饥饿之中。"[52]这该怎么办?

一种解决办法正在津巴布韦乡土资源公共地区管理项目营火会(CAMPFIRE)中进行尝试,并得到美国国际发展援助(USAID)提供的2 800万美元的基金。这一解决办法帮助当地人民为当地利益而管理好大象的数量,目标最终是当地的自给自足。当前,主要的收入来自捕猎许可证的授权:

一项典型的一揽子交易可能包括在一次为期21天的捕猎活动中对于射杀一头大象、一只狮子或豹子、一头水牛以及一些羚羊的许可。客户每天支付900到1 000美元,另加上每只被射杀动物的"战利品"费用,——接近于每头大象10 000美元,一只狮子3 000美元,一头水牛1 500美元……村议会获得33%,再加上60%的投入费用以及运动用品商的7%收益。[53]

假如猎杀动物中的象牙可在国际市场上出售的话,会有更多的钱。

营火会鼓励当地人停止盗猎。捕猎许可证是昂贵的。作为结果,休格报道说:"该项目已将捕猎者与盗猎者每年杀死的大象数目降低了大约1%。"这个数目如此之小因而不能缩减数量过剩的大象。如果受控的象牙贸易重新开始,捕猎会受到更多的刺激,而且数量可能会稳定下来。

但是,这种办法与象群个体的权利相冲突,而且损害了大象物种。猎杀大象作为战利品,就如同猎杀鹿作为战利品一样,乃是枉杀性命,韦恩·佩斯利(Wayne Pacelle),美国慈善协会的副会长写道:"追逐战利品的猎人……有选择地清除了有着大大的长牙、处于青壮年期的育龄公象。

有人称之为颠倒的进化——留下那些更年幼的、更不适合者替代那些最适于繁殖的公象。"[54] 从进化与生态学的视角来看，即刻杀死一个象群的**剔除**胜于捕猎。它也减少了象群的苦难，因为没有幸存者被留在那里哀悼或挨饿。

但是，剔除需要专业人员并耗费钱财，而捕猎却能赚钱。剔除的费用从哪里来？有些人辩论赞成象牙的国际贸易。尽管只是在1999年的早些时候有些微的松弛，随着象牙的禁运，象牙价格变得不菲。每当那些未出售的、从剔除和捕猎中获得的象牙蓄积增加时，进行盗猎就日益具有诱惑力。休格报道说："津巴布韦人争论说，卖掉这些象牙——从而削弱那些否则就会上升的盗猎活动——是一条对当地管理在财政上的可持续进行加以帮助的途径。"[55]

反对杀死大象的美国慈善协会，于1996年在南非的克鲁格（Kruger）国家森林公园开始了一项示范性的大象避孕计划。现行的方法对于广泛应用而言似乎过于昂贵，但我们应期待它成功吗？它将会清除掉过剩的象群，从而保护人类和生态系统以免于如此之多的大象。但是，这将妨碍当地人从出售捕猎许可证以及象牙中受益的能力吗？美国慈善协会为这些人找好了替代性的工作了吗？

休格总结道：

围绕大象的争论乃意气用事，而且，该争论常常被简化为一个道德高尚境界的拥护者（我们不应该杀死大象）与哺乳动物杀害者的损人利己势力之间的斗争。但是，在其争论性的政治表面下，实际上并不是有关坏人对文明人的争论，而是关于（经济的和生态的）稳定系统对不稳定系统的争论。

我们在此看到了本书中迄今为止所探讨的三种不同的基本关切之间

的冲突。在第一部分中探讨的人类中心主义关切,建议当地人民最大限度地利用当地资源,为了他们自己也为了他们的后裔,比如说,可通过在可持续发展的水平上猎杀大象(并出售象牙),尽管这不仅包括了对大象的杀戮,也危害着大象的进化。

动物解放与动物权利(个体主义的非人类中心主义)关注于费用昂贵的大象避孕这一标新立异的建议,并建议继续禁止出售象牙,因为象牙的销售会使盗猎者冒险。

最后,关注物种及生态系统的整体论非人类中心主义者建议专业剔除而非捕猎,从而与人类中心主义相冲突,而且建议对象牙销售进行严格管理以降低象牙的价格,因而盗猎将不再变得如此有利可图而无法抵挡,而这就与动物解放与动物权利相冲突。

这三种关切的类型——人类中心主义的、个体主义的非人类中心主义的以及整体论的非人类中心主义的——用卡里科特的话讲,使环境伦理学成为"一出三国演义"。[56]三种不同类型或不同出发点的关切竞相博得我们的注意。在本书的第三部分和第四部分,我们将考察研究缓和它们间紧张局面的协同论观点。

讨论

- 对于印度的老虎该做些什么?

- 对于非洲的象群该做些什么?

- 捕猎者指出,包括素食主义者在内的所有人类为生存而消费食物,从而与野生生物竞争稀缺的资源,并导致野生动物的死亡。假如我们是我们所居住的生态系统中"普遍一员和公民"的话,什么是我们的最佳食物?

- 二月时节,一头北美野牛在黄石国家森林公园陷入了黄石河的冰层中。当被要求对此野牛作出援助时，"一名公园护林员的回复是，那个事件是一个自然事件，应该允许野牛陷落进去或依靠自身的力量爬出来"[57]。一些雪地摩托运动者过来了，护林员任由挣扎的野牛死去让他们感到愤怒，他们试图解救却未成功。一个自称是营救者的人后来说，"可悲的是它(野牛)知道我们在尽力去帮助它。它将头靠在我们的脚上，已是筋疲力尽"。那是一个寒冷的夜晚，到早上时野牛死了。听到这个事件后，新闻评论员保罗·哈维(Paul Harvey)强烈地谴责了他所称谓的"机械的生态学家"。他说："这不是一个科学问题，而是一个道德问题。耶稣之所以降临人间，其意在于阻止地球的自然终结之路。"你怎么看待这个问题？

注释：

[1] Lynn Margulis, *Symbiotic Planet* (New York：Basic Books, 1998), p.120.

[2] 某些猎人可能是人类中心主义者，他们捕猎的理由完全集中于人类的福利上。但本章专注于非人类中心主义的考虑。

[3] 见 *Ethical Arguments for Analysis*, 2nd ed., Robert Baum ed. (New York：Holt, Rinehart and Winston, 1976), p.331.

[4] Aldo Leopold, *A Sand County Almanac with Essays on Conservation from Round River* (New York：Ballantine Books, 1970), pp.139—140.

[5] Leopold, p.252.

[6] Leopold, p.252.

[7] Leopold, p.253.

[8] Leopold, p.253, 特别加以了强调。

[9] Leopold, p.7.

[10] 此实例取自 Leopold, pp.29—32。

[11] Leopold, p.272—273.

[12] Leopold, p.274.

[13] *Archery World*, "The Hunter's Story," reprint "Hunting Helps Animal Conservation," *Animal Rights: Opposing Viewpoints*, Janelle Rohr ed. (San Diego：Green-haven press, 1989), pp.158—165, at 159.

[14] Rohr, p.159.

[15] Margaret L.Knox, "In the Heat of the Hunt," *Sierra* (November/December 1990), pp.48—59, at 53.

[16] Patrick F.Scanlon, "Humans as Hunting Animals," *Ethics and Animals*, Harlan

B.Miller and William H. Williams ed.(Clifton，NJ：Humana Press，1983），pp.199—205，at 199—200 and 204.

［17］参见 Knox，p.55 for figures for the 1988—1989 season。

［18］Robert W.Loftin，"The Morality of Hunting," *Envionmental Ethics* Vol.6，No.3 (Fall 1984），pp.241—250，at 244.

［19］Knox，p.55.

［20］Loftin，p.245.

［21］Loftin，p.246.

［22］Leopold(1970)，p.268.

［23］John Tuxill，*Losing Strands in the Web of Life：Vertebrate Declines and the Conservation of Biological Diversity*，Worldwatch Paper ♯141(May 1998)，p.25.

［24］Tuxill(1998)，p.26.

［25］Tuxill(1998)，p.26.

［26］Tuxill(1998)，p.27.

［27］Tuxill，"Death in the Family Tree"，*WorldWatch*，Vol. 10，No.5(September/October 1997)，pp.13—21，at 17.

［28］Ann S. Causey，"On the Morality of Hunting"，*Environmental Ethics*，Vol.11，No.4(Winter 1989)，pp.327—343，at 341.

［29］Leopold，pp.219—220 and 228—290.

［30］Aldo Leopold，*The River of the Mother of God and Other Essays*，Susan L. Flader and J.Baird Callicott ed.(Madison：University of Wisconsin Press，1991)，p.280.

［31］Charles R. Darwin，*The Descent of Man and Selection in Relation to Sex*(New York：J.A.Hill and Company，1904)，p.111.参见 J.Baird Callicott，"The Conceptual Foundations of the Land Ethic"，*Companion to A Sand County Almanac：Interpretive and Critical Essays*，J. Baird Callicott ed.(Madison：University of Wisconsin Press，1987)，pp.186—217，at 192。

［32］Callicott(1987)，pp.192—193.

［33］Leopold(1970)，p.239.

［34］Leopold(1970)，p.240,添加了重点号。

［35］Leopold(1970)，p.262.利奥波德时代以来的生态学研究显示,生态系统特别缺乏利奥波德所归之于的完整性与稳定性。它们的变化要比利奥波德所认为的更为迅速,而且它们不太会返归到一种唯一的气候条件中去。其物种的补充是多变的。常常是物种消失后,它们的生态学"维护"也就恰好由其他的物种加以完成。然而,卡里科特还是令人信服地指出,这样一些事实并不影响到土地伦理。土地伦理所具有的力量并不依赖于我们所居处其中的生态共同体的确定本质如何,而是立足于我们对它们的依赖这一事实以及将此种依赖与人类社会中的彼此依赖加以类比的可靠性。参见 J.Baird Callicott，"Do Deconstructive Ecology and Sociobiology Undermine the Leopold Land Ethics?"，*Beyond the Land Ethics：More Essays in Environmental Philosophy*(Albany：State University of New York Press，1999)，pp.117—139，尤其是 pp.125 and 130—139。

［36］Callicott(1987)，p.194.

［37］有关此点的更多论述,参见 Peter S.Wenz，"Alternate Foundations for the Land Ethics：Biologism, Cognitivism, and Pragmatism"，*Topoi*，Vol. 12, No. 1(March 1993)，pp.53—67。

［38］Tom Regan，"Ethical Vegetarianism and Commercial Animal Farming，"*Today's Moral Problems*，3rd ed.，Richard Wasserstorm ed.（New York：Macmillan，1985），pp.475—476.

［39］Callicott（1987），p.208.有关此议题的更多探讨，参见 Peter S. Wenz，*Environemntal Justice*（Albany：State University of New York Press，1988），尤其是第 14 章，"The Concentric Circle Theory"，pp.310—335。

［40］Holmes Rolston，"Feeding People versus Saving Nature?"，*World Hunger and Morality*，2nd ed.，William Aiken and Hugh LaFollette ed.（Upper Saddle River，NJ：Prentice Hall，1996），pp.248—267，at 261—262.

［41］Rolston，p.266.

［42］Rolston，p.250.

［43］Rolston，p.252.

［44］Rolston，p.261.

［45］Rolston，p.261.

［46］Ramachandra Guha，"The Authoritarian Biologist and the Arrogance of Anti-Humanism：Wildlife Conservation in the Third World"，*The Ecologist*，Vol. 27，No. 1（January/February 1997），pp.14—20，at 16—17.

［47］Guha，p.17.

［48］Guha，p.17.

［49］R.Sukumar，"Wildlife-Human Conflict in India：An Ecological and Social Perspective，"*Social Ecology*，R.Guha ed.（New Delhi：Oxford University Press，1994），引用自 Guha，p.18。

［50］Cheri Sugal，"The Price of Habitat"，*WorldWatch*，Vol.10，No. 3（May/June 1997），pp.18—27，at 20.

［51］Sugal，p.19.

［52］Sugal，p.18.

［53］Sugal，p.22.

［54］Wayne Pacelle，Letter about Sugal's Article，*WorldWatch*，Vol. 10，No. 5（September/October 1997），p.5.

［55］Sugal，p.24.

［56］参见 J. Baird Callicott，"Animal Liberation：A Triangular Affair"，*In Defense of the Land Ethics*（Albany：State University of New York Press，1989），pp.15—38；最初发表在 *Environmental Ethics* 上，Vol.2（1980），pp.311—328。

［57］该事例来自 Christopher D.Stone，*Earth and Other Ethics: The Case for Moral Pluralism*（New York：Harper and Row，1987），pp.155—156。

第三部分

环 境 协 同 论

第 8 章　人权、农业与生物多样性

贫穷、效率与人权

1993 年,约翰·沃德·安德森(John Ward Anderson)与莫利·穆尔 (Molly Moore)向《华盛顿邮报》(*The Washington Post*)的驻外办事处提供了一个印度家庭的如下报道:

当拉尼(Rani)怀抱着她的新生女婴从医院赶回家中时,家中的男人们溜出了她的泥屋,她和她的婆婆将有毒的夹竹桃种子捣碎后放入少量的油中并强行灌入女婴的喉咙中。一待夜幕降临,拉尼蹑手蹑脚地来到附近的田野中,将她的女婴草草掩埋在靠近一条小溪的一座未标记的坟墓中。

这种事屡见不鲜,作者解释道:"对于许多母亲而言,宣判一个女孩的死亡,要比宣告她作为发展中国家中的一名妇女——备受歧视、贫困、疾病以及苦役的一生而言要更好。"[1]

许多发展中国家中幸存下来的女孩被她们的父母卖为妓女。1993年,自由作家杰曼·沙梅斯(Germaine Shames)提供了这样一个例子:"坎·苏克(Kham Suk),一个有着深邃双眼的柔弱女孩,徘徊在泰国曼谷的一家妓院门前。三个月前,在她 12 岁生日的那天,她的妈妈带她从缅甸穿过边界,以 200 泰铢的价格将她卖给了一个皮条客。"[2]世界观察研究中心的会员阿伦·萨克斯在 1994 年提供了一些大致的数字:

巴西一国就有 25 000—50 000 名儿童卷入性交易中,而且,最近由波

哥大商会（Bogota Chamber Commerce）进行的一项研究总结说，哥伦比亚首都的童妓数目在过去的三年中增长了近三倍，类似的增长也存在于地理与文化上与之完全不同的国家中。……儿童大多在16岁以下，且多为女孩……[3]

萨克斯报道说，曼谷的红灯区流传着这样的说法："十岁一枝花，二十母夜叉，三十豆腐渣。"[4]

这与环境又有何干系呢？饥饿与贫穷促使人们杀死他们的女儿或是将她们卖为娼妓。这些家庭未能从环境中获取足够的生活必需品以过上像样的生活。安德森和穆尔讲述了另一名印度妇女的故事：

安拉瓦提（Amravati）生活在靠近拉尼居住的一个村庄中，她说她杀死了自己两个一天大的女儿……，"我的公公和婆婆卧床不起，而且我的丈夫遭遇了一次车祸不能工作。这当然是正确的决定"[5]。

这样的饥饿与贫困产生于政府对于自然资源的决策。举例言之，萨克斯解释说，在泰国农村，

就像亚马逊雨林中的人们一样，许多村民过去常常是从林产品中获得他们的收入——木炭，竹笋，野蘑菇，松树，甚至食用蟾蜍。"小规模自耕自给的农民也依赖于森林以提供间歇来防止土壤侵蚀并调节自然的灌溉系统。但伐木工程……在过去的30年中将这个地区的山坡损毁。经济学家常常将泰国称作为彻底的成功——这个国家的出口盈利，主要由先前草木丛生的土地中生产出的农产品组成，这无疑有助于推动泰国经济的发展……然而……最为贫困的人们……失去了……生计。"[6]

世界观察研究中心的高级研究员乔迪·雅各布森报道称,这是司空见惯的事情:"遍及非洲、亚洲与拉丁美洲,妇女因政府与私人的利益,被从森林中赶走——从农田和草场中被挤走。"[7]

这个议题归结为:人们应如何利用地球。一些人认为,为从地球获取他们的所需和所欲,就必须为了人类的利益而尽最大可能地开发。这是避免因赤贫所导致的人权侵害的唯一途径。这些理论家更进一步地坚称,最大程度的开发需要能够产生现实收益的集中货币投资。为了人类的利益,就发展和采用技术上最为复杂和有效的利用地球的手段而言,这样的投资是必需的。这些高效的手段必须能带来现金收益以支付投资以及工人的工资,他们因而可以购买自己不能自给自足的任何东西。这些理论家说,当技术将效率最大化并产生最大的货币回报时,人类就会从中获益。

这些思想家认为,迁出森林与土地的人们的贫困固是令人叹息,但幸运之事在于,这只是对地球从较低层次到更为有效利用过程中的暂时转变而已。他们相信,每个人最终将会从这样的效率中受益。

这种观点是人类中心主义的,大自然在此不过是实现人类福祉的一个手段而已。为了获致人类的目的,人们可以对自然实施无限制的权力。用卡里科特的话来说,人类中心主义者通常认为,对环境问题作出的决定是"一出三国演义"。在人类福祉与动植物个体以及诸如物种和生态系统这样一些整体论意义上的实体之间,存在着不可避免的取舍。一方的满足建立于他者的付出之上。比如说,将动物个体置于令人恐怖的工厂化农场中,人们从而获益,这是因为这样会带来价格低廉的肉类。当可怕的医学实验被放弃时,动物个体会从中获益,但人们会因此而丧失医学进展的利益。当古老的森林被砍倒时,人们收获了木材,但动物个体的家园却丧失了,物种的栖息地丧失了,且森林的生态系统也遭到破坏。禁止拓荒者侵占一块湿地,候鸟和其他物种就会从中受益,但人们却因此丧失了所有权以及建造一座房屋的一块风水宝地。总而言之,依照"三国演义"的态度,环境抉择明显处于我输你赢的处境之下,人类中心主义、个体的非人类中心主义以及整体论的非人类中心主义的关切处于互斗之中。人类中心主义者欣然地将非人类中心主义的所有价值观念送上"祭坛"。

环境协同论

当前的这一章考虑一种替代的抉择——环境协同论。一般来说,当事物组织起来的作用效果比同样的事物分别行动的效用总和更大时,协同作用就产生了。环境协同论者相信,在尊重人类与尊重自然之间存在着协同作用。就总体和长远来看,对人类与自然同时存在的尊重对双方而言都会带来好结果。本章与接下来的两章中所探讨的观点,包括温德尔·贝里(Wendell Berry)、生态女性主义者、深生态学家、印第安人宗教以及一些基督教神学家的,皆受到这种信念的鼓舞。我向人们昭示了珍视自然本身对人类的益处。尊重自然就增进了对人类的尊重,因而服务于作为群体的人类的最佳途径莫过于关心自然本身。

这个论点看上去可能是自相矛盾的。我们常常赞成以直接的方式获取我们的所欲。假如我们怀有对自然最大限度地获取的欲望,我们就应该尽可能地使自然服从于人类的意图。我们就应该仅将自然作为实现人类目的的手段。我们就不应该因为对生态系统与动物个体自身的关注而受到限制,因为这种操心妨碍了增进人类福利的行动。

但是,直接方式并不总是行得通。考虑一下**享乐主义的悖论**(hedonic paradox)。多数人都希冀幸福,但那些直接瞄准幸福的人却很少获得它。对大多数人而言,幸福源自追求中的投入,但这种追求却将人们的视线游离于对自身幸福的关注之外。人们可以建造飞机模型,在唱诗班演唱,学习一门外语,致力于动物福利的保护,或是帮助维护他们的教堂。当人们在这些活动中"失去自我"时,也就是说,当他们为了获致这些目标而非为个人的幸福而切心关注这些目标时,他们最有可能在这些追求中发现幸福。

相反,那些汲汲于自己幸福的人却不可能拥有幸福。他们总是自问:建造这个飞机模型能否使我幸福? 学会列出动词的变化形式将会给我带来幸福吗? 早早地起床去帮助粉刷教堂会使我幸福吗? 通常的坦率回答是"不会"。因此,只盯着自己幸福的人们将不会一以贯之地去追求他们的目标。前后不一致带来的是失败和挫折,而不是幸福。矛盾因此而起。获得幸福的最佳途径,就是在你关心的事物中发现其自身的魅力所在。去追求它。不再念叨幸福,你就将是幸福的。这就是享乐主义的悖论。

但是,为何以此种方式看待人与自然的关系就是悖论的呢? 为何认为最大限度从自然中加以攫取以服务于人类群体的最佳途径,是出于对自然的尊重而限制我们的活动呢? 答案就是一个词,**权力**。不受约束的权力常常导致滥用。不幸的是,毫无人道地使用漫无约束的权力,这一现象司空见惯。试想一下集中营中对收容者的处理。大多数人来到奥斯威辛集中营中只是被杀死;其他一些饿死或劳作致死;还有一些人面对的是令人毛骨悚然的"实验",例如浸泡在冷水中以测试体温降低导致的死亡时间。

以"相互制衡"为原则而设计的现代政治组织,反映出了我们对于无约束权力的畏惧。我们也赞成要求公职人员定期选举的代议制民主,因而公众可以制限那些滥用权力的人员的任期。

然而,我们却是摇摆不定的。当我们畏惧不受约束的政治权力时,我们却热望着对自然的无限权力,并把对自然的攫取称为"进步"。我们社会中的人们通常视此种进步蕴含价值,因为他们以为这可以使他们从自然中获取更多的必需品与渴望之物。人们想要旅行,于是蒸汽机车与汽轮的发明就是进步。内燃机在轿车和卡车上的使用是更大的进步。因为更快,喷气式飞机更是了不起,况且,假如我们拥有了达到光速的无限运动能力,那将更是不得了。

人们想要在夜晚也能看得清楚,于是电灯的发明就是进步。人们想要廉价的娱乐,于是收音机、激光唱盘与录像机广受欢迎。假如几近于免费的无限量电能可以获得,正如核聚变能源的支持者先前所声称的那种可能那样,那将是最好不过的事情了。而且,如果数字信号能够使收音机和 CD 听起来简直就像是现场音乐会的话,那将是最令人满意的。

人们想要生活得更长久、更健康,因而医学进展就是广受欢迎的进步。目标似乎就是健康生活的无限延续。在这样的情境下,抑或在更多的情境中,我们为了独一无二的人类目的而欢呼对自然的利用,而且追逐那种在政治生活中令我们恐惧的无限权力。利益如此之众,为何要惧怕这种权力?

在协同论者看来,对自然施加的无限制权力往往如同无限制的政治权力一样,对人们来说是危险的。总而言之,当那些权力的行使者未能顾及或意识到其行为对人们的影响时,人们就会因此而受到伤害。然而,正如我们在本章与接下来一章中将要看到的那样,许多人类中心主义者常常对人类表示出关心,但似乎意识不到他者所遭受的不幸后果。职业的专门化、地域的隔阂、强有力的技术以及进步的意识形态,这一切结合在一起,使得善良的人类中心主义者的视线触及不到由于我们对自然的权力以及对这种无限制权力的追逐所导致的人类苦难。总而言之,如同不受约束的政治权力那样,对于自然的无限权力危及人类。处于危险之巅的是那些最无助的人——妇女、儿童和穷人。

这就解释了何以 12 岁的坎·苏克被其母亲卖为娼妓。对自然拥有权力的人将喂养苏克家庭的自然资源转向为金钱的赚取。他们可能已砍光一片森林以出售木材,或是建立一个咖啡种植园。批准这项行动的善意的人类中心主义者可能居处于远离泰国之地,而且也未意识到这种行为带来的不幸。他们擅长于木材或咖啡的提供这样一些生意,而且只是从这样的视角看待土地。他们对于投资者负有货币收益最大化的法定义务,而且可能相信,公司的利润会促进此种经济的进步,这种进步从长远来看,对所有的人都有帮助。但是,他们毁坏森林的权力既伤害了人类也危及自然。

协同论者相信,只有当人们采取个体主义的与整体主义的非人类中心主义关注视角时,人们才会限制他们对于自然的权力的使用,从而限制了给他人带来的沉重结局。这意味着,为了动物、物种和生态系统自身的目的而关心动物个体的痛楚、物种的消失以及生态系统的退化,而不是为了人类的利益才去那样做。此种关心将限制人类对于自然之权力的追逐与运用,顺而将使人们少受点罪。总而言之,通过关心自然本身而非为了最大化的人类利益而试图去控制它,从而限制了支配自然的种种企图,作为整体的人类会从周围环境中获益更丰。

高科技农业的好处

支持现代的、强有力的高科技农业的人们会指出其显著的成就。世界观察研究中心主任莱斯特·布朗在 1999 年写道:

技术的进步已使世界耕地的生产能力在 20 世纪内扩大了三倍。世界谷物总收成从 1900 年的至多 4 亿吨扩展到 1998 年的接近 19 亿吨,这样看来,技术有很大的促进作用。的确,自 1900 年以来,农民们已将谷物的产量扩展到五倍于农业有史以来先前一万年中的产量。[8]

结果就是人类生活水平的改善。布朗写道:

对整个世界而言,20 世纪中的收入有了显著的增长,从 1900 年的人均 1 300 美元攀升至 1998 年的人均超过 6 000 美元(以 1997 年美元计算)。正在增长的这股经济浪潮已将大多数人类从贫困与饥饿中解救出来······[9]在过去的半个世纪中,世界范围内营养不良的人口份额已经显著降低。怎么说也不过分的是,这应归功于人均食物生产量的增长。[10]

这些进展源自技术革新。灌溉的加强来自更深的水井、更强的水泵以及为农业引水使用而修筑的更强大堤坝。布朗提及仅仅 50 年中可灌溉耕地的三倍增加:"灌溉系统的增强使得农业向干旱地区的扩展成为可能,[同时]也通过使干旱季节的种植更加容易,从而提高了季风气候中作物种植的多样性。"[11]

农业生产力的提高同样也归因于化学肥料的大量使用。农作物需要并且要从土壤中来获取养分,除非营养得到恢复,否则土壤肥力就会耗尽从而作物产量下降。传统的方法之一,就是将动物粪肥播撒在土地中。然而,随着农事日益专业化(生产谷物的农民不喂养许多动物)和机械化(人们使用机械拖拉机而不是动物来耕地),粪肥的农场供应已日益减少。另一种恢复土壤肥力的传统方法是轮作。诸如豆类这样一些作物从空气中获取了必要的营养。它们每三年左右被种植在土地上一次,然后接着被犁入土中以做肥料,它们会帮助恢复土壤的肥力。但是,这意味着该土地在当年就不能被用来生产诸如玉米或小麦之类的经济作物。当来自矿物燃料的人造氮肥已经取代轮作以及粪肥这样一些保持土壤最佳状态的手段时,经济作物的生产已是大大提高。

对于农业生产力的第三个技术推动就是杂交玉米的开发。布朗告诉我们说,它"促使玉米与小麦、水稻一起,成为三种最重要的谷物"[12]。最后,通过这些谷物短秆品种的开发,小麦和水稻已变得更多产。这些品种常常被称作**高产品种**(HYVs),因为它们

提高了作为光合作用产物的光合物进入到种子生产中去的份额。起初驯化种植的小麦粗略说来只转化 20% 的光合物进入到种子中去,其余

的被用来提供给叶子、茎和根……更为多产的现代小麦品种现已将超过 50％的光合物转化进种子中去。[13]

由于人们吃的是种子，这就意味着每一块田地里的小麦就提供了更多的食物。所谓的**绿色革命**（Green Revolution）就是源自被广泛接受的 HYV 小麦与水稻。

"当 20 世纪下半叶的帷幕拉开时，"布朗总结说，"世界谷物每公顷的平均产量仅略高于一吨——准确地说是 1.06 吨。到了 1998 年，它已经攀升至每公顷 2.73 吨。"[14]这无疑体现出人类对于自然的权力，当然看上去并无恶意。随着世界人口的持续增长、攀升至 90 亿、100 亿或是 110 亿，也许 20 世纪农业的经验教训驳斥了协同论者的看法，从人类利益出发对自然的控制似乎并未伤及人类。相反，像 ADM 这样的一些公司试图控制自然并成为"世界超级市场"时，它们似乎是人类的恩人。

专业化导致专注于金钱

1977 年出版的论文集《令人不安的美国》（*The Unsettling of America*）的作者温德尔·贝里支持我所称谓的协同论。通过谴责高科技的、控制自然的农业所要求的专业化，他展开其批判之旅。他写道："现代性的病患就在于专业化。"他承认，从社会的观点来看，现代性的意图是良善的。"其目的在于明确，政府、法律、医药、工程技术、农业、教育等的责任被那些最熟练的、最有准备的人们担负起来。"[15]专业化可能也会促进那些为人类利益而对地球进行的最大程度的开发。只有集中精力于狭小范围探索的专家才能够发展出最强有力的技术以服务于人类。

然而，金无足赤。专家不会进行全方位的思考。他们被训以集中精力于一个狭小范围内的问题，并发展出基于其专门技术的解决方案，而不

267

理睬所有其他的因素。贝里声称，对于人类和环境而言这可能是件糟糕的事情。他给出了这样的例子："1973 年，肯塔基州有 1 000 个牛奶厂倒闭。"美国谷物的海外销售提高了奶牛喂养的成本，且国外奶制品的进口也降低了农民为其生产的牛奶可以索取的价格。贝里写道："肯塔基大学的农业专家约翰·尼古莱(John Nicolai)博士，对这 1 000 个乳牛厂主的破产持乐观态度……他说，他们是低效率的生产者，因此需要被淘汰掉。"贝里对此表示了怀疑：

> 这些乳牛厂主有无其他一些价值是不能被归属到"效率"的名目之下呢？而且，谁从他们的破产中获益？假定那些利益超越于那些更为"有效"（就是说，更大规模）地降低成本的牛奶生产者而到达了消费者那里，我们是否有一个公式，通过它可以判定消费者省下来的多少钱是与一个乳牛厂主的生计相当呢？或者任何程度的"效率"皆值得任何代价的付出吗？[16]

问题在于，在其专业化的身份上，农业专家思考的只有一件事，"效率"，最低成本的奶制品生产。其他的一些考虑不在他的审视范围之内，因为它们不属于他专业的范围。它们类似于环境经济学家所称谓的"外部性"。正如我们在第 1 章中所看到的那样，它们是处于专家的考虑之外的。对于一个造成污染的公司而言，与环境恶化相关的成本是外在于其财务计算之内的。因此，从一名专家的视角看来是好的，对于社会整体而言可能是坏的。

专业化的另一个后果，就是日益依赖于与他人进行的商业交换活动。当我专攻于某项术业，比如说教哲学时，对于食物、住房、衣饰等这样一些不同的人类需求满足而言，我是借助于专门从事提供这些物品的其他人来实现的。由于他们也是专家，因而也依赖于他人以满足其大部分的人类需求。每个人从其专业中获利，并给予其他专家钱财以使自己完整的人生成为可能。结果就是，大多数人感到不安全。因为人们意识到，在提供生活必需品上的无能为力会使自己听任某种处于自己掌控之外的力量摆布。比如说,当 2000 年逼近时,人们担心可能会缺衣少油,因为计算机原本还没有被设计好以识别出新千年。贝里设想普通人会这样子:

> 他不知道,如果他失去了工作,如果公共服务公司倒闭了,如果警察罢工了,如果卡车司机罢工了,他还能做什么……当然,因为这样一些顾虑,他咨询持有执照的专家,专家顺而也咨询持有执照的专家以解决他那种忧虑……由于只能做一件事情的人事实上不能为自己干任何事情,因此,从一种个人的视角来看,专家体系崩溃了。在一个靠自己的意志与技巧生活的世界中,最愚蠢的农民或部落成员都比一个专家社会中最聪明的工人或技师或一个知识人更有能力。[17]

由于专家们依赖于那些要求为其服务提供金钱的人,因此,在一个专业化的社会中,人们倾向于以货币作为他们评价其实践与政策的标准。但是,即便在我们这样一个——钱币对于体面生活来说是必要的——专业化社会中,以严格的货币单位方式来考虑人类的幸福也是不切实际的。这类思考忽略了人类何以生生不息以及金钱的目的究竟为何这样一些问题。甲壳虫乐队的歌词有道是:"情爱无价。"我们不能够购买个人的成功,例如弹钢琴、做一个漂亮的燕式跳水,或是学会一门外语的才能。我们也买不到亲情。我们可以购买卫生保健,但买不到健康,否则像亚里士多德·奥纳西斯(Aristotle Onassis)这样有钱的人将永远不会死于无药可救的疾病。简而言之,许多我们珍视的事物用金钱是不能购买到的,因此,关注金钱过甚是不理智的。

贝里指出,对于人类的大多数追求而言,情况亦是如此。农业是人类从地球上获取食物的主要方式,农业生活不仅提供了食物,也促成了有益的锻炼,社区与家庭的纽带,一种成就感,一种与其他生命形态间的互惠情感,一种地球上属于自己一角的扎根感,以及为后代而维系该系统的献身精神。仅以金钱不能够衡量、代表或是替代这些价值。然而,这却正是杰出的农业负责人所拥戴的。贝里援引美国前农业部长厄尔·布茨(Earl Butz)的话说:

> ……真正的农业国力……凭借农业出口创造出农业美元……伴随出口而赚来的额外收入,美国农民就能够购买更多的家具、农业装备、房屋用品,以及其他资产和消费品……农业美元……有助于抵消我们石油美元的消耗。[18]

贝里评论道:

> 广为人知的"农业国力",不是由土壤的肥力或健康,或是农业界的健全、智慧、节俭或管理工作来衡量,它是由它产生的一种"创造农业美元"的商品过剩能力来衡量的……我们被告知,这种因产量增加而带来的收入被农民花费掉了,不是用以进行土壤保持或改善、水资源保存或是侵蚀控制,而是用于"家具……以及其他的资产和消费品"。农民没有成就为一个更好的农民,却变成了一个更为大度的挥霍者。[19]

总的来说,由于使人们处于依赖与不安的状态之中,专业化给人们带来了伤害。由于它同样鼓励人们以货币单位的方式来评价工作与幸福,这就削弱了对生命自身的最高馈赠及其蕴含的无尽宝藏的感知与欣赏。

污染我们自己的家园

专业化使人们鼠目寸光,从而误导他们造就危险的环境意外事件。厄尔·布茨鼓励农业生产中的专业化,因为他相信这样做会提高效率。

在大规模作业中,只有专家才担负得起最为高效的高科技设备的操作任务。他写道:"多年以前的农场作业是高度多元化的,但在今天,农民们都集中在为数日少、规模日大的农作物或者家畜企业中。"[20]请注意"或者",以及在"农作物或者家畜企业中"。布茨倡导农民在家畜饲养与农作物生产间作出抉择。但接下来就是,同一个农场将不再同时拥有产生粪肥的动物和使用这些肥料的农作物,因而农民就丧失掉了使用免费粪肥为肥料的利益。结果是:污染产生。

美国的养猪场正日益为那些拥有"巨型超级猪场"的巨人企业所控制。来自动物废料的污染威胁到了附近居民和生态系统的健康。环境保护基金洛基山脉办事处的代理人吉姆·马丁(Jim Martin),利用该组织的时事通信讲述了科罗拉多州的状况:

　　工业化养猪场对我们的地下水、空气、土壤并且最终对我们的经济造成了前所未有的、日甚一日的威胁。自 1995 年以来,尽管科罗拉多州的农业人口总数已有显著的下降,生猪的生产却提高了几乎是 600%。随着工厂化农场产生出与一座 25 万人口之多的城市相当的废弃物,我们遭遇到一个巨大的环境挑战。[21]

　　这篇时事通讯另外指出,许多工厂化农场直接就位于奥加拉拉蓄水层之上,从而威胁到科罗拉多州农场经济及其城市居民用水的命根子。[22]幸运的是,依照环境保护基金,科罗拉多州选民在 1998 年 11 月的选举中通过了修正案第 14 款,它要求新养猪场的建设需要获得许可证,且要监控水质以防止污染。

　　邻近的许多堪萨斯州居民在忍受着猪污染。《时代》(Time)杂志在 1998 年 11 月报道了朱莉娅·豪厄尔(Julia Howell)和她丈夫身处的困境。他们居住在堪萨斯州的一座超级猪场附近。海岸公司拥有这一猪场:

　　在一溜长长的畜舍中住了大约 1 000 头猪,这些猪一个接一个的挤压成团,为消磨时光而吃个不停,直到从 55 磅长至 250 磅。它们站在可溢出的地板上,因此它们的废弃物可以掉进底下的一个水槽中,该水槽被定期冲刷后,流进了附近的一个粪池中······

　　69 岁的朱莉娅·豪厄尔谈论着她那"40 000 头邻居",并解释了为何她封了农舍的窗户,用枕头把烟囱塞满,还有呢,就是在没有戴面罩时很少冒险到户外去。

　　那是一股经久不息的恶臭——从密密匝匝地禁闭在海岸公司 44 座金属建筑物中的 40 000 头猪身上发出了无法抵御的气味,那里的排气扇持续不断排出成吨的刺鼻氨气,与成吨的谷物灰尘和排泄物混合在一起,散发着硫化氢的有害气味(腐烂粪肥产生的有毒气体,闻起来有股臭鸡蛋的味道),所有这些气味与飘荡在每个足有 25 英尺深、一个足球场面积大的五个粪池上空的气味掺和在一起。这些粪池事实上是户外的污水池,在 75 英尺之下就是提供饮用与灌溉用水的奥加拉拉蓄水层。

该气味永远地改变了豪厄尔一家的生活方式。[豪厄尔太太报告说:]"当猪栏的臭气翻滚而来时,你做不成任何事。我已经[有两年时间]没有与人共进晚餐了,因为我可能不得不出去在车道旁迎接他们,并为他们准备好面罩以回到屋里。"[23]

毋庸讳言,他们的财产价值亦是暴跌。

温德尔·贝里将此种情形的原因归结为专业化。专家们不在他们工作的地方生活,因此他们不会亲自体验到其商业决策所导致的环境后果。他在 1997 年评论道:

欧洲的农民曾经居住在他们的畜舍中——因而是既在工作又在家中。工作与休息,工作与快乐,相互间是延伸的,常常彼此间并无明显的区别。店主们经常居住在他们的店铺里、店铺上面或店铺后面。许多人曾经靠"家庭手工业"——家庭生产来维生。家庭曾经是食物的制造与加工所……[24]

然而现在,人们并不居住在他们工作的地方。

他们感受不到他们的所作所为造成的影响。发动战争的人并不冲锋陷阵。露天采矿、森林皆伐以及其他造成另外一些毁坏的人,并不居住在那些他们的感受将因这些行为的后果而受到冒犯,或是他们的房屋、或生计、或生命因这些行为的后果将会直接受到威胁的地方。对"农业综合企业"的各种各样掠夺负责的人并不居住在农场中。[25]

公司决策者们以进步的名义伤害着人们,因为他们当然不会不得不去忍受"高效"养猪场的恶臭,他们也不会在一片森林被毁后将他们的女儿们卖为娼妓。

当前的体制是不合理的。假如养猪场散布于饲养家畜、种植谷物、水果和蔬菜的多样化农场的作业间中去的话,农民会用动物废弃物而非化肥来给土地追肥,这样就会节省金钱。相反的却是,农民背负起了债务且造成了污染。贝里观察到:"美国农场专家的天才在此得到了很好的展示:他们能够采取一种解决方案,并且巧妙地把它划分为两个问题。"[26]

可持续性问题

莱斯特·布朗所传递的有关 20 世纪农产品产出增长的好消息为这样的坏消息所冲淡,即这样的增长不能够再持续下去。试看一下灌溉问题。布朗写道:

在每一个大陆,地下水位都正在下降——在美国南部的大平原、美国的西南部、北非和中东的许多地区、印度大部以及中国。……比如说,……中国北部平原地区的地下水位以平均每年 1.5 米或者说大致上是 5 英尺的速度下降,……印度地下水的提取至少是地下蓄水层补给速度的两倍;[而且,]几乎是遍及印度的所有地方,地下水位正以每年 1—3 米(3—10 英尺)的速度下降。[27]

此外,"许多主要河流在它们入海前就已经河干断流"。布朗提醒道:

> 美国西南部的科罗拉多河到达加利福尼亚海湾乃甚为罕见之事……
> 黄河,中华文明的摇篮,在中国 3 000 年的历史长河中于 1972 年首次河
> 干断流,大约有 15 天时间,河水不能入海……从 1985 年以来,黄河每年
> 都有一部分时间是断流的。1997 年一年中有七个月的时间,无一滴黄河
> 水入海。[28]

为了生产世界上大多数人赖以获取营养的粮食,农田也是必需的。
然而,农田面积正在缩小。布朗写道:

> 世界粮食产区从 1950 年的 5.87 亿公顷增长到 1981 年的历史新高
> 7.32 亿公顷。……然而,从那以后,粮产区已经缩减至 6.9 亿公顷……可
> 以预料到的是,在诸如印度这样一些国家中,(20 世纪)下半叶农田将大
> 量地丧失,那里单是住房的建设就将夺走大片的农田面积。[29]

世界观察研究中心的副研究员加里·加德纳指出:"中国希望到 2010 年
时建设 600 座新型城市,那将是现在的两倍。在 1982—1992 年期间,美
国[农田的]净损失达到了比新泽西州还要大的一块面积。"[30]随着郊区
住房、购物商场以及道路的拓展,这样的流失仍在继续。

农田的丧失同样也归因于现代农业所造成的环境退化。灌溉往往会
给土壤带来很多的盐。对庄稼而言,土壤最终变得含盐量太高。在排水
系统缺乏的地方,灌溉造成了水渍,这就会剥夺庄稼对于土壤中空气的需
求。许多现代农作技术也造成了土壤侵蚀。加德纳总结道:"在 1945—
1990 年期间,土壤侵蚀、盐碱化、水渍以及其他一些退化,抹掉了相当于
加拿大农田数量两倍大的这样一块农田的生产。"[31]这样的退化正在继

续,未来可用的农田正在缩减。

各种化学肥料身处有功于生产力提高的现代农业新技术行列之中。当它们取代粪肥、轮作以及其他一些保持土壤肥力的方法时,从长远来看,它们甚至降低了生产力。加德纳报道说:

我们称之为表层土的地球薄层,对于土地的肥力而言是至关重要的。表层土是一个丰富的培养基,它盛有有机物、无机物、营养素、昆虫、微生物、蠕虫以及一些给予植物一处营养环境所必需的其他要素。当化学肥料给土壤提供一次短期的固氮时,它替换的只是土壤的营养素,而不是组成土壤共生区的完整元素系列,而所有这些元素对于长效的健康来说是必要的。[32]

为控制病虫与杂草而在现代农业中所使用的杀虫剂和除草剂也危及表层土的健康。这些化学药品不仅杀死了作为其攻击目标的生命形态,而且也毁掉了维持土壤所必需的微生物。

莱斯特·布朗也报道说,绿色革命的高产品种所带来的生产力提高亦将是举步维艰。矮秆品种的小麦和水稻之所以高产,是因为它们将积聚自太阳能的 50％ 能量转化到人们所吃的种子之中去了。布朗写道:"由于科学家推测的绝对上限是 62％,所以剩余有待提高的潜力并不太多。超过该限度的任何植物都将开始掠夺其剩余部分维系功能所必需的能量,因而降低了产量。"[33]然而,饥荒仍在继续,布朗提到:

联合国粮农组织……估计,大约有 8.41 亿生活在发展中国家的人遭受着基本的蛋白质能量营养不良的痛楚——他们得不到足够的蛋白质、足够的热量(卡路里),或者两者都缺乏。婴儿和儿童缺少充分发展其身体与智力潜能所必需的食物。[34]

绿色革命

我们该怎么办？我们应依赖于有专门研究的农业专家们来创造出另外的奇迹以制服自然吗？他们可能只是在当前的朦胧意象中从地球那里榨取食物，但是，假如未来无异于过去的话，他们将会降低生物的多样性，危害到世界粮食的供应，集中权力于更少的人的手中，并且剥夺掉穷人自身的谋生之道。依照印度科学、技术与自然资源研究基金主任、物理学家范达娜·席瓦(Vandana Shiva)的说法，这是绿色革命的"遗赠"。

1970 年，诺曼·博洛格(Norman Borlaug)因于 20 世纪 50 年代在墨西哥开发 HYV 小麦而被授予诺贝尔奖。在 20 世纪 60 年代后期，HYV 小麦和水稻遍布印度。美国总统林登·约翰逊(Lyndon Johnson)认为，这些"神奇的种子"掌握着贫穷国家中的人们丰衣足食的钥匙。因此，当印度由于 1966 年的干旱而饱受食物短缺之苦时，约翰逊"直到采用绿色革命一揽子计划的协定被签署前一个多月，还拒绝粮食援助的承诺……"[35]印度农业中新种子的使用最初被认为是成功的。然而，席瓦证实了该举措对自然以及对印度，尤其是印度的妇女与穷人所造成的恶果。

HYV 生产出更多人们所渴望获得的经济作物小麦和水稻而非其他的品种，因而头脑浅薄的专家们就认为它们是更为多产的。它们更多生产出的只是专家们所关心的事物。然而，HYV 要求均质的、理想的条件，诸如大量的水、肥料和杀虫剂。跟其他穷国一样，印度由于降水不足而处于缺水状态。如此情形之下，HYV 所需要的灌溉常取自井水，为饥渴的 HYV 抽取额外的井水就降低了地下水位。我们已经提到过，印度地下水位正快速地下降，尤其是在实行绿色革命的那些区域中。因此，必须要挖掘更深的水井。然而，贫穷的农民支付不起开挖更深水井的费用。因而，当他们更为富有的邻居降低地下水位来浇灌 HYV 时，贫困的农人就破产了。

HYV 要求必备的另一个条件，对于已经处于贫困之中的农民而言，也具有同样不利的影响，因为必需要投入的所有一切——肥料、杀虫剂、除草剂以及种子——都需要钱。使用非神奇种子的传统农业只需更少的钱，主要是因为农民们在每次收获之余都预留种子以备来年的播撒。相比之下，HYV 种子是由某一个种子公司集中生产的，且每年都需要购买。

购买种子的必要性也因 HYV 对疾病与病虫害的易感性而不断提高。受专业化思维的影响，HYV 的种植是**单一栽培**（monocultures），就是说每块地里只种植一种作物。这就是专家们想要使其产量和价值最大化的经济作物。但是，单一栽培助长了危险病虫害的爆发。假定害虫们偏好的食物均匀散布并连成一片，它们就能够在不受打搅的情况下，快速并轻而易举地吞噬掉美味可口的庄稼。因而它们会贪得无厌地吃，并快速繁殖。由于庄稼都是一模一样的庄稼，所以能够吃掉或杀死一棵庄稼的昆虫或疾病组织就会吃掉或杀死所有的庄稼。因此，当单一栽培取代农业的多样化之后，疾病和害虫就会威胁到整个的食物供给。

对农民来说，疾病与病虫害就意味着要花更多的钱。为了保持农作物的健康成长，他们必须为更多的杀虫剂和除草剂埋单。他们也必须购买更新品种的种子，这些对昆虫和枯萎病具有抵抗力的种子是由种子公司开发的。席瓦援引一本 HYV 教科书上的话说："高产品种与杂交种在农田中只有 3—5 年的寿命。自此之后，它们就会易受新种群疾病与病虫害的感染。"[36] 相比之下，"立足于多样性之上的耕作制度……拥有嵌入式的保护"，席瓦写道：

乡土品种或者是区域种系，对于当地发生的病虫害与疾病具有抵抗力。即便是某种疾病发生，某一些品系可能会受到感染，然而另外一些品系将会具有存活下来的抵抗力。轮作也有助于病虫害的控制。由于许多害虫是与特定的植物相关联的，因此，在不同季节与不同年份的轮作会使病虫的数量大幅下降。[37]

强调一时一地的问题并对每一问题依次寻求出统一的技术解决，这种专业化的心智是不会因病虫害问题而责备现代农业的。相反，它假定，问题是永远存在的。而且感谢上帝的是，我们今天有了专家们的帮助！席瓦援引有关病虫害处理的一本教科书说：

针对病虫害的战争是一场永无休止的战斗，人们必须为了确保存活下来而战斗。病虫害（尤其是昆虫）是我们在地球上的重要竞争对手，而且在我们千百年的生存中，它们不断削减我们的人口，有时还已威胁到我们的存活。长期以来，由于病虫害的猛烈攻击，人类一直过着一种最低限度标准的生活……只是到了相对晚近的时期……我们才在与病虫害的战争中略占上风。[38]

这简直是胡扯。正如记者格雷戈·伊斯特布鲁克在其1995年出版的《地球危机》一书中所指出的那样，即使是在美国，杀虫剂的成效也是甚微的，那里的农民在农资上耗费巨大：

农业部的统计数字表明，1945年时，美国的大多数玉米是通过轮作进行种植的。那个时候的农民发现，在几乎不使用杀虫剂的情况下，昆虫所造成的是每年3.5％的作物损失。到了1992年时，大多数玉米的种植不是经由轮作，而是通过大量化学药品的使用来完成，然而农民们却发现，昆虫每年造成的作物损失是12％。……显而易见，昆虫所带来的更高损失率表明，更少的化学药品和更多的轮作可能是忠言。[39]

许多单一栽培的经济作物为了正常的生长,既需要除草剂又需要杀虫剂。这是因为它们需要更大数量的化学肥料,而化学肥料在促进目标作物生长的同时也促生了"杂草"。将该问题从所有其他问题中离析出之后,专家们开发并提供出对抗杂草的更强有力的除草剂。除草剂必须在强度上有所提高,因为目标植物进化出了抵抗力。遗传学家里卡达·施泰因布雷歇尔(Ricarda Steinbrecher)给出了发生在澳大利亚的这样一个例子:

居住在北维多利亚的一位澳大利亚农民最近发现,在他一块田地里的澳洲大陆上最为常见的杂草黑麦草,总而言之在 15 年中经过仅仅 10 次的喷药后,不再受到孟山都除草剂的影响。位于新南威尔士的查尔斯德特大学(Charles Sturt University)的研究者们指出,黑麦草能够承受将近五倍于建议喷洒的药剂量。[40]

同样,当除草剂的剂量要求增大时,贫穷的农民,尤其是发展中国家中赤贫的农民就处于一个不利的位置。这种农业体系需要更多的投入,但是农民们没有钱去购买。

同样,由于那些很少或不具有商业价值的可利用植物被消灭掉了,与绿色革命相关联的除草剂也损害到许多印度贫民的利益。席瓦写道,印度就有这样一种植物巴斯瓦(bathua)①,它是:

一种重要的多叶植物,具有很高的营养价值,尤其还富含维生素 A,这种植物是小麦的伴生物。然而,随着化学肥料的密集使用,巴斯瓦成为小麦的一个主要竞争对手,因而被宣判为"杂草"并被除草剂除掉……印

① 印度人对灰灰菜或藜的称呼。——译者注

度每年有 4 万儿童因为维生素 A 缺乏而失明,除草剂因为摧毁掉随处可得的维生素 A 的材料来源而成为这出悲剧的帮凶。[41]

除草剂也消灭了妇女们赖以维生的其他一些植物。席瓦报道说:"成千上万的农村妇女用野生芦苇和杂草编篮、织席来维持生计,由于更多除草剂的使用正将芦苇与杂草置于灭绝的道路之上,所以她们丧失了她们的谋生之道。"[42]

生物多样性与人类福祉

对于穷人来说,问题还不仅仅是绿色革命的事。正是由于专家们那种无法以整体论眼光观察形势的思想倾向,使他们看不到多样性的价值。比如说,现代林业专家赞成经济林的建设,即种植那些可作为木材且可销售出口的林木种类。因而,他们建议砍掉那些由不同物种组成的森林,而代之以单一栽培的树木。但是,这种做法就剥夺了穷人对森林植物许多惯常的自由使用。席瓦观察到:

从未被那些寻求木材与木料的砍伐者们估算过的一个重要的生物输出量,就是种子和水果的收益。诸如面包树、芒果、罗望子等果树已成为当地公有林结构的重要组成部分,这在印度已经践行了几个世纪……从其他树木,诸如印度楝、水黄皮和婆罗双树中每年都可收获种子,这些种子可带来颇有价值的非食用油料……椰子树,除了提供水果或油料外,还提供了盖茅草棚所用的叶子,并且支撑着庞大的椰子壳纤维工业……[43]

约翰·图克希尔,在其所写的《世界形势 1999》(*State of the World 1999*)中提供了这样的实例:

在厄瓜多尔西北部地区,实行移动农业的当地耕作中使用了超过900个植物物种以满足他们的物资、医药以及食物需求;再绕上世界半圈,在中婆罗洲的雨林中,杜松人(Dusan)和伊班人(Iban)部族在他们的日常生活中也使用了相类似数目的植物。……[44]

从货币的观点看,由于它们不能带来现金收益,所以都是些非生产性的使用。将森林砍倒来喂养牛群以把牛肉卖给麦当劳,这会增加所在国家的 GDP。但是,这不仅将会降低生物多样性,也会剥夺掉人们的谋生之道,并从而促成了父母杀死婴儿或是出售儿童为娼妓的那种绝望的贫困。

这就是绿色革命和其他一些尝试的总体后果。这些以经济发展帮助发展中国家人民的尝试,是在那些无法作出整体论的思考并且将进步等同于商业的专家们指导下进行的。环境协同论是更为可取的。人类的兴盛不是来自对凌驾于自然之上的权力的渴求,而是源自与自然的合作。这种合作的大部发生在商品经济之外,因而,GDP 并不能衡量人类的幸福。而且这种合作的成功在于生物多样性的提升,因此,在生物多样性与人类繁荣之间并无真正的冲突。

许多发展中国家的传统农业体系是具有协同作用的。贝里讲述了斯蒂芬·B.布什(Stephen B.Bush)教授的研究成果。布什教授是威廉玛丽学院(College of William and Mary)的一位人类学家,他研究了秘鲁北部一个山谷中的乌丘马卡(Uchucmarca)村庄。山谷很是陡峭,人们在不同的高度上种植了不同的作物。在很陡的斜坡上,土壤侵蚀是一个难题,秘鲁人因而把田地面积控制在较小的范围内,通常不超过一英亩,而且以灌木树篱环绕。为了确保能够对抗因谷物歉收而带来的食物短缺,他们在一定程度上通过"在不同的田地里种植同一种作物,希望的是,假若一块土地中的作物被摧毁的话,另一些地中的还会存活下来"[45]。同样,在大

家庭内人们交换土地、劳动和工具。在歉收之年,他们就向亲戚们借。贝里提到:

安第斯山区农民对抗昆虫与疾病的主要武器就是基因多样性:"植物学家们估计,单是在秘鲁,马铃薯品种就远超于2 000种之多……在像乌丘马卡这样的个别村庄中,人们可以识别出大约50个品种……"安第斯山区农民几乎所有的方法都立足于多样性这一原则之上。[46]

秘鲁人在他们田地的边界上创造和维持着多样性。布什教授写道:

新品种通过在驯化的、野生的与半驯养(杂草般的)物种间进行的交叉授粉而不断被创造出来……这些野生和半驯养的物种在田地周围的灌木树篱里繁兴,而且,居住于其中的鸟类和昆虫也支援了交叉授粉。[47]

贝里观察到:"那些在意识中将文化与农业结合在一起的农民,其行为既是教研人员又是学生,既是咨询人员又是客户。"他发现,这将远优于我们对于专业化的农业专家的依赖。

布什指出:"当地经济最为重要的特色之一,就是它能够作为一种很大程度上的非货币经济而运作。乌丘马卡的普通家庭每年的所需少于100美元。"但这不是贫困,布什写道:

我计算了一下,通过他们的"原始"农业,乌丘马卡的农民每人每天的分配能够产生2 700卡路里的热量和80克蛋白质(蔬菜)的营养。一个非常有益的食谱和一个营养适度的人群。最糟糕的营养不良发生在必须依赖"现代"农业的城市中。[48]

与这种乡土体系相比,现代农业降低了多样性以发展为数甚少的几个能够带来最大经济收益的作物品种。约翰·图克希尔写道:

在工业化国家,伴随 20 世纪农业商业化与合并的稳定步伐,与之相呼应的是作物多样性的已然下滑:更少的小农生产以及提供更少品种以供销售的更少的种子公司,意味着田地里更少的作物品种或是在收获之后更少的品种得到保留。[49] 不管是在商业性农业生产还是任何重要的种子储藏设备中,1904 年以前在美国种植但现已不复存在的品种,其减少比例的变化范围,从番茄的 81% 到豌豆和甘蓝的超过 90%……据估计,中国已从 1949 年种植的 1 万个小麦品种降至 20 世纪 70 年代仅存的 1 000 种,20 世纪 30 年代在墨西哥种植的玉米品种也只有 20% 的仍能在那儿被发现……[50]

图克希尔声称,对我们所有人而言,这真是危机四伏。农业品种的多样性对粮食安全而言是必要的,他给出了如下警告:

当丛矮病病毒在 20 世纪 70 年代开始袭击亚洲高产水稻时,育种者在印度北方邦(Uttar Pradesh)的一处野生稻种群仅有的一个单簇中找到了对抗该病毒的遗传抗性——而且,从那以后,那个种群再未被发现过。保存并复活农业风景中的生物多样性,对于获致全球粮食安全而言仍是至关重要的。[51]

图克希尔的另一个警示正好是与安第斯山区的农民相关的。在 19 世纪 40 年代,一种真菌

成片地占领了爱尔兰境内那些拥有同一基因的马铃薯并将它们一举

摧毁,引发了据称是造成 100 多万人死亡的声名狼藉的饥荒。主要是通过使用杀真菌剂,该疾病在 20 世纪已经得到了控制。但是在 20 世纪 80 年代中期,农民们开始上报具有真菌剂抗耐性的枯萎病暴发。这些有毒菌株已使得全球马铃薯的收获在 20 世纪 90 年代减少了 15％,一笔 32.5 亿美元的收益损失;在诸如坦桑尼亚高地这样一些地区,枯萎病造成的损失已接近 100％。幸运的是,位于秘鲁利马的国际马铃薯中心的科学家们,已经在传统安第斯马铃薯栽培品种以及它们的野生亲缘植物的基因库中,找到了对付新枯萎病的遗传抗性,而且现在对于全球马铃薯种植的复兴充满了信心。[52]

所以,不要扔掉那个陈旧的土豆!(并非真的如此。只是考察一下你的视域深浅而已。)

生物多样性不仅通过保障粮食供应而造福于人类,而且也对医疗上的得益给出了预示,图克希尔提到:

在北美和欧洲市场上所出售的处方药中,有 1/4 都含有提炼自植物的活性成分。以植物为主要成分的药物,是治疗心脏病、儿童白血病、淋巴癌、青光眼以及其他许多重症的标准医疗过程的一部分……大的制药公司以及像美国国家癌症研究协会这样的研究机构,都实施了植物筛选计划以作为发现新药物的一种首要途径。[53]

图克希尔写到了现代农业所导致的生物多样性的下降:

我们正在操作着一场与我们的粮食供应安全与稳定、我们的卫生保健系统以及两者所依赖的生态基础相关的史无前例的实验。要想获得我们想要的结果,我们就必须保存并保护仍与我们共存的植物物种的多样性,并且以一种将生物多样性恢复为遍及世界的景观的方式制控我们对自然界的利用。[54]

并非只是图克希尔自己一个人这样去想。全国科学委员会(NRC),在重要的科学、技术事务上作为美国政府顾问的一个享有声望的团体,在1989年刊发了一份名为《备择农业》(*Alternative Agriculture*)的报告,其摘要包括下面的有关美国农业的评论:

备择农业通常是多样化的。倾向于更稳定或富有弹性的多样化系统,降低了金融风险并提供了抵御干旱、病虫出没或是限制生产的其他自然因素的防御手段……[55]对业已证实的备择农业更为广泛的采用,将……给农民带来好处,并给国家带来环境上的收益。[56]

然而,报告提到:

总体上看,联邦政策不利于那些有益于环境的做法和备择农业系统的采用,特别是在那些牵涉到轮作、特定的土壤保持习惯、降低杀虫剂的使用以及对病虫害控制的生物与文化方法的更多使用方面。这些政策往往是将充足的粮食供应而非对资源基础的保护置于更为重要的优先地位。[57]

人类中心主义还是协同论

依照全国科学委员会的看法,从长远来看,保护资源基础将更加符合人们的利益。约翰·图克希尔同样坚称,保护生物多样性是符合人类利益的,而且范达娜·席瓦也反对绿色革命,因为它使穷人更穷。那么,也许他们的观点只是出于人类中心主义的姿态，赞成使人类利益最大化的政策。他们与其他人类中心主义者之间的区别可能只是在于，在他们的理解中，相比于偏好单一栽培、降低了多样性的现代农业而言，人们会从生物多样性的保护中获益更多。

从另一方面来说，他们可以是这样的协同论者，即相信只有当我们认为生物多样性自身就是善的时候，我们才会促进生物多样性的发展。只有那时，我们才会出于对自然的尊重而限制我们支配自然的权力，而且也只有在那个时候，我们才会为生物多样性进行足够的辩护以从中获得最大化的人类利益。这是协同论者的悖论。但是，凭什么我们就该相信这一点呢？人们为什么不能只是为了人类的利益而利用科学的证据来证明珍视和保存生物多样性的合理性呢？

协同论者首先表明了证据。尽管我们都知道，雨林在缩减，物种在消亡，而且生物多样性在下降，但是，受人类中心主义影响的行为仍旧使这一切在继续发生。人类中心主义的理论基础对于生物多样性而言，迄今为止在很大程度上是无效的。

其次，很难想象的是，人类中心主义的方案如何能够将环境保护和长远的人类幸福所要求的整体论洞察糅合在一起。从自然中进行最大化获取的现代尝试利用了专业化的专家创造的技术。专家中存在的劳动分工使得整体论的思维不太可能。

再次，人们是如此无知，因而不能以最有利于人类的方式控制自然。做出这个诊断的人是奥尔多·利奥波德，他常被认为是一个非人类中心主义者，因为他似乎是赞成关心自然本身的。（他可能是真正意义上的第一个协同论者，尽管这个术语在他那个时代还不曾被使用。）利奥波德写道：

简而言之，一种土地伦理将智人的角色从土地共同体的征服者转变为它的普通一员和公民。这意味着对于他的同伴及其共同体同样的尊重。

纵览人类的历史,我们业已意识到(我希望是这样)征服者终将祸及自身。为何? 因为在这样的位置上所固有的,就是征服者出于征服者的权威所认定的,到底什么是社会运转的基础,什么东西和什么人是有价值的,以及什么是毫无价值的。结果往往却是,他一无所知,而且这就是为何他的征服最终会击败自身。[58]

常与人类中心主义相关联的对于自然的傲慢自大,使我们看不到各种局限性并且妨碍了有利于人类的正确行动。

最后,对自然的傲慢自大有时结合了对人类的傲慢自大,从而酿成一种**主子心态**(master mentality)。自称自诩的主子们认定自己为真正的人类,并认定女性和被征服人民的更低等地位。主子们将下层民众与要被征服的自然联系在一起,所以他们往往不顾及人类的苦难重重。如果我们珍视自然本身,我们就更不可能地去追随这种类型的领导者,因而就更不可能伤害我们的人类同伴。下一章探讨的是女权主义者对于这种主子心态的批判。

讨论

● 1999 年,伊利诺伊州立法机关通过了养猪条例,其中包括了新的安全标准。但是,斯普林菲尔德的《国家每日纪事报》(*The State Journal Register*)上的一篇社论提到:

农村居民在两个领域仍旧是毫无胜算可言:对家畜设施中所散发气味的管理以及对于最为庞大的设施建设地点的控制。……对于其他所有类型的商业,县董事会成员——对选民负责——对一项作业与规划区域相匹配的方位拥有最后的发言权。令人日益不解的是,为何对当地水源、道路以及能源使用提出严峻要求的现代家畜设施,不应像其他行业一样,接受同样审慎的考察。[59]

家畜生产商声称,他们在竭力向美国消费者提供最为优质的产品,价格亦可与外国竞争者相媲美。他们说,地方强加的土地使用限制危及这些目标的达成。你怎么看?

- 温德尔·贝里援引了 1974 年 10 月发行在《美国农民》(*American Farmer*)上的一篇文章,主题是公元 2076 年的"农庄梦想"。

家畜和产品的加工将被置于一个 15 层高的 150 英尺×200 英尺的建筑物中,……就容量而言,这座高层住宅将收留 2 500 头育肥用牛,600 头小母牛,500 头奶牛,2 500 只绵羊,6 750 头待出栏的猪,为 150 头母猪、1 000 只火鸡和 15 000 只小鸡也预留了空间。……在三处直径各一英里的循环场地中,作物将终年持续地在提供了精确气候控制的塑料薄膜下生长……每一种作物将只需要一层半英尺深的水,那是因为从植物生长中蒸发出来的水分将可在大片的、永久的塑料围笼中被反复使用……假如需要耕耘的话,电磁波将完成此项工作……对于该农场的运作而言,重新利用人类、动物和作物的废弃物将是问题的关键所在……[60]

对于未来的这幅景象,你所期望和关注的是什么?

- 这里有一个来自基因工程的想法。美联社于 1998 年 12 月报道了低肌醇六磷酸玉米的开发。"肌醇六磷酸是一种携有磷的植物化合物,对许多动物来说很难消化。"未经消化的磷使动物粪肥造成污染、带来恶臭,因此,新种玉米可以着手解决动物废弃物的问题。美联社报道说:"伊利诺伊州玉米种植协会的执行理事罗德尼·温齐勒（Rodney Weinzierl）说，这样的玉米可成为一项工业标准。"[61]就其对居住在养猪场附近的农民，以及对生物多样性和生态系统的影响而言，你是如何考虑这种发展的呢？（我们在第10章会考虑基因工程的其他一些例子。）

注释：

［1］John Ward Anderson and Molly Moore，"The Burden of Womanhood，" *Global Issues 96/97*，Robert M.Jackson ed.(Guilford, CT：Dushkin, 1996)，pp.162—165, at 162.

［2］Germaine W.Shames，"The World's Throw-Away Children"，*Global Issues 94/95*，Robert M.Jackson ed.(Guilford, CT：Dushkin, 1994)，pp.229—232, at 229.

［3］Aaron Sachs，"The Last Commodity：Child Prostitution in the Developing World"，*WorldWatch*，Vol.7，No.4(July/August 1994)，pp.24—30，at 26.

［4］Sachs，p.25.

［5］Anderson and Moore，p.163.

［6］Sachs，pp.26—27.

［7］Jodi L.Jacobson，"Out of the Woods"，*WorldWatch*，Vol.5，No.6(November/December 1992)，pp.26—31，at 26.

［8］Lester R.Brown，"Feeding Nine Billion"，*State of the World 1999*，Lester R.Brown ed.(New York：W.W.Norton, 1999)，pp.115—132，at 115.

［9］Brown，p.119.

［10］Brown，p.118.

［11］Brown，p.123.

［12］Brown，p.116.

［13］Brown，p.226.

［14］Brown，p.125.

［15］Wendell Berry，*The Unsettling of America：Culture and Agriculture*(San Francisco：Sierra Club Books, 1977，1996)，p.19.

［16］W.Berry，p.42.

［17］W.Berry，p.21.

［18］W.Berry，pp.34—35.

［19］W.Berry，pp.35.

［20］W.Berry，p.34.

［21］引自 EDF Letter，Vol.ⅩⅩⅩ，No.1(January 1999)，p.2。

［22］EDF Letter，p.2.

［23］Donald L.Barlett and James B.Steele，"The Empire of the Pigs"，*Time*(November 30，1998)，pp.52—64，at 58 and 60.

［24］W.Berry，p.53.

［25］W.Berry，p.52.

［26］W.Berry，p.62.

［27］Brown，p.124.

［28］Brown，p.124.

［29］Brown，pp.120—121.

［30］Gary Gardner，"Shrinking Fields：Cropland Loss in a World of Eight Billion"，*WorldWatch Paper # 131*（July 1996），p.6.

［31］Gardner，p.7.

［32］Gardner，p.27.

［33］Brown，pp.126—127.

［34］Brown，p.117.

［35］Vandana Shiva，*The Violence of the Green Revolution*（Atlantic Highlands，NJ：Zed Books 1991），pp.31—32.

［36］Shiva，p.89.

［37］Shiva，p.93.

［38］Shiva，p.96.

［39］Gregg Easterbrook，*A Moment on the Earth*（New York：Penguin，1995），p.393.

［40］Richard A.Steinbrecher，"From Green to Gene Revolution：The Environmental Risks of Genetically Engineered Crops"，*The Ecologist*，Vol. 26，No. 6（November/December 1996），pp.272—281，at 274.

［41］Shiva，p.206.

［42］Shiva，p.206.

［43］Vandana Shiva，*Monocultures of the Mind*（London：Zed Books，1993），p.36.

［44］John Tuxill，"Appreciating the Benefits of Plant Biodiversity，" *State of the World 1999*，Lester R.Brown ed.（New York，W.W.Norton，1999），pp.96—114，at 103.

［45］W.Berry，p.177.

［46］W.Berry，p.177.

［47］W.Berry，p.178.

［48］W.Berry，p.176.

［49］Tuxill，p.101.

［50］Tuxill，p.100.

［51］Tuxill，p.101.

［52］Tuxill，p.96.

［53］Tuxill，p.102.

［54］Tuxill，p.106.

［55］National Research Council，"Executive Summary，" *Alternative Agriculture*（1989），转载于 *Global Resource：Opposing Viewpoint*，Matthew Polesetsky ed.（San Diego，CA：Greenhaven Press，1991），pp.188—195，at 191。

［56］NRC，p.192.

［57］NRC，p.192.

［58］Aldo Leopold，*A Sand County Almanac with Essays on Conservation from Round River*（New York：Ballantine Books，1970），p.240.

［59］"Editorial，" *The State Journal-Register*（March 28，1999），p.18.

［60］W.Berry，p.68.

［61］见 *The State Journal-Register*（December 30，1998），p.9。

第9章　生态女性主义与环境正义

从女权主义到生态女性主义

1872 年,美国联邦最高法院否定了迈拉·布拉德威尔(Myra Brad-well)夫人开律师事务所的宪法权利。布拉德威尔夫人居住在芝加哥,而且依照法院的规定,她"已被认为拥有了必备的资格"[1]。但是,伊利诺伊州基于性别这一唯一的根据,拒绝给予她营业执照。美国联邦最高法院与伊利诺伊州持有同样的见解。法官布拉德利(Bradley)先生赞成大多数人的意见,他写道:

> 男人是,或者应该是女人的保护者与捍卫者。女性天生所体面拥有的羞怯和优美使其不适宜于平民生活中的许多种职业活动。以神圣天命和事物本性为基础的家庭组织的构建,指示出完全属于女性的领地与角色扮演的家庭活动领域。……女人极为重要的天职和使命就是实现其作为妻子和母亲的高贵与仁慈的职责。[2]

1931 年,马萨诸塞州最高法院不得不作出决定,联邦政府拒绝允许女性成为陪审团的一员是否对给予所有"人"这一权利的一条法令的侵犯。他们作出决定:"立法者在法令中涉及陪审员与陪审团名单时,使用'人'这个字眼的意图一定是将其意义限制在男人的范围之内。"[3]好消息是:法院在某些情况下,认为女人也是人。

1993 年,社会学家史蒂文·戈德堡(Steven Goldberg)在《男人统治之由:男性支配论》(*Why Men Rule：A Theory of Male Dominance*)中论证说:"男人比女人更善于思维。"[4]他声称,在诸如"数学、哲学、法理学……作曲[以及]国际象棋"这样一些强调抽象思维的学科中,还从未出现过一位女性天才。"天才"指的是"在人文、科学以及艺术每一个领域的历史中被提到的仅仅那么 20 或 30 个人所展示出的一种高度的天资"[5]。比如说,"截至 1993 年 1 月,前所未闻的最高级别女子[国际象棋]选手朱迪·波尔加(Judith Polgar),以并列的身份在当前活跃的棋手中排名世界第 53 位。(国际象棋等级的确定来自最近平均成绩的客观量值。)"[6]戈德堡同样声称,对数千人的智力测验后"发现,这种抽象能力的天资在男性和女性间存在着极大的差异"[7],而且也提到了解释这种结果的性别间生理学差异上富有希望的研究工作。

几千里外,10 岁的纳格拉·哈姆扎(Nagla Hamza)由于阴蒂被切除而饱受女性割礼(FGM)的痛楚。为什么会这样呢?世界观察研究中心的研究员托尼·内尔逊(Toni Nelson)写道:"大多数解释在某种程度上是与男性控制女性情感及其性行为的利益相关的。最通常的解释之一,就是降低情欲的必要性,因而女性将在结婚前保持其童贞。"简言之,"FGM 的结果就是加强了男性对女性的权力"。[8]

尽管在许多事务上内部间也存在意见相左之处,女权主义者们通常还是反对作为男性对女性进行统治的**父权制**(patriarchy)的这样或那样一些表现及其辩护。她们支持女性拥有掌控自己命运的权力。她们希望女性获得同样的尊重与机会。

但是,这又如何会与环境以及对于自然的驾驭发生关联呢?似乎可能的是,当人们获得了更多控制自然的能力时,女人与男人都获得了力量,尤其是性别平等能够实现的话。然而,一些女权主义者在遍引古往今来的实例后声称,西方国家领导下的对自然的开发往往会损害到许多人的利益,也往往会加重那些更为贫穷国家中业已存在的因父权制——男性对女性的统治——所造成的不幸后果。这同样也增强了对发达国家与发展中国家中许多"附庸人群"的压迫。拥有这样一些观点的思想家被称作为**生态女性主义者**(ecofeminists)。

自然的开发缘何会倾向于增加对妇女及其他附庸人群的压迫呢？生态女性主义者把矛头指向了西方思想中的**主子心态**，这种心态把许多人与自然联系在一起以将其作为有待控制的某物。依照此种心理状态，有些男人被认为由于拥有更高的理性能力而比其他任何人都要高贵从而他们应该统治世界。女性、贫穷的工人、土著居民、少数族群以及其他一些人群，被认为与动物和生态系统一道，由于缺乏理性或是不善思考而属于低贱的行列。出众的男性应该指引和塑造他们的下属。古希腊哲学家亚里士多德在 2 300 年前就在此基础上为奴隶制辩护：

很显然，灵魂统治肉体，心灵和理智的因素统治情欲的部分是自然而且有益的。相反，两者平起平坐或者低劣者居上则总是有害的，对于动物和人之间的关系也是如此；驯养的动物比野生动物具有更为驯良的本性，所有被驯养的动物由于在人的管理下变得更为驯良，这样它们便得以维持生存。此外，雄性更高贵，而雌性则低贱一些，一者统治，一者被统治，这一原则可以运用于所有人类。在存在着诸如灵与肉、人与兽这种差别的地方……那些较低贱的天生就是奴隶。做奴隶对于他们来说更好，就像对于所有低贱的人来说，他们就应当接受主人的统治。[9]①

哲学家凯伦·沃伦(Karen Warren)将主子心态分析为三个组成部分。第一，**二元论**(dualism)。现实被划分为两个相互排斥的群体，诸如男人对女人，人类对动物以及主子对奴才。第二，两个群体并未被赋予同等的价值，相反，存在着"价值等级制的思维"，比如说君臣思维，赋予上层群体成员的价值、地位或是声望要高于下层群体。[10]人类、男人与主子

① 译文采用苗力田主编：《亚里士多德全集》(第九卷)，颜一、秦典华译，中国人民大学出版社 1994 年版，第 11 页。——译者注

是"上层",动物、女人与奴才是"下层"。第三,下层者应为上层的需求与欲望服务。

父权制是具有主子心态男人的章程。最高法院布拉德利法官认为,男人比女人更胜任律师。"女人极为重要的天职与使命就是实现其作为妻子和母亲的高贵与仁慈的职责。"[11]法律的行使需要被认为是更占优势的男性的"果敢与坚定"[12]。该法官无疑认为,这种劳动分工对于男女双方而言皆有益处,但是,他却让男人独自去决定何为最佳。

高贵男性对判定物是人非的能力充满信心,这也是主子心态的一部分。史蒂文·戈德堡也建议女人将精力集中于她们所擅长的活动之中,比如像那些需要敏锐的心理感受的活动。

由于具有主子心态的人不因自然自身而珍惜之,所以,他们是人类中心主义者。然而,在他们将许多人类与被贬抑的自然联系在一起这一点上,又与其他的人类中心主义者有区别。在持存于我们文化中的父权制影响下,某些专横的男人相信,他们应该控制低劣存在物的命运,连同动物和生态系统一起,包括女人、土著居民以及其他许多人。源于自私、偏见与误解,这样的主子往往会以其他人和自然为代价来满足自己。

生态女性主义者支持环境协同论。他们声称,人类的压迫大多来自人类中心主义对自然尊重的缺乏以及父权制下对许多人群与自然所作出的相关性结合这样一种勾当。生态女性主义者说,对自然的尊重通常会增进人类的福祉,而且对所有人类的真诚尊重往往会保护到自然。这就是协同论。

哲学家薇尔·普鲁姆德(Val Plumwood)在主子心态中发现了主从关系互相联系在一起的五个方面:陪衬化、彻底排斥(或超级隔绝)、纳入(或关系性界定)、工具主义,以及同质化(或刻板化)。[13]

(1) **陪衬化**(backgrounding)——下层者在自上而下的分类中被置于陪衬地位之中,而且其贡献得不到任何赞许。

（2）**彻底排斥**（radical exclusion）或**超级隔绝**（hyperseparation）——"下层者"在资质上被认为是与"上层"的差异如此之大，因而他们不能够胜任赋有权势与声望的职务。

（3）**纳入**（incorporation）或**关系性界定**（relational definition）——"下层者"的身份是依赖于"上层"的某些特征来界定的。

（4）**工具主义**（instrumentalism）——在与"上层"事物的关系中，一个"下层者"的角色需视"上层"的任何需要而定。

（5）**同质化**（homogenization）或**刻板化**（stereotyping）——"下层者"缺少"上层者"的个性特征。

本章展示了西方思想中的主子心态将女性、殖民地人民以及自然视作为"下层"的这五种形式。在这样的情境下，主子心态的人们的人类中心主义经常在危及人类时也危害到自然。

作为附庸的女性

考虑一下陪衬化的问题。我们在上一章了解到，在一个专家横行的世道中，人们往往会以货币单位的方式来衡量事物的价值，这是因为他们使用金钱去购买他们所需要的几乎所有物品。比如说，我母亲过去常质问我父亲："假如你那么聪明的话，为什么我们还这么穷？"她正用货币单位的方式来衡量我父亲的才智。

这种货币评价低估了女性的成就与贡献，因为她们干了大多数不计报酬的工作，如房屋清扫、做饭以及照料孩子。当"工作"被定义为仅仅包括赚取薪水的劳动时，"女性的工作"作为工作就不复存在。这就是普鲁姆德所称的陪衬化。女性所做的被淡化于背景之中，而男人们干的事情却受到关注、感激与酬谢。

由于美国和其他发达国家中的许多女性都在外工作赚钱，因而，基于财务上的陪衬化在一些发展中国家中更为严重。更多的工作在那里是没有薪水的,正如我们这里一样,而其中的大部分是由女性完成的。世界观察研究中心的准会员乔迪·雅各布森在《世界形势1993》中给出了如下的例子:

在印度,基于雇佣劳动的传统测量标准显示,只有34%的印度女性处于劳动力大军中,与之相对的是63%的男性。但是,通过对包括家庭生产与家务劳动在内的职业种类所做的一项有关职业类型的调查揭示出,5岁以上的女性中有75%的人在工作,相比之下,男性只有64%。[14]

雅各布森指出,这种现象是普遍存在的。女性比男性劳动得更多,却并未因其更高的生产力而受到赞誉,这是因为她们的大部分工作是无酬金的。哲学家詹姆斯·斯特巴(James Sterba)援引了联合国的如下数据:"尽管女性干了世界上2/3的活,却只收到10%的薪金……男人拥有世界上所有财产中的99%,而女性只拥有1%。"[15]以货币单位的方式衡量社会贡献,使得女性的陪衬化无限期延续下去。

这样的陪衬化帮助论证了男性统治的正当性以及对女性需求的漠视。当女性的贡献未得到承认时,男性就能够否认对女性的依赖并且失去了对她们的尊重。结果可能是毁灭性的。雅各布森报道说:

比如说,在印度的研究表明,许多邦中男娃们与其姐妹相比始终得到更多和更有益的食品以及卫生保健,……哈佛经济学家与哲学家阿马蒂亚·森(Amartya Sen)推测,在发展中国家中,该种性别偏见所导致的后果,就是1亿女性的正在"消失",即已过早地死去。[16]

在我们的社会以及其他一些社会中,女性在各种不同的方式中被陪衬化,即便是当她们外出工作赚钱时也是如此。比如说,历史记载强调了卓越的男性士兵们、政治家们以及科学家们的丰功伟绩。我们对教育的理解也使女性被陪衬化,普鲁姆德写道:"母亲交给孩子的非常重要的身体、个人与社会技巧仅仅是真正学习的背景而已,真正的学习被阐释为属于男性世界的理性与知识。"[17]我们亦可在就业中看到陪衬化。大多数的秘书和护士是女性,她们是为那些获得公众信用与更高薪水的更加杰出的经理们与医生们提供陪衬化服务的。这就是为何在 1995 年,当每个男人赚到一美元时,美国女性平均只赚到 72 美分的一个缘由。[18]

除了陪衬化外,世界上许多地方的女性依然要遭受普鲁姆德所称谓的"彻底排斥"或"超级隔绝"的痛苦。女性与男性间被认为是存在着如此大的差异,以至于二者共有的属性被忽略了过去,而且女性也被排斥在男性的、公共的领域之外。1920 年以前,女性在美国是没有选举权的,而且直到相当近的时期以前,女性事实上也被排斥于许多职业与行业之外,如法律、政治、工程以及军事。

美国正在忙于处理,但还未彻底地摆脱过去超级隔绝的历史阴影。在许多领域,女性寻找到一个位置依然要比男性更困难。比如说,在由100 名成员组成的美国参议院中,女性数目屈指可数。一个理由就是,人们仍更多地将男性而非女性与这些领域中所需要的特质联系起来。就像社会学家史蒂文·戈德堡那样,人们将男性而非女性更多地与公正的理性联系在一起,而又更多地把女性而非男性与多愁善感联系在一起。我们需要理性,而非激情,以指引我们的律师、法官、政治家、工程师以及士兵。

女性经由普鲁姆德所声称的"纳入"或"关系性界定"而从属于男性。我妻子收到的信上称呼是"彼得·温茨夫人",这表明她的身份是根据她与我的关系而确定的。

这并不只是谁的名字被使用的问题而已。当人们初次遇见一个男人时,他们从不先问他:"您妻子贵干?"相比而言,对人们来说,不管是女性还是男性,在他们询问一位妇女的工作为何之前,打听其丈夫的职业是稀松平常的事情。丈夫的工作被认为是重要的,足以确定其个人及其妻子的社会地位,而妻子的工作则无足轻重。

对普鲁姆德来说,应用于女性之上的"工具主义"意味着她们应全神贯注于服侍她们的伴侣。女性要比男性更多地被称为"贤内助"。女性杂志要比男性杂志更多地集中探讨如何取悦对方并获致亲密。女性花费更多的时间和金钱去做美容护理。我敢打赌,阅读这类书刊的人多数是女性读者。女性在很大程度上已消化了这样的观念,即她们更多地承载着吸引并且留住伴侣的重担。男性求婚的传统继续存在,因此女性务必要吸引男性。

女性依然是通过她们对男性的吸引力来评价自身及其他女性。在1938 年对妇女协会的致词中,作家多萝西·塞耶斯(Dorothy Sayers)对男性和女性的角色作了对比,她要求男性们设想一下,假如角色倒转过来,而且对男性的评价主要取决于他们对女性的吸引力以及他们千篇一律的充满阳刚之气的能力,那么,他们的生活将是如何的模样。尽管已是过去了半个世纪,而且许多的女权主义者也取得了成功,但她的讽刺文学作品依然在提示着我们:

可能从没有男人会杞人忧天般地设想,假如他的一生要依据于其男性气质而被无情地加以评价,假如他所穿、所言或所做一切的正当性都不得不依于女性的意见而得到证明……假如他为那些如何为其造型增加一种粗鲁的男性格调、如何知识渊博而不失其男性魅力、如何将化学研究与个人魔力融为一体、如何玩弄桥牌而又不陷于弱智的嫌疑之中这样一些喋喋不休的建议而恼怒不堪时,他的生活将会何等离奇地展现在其面前。

假如他接见了一个记者,或是完成了一些非同一般的英勇行为,他将发现为如下的术语所记录:布拉克(Bract)教授,尽管是一位杰出的植物学家,但无论如何也不是一个娘娘腔。事实上,他有一个妻子和七个孩子。高大而魁梧的他,处理他那精致标本的双手就如同一个加拿大伐木工人的那样粗糙而有力。

他将陶醉于……那些令人敏感的有关男人的讯息之中,……那些男人整天想的就是女人,然而对女人又装出一副不自然的了无兴致的样子,他们利用其性别获得工作,毫无性征的表情又降低了办公室的活力,并且通常也都满足不了那种互不相容的舆论。[19]

在西方社会某种程度上业已超越的男性至上主义时代,女性被赋予了更多的等质性。好的女人可以是家庭主妇、护士、教师或者秘书,而男人则可以是其他的一切——有一千种不同的职业。普鲁姆德称此为"同质化"或"刻板化"。

当女性的潜能被认为低于男性、更为同质化时,女性似乎就比男性拥有更少的个性。这就有助于证明男性至上主义思维的其他一些特征。比如说,它使陪衬化更容易实现。由于女性更少地成就为专业人才,所以女性的贡献可以很容易地就被忽略掉,而且,男性对于女性的依赖也很轻巧地被否定了。人类的半数被限制在了少数的副业中,因此,一个女人能做的,其他许多的女人同样也都能做。在工作中,"不可或缺的女性"要少于"不可或缺的男性"。

同质化也强化了纳入或是关系性界定。假如女性在很大程度上彼此相似,那么,我们必须依赖于一个女人的男伴而确定其个性特征。同质化也强化了工具主义。如果女性缺乏鲜明的个性特征,那么,她们就不再因其独特的自身而令人感兴趣,因而她们只能从对一个男人的抱负的支持中获取价值。最后,同质化确证了彻底排斥。我们知道,一些男性适宜于军队生活而另一些适合于法律工作。假如女性相对来说是同质化的,她们就只适宜于几乎所有女性都能做的工作,诸如协助别的什么专家之类的工作。

即便是今天,女性的外观和女性气质也比男性的特征更为标准化。苏珊·法罗迪(Susan Faludi)在其 1991 年畅销书《后冲》(*Backlash*)中描述道,女性要比男性更有可能去做整形手术以改善其外观。由于完美的女性拥有丰满的胸部,所以尽管存在健康问题,隆胸术还是使她们保持了自己的人气。法罗迪讨论了"旧金山整胸人"罗伯特·哈维(Robert Harvey)医生的医学实践。他雇佣了一名女性顾问以与预期的隆胸手术者会谈。法罗迪解释说:"一年以前,她的胸部从 34B 扩展到 34C。她告诉那些女人:'我可以说的是,我个人感觉更为自信,我感觉更像一个女人。'"[20]相比之下,男性不需要完美的面孔就能感觉到自己的存在。自己从未接受过整形手术的哈维医生说过:"我猜我的鼻子不够大,但这并不使我烦心。"[21]拥有更多的异质性特征时,男性的感觉也可以是不错。

作为附庸的土著居民

殖民地典型地包含土著居民的附庸。在对土著居民的处理中,正如他们对于女性的态度那样,主子心态思维中附属的五个方面同样也可以被发现。

依据迪伊·布朗(Dee Brown)《魂断伤膝河》(*Bury My Heart at Wounded Knee*)中的记载,当克里斯托弗·哥伦布(Christopher Columbus)到达我们称之为圣萨尔瓦多(San Salvador)的这座岛屿时,岛屿上的泰诺人(Taino)"向哥伦布及其手下慷慨地赠送礼物并非常尊敬地款待他们"[22]。这是他们的风俗。但是,哥伦布却认为:"应该让这些人工作,去播种并去做所有需要做的事情以采纳我们的生产和生活方式。"于是,"西班牙人劫掠并焚烧村庄,他们绑架了许许多多的男人、女人以及儿童,并把他们装船运回欧洲出售为奴……在 1492 年 10 月 12 日哥伦布踏上圣萨尔瓦多海滩之后的不到十年间,所有的部落被摧毁,成千上万的人被杀害"[23]。

"*She's had so much done she's not even biodegradable.*"

什么能够证明这种处理的正当性呢?著名的西班牙学者胡安·金斯·德·塞普尔韦达(Juan Gines de Sepulveda)在 1547 年辩论说,因为西班牙人是高贵的民族,所以西班牙人可以正当地获得这片土地并奴役当地人:

男性统治女性,成人照管孩童,父亲支使儿女。······同样的联系也存在于男性之间,一些人生来就是主人而其他一些人生来就是奴隶······那些傻子和思维怠惰的人,尽管他们体质上可能够壮,因而可以实现某些必备之事,但从天性上说仍是奴隶。[24]

塞普尔韦达引证"西班牙人中不存在暴食与淫荡"作为他们高贵的标

志。有许多迹象表明当地人的低劣："这些人既不懂科学,甚至也不认得一幅字母表,除了一些绘画中所描述的晦暗而模棱两可的往事记忆外,他们没有保存任何的历史纪念物,他们也没有成文法,有的只是野蛮的制度与习俗。"[25]塞普尔韦达总结道:

这样的人从属于更有教养和更为人道的君主与民族的统治,永远都将是公正的并且与自然法相适应。由于他们的德性和他们生活方式中实际的睿智,后者能够驱走愚昧并培养这些[低劣]人群过上一种更为人道和更富有德性的生活。如果这些低劣人群拒绝这种统治的话,就可经由武力强加给他们。依据自然法,这种战争将是正义的。[26]

我们在此看到了普鲁姆德突出强调的从属关系的方方面面。这里有超级隔绝——印第安人被认为与西班牙人在根本上是不同的。这里有工具主义——印第安人被认为应该作为奴隶来服侍他人。这里有同质化——没有一个印第安人被认为是与众不同的因而可获取自由。这里有陪衬化——印第安人的成就被认为不名一文。塞普尔韦达断定,印第安人事实上获取到了最大的利益,而不是承认西班牙人从他们对印第安人的奴役中牟利。

对这些野蛮人来说,还有什么更为适当与有利的事情,能比得上使他们服从于另一些人群的统治呢,服从那些其智慧、德性及宗教已将他们从野蛮人转化为文明人(及于他们可以转变为此的程度),从迟钝与放荡转变为正直且合乎道德,从不虔诚的恶魔的仆人转化为无所不能的上帝的信徒呢?[27]

最后,这里存在着纳入——这些被认为幸运的印第安人正加入到西班牙的文明社会中来。

这是一个共通的模式。北美定居的英国人也漠视印第安人对土地和生存的权利。若非预先假定两个群体间存在根本的差异,英国人怎可能重新安置(或是杀死)印第安人呢? 这就是超级隔绝。奴役他们的企图是工具主义的证据。最好的印第安人是死的印第安人这一思想观念预示了同质化——所有的印第安人被认为无一例外地低劣。在印第安人采纳欧洲人的习惯之前,对其保留地的强制性圈占以及教给他们英语并且使他们皈依于基督教的企图,是纳入的标志。

最终,印第安人的成就被陪衬化。比如说,17 世纪的哲学家约翰·洛克声称,印第安人未能以他们的劳动来提高他们土地的价值。他们"土地富足,……但是由于不用劳动去进行改进,他们没有我们所享受的需用品的百分之一……"[28]①洛克显然既不欣赏印第安人的生活方式,也未能认识到诸如玉米栽培这样一些印第安人价值的实现。简言之,他认为欧洲人从印第安人那里学不到什么东西。

英国殖民者也是这样对待土著澳洲人的。人类学家德博拉·伯德·罗斯(Deborah Bird Rose)提醒人们注意:

在 1886 年的淘金热期间,南澳大利亚议会文件中的一份声明称,当欧洲人涌过西部地区时,土著居民若乌鸦般被射杀……在最先的三四十年中,对土著居民的报道表明了这是最为密集的杀戮时期,两个通过语言辨识的族群——Karangpurru 与 Billnara——事实上被灭绝了。[29]

当然,一些欧洲人也被杀死了。罗斯反思道:

---

① 相关译文主要参考[英]洛克:《政府论》(下篇),叶启芳等译,商务印书馆 1964 年版,第 27 页。——译者注

在欧裔澳洲人的大脑中,欧洲人的死亡名单赫然耸现。土著居民的死亡从未被统计过;黑人的死亡,就如同其生存一样,所获得的认可命中注定也不过是被付之于波澜壮阔的背景中去。当欧洲定居者、警察、旅行者射杀或毒死无数无名无姓的黑人时……白人们对其所作所为的缄默以及他们对那些作为匿名受害者的土著居民的描写,使得有关澳洲内地那一片空旷、孤寂而无情的国土的神话更易流传。[30]

当土著居民的权力与文化被压抑下去之后,对于那些在开始时更多地依赖女性而非男性土著居民的欧洲定居者来说,土著居民被证明是有用的。"在早先的一些年间,女性以追踪者和向导的身份,并且作为饲养员,驾车、点名、做饭。"但是也提供性服务,因为"在边疆地带很少有欧洲女人"。罗斯援引 19 世纪的一名治安官威尔希尔(Wilshire)的话说:"假如没有女人,男人们将不会在这样一个国家中逗留这么多年,而且,上帝预定了他们去使用,拓荒者走到哪里,上帝就为其准备到哪里。"[31]供给来自上帝。

我留给读者去想一下,在对待土著居民与普鲁姆德所讲的附属五个方面之间有何关系。土著居民的官方地位也只是近来才有所改变:

在 1967 年以前,官方在人口普查中从未将土著居民统计在内,[而且]在未经许可的情况下,土著居民也被禁止投票选举或是离开其栖身之地出外旅行。没有官方的批准,[他们]也不可能与欧洲人结婚,也不可以支配自己的钱财(假如他们还有一些的话),不可以买酒,以及面临其他一些为数众多的繁苛限制。在 1967 年以前,土著居民的生活处于严厉的掌控之下。[32]

作为附庸的自然

为了人类利益而对自然进行掌控的早期近代科学的企图中,也可以看到同样附属的五个方面。17 世纪的科学革命倡导了这样的观念,即自然完全是机械的。正如我们已看到的,勒内·笛卡尔相信人类的灵魂或心灵是精神性的,而地球上其他所有的事物是机械般的。因为唯独我们拥有心智,所以只有我们拥有思想、理性、感知、欢乐及痛苦。这就是超级隔绝。除了人类这一存在物,地球上所有其他的事物都完全是物质性的,这一存在物的灵性从根本上将其与所有其他事物分离开来。

普鲁姆德的同质化概念也在此现身。所有的物质根本上是相同的,这是因为,人们有了足够的知识就能够将任何种类的物质转换为任何的其他种类。相比之下,每一个精神存在物是独一无二的。

物质与精神的二元划分中也蕴含着等级的区分。精神优于物质,而且低级的应效力于高级的。地球上所有物质存在物的存在都是服务于人类的那种精神存在物。这就是工具主义。17 世纪的法理学家和哲学家弗朗西斯·培根鼓励人们“努力开启和扩展人类自身统治宇宙的力量,[以此种方式,]人类就[可以]找回本属于他的神赐的对自然的权利”[33]①。此种态度的一个例子就是活体解剖,在充满痛苦的科学探索中对动物的利用。笛卡尔的自然只是一架机器的信念,助长了对此类实验的辩护。

机械的观念也因相信被动而非主动的自然,从而证明了贬抑自然的合理性。在二元论的“主动的对被动的”的观念中,“主动的”是“上层的”,而“被动的”是“下层的”。在机械论的观念中,自然必定是被动的,因为它只是机器而已。那一时期的哲学家认为,物质的运动只是因为上帝在创世之始时使之处于运动中而已。就其自身而言,物质是惰怠的。能自己移动的人类是优越于自然之上的,因而他们拥有征服自然并使其为自己的目的服务的权利。历史学家卡洛琳·麦茜特(Carolyn Merchant)写道:

---

① 相关译文主要参考[美]卡洛琳·麦茜特:《自然之死——妇女、生态和科学革命》,吴国盛等译,吉林人民出版社 1999 年版。——译者注

认为世界是由不停运动的无生命粒子构成的一部大机器的哲学,就在新的、更有效的机器使得贸易和商业能够加速发展时产生出来。交通设备、航海技术的发展,[以及]道路和运河的建设……都可以由在大地上采掘金、铜、铁和煤,[以及]由砍伐森林以做处理矿石的燃料来达到……世界灵魂的死亡和自然精神之被消灭,更加剧了不断升级的环境的破坏,这一切结果之发生都是因为,所有与自然是一个活的有机体观点相关的思想都已被清除。[34]

在这一时期的约翰·洛克的笔下,自然对人类福祉的贡献被漠视,自然因而被陪衬化。他写道:

劳动……使一切东西具有不同的价值,……有利于人生的土地产品中,9/10是劳动的结果。如果我们正确地把供我们使用的东西加以估计——哪些纯然是得自自然的,哪些是从劳动得来的——我们就会发现,在绝大多数的东西中,99％全然要归之于劳动……自然和土地只提供本身几乎没有价值的资料。……[35]

对自然的这种陪衬化支撑着对它的纳入,也就是说,它被同化于一个支配它的上级。因为人们搀入劳动之前,自然几乎是无价值的,所有无主的自然就成为任何能够凭借劳动而提高其价值的人的财产。洛克写道:"一个人能耕耘、播种、改良、栽培多少土地和能用多少土地的产品,这多少土地就是他的财产。"[36]一旦成为他的财产,他就可以随心所欲地加以处置,只要他不危及其他人的利益。无价值之自然完全是专横人类的婢女或奴隶(我们只能在男性主义者与种族主义者的隐喻之间做出选择),为了人类的福祉而驾驭自然,他们是众望所归。

女性与自然

迄今为止,我们已经看到,女性、殖民地人民以及自然都为普鲁姆德所识别出的作为主子心态的五个附属方面所支配。就与自然相关的方面而言,从属意味着珍视自然本身变得不可能。许多人群的类似从属可能会从心理上导致对这些人的类似态度。主子心态的人们可能不会去珍视这些下属自身的存在,尽管有时也会做出无心之事,这是因为在涉及这些下属时,他们那种思维上的君臣结构一如他们对待下属的那样。最终,在对下属与自然加以控制以实现其总体规划时,主子心态的人们常常感到同样地畅通无阻。这就是人类中心主义不能为人类带来最大限度收益的一个理由。为人类利益而最大化地利用自然的努力增强了主子心态的势力,而在此心态指引下的行动危及许多的人。

主子心态同样也包含了特有的贬抑女性的"事实上的"主张。比如说,依据一些著名宗教的要求(在下一章中探讨),代表了至善的上帝,显然充满了男子气概,而且只有男性才能到达神职人员的最高层。一些贬抑女性的"事实上的"声音将她们与自然联系在一起。比如说,像亚里士多德这样的男性主义者将人与动物共享的激情与女性联系在一起,而把男性与理性相系。当一个女人在某些事情上是正确的时候,人们就说她具有"女性的直觉",许多人认为此点更像动物的本能而非人类理性。就如同机械论观念下的惰性物质一样,女性也被认为是天生的顺从者,人们可以自由地去开采。高贵的男性更加主动。(男孩的玩具被称为"玩具人"。)

女性也象征性地与自然关联在一起,时机一俟成熟即可开发。比如说,她们在广告中看起来好像动物一般。苏珊·法罗迪回忆起盖斯牛仔裤(Guess Jeans)的广告中:"牛仔女孩吮吸着她们的手指,她们凝视着镜头,雌性的眼神惊悚且脆弱,如同母鹿在猎人面前那样。"[37]

在与肉食相关的方面,女性常常是与动物相关联的。女性时而会被粗鲁地指称为"肉墩"。女性主义作家与活动家卡罗尔·亚当斯(Carol Adams)在《肉欲政治学》(*The Sexual Politics of Meat*)中指出:"色情文学中的自虐装备——链子、牛刺、套脖、狗套脖以及绳子——暗示了对动物的控制。因而,当女性成为暴力的受害者时,动物的待遇就在耳边回响。"[38]亚当斯也提到了反常的一面。肉畜的饲养者们常常将牝畜绑在所谓的"输精架"[39]上进行人工授精。

男性对其活动的形容有时也暗示了对女性与动物施加的暴力可以是相互替代的。亚当斯写道:

为了支持北卡罗来纳州美国退伍军人分会发起的争夺赛(Bunny Bop)活动——在该项活动中,野兔被棒击、脚踩、石头砸等方式处死,一个组织者声辩说:"假若人们过多的精力发泄不净,所有这些猎兔者们将会做什么呢? 他们将狂欢并殴打其妻子。"[40]

广告也经常把动物的屠宰与针对女性的暴力结合在一起。亚当斯提供了如下例子:

正如《皮条客》(*Hustler*)杂志所宣告的,"精加工",一个在绞肉机中被磨碎的妇女跃然眼前。在一张名为"精加工"(食品药品洁净法案)的簿册封面上,女性的屁股被加盖了"精加工"的印章……柏督公司(Frank Perdue)在一张海报中玩弄着充满性感暗示的屠宰影像,以鼓励鸡肉的消费:"你是一个喜欢胸脯还是大腿的男人呢?"

在波士顿喜市(Haymarket)分部的肉店中,一幅流行的海报图示了一个女人身体被分割的几部分,好像她就是那只被屠宰的动物,每块分离的躯体都标识了出来。[41]

这是一些孤立的案例。但是它们表明,在我们的文化中,女人比男人更多地与那些易于遭受暴力的动物关联在一起。在我们的文化中,当[白种]男性被与动物相系时,他们通常是狮子、种公马或者统治鸡棚的雄鸡。男性主义的非白种文化中也将男性而非女性更多地与具有统治性的动物联系在一起。

生态女性主义者们注意到,在西方主流文化中,主子心态往往会以同样的方式对待附庸的群体。我们已经看到,女性、澳洲土著居民以及美洲印第安人被类似地加以陪衬化、超绝隔绝、纳入、工具化以及同质化。而且,正如女性是与遭受控制或侵略的自然联系在一起那样,其他从属群体的成员,不论是雄性还是雌性,亦是如此。比如说,短语"印第安野人"暗示着印第安人类似于野生动物而应被控制或征服。如今的种族主义者们仍旧以轻蔑的口吻吆喝非裔美洲人为"黑人"或"黑鬼"(coons,浣熊racoons 的缩写)。总而言之,以主子心态自居者所蔑视和试图控制的任何事物,其命运就如同自然一样,因为主子心态从根本上是这样一种信念,即自然应服务于主子的利益。

女性与自然的关联非同寻常,在某种程度上这是因为,当通过控制自然为人类谋求福利的观念变得流行时,这种关联在近代历史的黎明时期突兀而起。弗朗西斯·培根在 17 世纪早期的写作中开辟了这一视域。他总是把自然指称为女性般的并应彻底加以征服。就像他在《伟大的复兴》(*The Masculine Birth of Time*)中所论证的(即便是他的题目也充满大男子的色彩):"我实际上正把自然与她的所有子孙带给你,让她为你服务,做你的奴仆。"[42] 历史学家卡洛琳·麦茜特探讨了培根的其他一些作品:

他用来描述新科学的目标和方法的相当多的形象来自法庭。因为在文中,自然被当作用机械的发明来加以折磨的妇女,强烈地反映出在女巫案件中审问和用机械装置刑讯女巫的过程。[43]

培根写道:"只因你不得不紧跟和追随自然的漫步,故当你愿意时,你就能引导和驱使自然又走回到同一个地方……进一步揭示自然的奥秘。"[44]结果就是,"她被置于限制、制作和塑造中,被技艺和人手做成新东西,像人工制品所表现出的那样"[45]。"人的知识和人的力量汇成一体。"[46]对于自然的这种权力模仿于对女性的权力,自然的秘密在其"怀抱"之中。培根总结道:"有充分的基础相信,自然的子宫中仍有很多极有用处的秘密,它们与现在我们所知的任何事物都没有类似或相当之处……"[47]

少数族群的附庸怂恿了污染

对于人类中附庸群体的蔑视也使自然从中受难。比如说,美国的穷人与少数种族群体的成员缺少使其社区免于污染活动的声望、经济资源以及政治权力。而恶化环境并危及人类健康的商业利益势力,相对而言处于逍遥之中。珍视自然生态系统自身会限制污染者并保护弱势群体,正如同对这些人的尊重可以限制污染并保护自然那样。因此之故,污染议题展示出了尊重人类与尊重自然间的协同论。

几份研究表明,美国的穷人与有色人种比其他人更有可能居住在损害健康的污染地带。看一下阿特盖(Altgelt)花园,芝加哥南区的一个非裔美国人为主的万人贫民窟。《国家法律杂志》(*The National Law Journal*)在1992年报道称,在一块方圆36平方英里的区域内,为人类的利益而助人们一臂之力变更自然的钢铁厂与其他重工业,使该区域正处于可怕的污染之中。"50个有毒工厂弃置的废弃物垃圾堆,……被扔弃的混合物是如此的刺鼻,当他们的小船开始龟裂时,眩晕的伊利诺伊州视察员中止了对一个垃圾倾泻湖的考察。"[48]

由于废弃物处理是其主要的工业,所以该地区持续不断地接收有毒废弃物。该杂志报道说:"美国环保署的一项研究表明,每年有2 800万磅的有毒化学品倾注到南赛德的空气中去,使得癌症的风险攀升了100—1 000倍——但是,该研究并非用来追踪对于健康的实际影响。"[49]

在靠近有色人种附近有毒污染物的集中,芝加哥南区是具有代表性的。社会学家罗伯特·布拉德(Robert Bullard)在1994年报道说:

在洛杉矶的空气域中,71％的非裔美国人和50％的拉丁裔美国人所生活的地带大气污染最为严重,相比之下,只有34％的白人居住在高度污染的地区。加利福尼亚"最脏脏"的邮政区号(90058)被夹在洛杉矶中南部与东部之间。这个一平方英里的区域内遍布有毒废弃物置处、高速公路、烟囱以及污染工业的废水管道。在1989年时,大约18家工业企业排放到环境中超过3 300万磅之多的废弃化学品。[50]

土著居民同样体验到令人震惊的污染。当我们大多数人想象一下核能的危险时,我们会想起核电厂的爆炸,就像切尔诺贝利那样。然而,铀矿的开采会将放射性物质带到地球表面,将矿石磨成粉后,会将其辐射能的85％留在矿坑附近的地面上。矿物中只有最为珍贵的1％(其含有15％的放射能)被运走以作为核燃料加工处理。美国土著居民通常工作或持续居住在核能工业的危险副产品附近。迪克·拉塞尔(Dick Russel)在1989年的《法院之友》(The Amicus Journal)中报道说:"200万吨的放射性铀矿残渣已被倾倒在美国土著居民的土地上;在纳瓦霍(Navajo)青少年中的生殖器癌变是全国平均水平的17倍。"[51]

此种模式遍及世界。铀矿开采大多在土著居民居住的土地上进行。这在俄罗斯、澳大利亚、加拿大、中国以及印度都是一样。[52]何以如此呢?难道真是宇宙之巧合,土著居民刚好都居住在铀矿层的顶部?事实绝非如此。没有一个人会在曼哈顿、莫斯科或是贝弗利山庄的下面寻找铀矿

层。相反,勘探都集中在能被开采的地区,如果能够找到铀矿的话。这就
是那些贫穷的、附庸的人所占据的土地。[53]

同样的理由也适用于解释联合基督教会在 1987 年的一项调研中的
调查结果。拉赛尔报道说:

研究发现,在全国 2 600 万黑人中有超过 1 500 万的人,以及 1 500 万
美籍西班牙人中有超过 800 万的人,居住的社区中有一个或多个不受控
制的有毒废弃物丢弃点。位于阿拉巴马州的埃梅尔(Emelle),作为全国
最大的有害废弃物垃圾填埋场从 45 个州接收有毒物品,那里 78.9% 的人
口是黑人。[54]

曹乃康(Naikang Tsao)①在 1992 年《纽约大学法律评论》(*New York
University Law Review*)上的一篇文章中解释说,这在很大程度上是一个
经济学的问题:

比如说在 1984 年,一家咨询公司向加利福尼亚州废弃物管理委员会
建议,如果垃圾焚烧炉选择的地点是与低收入者而非中产阶级为邻的话,
就将在布置上遭遇较少的社区抵抗。该公司的报告声称:"所有的社会经
济群体往往都厌恶大型设施在附近的选址,但是,中产阶级与社会经济的
上流阶层拥有更为优势的资源以实现其反对的立场。"[55]

简而言之,为人类的利益而开发自然给人类造成了危害。这些危害
大多常被强加于穷人与少数族群身上,因为这些人缺少政治影响力。结
果是不公正的,因为那些从掌控自然中获利的更为富有的人,却承受消极

———————
① 音译人名。——译者注

副产品的最少影响,而那些遭受苦难最多的人却正是受益最少者。

对人们的不公正促生了自然的退化。当那些最有影响力的人相对来说未遭受环境污染的影响并对所有的人缺乏足够的尊重时,他们几乎无视污染问题,而且会许可那些怀有主子心态的人更多的自由,为着(所谓的)人类利益而戕贼自然。因此,保护地球的一条途径,就是尊重所有的人并公正地对待他们。环境正义支持环境保护。

女性的附庸、环境退化与人口过剩

生态女性主义者将女性的附庸与自然的退化联系在一起。当怀有主子心态的人们使女性臣服时,自然就遭到了贬抑,而当以(所谓的)人类利益而控制自然的企图未能尊重生物多样性自身的价值时,女性就受到了伤害。

女性的附庸与自然的退化之间的关联,在某些方面是令人疑惑的。与自然最为严重的退化一道的,是工业世界中技术的开发与初步部署。这包括大多数的有毒化学物质、工业化的农业生产方法、造成污染的运输方式,等等。然而,最为严重的男性主义似乎存在于非工业化的世界中。其中包括对女婴的选择性杀害、女性生殖器毁损以及禁止女性拥有财产。因此,似乎在女性附庸最为轻微的社会中,自然的退化最为严重。这就在女性的附庸与自然的贬抑之关联上投下了疑云。[56]

解决该难题的一个答案,就存在于发达国家的技术与发展中国家的男性主义之间的关系之中。我们在上一章看到,专业化是发达国家为从自然中进行最大化地攫取以服务于人类的战略的一部分。但是,技术上的专门化要求人们与其他的专家进行交易以获取他们的必需品以及可欲之物,而这就促成了货币交易。然而,在许多发展中国家的文化中,女性对金钱和财产的获取受到严厉地限制。即便在我们的文化中,女性仍旧做着大多数未付薪酬的家务并照料孩子。而比这更为严重的是，在许多发展中国家的文化中，女性被限制在忙于生计的劳作之中，譬如农作物种植、打水、煮饭、洗衣以及为她们的家庭手工业付出辛劳。

PETRICIC
Toronto
CANADA

Reprinted from Petricic, Cartoonists and Writers Syndicate.

世界观察研究中心的高级研究员乔迪·雅各布森写道："比如说，在非洲撒哈拉沙漠以南的大多数地区，男性与女性都进行农作物的种植，但他们的目标是不一样的。男性种植经济作物，……相比之下，女性用其土地来种植的作物主要是为了满足家庭的口粮之需。"[57] 因此，正如同绿色革命或是单为获取木质纸浆的林业生产中那样,当发达国家经济作物导向的技术被出口到发展中国家时,女性是主要的输家。这些技术促成了相对较少作物的单一栽培,这些作物在该地区的种植可以从经济上带来现金收益。从经济作物的视角来看,其他所有植物都是杂草。除掉这些杂草就降低了生物多样性,并剥夺了许多发展中国家的女性对一些材料的需求,她们需要这些材料来履行某种文化上特有的义务,对此,她们很少获得货币补偿。

对女性们特定文化上的需求以更多的尊重,将会限制现金导向的农业并推进生物多样性的发展。雅各布森提到,女性

在维系作物多样性方面扮演了主角。比如说,在撒哈拉以南的非洲地区,在男性们种植的经济作物旁边空地上,女性栽培了多达120种不同的植物。……自然经济中的女性也是森林资源的积极管理者,并在传统的森林保存中起主导的作用。森林为家庭提供了大量的产品。比如说,它们是燃料的一个主要来源。[58]

森林也提供了药物,许多女性将其用于家庭中。"比如说,印度的部落女性通晓大约300个森林物种的药物使用,"雅各布森如是报道。[59]部落男性并非学识渊博,"在塞拉利昂的一次调查发现,女性能够叫出她们从附近的林木与灌木丛中搜集或生产出来的31种产品,而男性只能识别出八种"[60]。

总的来说,通过强调经济作物的重要性并使女性、女性的知识以及女性关心的事处于附庸的地位之中,主子心态就使生物多样性处于危险之中。男性并不相信或是意识到为了金钱他们牺牲掉的是什么。相比之下,尊重女性将会遏制这种环境的退化。以相同的方式,对生物多样性自身之善的尊重也将会遏制环境的退化并最大程度上使女性受益。因而,

当发达国家的技术被输入到发展中国家中时,尊重女性与保护自然就处于相互的支持之中。

这种协同作用的另一个方面涉及人口增长。自然的退化刺激女性去拥有额外的孩子,而且,人口的增长使生态系统脆弱不堪。首先,就男性对女性有极大的掌控,并且不需要去操心日复一日照顾家庭的大多数事务而言,他们没有像女性那样限制生育的相同理由。

但事情没这么简单。剑桥大学的经济学教授帕撒·达施格普特(Partha Dasgupta)在1995年《科学美国人》(*Scientific American*)上的一篇文章中争论说,生活于贫穷与退化的环境之中,女性常常想要更多的孩子。达施格普特写道:"父母对孩子的需要而非对避孕药品的需求,在很大程度上说明了发展中国家中的生育行为。"[61]理由如下:

发展中国家绝大多数都是自然经济。农村地区的人们通过利用直接收集自动植物的物品而勉力维持着生计。更多的劳动是必需的。……在干旱与半干旱地区,水源甚至也可能不是触手可及。当森林缩减时,薪材也非唾手可得,……一个家庭的成员在一天中可能不得不花费高达5—6个钟头的时间,去提水、去捡柴。

作为劳动者的儿童因而就是必需的,即便他们的父母还在盛年之时,……在印度的某些地区,10—15岁之间儿童的劳作时间,已被发现多达成年男性工作时间的1.5倍之多。印度农村的孩童到六岁时,就照料家畜并照顾年幼的兄弟姐妹,担水并搜集木柴,捡拾粪肥与柴草。[62]

乔迪·雅各布森也注意到,"对苏丹的女性来说,搜集一星期中所需燃料的时间从20世纪70年代以来已翻了两番"[63]。这样的女性"根本不可能看到拥有更少一些孩子的益处,即便为家庭自给所留存下来的狭小土地上的人口密度正迅速地上升"[64]。

当男性主宰着且维持着经济作物对于女性赖以完成其传统任务的生物多样性的优势地位时,获取燃料与饮用水的路途就更加遥远了。因此,许多用以帮助穷人生财的政策是达不到预期目标的:

> 这就是人口陷阱:以发展的名义而实施的许多政策与计划,事实上加重了女性对作为社会地位与安全的来源之一的孩子的依赖。此外,由于政府的政策误导所引发的环境退化本身也在造成迅速的人口增长,部分是出于女性在经济上理性地作出的一个回应结果,因为资源匮乏对她们来说,所造成的就是日益增多的时间需求。[65]

总而言之,用以缓和贫困的商业开发常常使资源退化并助长了人口过剩,这又进一步造成资源的退化,从而助长了人口生产的加强并加剧了贫困。摆脱这种循环的一条出路,就是给予女性的角色、知识、视域与需求更多的关注。尊重女性与保护自然密不可分。这就是生态女性主义与协同论的一个核心论点。

土著居民的附庸降低了生物多样性

土著居民的附庸也招致来环境退化,这是因为这些人就像世界上许多地方的女性一样,比那些带着商业计划的主子心态的人们更多地知晓、利用并感激生物多样性。

数世纪的商业开发已剥夺了土著居民的土地与他们自足自给的生活方式,在经济增长与本土文化的延续性之间造成了紧张。当土著居民在无需向外人购买任何物品而是从土地上获取他们所必需与必要的物品时,对营业商品而言他们是困窘的顾客。当他们只为自身的需求而使用土地时,他们让世界贸易丧失掉原材料的供应。因此,经济增长的实现是以土著居民的牺牲为代价的。世界观察研究中心研究员艾伦·杜宁援引世界银行人类学家谢尔登·戴维斯(Sheldon Davis)的话说：

　　全球经济的建立……已意味着对土著居民土地、劳动和资源的掠夺以及强迫的文化移植与精神征服。每一轮的全球经济扩张——16 世纪对黄金与香料的搜寻，17—18 世纪的毛皮贸易与糖业种植园经济，19 世纪晚期与 20 世纪早期大量咖啡、干椰肉与热带水果的腾涌，现时代的对于石油、战略矿物以及热带阔叶林的搜寻——都立足于自然资源或者初级商品的开采之上并因此而导致土著居民的迁移与传统文化的破坏。[66]

　　这一进程与鼓励通过技术开发而驾驭自然的主子心态遥相呼应。这样的开发需要专家，这些专家往往是把金钱作为他们的评价依据，并且相信经济增长自然会对人们有帮助。专家们对不具商品价值的文化以及生物多样性的破坏不置可否。结果就是对人类与自然的伤害。

　　现今的土著(或原住)居民在很大程度上且从长远来看往往是生物多样性的最佳监护者，因为他们通常希望保存传统的生活方式，这种生活方式依赖于他们所生活于中且希望继续于中生活下去的区域中的多样性。杜宁写道：

　　印第安人对自然有着罕见的关怀。在一定程度上这是有关私利的事情。任何知晓其子孙将确切地生活在何处的人，可能会采取一种长远的眼光。阿拉斯加的爱斯基摩人玛丽·亚当斯(Marie Adams)，解释了她的同胞对那些在其赖以维生的渔业与捕鲸业区域中进行的获利甚丰的近海石油钻探加以反对的原因。"石油与天然气在这儿将只有 40—50 年的开采寿命。当石油开采完时，我们想要确保我们所依赖的资源仍在那儿。"哥伦比亚人类学家马丁·冯·希德布劳德(Martin Von Hildebraud)

注意到，"印第安人常常告诉我说，一名殖民地居民［一个非印第安居民］与一名印第安人之间的区别是，殖民地居民想要留给其子孙更多的钱财，而印第安人想给其子孙留下成片的森林"[67]。

印度物理学家和激进的环境保护主义者范达娜·席瓦，评论了森林中的生物多样性对于当地居民而言远甚于商业群体的重要性：

大多数当地居民的知识系统已建立在热带雨林的维生能力上，而不是建立在商业化木材的价值之上。在一种全然立足于商业开采之上的森林业观点的无知中，这些系统垮掉了，……在笼罩一切的林业科学中，菲律宾哈鲁喏族人（Hanunoo）的知识已无足轻重，这些人将植物分成1 600个种类，训练有素的植物学家于中也只能辨别出1 200种。以160种作物为基础的泰国洛人部落（Lua）的耕作制度知识体系，既不被那些只看到商业木材的主流森林学看作是有价值的知识，也不被那些只知道用化学方法进行集约农业的主流农业所重视。[68]

总而言之，土著居民是森林与其他具有生物学多样性的生态系统的最佳监护者，这是因为他们了解并使用它们。世界观察研究中心的艾伦·杜宁写道："完好无缺的土著群落与未受扰乱的生态系统，带着奇特的规律性交叠在一起，从南非的沿海湿地到撒哈拉的移动沙丘，从北极附近的冰川到南太平洋上的珊瑚礁。"他援引巴拿马的一名库那族（Kuna）印第安人吉奥迪修·卡斯蒂略（Geodisio Castillo）的话说："哪里有森林，哪里就有土著居民，而且哪里有土著居民，哪里就有森林。"[69]

当我们在一种商业导向的主子心态指导下去努力完成我们的计划时，由于这种心态对土著居民的土地与文化进行剥夺，因而我们会危及所有的人类。杜宁指出，在未受干扰时，土著居民所在的区域……提供了重要的生态维护:它们调节水文循环,维持当地与全球的气候稳定性,并且蕴含丰富的生物与基因多样性……维持土著区域的继续生存具有客观的必然性,即便对那些对此项事业的公正漠不关心的人来说也是如此。作为一件现实的事情就是,没有世界上那些濒危文化的帮助,世界上的主流文化就不能维持地球的生态健康——人类进步的这样一个前提条件。生物学上的多样性不可避免地与文化多元性连接在一起。[70]

主子心态中的那种"君—臣"思维无视土著居民的智慧,因为缺少金钱与现代的技术,这些土著居民就是"低劣的"了。这些人与我们皆需依赖的生物多样性都被陪衬化了。各种文化被摧毁以便那些人和他们的资源能被纳入到商业文化中去,于中他们可成为经济增长的工具。杜宁注意到了随之而发生的文化多元性与生物多样性的丧失:

人类文化正以史无前例的速度消逝。世界范围内文化多元性的丧失正与全球生物学上多样性的丧失并驾齐驱。马萨诸塞州剑桥文化遗产处的人类学家贾森·克莱(Jason Clay)写道:"在这个世纪中灭绝的部族人民要比历史上任何一个世纪都要多。"单是巴西在该世纪的前半叶就丧失了 87 个部族。自从 1800 年以来——其中势不可挡的部分是 1900 年以后,1/3 的北美语言与 2/3 的澳洲语言已然消逝。[71]

保护环境的最佳途径是保护原住居民,学习他们的智慧与自给自足的生活方式,并且逐渐形成他们那种对自然宗教般的敬意。玛格丽特·诺克斯 1993 年在《峰峦》杂志上报道说,宗教般的态度遍及于印第安人对环境的探讨之中:

在主流环保主义者的长期争论中至关重要的事物——大多是全部的栖息地地图与地下水表——在保留地的环境政治决策中只扮演着次要的角色。印第安人以局外人可能会认为是宗教般的另一种方式将其表达出来,尽管他们自己说,正如"道"这个问题一样,那不是个有关宗教的问题。或者你懂得所有生命的神圣与相互的纠缠,或者你不相信。[72]

诺克斯会见了杰拉尔德·克利福德(Gerald Clifford),一名奥格拉拉拉科塔族人(Oglala Lakota),居住在南达科他州,那里"尽管处于极度渴望的财政需求中,拉科塔人仍拒绝了来自政府的一笔 3 亿美元的现金结算,以不放弃他们对布莱克山(Black Hills)的权利"。克利福德说:"在印第安人的家乡,你可以在金钱上讲很多令人目瞪口呆的废话。但是,接着就有人提到,你是拉科塔人,地球是神圣的。会议就这样结束了。"[73]

对于原住民群体而言,对地球持有这样一种态度是常有的事。约翰·图克希尔在《世界形势 1999》中报道说:"世界范围内的原住民群体按传统惯例已经维护了像神圣遗址与仪式中心这样一些著名的景观特征。在西非的部分地区,圣林保存了一些最后残存的重要药用植物种群。"[74]

范达娜·席瓦注意到,农民也有保护生物多样性的宗教与生计理由:

在社会福利的层面上,不同文化背景中生物多样性的价值需要得到承认。圣林、神圣的种子、神圣的物种已是用以表达生物多样性之不可侵犯的文化手段,并且为我们提供了保存的最佳榜样。[75]

下一章我们探索环境价值观念的宗教来源。

讨论

● 加里·拉普朗特(Gary LaPlante)是加拿大萨斯喀彻温迪纳

(Saskatchewan Dene)部落联盟的一员,也是国际原住民遗存的通讯协调员。他在 1992 年的一个环保主义者国际会议上抱怨说:

> 动物权利运动对皮毛贸易不分青红皂白的攻击,已对加拿大境内我们的原住民团体带来了破坏性的不利影响。……通过与加拿大政府订立条约,作为对土著居民权利的认可,我们已经获得了对我们数世纪以来所拥有的收获(皮毛)权利的一些保护。[但是,]这未必令人满意,因为完成诸如皮毛猎获这样一些传统活动的经济可行性已基本上被毁掉了。这使我们的人民和我们许多的部落事实上处于对国家福利的依赖之中。……因此,基本上来看,所发生的事情就是文化的遗失与土著语言使用的丧失。[76]

通过购买皮革制品以及他们捕获的皮毛以支持土著居民,你对此作何感想? 在动物权利与文化存活之间,我们应如何平衡?

● 许多运动队伍都有指称土著居民的名字,诸如"Red Skins"(红人)、"Indians"(印第安人)和"Braves"(勇士),一些美国原住民批评这种行为,但是大多数的追随者喜欢这些名字,并且声称他们并非表示不尊敬。真正的问题在哪里?

● 通过使用最新研发的作物品系,孟山都公司计划减少除草剂所带来的污染,这些品系可抵抗公司生产的盛行于农业中的除草剂抗农达(Roundup)。抗农达因而可以被直接喷到那些经济作物上以除掉周围的杂草。这就使得杂草在露头(幼苗出土前用除草剂)之前除草剂的喷洒成为多余之事,而且苗前喷洒造成了最严重的污染。你怎么看? 在决定这是否是一项积极的开发之前,周全地考虑一下,你还想更多地需要什么样的信息?

● 1999 年,美国与欧盟扬言要进行一场"牛肉贸易战"。美国的牛肉

大多是在激素的帮助下长成的,这些激素来自遗传工程制造的微

生物。许多欧洲人想要把激素处理过的牛肉作为不安全食品而排

除在欧洲市场之外,但美国政府声称是安全的,并且说欧洲人只不

过是试图避免外来竞争。如果国家可以因为可能未经证实的恐慌

而排斥某些产品,我们又怎能拥有自由与公正的世界贸易呢? 世

界贸易组织与美国持同样的见解。你有什么看法?

注释:

[1] *Bradwell v. The State* 16 wall. 130,at 130.

[2] *Bradwell*,p.141.

[3] *Commonwealth v. Welosky* 177 N.E.656,at 660.

[4] Steven Goldberg,*Why Men Rule: A Theory of Male Dominance* (Chicago: Open Court,1993),p.199.

[5] Goldberg,p.200.

[6] Goldberg,p.201.

[7] Goldberg,p.205.

[8] Toni Nelson,"Violence Against Women",*WorldWatch*,Vol.9,No.4(July/August 1996),pp.33—38,at 33.

[9] Aristotle,*Politics*,book 1,chapters 4—5.参见 Val Plumwood,*Feminism and the Mastery of Nature* (New York: Routledge,1993),p.46。

[10] Karen J.Warren,"The Power and the Promise of Ecological Feminism",*Environmental Philosophy: From Animal Rights to Radical Ecology*,Michael E. Zimmerman ed.(Englewood Cliffs,NJ: Prentice Hall,1993),pp.320—341,at 322.

[11] *Bradwell*,p.141.

[12] *Bradwell*,p.142.

[13] Plumwood,p.60.

[14] Jodi L.Jacobson,"Closing the Gender Gap in Development",*State of the World 1993*,Lester R.Brown ed.(New York: W.W.Norton,1993),pp.61—79,at 66—67.

[15] James P.Sterba,*Justice for Here and Now* (New York: Cambridge University Press,1998),p.88.

[16] Jacobson(1993),p.65.

[17] Plumwood,p.22.

[18] Sterba,p.87.

[19] Dorothy L.Sayers,*Are Woman Human?* (Grand Rapids,MI: William B.Eerdmans Publishing,1971),pp.39—42.

[20] Susan Faludi,*Backlash: The Undeclared War Against American Women* (New York: Anchor Books,1991),p.215.

[21] Faludi,p.216.

［22］Dee Brown，*Bury My Heart at Wounded Knee*（New York：Bantam Books，1970），p.1.

［23］Brown，p.2.

［24］Juan Gines de Sepulveda，*1492：Discovery*，*Invasion*，*Encounter*，Marvin Lunenfeld ed.（Lexington，MA：C.C.Heath and Company，1991），pp.218—221，at 218.

［25］Sepulveda，p.219.

［26］Sepulveda，p.218.

［27］Sepulveda，pp.220—221.

［28］John Locke，*Two Treatises of Government*，James P.Sterba ed. *Social and Political Philosophy*.（Belmont，CA：Wadsworth，1995），pp.163—184，at 170.

［29］Deborah Bird Rose，*Dingo Makes Us Human*（New York：Cambridge University Press，1992），p.11.

［30］Rose，p.13.

［31］Rose，p.14.

［32］Rose，pp.17—18.

［33］Carolyn Merchant，*The Death of Nature*（New York：HarperCollins，1980），p.172.

［34］Merchant，pp.226—227.

［35］John Locke，*Two Treatises of Government*，Chapter Ⅴ，paragraphs 40 and 43，参见 Sterba ed.（1995），p.170。

［36］Locke，p.169.

［37］Faludi，p.199.

［38］Carol J.Adams，*The Sexual Politics of Meat*（New York：Continuum，1990），p.43.

［39］Adams，p.54.

［40］Adams，p.45.

［41］Adams，p.58.

［42］参见 Carolyn Merchant，*The Death of Nature*（New York：HarperCollins，1980），p.170。

［43］Merchant，p.168.

［44］Merchant，p.168.

［45］Merchant，p.170.

［46］Merchant，p.171.

［47］Merchant，p.169.

［48］*The National Law Journal*（September 21，1992），p.s3.

［49］*The National Law Journal*，p.s3.

［50］Robert D.Bullard，"Decision Making," *Faces of Environmental Racism*，Laura Westra and Peter S.Wenz ed.（Lanham，MD：Rowman and Littlefield，1995），pp.3—28.

［51］Dick Russell，"Environmental Racism," *The Amicus Journal*（Spring 1989），pp.22—31，at 24.

［52］Peter S.Wenz，*Nature's Keeper*（Philadelphia：Temple University Press，1996），pp.89—90.

［53］更多内容请参见 Wenz（1996），尤其是第六章。

［54］Russell，pp.24—25.

［55］Naikang Tsao，"Ameliorating Environmental Racism：A Citizin's Guide to Combatting the Discriminatory Siting of Toxic Waste Dumps"，*New York University Law Review*，Vol.67(May 1992)，pp.366—418，at 367.

［56］我将此观点归功于戴维·施米茨(David Schmidtz)。

［57］Jacobson(1993)，p.64.

［58］Jacobson(1993)，p.68.

［59］Jodi L.Jacobson，"Out of the Woods"，*WorldWatch*，Vol.5，No.6(November/December 1992)，pp.26—31，at 30.

［60］Jacobson(1992)，p.30.

［61］Partha S.Dasgupta，"Population，Poverty and the Local Environment"，*The Environmental Ethics and Policy Book*，2nd ed.，Donald VanDeVeer and Christine Pierce ed.(Belmont，CA：Wadsworth，1998)，pp.404—409，at 409.

［62］Dasgupta，p.407.

［63］Jacobson(1993)，p.74.

［64］Jacobson(1993)，p.75.

［65］Jacobson(1993)，p.76.

［66］Alan Thein Durning，"Supporting Indigenous People"，*State of the World 1993*，Lester R.Brown ed.(New York：W.W.Norton，1993)，pp.80—100，at 85—86.

［67］Alan Thein Durning，"Native Americans Stand Their Ground,"*WorldWatch*，Vol.4，No.6(November/December 1991)，pp.10—17，at 11—12.

［68］Vandana Shiva，*Monocultures of the Mind*(Atlantic Highlands，NJ：Zed Books，1993)，pp.14—15.

［69］Durning(1993)，p.85.

［70］Durning(1993)，pp.80—81.

［71］Durning(1993)，p.83.

［72］Margaret L.Knox，"Their Mother's Keepers"，*Sierra*，Vol.78，No.2(March/April 1993)，pp.50—57 and 80—84，at 53.

［73］Knox，pp.53—54.

［74］John Tuxill，"Appreciating the Benefits of Plant Biodiversity"，*State of the World 1999*，Lester R.Brown ed.(New York：W.W.Norton，1999)，pp.96—114，at 109.

［75］Shiva，p.89.

［76］Gary LaPlante，"Testimony"，*Poison Fire-Sacred Earth*，Sibylle Hahr and Uwe Peters ed.(Munich：The World Uranium Hearing，1993)，pp.80—81，at 80.

第 10 章　宗教与自然

人类应"扮演上帝"吗

1997 年 2 月 23 日,伊恩·威尔姆特(Ian Wilmut)与其同事在《自然》(*Nature*)杂志上宣布,他们已成功克隆了一只绵羊并将其命名为多利。他们首先提取了一只母羊的卵细胞,这个细胞只携有一只正常绵羊的一半基因。另一半在通常的生殖中来自一只公羊的精子。研究人员从卵子中提取出细胞核,并代之以一只普通绵羊(体)细胞的细胞核,其中携有(差不多)完全足额的绵羊基因。于是该卵子如同已被正常受精一样开始发育,唯独它的基因是来自一个父母。新出生的绵羊是对单一父母的一次克隆。我们是否应对人类实施此项技术?

并非所有的人都同意,因为它仍旧充满着风险。伦理学家丹·布罗克(Dan Brock)受美国伦理学顾问委员会的委托,在一篇文章中提到,"威尔姆特和他的同事生产出多利羊的这一次成功是在 276 次失败后取得的……"[1]可是,如果该技术已臻完善并且确保安全后,又将会怎么样呢? 于是,我们就应克隆人类吗?

布罗克叙述了正反方的争论焦点。克隆人类的一些理由如下:(1)克隆可以被不能生育的夫妇使用;(2)由于其中的一个成员携有有害的基因,因此一些夫妇就面临着将一种严重的遗传疾病遗传给他们后代的危险。克隆能够使他们利用其另一成员的基因安全地繁育后代;(3)当某一个体可能需要解决医学上的问题时,克隆的孪生子将是骨髓或其他一些组织的理想捐赠者;(4)"人类的克隆将使个人能够克隆对他们有特殊意义的某人,例如一个已夭折的孩子"[2];而且(5)"人类的克隆将使得具有极高天赋、才华的个体,如莫扎特、爱因斯坦、甘地以及施韦泽这样一些杰出人物的复制成为可能"[3]。

布罗克所给出的另一方论断如下:(1)由于他或她与年长的"孪生子"已知生活史之间的比较,人类克隆将在克隆出的"孪生子"心中造成心理上的不适;(2)"人类克隆将降低个体的价值并削弱对人类生命的尊重"[4];(3)"人类克隆可能会为获取金融收益的商业利益行为所利用,……人们可以想象的是,商业利益团体会提供基因上被鉴定与担保的胚胎以便销售,或许提供一个不同胚胎的目录表,这些胚胎克隆自有着不同才华、能力以及其他一些悦人心意的特性的个体"[5];而且(4)"人类克隆在一个分布广泛基础上的使用,可能会由于对遗传多样性以及我们适应新环境能力的降低而对人类基因库造成灾难性的后果"[6]。

也存在着宗教上的关切。人们在地球上真正扮演的角色是什么?《圣经·创世记》1:27 中写道:"神就照着自己的形象造人……造男造女……"[7]对于我们的权利与责任而言,这对我们有何启迪? 这难道是说我们像上帝统治宇宙那样有权利驾驭地球吗? 如果是那样的话,克隆可能就是上帝存心留给人们权利的一部分,因为它给予人们对人类命运的更多权利与责任。

另一方面,《创世记》的第二章讲述了亚当与夏娃偷吃禁果的故事。蛇保证说,吃了园中那棵树上的果子,亚当与夏娃将"如神能知善恶"。上帝因而惩罚他们。许多读者断定,上帝并不希望人类在智慧与权力上如神一般。或许克隆人类,或者即便是绵羊,乃是跨出了边界。

克隆评论家利昂·卡斯(Leon Kass)在《新共和》(*The New Republic*)中一篇 1997 年度的文章中写道:

> 人类克隆将……代表着朝向变生子为制造、改繁殖为加工所迈出的巨大一步。……人性仅仅是屈服于技术规划的自然的最后一部分,在人类的任意支配下,这种规划将自然中的一切转化为原材料。[8]

卡斯对人们的傲慢表示反对："这些人认为他们知晓谁值得被克隆或者哪些可能出生的孩子应激动地接受哪一种基因；狂妄自大如创造人类的生命并对其命运愈益加以掌控的弗兰肯斯坦（作法自毙者）；人类扮演着上帝。"[9]

尽管卡斯没有使用主子心态这个术语，他还是对其表示了反对，我们在上一章了解到这种主子心态危及人类与自然。一些基督徒采纳了主子心态并从创世的故事中寻求对其观点的支持。其他的基督徒对《圣经》作了不同的解释。本章总体上来说关注的是环境保护论与宗教间的关系，它集中于一些以《圣经》为基础的基督教观点，这是因为其在西方工业国家中所具有的重要地位。

主子式的基督教解释

基督教的主子式解释从《创世记》1∶26—1∶28 中的创世故事中获得了支持。上帝业已创造了除人之外的所有生物：

神说："我们要照着我们的形象，按着我们的样式造人，使他们管理海里的鱼，空中的鸟，地上的牲畜和所有的地，及地上所爬行的一切昆虫。"神就照着自己的形象造人……神就赐福给他们，又对他们说："要生养众多，遍满地面，治理这地；也要管理海里的鱼、空中的鸟，和地上各样行动的活物。"[10]①

环境历史学家罗德里克·纳什（Roderick Nash）在此找到了对主子心态的支持：

───────────
① 《圣经》译文参考《新标点和合本》，联合圣经公会版。——译者注

希伯来语语言学家已分析了创世记 1:28 并且发现两个情态动词:
Kabash 翻译为"征服",以及 Radah 表示为"对……拥有主权"或"统治"。
贯穿于《旧约》中的 Kabash 和 Radah 被用来意指一种猛烈的攻击或镇
压。这幅景象就是一个征服者将一个被击败的敌人的脖颈置于脚下,实
施绝对的统治。两个希伯来语词也都被用来表明奴役的过程。结果就
是,基督徒的传统可以将创世记 1:28 理解为征服自然的每一部分并将其
作为人类奴隶的一项神圣命令。[11]

小林恩·怀特(Lynn White, Jr.)在《科学》上发表的一篇文章中控诉
基督教招致来的环境退化,在 1967 年引起一场神学论战的大爆发。他在
"我们生态危机的历史根源"中写道,基督教比它所取代的古代宗教对地
球更为不友善:

在古代,每棵树、每眼泉、每条溪流、每座山都有其各自的……守护
神,……在一个人砍伐一棵树、开挖一座山或是截断一条溪流之前,抚慰
照顾那每一个特别区域的神灵并使其得到安抚是重要的事情。通过摧毁
异教徒的万物有灵论,基督教使得在一种对自然事物情感冷漠的心态中
开采自然成为可能。[12]

怀特在其同一篇文章中后来又补充道:

对一名基督徒来说,一棵树不过就是一种物理事实。神圣树丛的整
个概念,对基督教与西方的社会精神特质而言是陌生的。在近两千年的
时间里,只因为假定了自然中的神灵是一种偶像崇拜,基督教传教士们已
经砍伐了圣林。[13]

简言之，因为自然不属于神圣的存在，所以人们被准许去掌控并奴役自然。

在麦克马斯特大学（McMaster University）宗教研究教授戴维·金斯利（David Kinsley）看来，有些人认为基督徒对拯救的强调贬抑了自然的价值。基督徒们相信，上帝创造了具有自由意志的人们以居住在伊甸园的田园牧歌之中。然而，当亚当与夏娃违背上帝而偷吃了禁果时，他们便被驱逐出了乐园。他们已失去了上帝的恩宠。耶稣能够拯救人们出离此种堕落的状态。金斯利写道：

在这场戏剧中，核心的是人类的伦理与道德，正如有待考订的历史事件一样，诸如出离埃及、移居迦南……以及耶稣降临……在这个故事中，人类与自然的关系并不重要……攻击性的人类行为总在从人到人或从人到神的事件背景中被理解。[14]

金斯利也告诉我们，早期基督教神学家俄利根（Origen，185—254年）将拯救

主要作为一种从物质到灵魂的升华……在俄利根那里清楚无疑的是，物质世界不是人类的家园。人类的家园在天国之中，那里不存在物质……在俄利根看来，物质世界主要被上帝创造为一种炼狱之所，在那里堕落的人类接受审判与磨难的教诲，以重返他们所脱离的纯粹精神王国。[15]

于是，更甚于此的是，包含地球与所有非人物种在内的物质世界不仅仅是不重要的，简直就如同一座监狱一般，人类必须学会从中逃脱。

后来，西方的基督教以一种工具主义的态度取代了其对自然的敌对状态。我们在上一章中看到过，弗朗西斯·培根（1561—1626 年）宣称对

自然的技术统治是人类的一项神授权利。

《圣经》的主子式解读也被用来解释诺亚的故事,以证明白人对黑人的奴役。历史学家温思罗普·乔丹(Winthrop Jordan)作了如下说明:

最初的故事是……洪水之后,当诺亚在其帐篷中醉睡时,含(Ham)看到了其父的裸体,而另外的两个儿子闪(Shem)与雅弗(Japheth)为其父盖好而没有看其裸体;当诺亚醒来时,他诅咒了含的儿子迦南(Canaan),说他将是一个他兄弟的奴仆的奴仆。[16]

这个故事最初似乎是用来辩解为何一些人是奴隶。因为他们遭受了迦南身上诅咒的磨难,所以他们是奴隶。可能不公正的是,迦南与其所有的后裔应为含的错误而遭难,但那是《圣经》的故事。

但是,奴隶为何就是黑人呢?如果我们严肃地看待洪水的故事,那么,所有人类的种族都来自诺亚的儿子们。我们知道一些人是黑人,因此,他们必定来自诺亚儿子们中的一个。温思罗普·乔丹注意到:"含这一术语最初意味着既'黑'又'好色'",因而含的一个儿子被设想为所有黑皮肤人的祖先。但是,为何是迦南,而不是他兄弟中的另一人呢?迦南被诅咒了。乔丹写道,一些17世纪的神学家以为,"黑色除指示一个诅咒外别无它意",因而迦南被认为是所有非洲黑人的祖先。[17]

伟大的英国法理学家爱德华·科克(Edward Coke,1551—1634年)爵士引用诺亚的故事以证明奴役这些黑皮肤人的合理性:"确定的是,那种奴役或束缚最初是因对父母的不敬而蒙受的:由于迦南的父亲含看到了其父亲诺亚的裸体,并在嘲笑中向其兄弟讲说,因而连带来儿子迦南一起受到了惩罚。"[18]

我们在上一章了解到的主子心态把附庸群体与自然联结在一起,因而毫无惊奇的是,奴隶被认为是低人一等。乔丹又说:"奴隶身份是对自由的一种如此彻底的丧失,对英国人而言,似乎这在某种意义上类似于人性的丧失。没有一个主题的持久性更胜于这样一种主张了,那就是把一个人作为奴隶就是将其当成一头牲畜。"[19]人们依据于此而赞成奴隶制观点,就等于是意味着黑人是牲畜。

创世的圣经故事后来也被解释为暗指黑人的兽性。创世记的第一篇描述了人们在创世六天中的最后一天被创造出来。历史学家乔治·弗雷德里克森(George Fredrickson)详细叙述了19世纪路易斯安那州的医生兼拥护奴隶制度的作家塞缪尔·A.卡特赖特(Samuel A.Cartwright)的观点。在1860年时,卡特赖特争论说:"在《圣经》中黑人事实上被认为是一种被单独创造出的、低劣的怪物,……在亚当与夏娃之前就被创造出来并且……被包含于授权亚当对之施加统治的'活物'之中……这些亚当之前的黑人……也是漂泊之地的居住者,该隐①与其通婚。"[20]在这种解释下,黑人就是牲畜,因为他们是在第五天被创造的,先于人类的诞生。

同样在1860年,后来成为美国内战时期南部联邦总统的杰斐逊·戴维斯(Jefferson Davis)结合了黑人是牲畜并且来自受诅咒的迦南这样一些观念,在国会上辩论以反对对哥伦比亚特区黑人进行的平民教育:

当该隐因为第一次大罪的责任而被驱逐出于亚当的尊容之外时,不再……适合于……执行对地球的统治,在漂泊之地,他发现了那些事物,自己因罪过而堕落至与其同等的状态;而且,嘲笑其父裸身的诺亚那卑贱而粗鲁的儿子,经由与一个低劣种族的婚媾联姻,就贬低了他自己与他的血脉,他因此而堕落,并且注定了其子孙后代永久的奴隶身份。[21]

总而言之,在这样的解释下,《圣经》就赞成白人对黑人的奴役。与主

① Cain,该隐,《圣经》中亚当的长子。——译者注

子心态步调一致的是,在主子的头脑中,附庸的民众(被奴役的黑人)与自然(牲畜)联结在一起,而且附庸民众或自然的唯一用途就是服务于专横的(白种)人。

依于这样的证据之上,许多人认为基督教的要旨是反环境保护主义的,因为它将主子心态与对自然的蔑视融合在了一起。他们声称,宗教上的环境保护主义必须寻求非基督教的解释。

诠释学与宪法

然而,如同其他一些的宗教传统一样,基督教也面临着不同的解释。**诠释学**(hermeneutics)是对解释的研究,它的出现最先是用以帮助人们解释《圣经》的。适当地(重新)加以解释,基督教可以是友善地对待自然的。

但是,《圣经》的再解释摆出了一个问题。许多基督徒相信,《圣经》记录了上帝的行事而且命令并告诉我们如何度过自己的一生。这些基督徒认为,再解释导致了混乱与伦理相对主义,因为它以人类的判断取代了上帝对于公正与邪恶的启示。

这种观点常常被称作为**宗教基要主义**(religious fundamentalism)。它是**基础主义**(foundationalism)的形式之一,这种观点认为,我们的知识应建立于坚固的基础之上,任何有理性的人都将不会怀疑。一些哲学家已在数学中寻求这些根据,其他一些人则凭借直接的感知。在所有这些情形中,基要主义者们寻求不随时间改变亦不因变化着的解释所影响的知识。以此为依据,人们能够更进一步地探寻知识,而无需担心最终的设定存在漏洞。

对基础主义的一个完整检讨超出了本书的范围,本书只探讨其宗教上的版本——基督教基要主义。

几年以前,大学里的基督教学生联谊会在我所教学的大学附近张贴海报,邀请任何有兴趣者前去谈论《圣经》,并保证说,将不存在任何压力,因为他们想让《圣经》自己说话。他们暗示说,在给予人生指导方面,《圣经》的意义至少部分上是清楚明白的,不存在可能的解释上的分歧。

我并不怀疑张贴海报者的真诚,但我的确怀疑的是,任何像《圣经》那样复杂的文献能够真正是不言而喻并且给出指导而不存在解释上的分歧。要了解此点,看一下美国另一部重要的文件——宪法。在涉及宪法时,基础主义者们称自己为"宪法原意主义者"。正如在其 1990 年出版的《美国诱惑》(*The Tempting of America*)中所说明的那样,在前法官罗伯特·博克(Robert Bork)看来,宪法所意味的就是它对那些认可宪法的人们来说现在的与永恒的意味。他称这为"原本的理解",借此期望为宪法解释提供坚实的基础,就如同对《圣经》的字面阅读所意图提供正确的宗教理解那样。

在承认自己的准则也有例外上,博克是足够通情达理的。比如说,宪法第四修正案保证了不受无理搜查与扣押的自由。原先,这被理解为保护公民的居家隐私权。但是,当该修正案在 1791 年被批准时,对于电话窃听又是怎样解释呢? 很明显无任何联系,因为那时电话尚未被发明出来。难道这意味着第四修正案准许电话窃听吗? 与那些批准此修正案的人们的预期相比,这将使人们在家中更容易受到政府的监视。因此,博克赞成着眼于批准者们试图建立的一般原则,并在业已改变的客观形势下解释宪法以维系那一原则。

在此例中,技术改变了形势。在其他一些情形下,社会与道德规范中的变化要求人们对宪法作出新的解释。考虑一下 1892 年最高法院**三位一体教会诉美国案**的判例。在那个时候,根本的议题是,教会为新牧师支付其移居美国的费用的合法性。这似乎是违反了用以减少移民劳工涌入美国的一项 1885 年的法令。该法令认为:

不管以任何形式,对任何个人、公司、配偶或社会团体来说,预付交通费用,或是以任何方式帮助或鼓励任何外来物品的进口、任何外国人移民进入美国……并在合同或协议下……在美国执行任何种类的劳动或服务……都是违法的。[22]

三位一体教会已为某些人提供了费用来到美国,以执行教会牧师的职责。这似乎是对法律的一种明显侵犯。

然而,基于人类的宗教天职和基督教对美国的重要性,最高法院做出了一个例外判定。为一个合议庭撰稿的法官布鲁尔(Brewer),以一种我们难以接受的方式解释了宪法对于言论与宗教的担保。他宣称:"这是一个基督徒的国度。"[23]他表示赞成地援引了"美国法律的伟大注释者,荣身为纽约最高法院首席法官肯特(Kent)"的看法。[24]肯特已经书面表达过,言论自由是一项权利,但因为这是一个基督徒的国度,

带着恶毒的、亵渎神明的蔑视谩骂几乎为整个共同体所宣称信仰的宗教,是对那项权利的一种滥用。我们也无义务像一些人所奇谈怪论的那样……在宪法中设立某些措辞以表明……对……某些宗教所进行的类似攻击应受的惩罚;而且,基于这个清楚明白的理由,该案例就表明,我们是一个基督徒的国度,我们国家道德规范的树立深受基督教精神的影响。[25]

你能想象,如今的最高法院会认可任何这样的观点吗?你能相信他们说,是基督教而非其他一些宗教信条在限制言论自由,只因为我们是一个基督徒的国度吗?现今的社会与道德规范赞成宗教宽容与普世教会运动。不管修正案的批准者们当初的理解为何,我们还是明白吸纳这些观点的第一修正案。同样,博克也对此表示赞同。

有关宪法解释的这些案例又告诉了我什么呢？它告诉我们说，唯有解释随时间而改变，宪法才能够继续指引并激励我们的国家。它们必须反映出在技术领域（电话）、社会（人口中更多种类的宗教）以及道德规范（对不同宗教传统更多的尊重）上的变化，宪法的理解不能建立在永无变化的基础之上。

但是，由什么来指导我们对宪法的理解呢？通常认为，宪法是一组能够为国家提供正确指南的良善公文。良善公文的设想可以指引我们依据于它而确立有关善与恶之判断的信念。比如说，不管过去一代代人的观点如何，我们所理解的宪法是禁止在公立学校进行种族歧视、禁止在自由言论实施中进行宗教歧视的宪法。

理解宪法的此种途径是与诠释学——对解释的研究——的一个主要宗旨相一致的：常常被称作为"**前理解**"（pre-understandings）的先入之见影响着解释。[26] 具有不同"前理解"的人们对同样的文本或情境会作出不同的解释。当文本依然保持原貌时，对宪法的解释却已发生了改变，这是因为我们的"前理解"已经改变；比如说，留意一下宗教宽容，相对于100多年以前，它在今天得到了更多正面的认识。宪法解释中的变化反映出了在"前理解"中的这种转变。

诠释学与《圣经》

以上这些考虑中，有许多是适用于《圣经》解释的。基督徒常常利用《圣经》来指导他们的个人生活。但是，由于《圣经》的古老与复杂，许多人相信，解释随时间的流逝必定发生改变。

比如说，看一下《利未记》19:9 和 19:10："在你们的地收割庄稼，不可割尽田角，也不可拾取所遗落的。不可摘尽葡萄园的果子，也不可拾取葡萄园所掉的果子，要留给穷人和寄居的。我是耶和华，你们的神。"[27] 我居住在伊利诺伊州的农业中心,在那里,农民将其田地里边边角角都收割得很干净。这意味着他们中的那些基督徒未能实现他们的宗教天职吗?大多数人将不这样认为。为什么呢? 因为基本的观念是为那些依靠食品捐赠生活的穷人提供帮助,而且我们现在组织救济已大有不同。我们是通过税收支持的政府项目以及并非完全依赖于农民捐献的私人慈善机构给予穷人食品援助的。

由于农民只构成美国低于 2% 的就业人口,对《圣经》喂养穷人方法的径直采用将会是不公正的。那将会给如此之少的人增加如此之重的负担。在《圣经》时代,大多数人都是农民,因而依赖于农民以为穷人捐赠食物就是公正的。

《圣经》在此提供了很好的指南。它告诉我们,要确保穷人有足够的食物吃。但是,当一个人将《圣经》的基本观念与当代生活的现实联系在一起的时候,一种根据字面意义的解释将不会有所裨益。接受此点的人们不会生硬地解读《圣经》。相反,他们对于《圣经》的适应性解释与理解,使得《圣经》成为当今世界中人们言行的一个良善指南。

一些《旧约》诗篇产生了更多的争论。比如说,在《创世记》1:28,上帝命令亚当与夏娃"要生养众多,遍满地面"。在洪水之后,上帝对诺亚也说了同样的话(《创世记》9:1)。一些基督徒以这些诗篇为依据反对避孕,因为人们使用避孕主要是限制"生养众多"。其他基督徒持有不同的看法。他们注意到,当上帝给出这个命令时,地球上人口稀少,他的目的因而可能就是,当人口数量非常低时,人们应生养众多以避免我们这个物种的灭绝。在这样一种解释下,诗篇就不禁止使用避孕方法来降低一个已是人口过剩世界中的"生养众多"了。

用心观察一下,在这场争论中,任何一方都没有对文本作生硬的解释。文本对于避孕并无明确的说法,它也没有说"尽可能多地生养"或是"何时你有性行为,就何时努力去生养"。认真解读丰产并生养众多的命令的一对夫妇,可能会拥有三个孩子(因而两个人就已"生养"出了三个)并开始进行节育。

在牵涉到其他一些诗篇时,许多基督徒拒绝,而其他一些则只是部分地认可《新约》中一些明确的建议对于我们时代的适用性。比如说,圣保罗在写给哥林多教会的信中说:"妇女们在会中要闭口不言,像在圣徒的众教会一样,因为不准她们说话。她们总要顺从,正如律法所说的。她们若要学什么,可以在家里问自己的丈夫,因为妇女在会中说话原是可耻的。"[28]一些基督徒认为,这就等于说,女性不可以做牧师。其他一些人则不苟同。为何?

我们生活于一个对大多数传统形式的性歧视加以拒斥的时代之中。为保持对《圣经》足够高的尊崇以证明效仿其模式而摹制出我们生活的合理性,我们就必须将其理解为对我们自以为的最高理想之反映。日益高涨的性别平等现在已是这些理想之一。这可能有助于说明,为何一些基督徒说,圣保罗的宣言只不过是反映了那个时代哥林多的一些问题。我那个地方的大主教彼得·贝克威斯(Peter Beckwith)告诉我说,在保罗时代的哥林多,一个具有竞争性的宗教是阿芙洛狄忒崇拜,这是由那些以纵欲满足来点缀其上帝福音的娼妓们所传播的。保罗建议教会限制女性的公共职能以避免与此种崇拜的混淆。在这种解读之下,保罗认为哥林多散播的福音并未取消当今女性的完全平等地位。

这些例子表明,对《圣经》的字面解读并不能为伦理思想提供坚实、永恒的基础。如同所有复杂的文献一样,《圣经》被解释着,并且这些解释总是反映出读者的"前理解"。比如说,通常对性持有反对态度的人们,可能将上帝"生养众多"的命令理解为对所有避孕与性娱乐行为的谴责,即便在婚姻中也是如此。对性所持态度更为肯定的人们拒绝这种解释。同样,对女性怀有父权制态度的人们,可能将圣保罗的告诫"妇女在会中说话原是可耻的"解释为禁止女性的平等权利。其他一些人对保罗的解释又有不同。奴隶主们在含的故事中找到了奴役黑皮肤人民的证明。时至今日，假若还有的话，也是屈指可数的人在赞成此点。

这并非意味着，人们可以在其随心所欲之中解释《圣经》、宪法或任何其他的一些文本。美国宪法不可能被合乎情理地解释为建立一个君主政体，《新约》也不可能被解释为赞成童祭。尽管如此，由于解释是个体与文本的一次神交，所以合乎情理涌现出的意义依赖于个体的"前理解"与文本双方。因而，《圣经》给予我们这个时代什么样的环境信息，既依赖于《圣经》又依赖于我们的"前理解"。对《圣经》的两种有关周围环境的解释在本章的结尾处得到考察。

叙事、宏大叙事与世界观

我们如何去解释一个事件，常常依赖于此事件所置身于其中的故事本身。"前理解"经常潜伏于故事或**叙事**（narrative）之中。比如说，男孩约会女孩。此事件是关于一个永恒而浪漫的爱情故事中的一部分呢，男/女友谊不为性，或者只是春假中不经意的性行为呢？故事的大体情节影响着参与者对此邂逅的如何解释以及将此邂逅如何去讲给朋友们听。当然，继起的事件可能会改变故事的情节。浪漫的年轻男子可能已经认为这是一场天长地久的爱情，直到他偶像的男友露面为止。如今，在他的眼中是这样一个故事，一个多愁善感、浪漫而善良的年轻男子，他的爱不能被浅薄、薄幸、不正直的（有着美腿的）女人所欣赏，她唯一的兴趣就是……啊哈，你搞懂了。

将我们的活动置于故事情节之中对于其意义而言是必要的。意义来自事件的关联，而且故事情节说出了事件是如何连接起来的。比如说，那个初吻的意义还要看它是与不经意的性还是爱情联系在一起。

我们以叙事形式来看待我们的生命，因为这样就可帮助我们解释特定的事件并赋予我们的生命以意义。就如同围绕着男孩约会女孩这样一些故事那样,故事的大体情节大多是由我们的文化确定下来的。我们有忠孝孩童照料年迈双亲的故事;傲慢的年轻人指出了专家们的不足之处的故事;受虐待的配偶的故事;等等之类。在任何特定的时间里,人们大多沉浸于不止一个的故事之中。一个人可以同时是配偶、父母、孩子、竞争者以及雇员,而且对其中每一个角色来说,都有着适宜的不同故事。

这些个人叙事被置于**宏大叙事**(grand narrative)之中,宏大叙事是一些在个体诞生之前就已发生而且被认为是延伸于他或她的死亡之后的故事。比如说,中世纪的一个宏大叙事就是 11—13 世纪的十字军东征。19 世纪美国的一个宏大叙事是"天定命运"——进取的美国人从大西洋到太平洋进行统治的故事。

20 世纪的一个宏大叙事是对太空的征服。这里是著名晶体学家 J.D.贝尔纳(J.D.Bernal)于 1929 年所写下的:

一旦适应了太空生活,在其徜徉并殖民大多数的恒星世界之前,人类将不可能停止脚步,或者说,即便如此也非尽头。人类最终将不会以寄生于恒星之上为满足,而将是为了自己的目的而入侵并组织它们。这些恒星不可能被允许按其旧有的轨迹运行下去,而是将被转变为高效的热机……通过聪明地组织,将有可能把无组织之下的宇宙生命延长至成百上千万倍。[29]

一个更为平常的 21 世纪的宏大叙事,是经济进步的故事。在 1990 年出版的《地球之梦》(*The Dream of the Earth*)中,托马斯·伯格(Thomas Berg)神父批评了这样的进步:

"进步"……依然是我们经济的功能性依据。GDP 每年必须增长。

一切事情都必须是大规模地进行。……不管现代经济是如何可能地理性,其驱动力不是经济的,而是幻想的,一种为神话所支撑的虚幻承诺,一种拥有科学的神奇魔力以克服与自然力量遭遇时一切困难的感觉……悲剧在于,我们的经济体是为一些怀有善良意愿的人们所管理的,这些人为这样的假象所蒙蔽,即他们给世界带来的只是极大的利益,就人类共同体而言,甚至是完成了一项神圣的使命。"我们给生命带来了幸运之事。""进步是我们最重要的作品。"[这就是]为了宇宙自身更高目的的实现,为了跃进入经济成就新境界的那些梦想。[30]

需要一种天命感以赋予我们的生命意义感,这一点也没有错。哲学家玛丽·米奇利声称,事实上,

我们……需要一种天命感——一种更大背景的感受,一种我们自己的生命于其中具有意义的背景之感受。我们需要那种我们在一幕戏剧中表演的想法。我们不得不拥有期待于我们的那种角色感。不管我们信仰上帝与否,不管我们是重要的和有影响的人与否,不管我们理解其来源与否,我们需要那种感受。[31]

然而,我们不应欺骗自己说,我们是信仰缺失、头脑清醒的现实主义者,因为一种天命感是与宇宙信仰相类似的。米奇利写道:

一种信仰从根本上说不是一种实事的信念,……就如"上帝存在"一样……它毋宁是这样一种感受,即在一个远大于自己的整体之中占有一席之地的感受,该整体更大的目的是如此笼罩着个体自身的目的,因而给予个体指出的方向是:为该整体的献身可能是完全正确的……这种信仰是广泛传播的再平常不过的事情,而且在我们的生命中占有重要的

地位……人们对人性、民主、艺术、医学、经济学或是西方的文明抱有信心……[32]

　　每一种信仰都与**世界观**（worldview）相联结，米奇利称之为一幅**世界图像**（world-picture）。这其中包括支撑宏大叙事的实在本质的设定。中世纪的宏大叙事是与一个包含了如下信息的世界观联结在一起的：上帝存在，人类因原罪而受难，耶稣是上帝之子，等等。

　　19 世纪的美国人有许多支持天定命运的观念：印第安人比白人低劣，异教徒在道德上比基督徒劣等，而且，掌控技术是文明优越的标志。进化论后来也被用来宣称，印第安人进化不足，因而相比白人而言不是完整的人。

　　对无限经济进步的信念立足于几个观点之上。第一是人类中心主义。第二，最大限度地将地球资源转化为可销售商品增进了人类福祉。第三，新技术将使人们能够战胜所有的困难——臭氧耗竭、全球变暖、日益增多的癌症患病率等。

　　世界观常常通过隐喻的刻画，使人们能够以更为熟悉的事物来理解实在抽象或陌生的一面。比如说，正如我们所熟悉的，因为生活于我们社会中的人们对机器熟谙在心，所以许多人就将更大的（非人类的）宇宙想象为一架巨型机器。

　　刻画为机器隐喻的一种世界观会支持人类中心主义与技术乐观主义。假如非人类的实在界根本上来说就如同一架机器的话，唯有人类方是重要的，因为机器的唯一用途就是服务于人类。同样，如果世界就如同一架机器的话，技术乐观主义就得到了证实，因为人们可以学会操纵机器并对其进行必要的调较以产生所希望的结果。

　　机器隐喻顺而招致但非要求一个世界创造者的信念。米奇利写道："一架机器的观念根本上来说就是某种计划好的、合乎预期的事物观念。

一架散漫、自主的自动机概念真正来说毫无意义。"[33]因此,《圣经》中上帝创世的故事就与宇宙的一种机器隐喻、人类中心主义以及技术乐观主义相一致了,它们所产生的一种世界观,支撑着经济进步的宏大叙事。

对经济无限增长的可能性与合意性的信念,可以说明像孟山都那样一些公司的发展以及重组牛生长激素(rBGH)也就是知名于世的牛生长激素(BST)的营销。通过基因工程,孟山都的生物学家们已经开发出能够在奶牛体内自然产生的制造一种激素的细菌。当额外数量的激素释放到奶牛体内时,它们就能多产出10%到20%的牛奶。1993年,美国食品与药品监督管理局(FDA)声明说,此种方式生产的牛奶是安全的。由于牛奶通常来说是极佳的食物(特别是当乳脂被脱除去之后),孟山都已利用其技术天才从地球上获取更多,用以满足人们的需要与需求。而且公司能够因此而捞上一笔。保罗·金斯诺思(Paul Kingsnorth)在《生态学家》中写道:"孟山都年收入估计在3亿到5亿美元之间,而且估计在全国牛奶的供应上带来12%的增长。"[34]

然而,问题还是有一些。首先,美国通常生产了超过其消费能力的更多牛奶,而且,乳牛场主们已经经由过剩产品的政府购买而得到补贴。金斯诺思报道说:"在1980—1985年期间,美国政府平均每年要花费21亿美元来购买过剩的牛奶。"[35]

对使用孟山都保饲牌(Posilac)重组牛生长激素的奶牛而言,也存在着健康上的负面影响。最为严重的就是乳腺炎的风险,即乳房的炎症。金斯诺思写道,"一头患有乳腺炎的奶牛生产的奶中有脓液",因而乳品公司拒收这样的牛奶。"许多农民寻求抗生素的帮助以解决此问题,但是,牛奶中残留的抗生素被怀疑会给饮用的人们造成健康问题,同时也会促成细菌中抗生素抗耐性的发展。"[36]

由于一头奶牛血液中的重组牛生长激素刺激了另一种名为胰岛素样生长因子(IGF-1)的产生,而这是一种在奶牛与人类中皆自然产生的激素

蛋白质,因此,人类可能遭受额外的苦难。金斯诺思报道说:

rBGH 的使用提高了奶牛所产牛奶中 IGF-1 的浓度。由于 IGF-1 在人类中处于活性状态——导致细胞的分裂——因此,一些科学家相信,从 rBGH 处理过的牛奶中摄取浓度水平高的 IGF-1 会导致人体中不可控的细胞分裂与生长——换句话说,癌症。[37]

美国政府认为这种担心并未得到证实。金斯诺思写道:

1994 年时,FDA 警告零售商不要在无 rBGH 的牛奶上贴标签——因而事实上损害了消费者选择其饮用品的权利……[因为]用他们的话说,在 rBGH 处理过的牛奶与普通牛奶之间"几乎"没有区别,因而贴标签将很不公正地歧视像孟山都这样的公司。[38]

在 FDA 的决定中,政治活动可能已起了作用。迈克尔·R.泰勒(Michael R.Taylor)是 FDA 负责决策的重要官员,以前曾在作为孟山都代理的一家律师事务所工作过,并且随后就被孟山都雇用。

尽管在美国仍无需标记 rBGH 处理的牛奶,孟山都无论如何将不再起诉诸如冰淇淋制造商本杰里(Ben and Jerry)这样的公司,这些公司在其产品上标记"不含 rBGH"。然而,其他一些国家,如加拿大以及欧盟中一些国家的管理者们,已经出于健康原因而禁止保饲。

孟山都可能会指出,人们常常惧怕新事物,而在没有政府过度控制下开发增值产品的经济动机,会孵化出提高我们生活水准的大多数技术进展。他们的世界观是:为人类利益而制控自然的进步是现实且良善的。主子心态与进步的宏大叙事巩固着这种观点。

奈斯的深生态学

深生态学提出了一种截然不同的世界观,其建立在宇宙统一与人类的成熟及其成就的本质等这样一些相关信念之上。我们在此集中关注深生态学几个版本中的一个,即深生态学的创建者阿恩·奈斯的学说。奈斯认为,当人们成熟时,他们拓展了与他者的认同感。比如说,一个游乐场里的小孩童们可能会呼喊他人的名字或是拒绝共享玩具,因为他们不认同那些感情被其伤害的玩友。较为成熟的少年出于对他人痛苦的关切而避免了此类行为。更为成熟的人们关心那些他们可能永远都不会遇到的人,诸如来自一个饱受战火蹂躏国家中的难民。奈斯写道,高度成熟的人们达到了与其他生命形态的认同,诸如囚禁在一个农场中的肉猪以及由于猎人们猎杀鹿群而遭灭绝的狼群。

最终,成熟产生出与整个宇宙的认同。在出版于 1982 年的一篇访谈录中,奈斯说:"在某种意义上,我们可以恰与宇宙等身。作为人类,我们自身能够与存在的整体达成认同。"[39]

奈斯坚称,许多人体验过朝向于更高度成熟与认同的冲动。

当他们看到一番垂死的挣扎时——比如说,当他们看到像苍蝇或是蚊子这样一些微小动物在为其生命而抗争时。当他们看到动物遭罪时,他们可能认同了一种他们通常并不认同的生命形态。这样的情况给我们提供了发展出一种更加成熟视角的机会。就此种转变而言,这些深深的情感是宗教般的,因而深生态学[是]宗教般的……[40]

奈斯把与存在整体的认同称为"自我实现",这是因为他相信,宇宙从根本上来说是统一的。因此,当我们与整个宇宙达成认同时,我们就实现了我们自身的更大自我。

　　奈斯并不认为这要求自我牺牲,因为他相信这种认同丰富了人类个体的生命,但这笔财富是自适的,而非物质上的舒适。他认为,在富裕国家中"物质生活标准应该降低,而就一个人内心或灵魂深处的基本满足而言,生活的品质应加以保持或提高。如同所有重要的观点一样,这个在某种意义上不能被证实的观点属于直觉"[41]。但是,奈斯说道,当我们"扪心自问,'在什么情况下我能体验到对自己整个存在的最大满足?'并且发现,我们实际上并不需要那些我们假定为了一个富有而完美的生命所需的一切"时,[42]我们就有理由相信它。他声称:

　　我不赞成简单的生活,除非是在这样一种意义上,即一种手段简单但目标与价值富足的生活……我喜欢富有,而且当我在我那乡间的小屋里一待时,我感到比最有钱的人都要富有,水是我从一个不大的井里打的,柴火是我捡拾的。当你乘一架直升机达到山之顶峰时,风光看起来就像是一张风景明信片……但是,如果你从山脚下向山顶奋力攀登时,你就有了这种深深的满足感。[43]

　　自然的多样性丰富了我们的生命,因为它纷繁了我们自我的拓展。奈斯说过:"当我们与宇宙达致认同时,我们所体验到的自我实现,就会因个体、社会甚至是物种与生命形态实现其自身的方式在数目上的增多而得到加深。于是,多样性越显著,自我实现的程度就越高。"[44]因而深生态学家反对导致物种灭绝与生态系统单一化的经济发展。深生态学家沃里克·福克斯(Warwick Fox)写道,正相反的是,他们赞成一种"承认所有实体(包括人类在内)在不受制于人类的操控下以它们自己的方式自由绽放……"[45]的平等姿态。

　　在奈斯看来,深生态学之深刻在于"对每一项经济与政治决策公开进行质询的自发性以及对这种质询之重要性的一种重视"[46]。如果我们要获得自我实现的话,这种深入的质询就会在我们的生命与心态上产生"一种必需的深刻转变的实现"[47]。由于这些转变在保护地球的同时也使我们的生命更富有意义,因而深生态学是环境协同论的一种形式。

深生态学家拥有一个包括如下主张的信念平台:

(1)地球上人类以及非人类生命形态的幸福与繁荣具有其自身的价值;(2)促成了这些价值实现的生命形态的丰富与多样性自身也具有价值;(3)人类无权降低这种丰富性与多样性,除非是为了满足维持生命的所需;而且(4)人类生存与文化的繁荣是与一个数量上较小的人口相吻合的,非人类生命的繁兴要求一个数量较小的人类人口。[48]

这样的话,深生态学家就拥有了一种世界观,并且讲述着他们个人生命中的故事,讲述着现代生活的特征以及有关世界的故事,这与那些无限制经济增长的倡导者们所热衷的事情大相径庭。与那些在一种持续增长的经济中,为了独一无二的人类利益而控制自然,热衷于最大限度物质享受或物质财富寻求的人相比,他们分享有不同的叙事以及宏大叙事。

正如我所用的这个术语那样,这属于**宗教**(religion)上的分歧。按我的习惯,一种宗教就是给予实在以及人类于中所正当栖居之处的一种意义导向描述的世界观。大多数的宗教包含有关于实在与人类的命运与起源的宏大叙事,从而将人类与一个更大的整体联结在一起。例子之一,就是人类失宠于上帝,于是被上帝之子耶稣所救赎的基督教故事。另一个就是进步的宏大叙事——人们为了人类的目的而征服世界。第三个就是深生态学的故事,即经由人类心灵与实在界整体的认同,在多样性之中日益显明的宇宙统一成为可能。

正如进步的宗教与深生态学所表明的,所有的宗教,正如我在用这个术语时那样,并非都包含着上帝信仰。但是,所有的宗教的确含有一种信仰的成分。有关实在界的普遍本性以及人类命运的信念,得到了与那些信念共生存的人们鲜活经验的考验,而且我们不能一锤定音地认为,一种生命要比另一种更为成功。

基督教信仰相互之间有时处于深刻的对立之中。曾经有许多基督徒依据基督教教义赞成奴隶制度,而其他一些教徒则表示反对。如今,许多基督徒信赖进步的宏大叙事并支持最大化的经济增长,而其他一些教徒则谴责遗传工程中进步导向的发展。这些基督徒在世界观与宏大叙事上有着重大的分歧。那么,他们怎么可能都是基督徒呢?如果基督教是一种宗教,而宗教是由世界观与宏大叙事所说明的,那么,这些观点中似乎只有一部分是属于基督教的,而其他一些则不是。

为避免得出结论说,有一些认为自己是基督徒的人真正来说并非基督徒,我将基督教看作一种**宗教传统**(religious tradition)而不仅仅是一种宗教。它是一个前进中的宗教启示与解释的文化演进系统,涵摄了许多不同的世界观与宏大叙事。其他一些的宗教传统涉及犹太教、伊斯兰教与印度教,本书不可能探讨所有的这些传统。无论如何,在回到基督教之前,让我们看一下印第安人的宗教。

印第安人的宗教

如同深生态学那样,印第安人宗教中通常含有支持自然友好型宏大叙事的世界观。这些宗教数量众多且多姿多彩,这是因为存在着许多风格特异的土著美洲文化。尽管如此,在历史学家卡尔文·马丁(Calvin Martin)看来,他们共同拥有着"对其他生命形态之福祉的真诚尊重"[49]。

在《黑麋鹿如是说》(*Black Elk Speaks*)中,约翰·内哈德特(John Neihardt)讲述了 1931 年的私人访谈中,一名印第安萨满巫师的口述人生。

黑麋鹿是野马(Crazy Horse)酋长的第二个堂兄,他见证了 1890 年伤膝溪(Wounded Knee)的战斗,那场战斗结束了所有印第安人从白人统治下独立出来的愿望。他是一位拉科塔部落的圣人,他这样开始他的口述人生:

　　我的朋友,我将要告诉你的,是我一生的故事……这是一个所有神圣生命的故事……是我们两条腿者与四条腿者、拥有空中之翼者以及所有绿色生命共同分享的一个故事;因为所有这些事物都是一位母亲的孩子,他们的父亲是一位圣灵……难道苍天不是一位父亲,土地不是一位母亲吗,难道所有长着脚或翅膀或根茎的那些活物不是他们的孩子吗……? 是从地球那里,我们诞生出来,并且在其胸脯之上我们全如婴孩般吮吸一生,与所有的动物、鸟类、树木、花草一道。[50]

　　黑麋鹿的世界观中包含有某些与盖娅假说相关联的土地母亲隐喻。J.贝尔德·卡里科特在其 1994 年出版的《地球洞见》(*Earth's Insights*)中谈道:

　　苍天与土地是父亲与母亲;因而,在一个人与其宇宙父母的关系中,一种孝心应该得到展现。这种土地母亲的伦理箴言在瓦那庞(Wanapum)部落的精神领袖斯摩哈拉(Smohalla)那里得到了清楚明白的阐释。斯摩哈拉在强迫之下放弃了领地并采纳了一种欧美人的生活方式。

　　斯摩哈拉说过:

　　你要我耕剖土地。我应该手持尖刀撕裂我母亲的胸膛吗? 你要我挖取石头。我应该在她皮肤之下寻找骨骼吗? 你要我割草、晒干去卖个好价钱,像白人那样富有。但是,我怎敢剪除我母亲的发辫?[51]

卡里科特坚称,将地球看作是一个人的母亲,仍然允许通过食用或以其他方式使用动植物来满足生存之必需。正如一个家庭中的成员那样,物种们之间拥有相互的关爱、依赖与奉献关系。当人们杀死动物只是因生存必需时,他们就要献祭。在其他方面,他们也必须表明这种克制与尊重。卡里科特报道了木腿(Wooden Leg),一名在基本观点上与拉科塔人共享的 19 世纪夏延族人(Cheyenne):

印第安长者教导说,撕扯任何处于成长中的事物远离其地球之上牢固的栖身之所,都是错误的。它可被剪掉,但不应被连根拔出。树木与青草拥有灵魂,无论何时,当善良的印第安人毁掉这样的一次成长时,他是在为获取其必需品而在悲伤并伴随着祈求宽恕的声音中完成这种行为的,当杀死动物以获取食物与皮毛时,我们也受到同样的教导。[52]

拉科塔人坚称,其他物种优越于人类。卡里科特写道:"在允许自身因合理的人类需要而被使用时,动植物们被认为是'怜悯'人类并自愿为它们年幼的同胞——人类——的利益而牺牲自身。"[53]

在奥吉布瓦(Ojibwa)印第安人的世界观中,众多物种被更多地描绘成不同的民族而非同一个家族中众多不同的分支。卡里科特写道:"动物被描绘成人类的热心伙伴。动物们情愿将它们的肉与毛皮换成只有人类能够制造的人工制品与培育品种。"[54]

如同在国际关系中那样,对奥吉布瓦人而言,协议与典礼是重要的。比如说,被杀死动物的骨殖应被完整地保留并随之埋葬,因为这能够使动物们获得新生。卡里科特解释说:

被杀死动物的魂灵被认为是作为晚餐客人而进入到人们居住的小屋之中,而且观看并参与到由它们的软组织所成就的盛宴中去。于是,它们的骨殖在完整地回归森林或河流中去时,就为血肉与毛皮之躯重新赋形,而且,事实上已转生的动物也回到了它们的洞穴与巢穴之中,带着温馨的回忆沉浸于肉身"馈赠"的访问之旅。[55]

行为上的失当,就导致了捕猎上的青黄不接或其他的报复。

协议中也包含有策略。如果人们说了其他一些物种的坏话,对猎人来说,那些物种的成员就不会出让自身。奥吉布瓦人的故事中常常也包含人类与其他物种成员间的联姻。那些人回到部落之中,在如何取悦其他物种以确保捕猎的成功上与人们信息共享。

拉科塔人所拓展的家庭隐喻与奥吉布瓦人的国际关系隐喻,都成就了包含尊重非人类自然的世界观。由于人类与自然之间从这个方面来看,据认为是存在有相互的利益促进,因而这些宗教就是支持环境协同论的。很难想象,分享有拉科塔人或是奥吉布瓦人世界观的人们会开发出任何像 rBGH 这样的事物,因为这种激素是以牺牲其他存在物为代价、专为人类利益而设计使用的。

基督教管家职责的解释

许多基督徒延续着他们对其宗教的人类中心主义理解,然而其他一些信徒则寻求新的环境保护主义解释。其中,天主教传统为新解释所做的准备是显而易见的。它包含有经由三位一体之第三成员——在《圣经》教义中激发新的灵感的圣灵——持续启示的信念。作为指控西方基督教文明应为环境退化负责的第一人,小林恩·怀特在 1971 年提出这样的论点:

直到 200 年以前,占据主流地位的基督教团体认可奴隶制度为上帝摄理的一部分。因此,假如有人指出了这一事实,即在历史上,罗马天主教徒对自然通常持一种傲慢的态度的话,这并不意味着以 20 世纪眼光解读的经文会孕育出同样的态度。也许,圣灵在向我们低声私语着什么。[56]

但是,《圣经》中有何记载能够证明其与环境保护相一致的解释呢?首先,《圣经》明确拒绝将自然降低为纯粹的机械装置,因为自然被描绘为赋有生命的存在。看一下《诗篇》96:11—13:"愿天欢喜,愿地快乐;愿海和其中所有的都快乐! 愿田和其中所有的都快乐! 那时,林中的树木都要在耶和华面前而欢呼;因为他来了,他来要审判全地……"同样,《诗篇》148:7、9、10 与 13:"所有在地上的……:大山和小山;结果的树木和一切香柏树,野兽和一切牲畜,昆虫和飞鸟:……愿这些都赞美耶和华的名。"

此外,被引用以作为主子式解释的创世故事,同样也可被用来证明要求人们保存自然的**管家职责的解释**(stewardship interpretation)。《创世记》1:24 描述了人类之前的动物的创造:"于是神造出野兽,各从其类,牲畜,各从其类,地上一切昆虫,各从其类:神看着是好的。"非人类被创物不仅是有生命的,而且在神的眼中也是好的。

人们应如何与这些好的创造物相处呢?《创世记》2:15 说:"耶和华神将那人[亚当]安置在伊甸园,让他修理看守。"对许多基督徒来说,这意味着上帝预定了人类是动物的管家。美国浸礼会坚称:"管家的字面解释就是家庭管理者。如其所指,我们都被称作为上帝的大家庭的管理者,地球与地球上的一切都在其内。"这意味着,我们应该"鼓励这样一种态度,即确定世界万物皆具有内在价值,因而所有生命都应得到承认与尊重"。此外,我们应"在公共政策的制定中发挥我们的影响,并且坚持强调,工业、商业、农民以及消费者应在一种对环境所持的明智、健康以及对其完整性含具保护的方式上与其和睦相处"[57]。

福音派路德会教友们也对这种情感发出了共鸣:"人类是自然的一部分,但赋有一种代表全体的职责……其他生物……拥有一种我们赋予其价值之外的价值……"[58] 在汇报给世界基督教协进会的一份 1988 年的报告中,来自基督教不同教派的 14 名神学家达成了共识。该报告探讨了人类以上帝的形象被创造的意义:"上帝的形象以及与之相系的统治,不是为了去剥削动物,而是为了负有责任的照管。植物作为人类与动物的食物,自身就是善的。这是创世的最为完整的形式。"[59]

立足于管家解释之上的《圣经》不赞成人类中心主义而支持环境协同论。上帝创造世界是为了人类与所有其他生物的利益。人们应在照管好万物的同时繁荣自身。人类对自然的统治注定是为了整体的利益,而非为了人类中心主义的主宰。提交给世界基督教协会的报告是清楚明白的:"生态系统的健康对于动物而言是至关重要的,对人类来说也不例外,而对生态系统的暴力会伴随有对人类的压迫以及物种的毁灭。保存物种的必要性是为了生物自身,同时也是为了人类的目的。"[60]

在不仅仅是考虑到《圣经》对于创世的详细说明,而且也是考虑到创世的完整观念时,托马斯·贝里(Thomas Berry)神父拓展了基督教的管家职责的解释。他认为,从进化论来理解的创世具有一种神圣的特质。在天主教学者约翰·霍特(John Haught)看来,一件**圣事**(sacrament)是对世界任一神性奥秘的展示,通过这种展示,一种神圣的真理呈现在宗教意识之前。[61] 贝里认为,上帝通过宇宙进化将其显露给我们:

宇宙的故事就是……通过自我超越……而凸显的故事。在数百万度的热度之前,氧气突变为氦气。当星体成形为天中的火海后,它们经历了一系列的转化。一些最终爆炸成为星团,在星团之外,太阳系与地球成形了。在岩石与晶体结构以及在生命体的多彩多姿与壮丽无比方面,地球自身展现出独一无二的特征,直到人类出现的那一瞬间,正在绽放中的宇宙才意识到了自我的存在。[62]

© Scott Willis/Copley News Service

这一事件序列引领贝里向着深生态学走去。就像阿恩·奈斯那样，贝里强调了宇宙的统一性。他写道：

> 尤为重要的是要认识到整个[进化]过程的统一性，从宇宙凸现的不可思议瞬间开始，经由其接下来所有的表现形式，一直到今天的样子。这种牢不可破的亲缘联系使得任何事物都密切地呈现在宇宙中其他任何事物面前。没有任何其他事物的存在，任何事物都是不完整的。[63]

从某种程度上来讲，人类是很特别的，因为我们能够通过有意识的察觉反思到这种统一。宇宙中任何事物都与他者相关联，但是，只有人类可以通过对这种关联的有意识察觉而展现这种统一性。奈斯说，我们应与宇宙达成认同以获得自我的实现。贝里认为这是一个双向的通道。不仅人类通过与宇宙的认同而获得自我的实现，而且宇宙也会因此而获得自我实现。宇宙通过我们实现了其自身的统一。我们被创造（进化）出来，以便宇宙能够反思自身并实现自身的统一。

在这样的背景之下，贝里赞成盖娅假说。他写道："在我们与自然世界的新情结中，最美好的时刻之一，就是我们发现，地球是一个活的有机体。"[64]人类是给予盖娅（与宇宙）自我意识的盖娅（和整个宇宙）的一部分。

贝里认为人类具有独特性，也在于因为我们现在所拥有的控制进化的力量。他写道："我们现今在很大程度上决定了曾经决定我们的地球演化过程。在一种更为完整的方式上，我们可以说，在过去时代直接控制自身的地球，现在已在广泛意义上通过我们而控制其自身。"[65]这就回到了管家职责的观念。我们应利用我们的力量促进创世目标的实现，其中包括日益增加的复杂性及其意识的进化。我们应保护多样性以作为进化的温床。

然而，一些基督教环境保护主义者攻击管家职责的观念。比如说，约翰·霍特认为这是不切实际的：

管家职责是如此的一个与经营事务有关的概念，因而不能支撑我们今天所必需的那种生态伦理。大多数的生态学家将会争论说，在我们人类出现以实施管理之前，地球上生命系统的状况要好得多。事实上，这几乎是生态学的一个公理，即，如果人类物种从未在进化中出现的话，这些系统将不会处于如此危险的境地之中。[66]

历史表明，人类缺乏恰当管理自然所必需的知识与智慧。一个指派我们做管家的上帝无异于让吸血鬼去保卫血库。

霍特声称，除了这种不切实际之外，管家职责观念还是人类中心主义式的。管家职责"未能强调我们对于地球的归属远甚于它对我们的归属，未能强调我们对地球的依赖要远胜于它对我们的依赖"[67]。

霍特提出了许多有益的见解。管家职责解释可能不是当今所需的环境伦理。然而，它看上去显然要优于主子式解释。让我们现在审视一个环境更为友好型的观点。

基督教的公民权解释

丹尼尔·奎因 1992 年的获奖小说《大猩猩对话录》分析了亚当与夏娃以及该隐与亚伯的故事，以支持奥尔多·利奥波德的土地伦理这样的一些事物。J.贝尔德·卡里科特称其为《圣经》的**公民权解释**（citizenship interpretation），因为土地伦理告诉人们要成为它们所居住的生态系统中的"普通一员和公民"。

奎因的小说主要是在一个男人与他的导师——一只名为伊什梅尔（Ishmael）的大猩猩之间的对话。（一只大猩猩？不要怀疑。）伊什梅尔提出了一个总使我困惑的议题，为何上帝禁止亚当与夏娃去吃善与恶知识之树上的果子呢？我们通常认为知识是一件好事情，而且我们知道得越多越好。善与恶的知识尤为有益，因为它能使我们理解并且去行善避恶。为何剥夺人类的这种知识呢？

伊什梅尔的回答开始于提醒人们注意，在不同社会中的人们以不同的方式满足他们的需求。比如说，最早期的人类是**采集者**（foragers），有时也被称为渔猎采集者。他们并不饲养家畜或是耕种土地。相反，如同大多数的动物那样，他们四处寻找，也不过吃一些周围环境中可食用的不管什么东西而已。他们采集水果、坚果以及根茎，并且猎杀动物以吃肉。有些人至今仍以这样的方式生活。

游牧（herding）是另一种生活方式。人们不种地，但养家畜，他们到处游牧，让家畜去吃一些自然生长出的植被。

　　第三种生活方式是**农业**（agricultural）。农民耕地以生产粮食，他们就必须掌控住生存于并出自这些田地中的一切，以确保田地生产出人们所需要的食物。因此，他们将田地中多余的植被清除掉，并保护预期作物在人们有机会享用之前不被动物与昆虫吃掉。于是，农民们就必须决定，哪些动植物该活，哪些该死。

　　伊什梅尔声称，亚当与夏娃以及该隐与亚伯的故事反映出了正被农民所取代的犹太游牧者的观点。大约公元前 4500 年（在基督纪年之前），来自北方的农民开始涌入犹太游牧者所使用的地区。亚当与夏娃代表着这些农民的第一波涌入。

　　他们为何入侵？"夏娃"这个名字提供了线索。夏娃代表了农业人口过度繁衍的倾向。伊什梅尔解释说，"闪米特人从其来自北方的兄弟身上所观察到的是……假如他们的人口数量失去了控制，他们并不担心，他们只是耕种更多的土地而已"[68]，他们向南迁移，进入闪米特人的领土寻求新的土地以生产更多的粮食。

　　《圣经》从闪米特人的视角讲述了亚当与夏娃的故事。闪米特人意识到，农业要求对某些动植物的生与死实行控制。由于农民是最初讲述该故事的闪米特人的敌人，因而，关于谁应该活命与谁应该去死的知识在故事中就成为罪恶的象征。上帝告知亚当与夏娃不要吃善与恶的知识之树所结的果子，因为它提供了农民的知识。正如那些为农民所迫而离开自己土地的牧人们可能会想的那样，如果耕作是罪恶的话，那么这种知识就是恶的。

　　但是，为何它是恶的呢？这种恶起源于人们在真正知晓谁应活与谁该死上的无能。他们至多可以以为自己知晓。这就导致他们在真正做不到此点的时候，猜想他们能够为了公益而操纵自然。试图行使上帝对生与死的权力的农民们使每一个人都陷入了困境。

　　偷吃苹果的罪恶更多集中于夏娃而非亚当身上，这是因为女人生育后代,造成了人口过剩,从而促发了农民的入侵。

伊什梅尔解释道,故事为牧人们所讲,其另一个迹象在于

这样的事实,即农业没有被描绘为一项合意的、自由做出的选择,而就像是一个诅咒。对这些故事的作者而言,真正不可思议的是,竟有人更愿意靠自己的辛勤劳动去生活。因此,他们自言自语的问题不是,"为何这些人采用这种劳累的生活方式?"而是,"这些人犯下了什么样的可怕罪行而应受到这样一种惩罚?"[69]

该隐与亚伯的故事强化了这一观点。该隐是一个农民而亚伯是一个牧人。上帝接受亚伯而非该隐的献祭,上帝喜欢牧人胜于农民。于是该隐杀死了亚伯。这象征着当时正发生的事情。农民们杀死了牧人,于是他们就可以利用牧人的土地进行农业生产,但是上帝不喜欢。

在这种解释中,上帝喜欢那些更少干涉地球生命进程的人,喜欢那些更少地去做出谁将生、谁将死这样一些决定的人。在这种观点看来,原罪是人类中心主义,因为农民倾向于从一种彻底的人类中心主义视角出发,去决定死与生。另一方面,采集者要求更高程度的生物多样性,因为他们像动物一样,主要依靠土地上的果实为生。他们类似于他们所栖息的生态系统中的"普通一员与公民"。传统的牧人们是要管理他们的畜群,但是却让畜群流动去吃土地上的果实,因此更像是采集者而非农民。因而,亚当与夏娃以及该隐与亚伯的故事可被解释为有点像是对利奥波德土地伦理的赞成。这就是《圣经》的公民权解释。

这种解释也类似于许多印第安人的环境伦理学。正如我们已了解到的那样,他们不赞成对地球的大规模操纵。他们将人类与地球上剩余部分间的关系描绘为家庭关系或国际关系,其中的理想就是每一个个体之需要的满足。与给予人类额外责任以及因此而来的首要地位的管家解释

不同,印第安人的宗教类似于公民权解释下的《圣经》那样,使人类成为全球共同体中的"普通一员与公民"。

讨论

- 博比·麦考伊(Bobbi McCaughey)28 岁,她和她的丈夫有一个 16 个月大的孩子米凯拉(Mikayla),但是,他们在孕育另一个孩子时遇上了麻烦。因此,在生殖专家凯瑟琳·豪泽(Katherine Hauser)医生的指导下,麦考伊夫人服用了排卵药娩得定(Metrodin)。1997 年 11 月 9 日,她产下了七个婴儿,婴儿们都足够健康,在 1998 年元月就离开了医院。整个家庭沉浸在雨点般的赞美与礼物之中(一所新房子、一辆 12 座的货车,等等),以纪念这一被称为奇迹的事件。[70]不同的基督徒会如何看待这个"奇迹"呢?

- 弗吉尼亚的一个医疗中心开创了一种疗法,能够以 65%—90% 的成功几率使夫妇们影响他们孩子的性别。男性的精子被收集起来,经历这样一种分离过程,即将含有一条 Y 染色体的精子(它产生男性后裔)从带有两条 X 染色体的精子(它的结果是一个女孩)中分离出来。利用这种能够产生预期性别孩童的精液,该女性被人工授精。[71]对那些信奉宗教的人们来说,这向他们提出了什么样的议题,假如有的话? 宗教环境论者和那些与他们有着相同的宗教信仰的人,在这些议题上存在怎样的分歧呢?

- 深生态学家阿恩·奈斯反对制造业领域的全球竞争,他说,这种竞争要求高效率的生产方法,而这会消灭工作机会并剥夺了工作的尊严与意义。他的可替代性建议如何能够与宗教相关呢?

我们所需要做的就是减少我们的进口并因而减少出口,将大工厂转变为小规模、劳动密集型的工业,制造我们需要的产品,并继续维持我们文化原有的样子,而非试图在世界市场上竞争。于是,我们将有非常少的失业,而且工作将更有意义。[72]

- 在他们1984年出版的《创造性计算机:机器智能与知识》中,人工智能的拥护者唐纳德·米基(Donald Michie)与罗里·约翰斯顿(Rory Johnston)表达了他们对计算机的信心:

世界正在不确定中滑向灾难的边缘……在这一系列问题面前,我们要问,答案从何而来呢? 机器自身能否孕育出人类心灵所捕捉不到的解决之道? 该书的预言是……我们能够预见到那一天,贫穷、饥饿、疾病以及政治斗争都已因新知识的使用而俯首帖耳,计算机产品担当起我们的仆人……此外,人类的智力与艺术潜能将以想象不到的方式得到开展,而且,人类想象力的大门将以从未有过的方式被开启。

玛丽·米奇利认为,这听起来像是宗教上的腔调和启示。[73]它如何与我们社会中的其他一些宗教建立起某种联系?

注释:

[1] Dan W. Brock, "Cloning Human Beings: An Assessment of the Ethical Issues Pro and Con", *Ethical Issues in Modern Medicine*, 5th ed., John D. Arras and Bonnie Steinbock ed. (Mountain View, CA: Mayfield, 1999), pp. 484—496, at 485.

[2] Brock, p. 489.

[3] Brock, p. 489.

[4] Brock, p. 494.

[5] Brock, p. 495.

[6] Brock, p. 495.

[7] *The Scofield Reference Bible*, C. I. Scofield ed. (New York: Oxford University Press, 1945), 授权英译本(AV)。

[8] Leon R. Kass, "The Wisdom of Repugnance", Arras and Steinbock, pp. 496—510, at 506.

〔9〕Kass，p.500.

〔10〕"From the Hebrew Bible"，Roger S.Gottlieb ed. *This Sacred Earth*：*Religion*，*Nature*，*Environment*(New York：Routledge，1996)，p.72,引用自 *The TANAKH*：*The New JPS Translation According to the Traditional Hebrew Text*(New York：Jewish Publication Society，1985)。

〔11〕Roderick Frazier Nash，*The Rights of Nature*：*A History of Environmental Ethics*(Madison：University of Wisconsin Press，1989)，p.90.

〔12〕Lynn White，Jr.，"The Historical Roots of Our Ecological Crisis"，Gottlieb，pp.184—193，at 189.

〔13〕White，p.191.

〔14〕David Kinsley，"Christianity as Ecologically Harmful"，Gottfield ed.，pp.104—116，at 107.

〔15〕Kinsley，p.109.

〔16〕Winthrop D.Jordan，*White over Black*：*American Attitudes Towards the Negro*，*1550—1812*(Chapel Hill：University of North Carolina Press，1968)，p.17.

〔17〕Jordan，p.19.

〔18〕Sir Edward Coke，*The First Part of the Institutes of the Laws of England*：*or a Commentary upon Littleton* …，12th ed.(London，1738)，Lib. Ⅱ，Cap. ⅩⅠ.，Jordan，p.54.

〔19〕Jordan，p.54.

〔20〕George M.Fredrickson，*The Black Image in the White Mind*：*Debate on Afro-American Character and Destiny*，*1817—1914* (Middletown，CT：Welseyan University Press，1971)，p.87.

〔21〕Fredrickson，p.89.

〔22〕*Church of the Holy Trinity v. United States* 143 U.S.457，at 457.

〔23〕*Church of the Holy Trinity*，p.471.

〔24〕*Church of the Holy Trinity*，p.470.

〔25〕*Church of the Holy Trinity*，p.471.

〔26〕参见 Richard E.Palmer，*Hermeneutics*(Evanston：Northwestern University Press，1969)，尤其是 pp.4 and 22—26。

〔27〕参见 Gottlieb，p.76。

〔28〕哥林多前书,14 章,34—35 行,AV。

〔29〕J.D.Bernal，*The World*，*the Flesh and the Devil*(Bloomington：Indiana University Press，1969)，pp.35—36；Mary Midgley，*Utopias*，*Dolphins and Computers*(New York：Routledge，1996)，p.143.

〔30〕Thomas Berry，*The Dream of the Earth*(San Francisco：Sierra Club Books，1990)，pp.75—77.

〔31〕Midgley(1996)，p.104.

〔32〕Mary Midgley，*Evolution as Religion*：*Strange Hopes and Strange Fears*(New York：Methuen，1985)，pp.14—15.

〔33〕Midgley(1996)，p.104.

〔34〕Paul Kingsnorth，"Bovine Growth Hormones"，*The Ecologist*，Vol.28，No.5 (September/October 1998)，pp.266—269，at 266.

〔35〕Kingsnorth，p.266.

［36］Kingsnorth，pp.266—267.

［37］Kingsnorth，p.267.

［38］Kingsnorth，p.268.

［39］Stephen Bodian，"An Interview with Arne Naess"，*Environmental Philosophy*：*From Animal Rights to Radical Ecology*，Michael E. Zimmerman, etal. ed.（Englewood Cliffs, NJ：Prentice-Hall，1993），pp.182—192，at 182—183,添加了重点号。

［40］Bodian，p.186.

［41］Bodian，p.189.

［42］Bodian，p.184.

［43］Bodian，pp.191—192.

［44］Bodian，p.185.

［45］Warwick Fox，"The Deep Ecology-Ecofeminist Debate and Its Parallels"，Zimmerman ed.，pp.213—232，at 214,添加了重点号。

［46］Arne Naess，"The Deep Ecological Movement：Some Philosophical Aspects"，Zimmerman ed.，pp.193—212，at 203.

［47］Naess，p.204.

［48］Naess，p.197.

［49］Calvin Martin，*Keepers of the Game*：*Indian-Animal Relationships and the Fur Trade*（Berkeley：University of California Press，1978），p.186,见 J.Baird Callicott，*Earth's Insights*：*A Multicultural Survey of Ecological Ethics from the Mediterranean Basin to the Australian Outback*（Berkeley：University of California Press，1994），p.119。

［50］John G.Neihardt，*Black Elk Speaks*：*Being the Life Story of a Holy Man of the Oglala Sioux*（New York：Pocket Books，1971），pp.1—2.拉科塔人被法国人称作苏族人，但是现在,他们大多数都更愿意被称为拉科塔人，因为那是他们的传统名称。沃格拉拉族印第安人是拉科塔人的一个聚居群。

［51］Callicott，p.121.

［52］Callicott，p.122.

［53］Callicott，p.124.

［54］Callicott，p.127.

［55］Callicott，p.127.

［56］Lynn White, Jr.，"Continuing the Conversation"，Ian G.Barbour ed. *Western Man and Environmental Ethics*（Reading，MA：Addison-Wesley，1973），pp.55—64，at 61.

［57］American Baptist Churches，USA，"Creation and the Covenant of Caring"，Gottlieb，pp.238—242，at 238，241，and 243.

［58］Evangelical Lutheran Churches in America，"Basis for Our Caring"，Gottlieb，pp.243—250，at 246—247.

［59］"Liberating Life：A Report to the World Council of Churches"，Gottlieb，pp.251—269，at 255.

［60］"Liberating Life"，p.259.

［61］John F.Haught，"Christianity and Ecology,"Gottlieb，pp.270—285，at 276.

［62］T.Berry，p.132.

［63］T.Berry，p.91.

［64］T.Berry，p.18.

〔65〕T.Berry，p.133.

〔66〕Haught，p.277.

〔67〕Haught，p.277.

〔68〕Daniel Quinn，*Ishmael*（New York：Bantam/Turner，1992），p.180.

〔69〕Quinn，p.177.

〔70〕Bonnie Steinbock，"The McCaughey Septuplets：Medical Miracle or Gambling with Fertility Drugs?"，Arras and Steinbock ed.，pp.375—377.

〔71〕参见 Christopher Joyce，"Special Delivery"，载于 *USA Weekend*：*The State Journal Register*（of Springfield，Illinois）（May 14—16，1999），pp.6—7。

〔72〕Bodian，pp.190—191.

〔73〕Midgley(1996)，p.145.

第四部分

应　　用

第 11 章　个人选择、消费主义与人性

消费主义 vs.协同论

我该如何度过自己的一生？再也没有比这个问题更重要的了。1993
年的畅销书《心灵鸡汤》含有以下的内容：

> 人生就是一场测试。
>
> 它仅是一场测试。
>
> 如果它是那么真实，
>
> 你或许已然获得
>
> 更多的远见
>
> 何去何从以及如何迈步[1]

这是对的。在我们的现实生活中，我们在何去何从以及如何迈步上
接受众多的指引。这大多来自告诉我们去买什么的广告那里。广播访谈
节目主持人戴夫·拉姆齐(Dave Ramsey)在他 1999 年出版的《忍无可忍》
(*More Than Enough*)一书中这样写道：

> 我们生活在世界历史上买卖最为昌盛的社会中……卖啤酒的老顽
> 固，火热出炉的连裤袜①，麦当劳欢乐儿童快餐中的豆豆娃，竭力推销合
> 并账单的体育大腕以及出售玉米卷的小伙子，都足以让你急欲知道接下
> 来会是什么。看似如一弯穹顶下的整座城市般的大型商场，物美价廉的

_____

① 带有色情意义，业已成为一色情杂志的名称。——译者注

仓储式商店——有完没完？[2]

政治家们通常赞成经济增长与更低的税收，以便我们有更多的钱来花。经济学家们相信那些购买能力更强者会拥有他们所赞同的更高生活水准，多多益善。

当前这一章对这些观念加以讯问。它表明，大多数中产者少花点钱，其景况会更佳。少花点钱！那怎么行？这跟生活因开支能力的提高而改善的主流观念相矛盾。

阿尔菲·科恩（Alfie Kohn）在《奖励的惩罚》（*Punished by Rewards*）中写道，我们应该对主流的、根深蒂固的观念保持警惕：

> 如果此类观念被人们广为接受、甚至达到不能察觉的地步，或者是如此根深蒂固以至于感觉像是简单的常识，那也就该是我们担心的时候了。如果反对观点不再得到回应，因为压根儿就没有人再提出异议，那说明我们已经失控了：不是我们拥有观念；是观念控制了我们。[3]①

如今，我们许多人被这样一种观念所控制，即把福利混同于财富、将美好人生等同于消费的增加。这一观念巩固了我们的消费社会的基础。

对此观念的克服就支持了环境协同论，它是这样一种观点，即，只有当他们对非人类自然本身加以关怀时，作为一个群体的人类才会活得最好。协同论者拒绝人类与剩余自然之间所存在的任何根本冲突。人类的繁兴通常与健康的生态系统以及受保护的生物多样性密不可分。印第安人的宗教、深生态学以及某些基督教解释赞同环境协同论。然而，假如盛

① 相关译文参考［美］埃尔菲·艾恩：《奖励的惩罚》，程寅等译，上海三联书店 2006 年版。——译者注

行的消费主义观念是正确的话,协同论就是无效的。如果人类福利要求消费的增加,那么,由于消费生活方式对自然的削弱,我们的福利就危及健康的生态系统。

消费的增长要求生产的提高。组织理论家戴维·科登(David Korten)在他 1995 年出版的《当公司统治世界》(*When Corporations Rule the World*)一书中指出:

生产率的增长中大约 70% 是源于下述的经济活动,即石油、石化以及钢铁工业;化学密集型农业;道路建设;交通运输;以及采矿业——特别是那些耗尽自然资本、带给我们最大量的有毒废弃物以及消耗掉我们的不可再生能源极大部分的工业。[4]

世界观察的准会员艾伦·杜宁也提及,与消费增长相伴随的是环境退化。在工业国家中消费最为众多,他写道:"拥有全球 1/4 人口的工业国家消耗了地球上各种各样自然资源的 40% 到 86%。……工业国家中每一居民平均消费的淡水量是某些发展中国家居民的 3 倍,能源有 10 倍之多,以及 19 倍之多的铝。"此种消费危及自然。

世界上大部分的有毒化学废弃物是工业国家的工厂产生的……而且他们的空调、烟雾剂喷射器以及工厂释放出的对地球臭氧层造成破坏的含氯氟烃,几乎占到了世界的 90%……为消费社会提供动力的矿物燃料是其最具毁灭性的投入物。从地球那里长久不变地夺取煤炭、石油以及天然气扰乱了不计其数的栖息地;这些燃料的燃烧构成了世界范围内空气污染的极大组成部分;而且,对它们的提炼也产生出巨大数量的有毒废弃物。[5]

杜宁写道,其结果就是,"当人们[开始加入]到消费阶层中去时,他们对环境的冲击就来了个突飞猛进……所有汽车、汽油、金属、钢材、煤炭以及电力的生产都带有生态破坏性,这些商品的购买迅猛增加"[6]。总而言之,消费生活方式对自然造成了危害。因此,如果人类的繁荣依赖于持续的消费增长,环境协同论就不适当。人类就不可能在珍视自然本身并对生态系统以及生物多样性加以保护的同时获得繁兴。

在对人类福利与高消费之间的关联提出异议的同时,当前这一章为协同论提供了支持。协同论对许多经济学家持有的如下观点表示质疑,即人类繁荣在于满足其对消费品永无止境的欲求乃是人性之本然。指明在(几乎)所有人类中发现的趋向而揣测人性,该章表明,哪里的消费业已高涨,那里的人们最好就不再有增长的经济或是收入的增加,因为高消费挫败了植根于人性中的需求。接下来的一章对影响到更贫穷国家以及富裕国家的公共政策作了探讨。

经济增长的辩护

美国的许多人处于贫穷、绝望与饥饿之中。戴维·科登援引了 1993 年的一篇特载有 CBS-TV 对亚拉巴马州一个小佃农孩子的访谈文章:

"你上学前吃早餐吗?"

"有时吃,先生。有时我吃些豌豆。"

"那么你到了学校后,有没有饭吃?"

"没有,先生。"

"那里没有食物吗?"

"不是的,先生。"

"那你为什么不吃呢?"

"我没有付那 35 美分。"

"其他孩子吃午饭时,你怎么办?"

"我只能坐在一边。"(他的声音哽咽起来。)

"当你看到其他孩子吃饭时,你有什么感觉?"

"我感到难为情。"(哭泣起来。)[7]

圣饼赈济会在 1998 年提及:"饥饿对美国的数百万人民来说仍是一个不争的现实……美国农业部的一项调查报道说,有 1 120 万美国人生活在粮食无保障的家庭中,这意味着他们买不起足够的家庭所需的食物。"[8]

我们怎样才能帮助这些人们? 许多人主张教育机会的改善与经济增长。他们说,经济增长对于提供报酬不错的好工作而言是必需的。有教育而无就业,食物不会摆到桌子上来。

经济增长以及相关的就业机会需要消费的增长。"简朴生活"领域的专家薇琪·鲁宾(Vicki Robin)与乔·杜明桂(Joe Dominguez)在他们1992 年的畅销书《富足人生》①中写道:"在 20 世纪 20 年代早期时,美国经济中就已浮现出一个奇怪的难题。机器那满足人类需求的令人惊骇的生产力已是如此成功,以至于经济活动放缓下来。"[9]当每一名工人针对人们的需求能够生产得更多时,只需更少的工人就能满足人们的需求,失业人数从而就上升。尤其对穷人而言,这是一个麻烦。解决办法是对于商品与服务的需求增加。鲁宾与杜明桂援引了一名美国零售业分析师维克托·勒博(Victor Lebow)的话,维克托·勒博在第二次世界大战后不久就主张:

---

① *Your Money or Your Life*,中文意为:要钱不要命,要命不要钱。此译法乃是根据中译本名称。相关译文参见[美]乔·杜明桂、薇琪·鲁宾:《富足人生》,洪秀芳译,九州出版社 2002 年版。——译者注

我们庞大的生产性经济……要求我们将消费作为我们的生活方式，要求我们将商品的购买与使用转化为一种宗教仪式，要求我们在消费中寻求我们心灵的满足、我们的自我满足……我们需要以一种不断增长的速度消费掉、烧掉、穿破、换掉以及扔掉某些东西。[10]

鲁宾与杜明桂写道，勒博不断增长的消费主义这一计划取得了成功：

美国人过去一向是"公民"。现在我们是"消费者"——(依据"消费"一词的字典定义)这意指那些"用完、浪费、毁坏以及挥霍"的人。[11]假如我们不去消费，我们就被告知说，大量人口将会失业。家庭将会破裂。失业人数将上升。工厂将倒闭。整个城镇将丧失其经济基础。我们必须购买小玩意以保持美国的强大……因此……在商业大街的一天能够被认为是确然爱国的。[12]

消费需求不仅使人们保有工作，而且它所孕育的经济增长也增加了税收收入。这就有助于政府为更多贫穷的人口提供平民教育、学校午餐计划以及其他一些服务。

艾伦·杜宁报道说，维克托·勒博对人们在消费中寻求"自我满足"的呼吁业已受到了广泛的关注："在对世界上两个最大的经济体——美国与日本——中的意见调查表明，人们日益通过消费金额来衡量其成就。"[13]

除了满足自我之外，购买并拥有"东西"是有用且有趣的。我喜欢去看电影。由于我所在的小镇没有自行车道，而且某些司机在自行车处于"他们的"车道时会富有挑衅性，所以我需要一辆车到达那里以及去工作。当电影大多已放映而且我的许多课程结束时，天黑之后骑自行车尤其危险。我的妻子出于同样的理由也拥有她自己的车。当要去更远的地方时，我们间或乘坐飞机。在 1997 年，我飞到澳大利亚去参加一个会议；1999 年时，我乘坐喷气式客机到新奥尔良州、路易斯安那州以及英国的牛津去演讲。

我有很多消费品。我特别喜欢我的热风式爆玉米花机，因为它可以使我无需用油料爆玉米花。这就省去了卡路里，因而我可以多吃点。我妻子与我有个放其他小玩意的厨房，每个房间也都配备了家具。你明白了吧。我们有一大堆"东西"，而且其中大部分我们都喜爱。我们的生活质量看似得到了改善。我们的购买也有助于经济的增长，促进了美国以及其他各地的就业，且增加了税收收入。

但环境怎么办？我所拥有的东西大多由木材、金属或是塑料制造而成。木材源于树木的砍伐。这可能会损害森林的生态系统。能源被用来砍伐和运输木材。金属源自那些通常以环境破坏性方式开采并（往往）使用大量的矿物性能源加以冶炼的岩石。这助长了全球变暖。冶炼也产生出有毒的副产品。塑料是石化产品，其制造使用了大量的能源并且产生出危害健康的有毒废弃物。当我使用我诸多的消费品——微波炉、爆玉米花机、割草机、汽车等时，我消耗了额外的能源。

一团糟！我们的"幸福生活"似乎伤害了自然。单单考虑一下能源消耗吧。戴维·科登提到，避免全球变暖的最糟糕情况发生，似乎就要求将人均二氧化碳排放量最终降低至"每天一升碳基燃料"的当量。[14] 这相当于汽车行驶 15 英里，公共汽车行驶 31 英里，火车行驶 40 英里，或是乘坐 6 英里多点的飞机。我可能不得不存上六年多的钱以往返于澳大利亚，而且在那期间，我大概不能够驾驶我的汽车、使用我的烤箱或是购买新的"东西"，以避免使用超过我能源份额的那部分。这看似不切实际。协同论如何能够是正确的呢？人们如何能够在珍视自然本身并且遵循那些保护生态系统以及生物多样性的生活方式的同时繁荣兴盛呢？对舒适、便利以及伤害到剩余自然的旅行的需求似乎是人的天性。幸运的是，该现象是具有欺骗性的。

高消费与人类福利

经济增长与个人消费的增加并不总是增进人们的幸福感。在《人性的交战》(*The Battle for Human Nature*)一书中,心理学家巴里·施瓦茨(Barry Schwartz)探讨了经济学家蒂伯·西托夫斯基(Tibor Scitovsky)的著作。施瓦茨写道:

西托夫斯基引用了美国人何以认为在 1946—1970 年的 25 年时期内他们是幸福的那些调查结果。在这一期间,实际收入(通货膨胀调整后)在美国上涨了 62%。因此,总的看来,人们在 1970 年的景况要远较 1946 年时为佳。然而,物质福利上的这种大幅转变却不是绝对地影响幸福等级的评定。人们在 1970 年时并不比他们在 1946 年时更幸福,尽管你若在 1946 年时询问他们,如果他们过上他们在 1970 年时真正拥有的生活水准,他们将如何幸福时,几乎每个人都将是欣喜若狂。[15]

幸福与总体消费间存在的脱节一仍其旧。艾伦·杜宁在其 1992 年的著作中提道:

芝加哥大学全国舆论研究中心(National Opinion Research Center of University of Chicago)的经常性调查揭示……美国人如今跟 1957 年时一样,都不认为他们"很是幸福"。自 20 世纪 50 年代中期以来,尽管国民生产总值与私人消费人均支出都已接近翻倍,人口中"很是幸福"的部分已是在1/3左右处波动[介乎 31% 到 35% 的人们宣称他们"很是幸福"]。[16]

杜宁报道说,同样现象的存在也是国际性的:

1974 年一项里程碑式的研究表明,尼日利亚人、菲律宾人、巴拿马人、南斯拉夫人、日本人,以色列人以及联邦德国人都认为他们自身的幸福接近于中等的层次上。使任何将物质繁荣与幸福相互关联在一起的尝试困惑的是,低收入的古巴人以及富裕的美国人都宣称他们的幸福要远远地高于标准……[17]

是什么导致了这样的结果呢？人们从消费中获得的幸福很大程度基于比对之上乃是人性使然。首先,人们不适宜地把他们当前的消费与消费的增加加以比对,刘易斯·拉帕姆(Lewis Lapham)写道:

不管收入如何……美国人相信,只要收入增加一倍,他们将沉浸在幸福之中……一个年收入在 15 000 美元的人,只要是收入达到了每年 30 000 美元,毫无疑问的是,他的伤心事也因之缓解;年收入 100 万美元的人们确信,如果每年能有 200 万美元,一切都将令人满意。[18]

然而,收入增加带来的好处并不总是长期有效,因为更高的收入又成为比对的新基础。对大多数的人而言,当比对的做出即便是在指向更为富裕的情况时,最初的幸福也总是在下滑。

这可能源于心理学家所声称的被用于吸毒成瘾解释中的情感比对。人们从毒品中体验到的快乐随着他们对此的习惯而在时间的流逝中衰减。人们一度可以通过提高剂量而获得他们早先享有的快乐。但是,当他们到达其身体承受毒品能力的极限时,增加剂量已是不可能了。因而他们的吸食成瘾不是由于毒品能够继续带来快乐,而是因为没有毒品就会充满痛苦。

施瓦茨将此比作为奢侈品消费——"空调器、汽车、电话、电视、洗衣机以及类似物品"[19]——向必需品的转化。比如说,空调开始时会带来快乐。但是,当我们特别习惯于此后,它就成为社会规范,我们认为这是理所当然的,不再察觉到它的存在,而且不再从中获得快乐。因而我们就"需要"空调以避免遭受夏日中特别长的暑热所带来的异乎寻常的不适。

消费增加并不使人们更幸福的第二个理由,在于人们对自身与他人间所进行的比对。当与自己加以比对的他人所得更多时,人们会感到怅然若失。杜宁评论道:

来自诸如美国、英国、以色列、巴西以及印度这样一些多元化社会的心理学资料表明,高收入阶层往往比中产阶层稍微幸福些,而底层民众往往是最不幸福的。[富裕国家中的]上等阶层……与更为贫穷国家中的上层阶级都一样感觉不到满足。[20]

杜宁提及,由于这种比对的存在,一些华尔街的交易员在欣欣向荣的20世纪80年代因每年仅收入60万美元而焦虑不安。我们大多都能认识到,天才的体育明星将会为每年100万或200万美元的合同报价而感到羞辱,因为其他一些人明显获得的比这要多。

总而言之,经济增长所带来的财富总体增加并没有使普遍幸福感得以增强,这乃是人性使然。人们开始习惯于、"沉溺于"更高水准的消费,而且由于他们在自身与那些还要富有的他人间所作的令人不快的比对,他们财富的增长更令其沮丧。

更糟的是,贫富之间的差距日益拉大。富者更富,穷人更穷,中产阶级也在美国失去地盘。圣饼赈济会的政策分析师兰尼特·安吉哈特(Lynette Engelhardt)在1998年报道说:

在过去的 20 年间,美国贫富差距的加深引人注目。美国人中那最为富有的 1％所拥有的财富超过了底层的那 90％人口的财富总和……一项由预算与政策优先中心(Center on Budget and Policy Priorities)在 1997年所做的调查发现,自从 20 世纪 70 年代中期以来,最为富有的那 1/5 美国人的收入增长了 30％,而最为贫穷的那 1/5 人的收入则下跌了 21％。

在过去的五年中,公司利润以实质单位衡量业已上涨了 62％。CEO的薪金也有了极大的提升。1978 年的时候,CEO 的收入大约是普通工人薪俸的 60 倍。1989 年时,该比例已增长到 122 倍。到了 1995 年时,CEO在美国的报酬是普通工人的 173 倍之多。[21]

税制也加深了收入鸿沟。社会学家沃尔登·贝洛(Walden Bello)在《不愉快的胜利》(*Dark Victory*)一书中报道说,20 世纪 80 年代早期的税制"改革""将上层那 1％人口的税价降低了 14％,而底层的那 10％民众则上涨了 28％"[22]。1999 年 8 月,国会也通过了一项有利于富人的税法,稍后被总统否决。该税法 80％的收益是为了纳税人中那 10％的居处上层者。[23]

面对富人在分摊上的缩减,当福利与粮援计划因联邦预算的平衡而招致削减时,穷人也因此而失去了政府的帮助。再想一下亚拉巴马州那个因为没有 35 美分而吃不到学校午餐的可怜孩子。难道我们的整个经济就是为了养活这些孩子而必须增长吗? 问题不在于经济规模或者食物的存在与否,而在于职业的获得以及金钱与食物的分配。一般来说,当贫富间的差距拉大时,真正遭受损失的人口比率会日益增大,而在差距缩小时,这个比率也会减小。

戴维·科登从历史中找到了此种例证用以说明,即使当经济处于增长之中时,如果不平等加深的话,苦难也会降临到大多数人的头上:

经济学家们估计,英国的人均收入在 1750 年到 1850 年期间大约增加了一倍,但大多数人的生活质量却持续下降。在 1750 年之前,在英国乡村地区旅行者的描述中看不到丝毫的贫困迹象。在多数情况下,人们拥有足够的食物、住所以及衣物,且乡村的景象一片繁荣。[24]

到 1850 年时,老百姓生活在查尔斯·狄更斯(Charles Dickens)在其小说中所描述的那种贫穷之中。接着,相反的情况发生了,科登告诉我们说:"当英国国民收入并未有全面增长时,从 1914 年起一直到二战结束,英国普通人的景况处于改善之中……大多数工薪家庭的实际购买力都提高了。"[25]美国也经历了同样的格局,科登断言:"20 世纪 30 年代大萧条以及二战的需要,促使政治行动去支持对收入进行再分配并且建立强大中产阶级的这样一些措施……"[26]然而,20 世纪 70 年代早期以来的持续经济增长,却已造成了将大多数美国人抛弃在后的日益增长的不平等。

平等与经济增长相比对人类福祉更为重要的一面,也在国际上得到了说明。比如说,科登写道:"沙特阿拉伯的识字率要低于斯里兰卡,尽管其人均收入实际上却是后者的 15 倍之多。巴西儿童的死亡率是牙买加的 4 倍,尽管其人均收入却是后者的两倍之多。"[27]到 20 世纪 80 年代末时,婴儿死亡率在美国的非裔美国人中要比更为贫穷的古巴人民中间更高。[28]

总而言之,就像其他生物一样,人类要存活就需要消费。然而在美国,像当前所设想与衡量的这种经济增长对于满足物质需求或促进幸福来说却是不必要的。而且当促进增长的政策加剧了收入的不平等时,结果就会是不幸与严重的物质匮乏。

不满足的兜售

市场营销与广告活动之本性有助于解释何以经济增长导致了不幸。

经济增长与高度就业需要人们的更多消费。但是,促使人们去更多消费的动机是什么呢,尤其是当额外的消费造成预算紧张或是产生债务? 至此我们已察看了两个理由:消费的增加可能会"令人成瘾",而且其他人业已拥有的人们也想要得到。所有这些都与另一个因素联结在一起——市场营销与广告活动。

政治学者本杰明·巴伯(Benjamin Barber)在他 1995 年出版的《圣战对麦当劳世界》(*Jihad vs. Mcworld*)一书中提道:"全球广告支出的增速业已是世界经济增速的 1/3 倍之多,是世界人口增速的 3 倍之多,从 1950 年的适度的 390 亿美元上涨到 1990 年达 7 倍之多的 2 560 亿美元。"[29] 戴维·科登补充说,公司花费"另外的 3 800 亿美元用于包装、设计以及更多销售点的推广。合起来算,这些支出就相当于世界上每一个人摊 120 美元"。这就"超出了世界人均平民教育支出……人均 207 美元……的一半之多"[30]。

科登注意到:

今天,电视成为公司对美国人的文化以及行为加以塑造的主要媒介。统计数字令人恐惧。两岁到五岁之间的美国儿童平均每天要看三个半小时的电视;成年人接近五个小时……这样的话,平均每个美国成年人每年大约要收看 21 000 次的商业广告,它们大多传递了同一个信息:"买点什么——现在开始。"[31]

广告可能是极为有效的。艾伦·杜宁援引一位"面向儿童的市场营销专家告诉《华尔街日报》的话说,'即便是两岁大的人也关心他们衣服的品牌,且长到六岁大时他们完全就是消费者了'"[32]。戴夫·拉姆齐援引了一项将看电视与消费者支出联系在一起的研究:

朱丽叶·B.肖尔(Juliet B. Schor)在她《过度消费的美国人》(*The Overspent American*)一书中声称,她的研究表明,每多看一小时的电视,一个消费者每年就增加大约 200 美元的支出。因此,每一星期 15 小时的电视收看平均水平差不多就相当于每年 3 000 美元的消费支出。当你考虑一下由尼尔森媒体研究(A.C. Nielsen Co.)进行的声称美国人在 1996 年收看了 2.5 亿小时电视节目的调查时,过度消费作为一种文化真是令人难以置信。[33]

远非带来幸福的是,因广告而造成的购买依靠的是对不满足的兜售。拉姆齐写道:

专业的经销商与广告商深知,他们必须向你指出一种必要之物,如此一来,你就将认识到一种你发现自己还未曾拥有的需求。当你认识到那种需求时,[一种]将以失望以及最终的购买为结果的进程就已然开始了……如果你是一个彻头彻尾的市场营销者与广告商的话,你的工作就是向那些接收到你信息的人传递不和谐音调或是一种心神不安……这就是市场营销的本质,制造一种情绪困扰。[34]

艾伦·杜宁承认:"许多广告几乎就提供不了什么情况,反而是在激发性欲、永远年轻、生存的完满以及在'难道你不愿这么做'这样一些话题的无穷变化的形象中进行非法勾当。"当这些广告说服人们对其当前生活及自身感到不满时,它们就起作用了。杜宁提及:

广告商们尤其愿意对女性的个人不安全感以及缺乏自信加以利用。正如时任联合商店公司(Allied Stores Corporation)经理的 B.厄尔·帕克特(B. Earl Puckett)在 40 年前坦言的那样,"我们的工作就是使女性对其拥有感到不满足"。因而对那些睫毛生来就粗短而稀疏的人来说,广告贩子就带来了希望。对于那些头发太笔直或是过于卷曲,或是长错了地方的人,对于那些皮肤太深或太浅者来说……"人工救助"近在眼前。[35]

广告商们发明了如此多使人们可能对自身感到不满意的点子,以至于几乎没有人能在注意到这些信息时却还总能感到满足。总是有瑕疵需要去除。

当广告立足于不切实际的关联之上而产生无法实现的期望时,它也导致了不满。政治学者本杰明·巴伯提到,耐克(Nike)销售的不过是一种意象而已:"在近些年中为专业运动员开发的特殊设备未存在前,人类在地球上行走了几千年……"在企业传播部副主席利兹·多兰(Liz Dolan)看来,耐克之所以成功,在于"它不是一家鞋业公司……[而]是一家体育用品公司"。耐克 CEO 菲利普·H.奈特(Philip H.Knight)在他的1992 年度报告中称:"我们如何能够征服异国他乡呢?我们只是出口体育运动就行了,此乃世界上最经济之事。"巴伯评论道:

是的,不完全是运动也不仅仅是运动,而是运动的意象与意识形态:健康、成功、富有、性感、金钱、活力……假如事实上只有运动员在消费运动鞋的话,那么,他们的数量将太少了,以至于不足以保持销售的增加……因而目标就转变为使那些观看体育运动的人们相信,穿上耐克后他们也成了身强力壮者,即便他们[只是]坐在扶手椅里……[36]

但是,人们大多也只能糊弄自己这么久。在确信运动员是最高级类型的人类后,当人们终究去照一下镜子时,他们还是会心烦意乱。

巴伯对软饮料的广告也作出了类似的评论,这些广告将消费与新的"需要"、新口味、新的身份关联在一起。你必须饮用,因为它使你感受到(你选选看):朝气蓬勃、性感、显要、"赶时髦"、强壮、具有运动气魄、精明、新潮、酷毙、热门(正如酷毙那样)、体格健壮、呱呱叫、如同"天下一家"中的成员一般……简言之,如同一个成功者,如同一个英雄,如同一位冠军,如同一个美国人,也就是说,最重要的是(如同那些金发碧眼的女人更多拥有的)风趣。[37]

显而易见的是,生活实际上并不具有那么多乐趣的人们在试图通过软饮料来缓和其郁郁寡欢时将一切落空。从而真的就有了一种新的需求。(一切都已搞定,谢天谢地。)

专栏作家戴夫·巴里(Dave Barry)对那种因市场营销而引发的预期所带来的失望作出了一番有趣的描述。美国航空(American Airlines)宣称,巴里在旅行中将享受到"小酒馆式的服务"。巴里写道:

说实话,我也不能确定"小酒馆"意味着什么,但它听起来像法语,我想这是个好兆头……

当飞机起飞后,我打开我的"小酒馆"纸袋。这就是它包含的那些东西:(1)一个凝乳罐,(2)一个用压缩干木屑做成的"早餐棒",以及(3)尽我一生所曾吃过的最绿、最凉、最硬的香蕉。

为何航空公司将其称作为"小酒馆式的服务"呢? 它所唤起的意象,就是在风景如画的巴黎小街一处温暖舒适的小地方,恋人轻抚、畅饮美酒、享用法国佳肴的二人烛光餐桌……

为什么[称其为"小酒馆式的服务"]? 答案就在市场营销……从市场营销的立场看来,"小酒馆式的服务"……听起来要比"一袋不宜食用的物品"好太多了。[38]

类似的理由也让运动型多用途车(SUV)的经销商们暗示,我们每个人都是那种乐意越野冒险的充满野性者,我们穿越山岭而不是绕开它。难道我那拥有 SUV、居住在伊利诺伊中部地带的邻居没有注意到群山的不存在吗?当他们越野时,穿越的是谁家的玉米地或豆田呢?

对营销广告的屈从同样也因其造成的预算紧张而孕育了不满。SUV 的价格介乎我小汽车的 2—4 倍之间。共富贵未必能共患难。财务困难常常与离婚相伴。

债务使问题进一步恶化。(我所有的文字游戏就是我的功劳。)薇琪·鲁宾与乔·杜明桂称年轻人的处境尤其危险:"美国现在的年轻人是每赚 1 美元一般就花费 1.2 美元。"信用卡使债务升级。"《人民年鉴》(*The People's Almanac*)上的一项调查表明,人们用信用卡消费要比他们使用现金消费时多出 23％。"[39]反过来说,债务也酝酿了破产,这种事情在伊利诺伊州是如此普遍,州政府在 1998 年时通过了更为严厉的破产法以阻止这种恶习。(这是第 11 章。)

戴夫·拉姆齐这样总结道:

广告越是铺天盖地地砸向我们,我们就购买得越多,转动起旋转之轮去追逐幸福大运。生活于历史上最为市场化的文明之中,意味着我们的满足正系统性地被窃取。所有这些烦恼都使我们成为满腹牢骚者。这种不满正在窃取着我们的富有以及我们与之相关的一切。[40]

外在动机及其局限

我们业已在批判的观念之一就是,消费之所以是好的,乃是因为它们创造了就业机会。消费需求的不振将置人们于失业之中。所以,当广告商们在播撒不满足种子的同时,他们也完成了一项颇有价值的工作。对消费社会的另一项辩护在于,劳动者中的消费不满足对于他们保持生产能力而言是必需的。由此看来,人们工作主要或只是为了一张薪水支票。当他们还存在着未满足的消费"需求"时,他们就会相互竞争以获取更多的金钱,从而在此过程之中被迫提高效率与生产率。

注意,对消费主义的第二项辩护与第一项辩护是相冲突的。第一项辩护想当然地以为,技术革新会使劳动者们如此地多生产。过度消费对于扫清生产过剩来说是必需的。相反,第二项则假定更高生产率的必需。为何它是必需的呢? 可能是为了满足消费需求! (你瞧啊,我们大多数人在大多数时候并不必然因为某些想法有意义而接受它们。)对某些观念的耳熟能详以及他人对其加以接受常常就替代了逻辑。这适用于我们所有人,从而就证明了警醒的社会批判与经常的自我反省的合理性。

Courtesy of Adbusters Media Foundation. www.adbusters.org

无论如何,对消费主义的此种辩护立足于这样的观念之上,即外在动机对于促使人们工作是必需的。外在动因(extrinsic motivators)即那些因某项活动而获得的参与到该活动中去的理由,就像是为了薪水支票而工作一样,但却不是那项活动的组成部分。内在动因(intrinsic motivators)则与之相反,它是那些不仅源于该活动并且也是该活动组成部分的理由。比如说,在一个社区或教会唱诗班中的义务歌手就特别地拥有内在理由。他们喜欢音乐,喜爱唱歌,喜欢社会生活,珍视艺术,诸如此类。参与到一项活动中去,本身就是值得的。一名取薪歌手可能也会为所有这样一些的方式上受到内在的激发,但就其为报酬所激发而言,她同样受到了外在的推动。

作为一种心理学理论,行为主义(behaviorism)声称,我们的社会行动皆为其外在结果所塑造。行为主义者相信,唯有在受到外在奖励时,人们才会为了他者的利益去工作,此乃人性使然。只有准备好激发工作者的报酬时,社会才能确保足够的劳动力。诱导人们为了一张薪水支票而工作,他们需要它来购买那些广告所造就的吸引眼球的消费品,这样就确保了对于维系文明并保障人类幸福而言所必需的工作。

这就是宣称消费主义乃人类繁荣之必需的另一项基本原理。但是,由于消费主义使大自然退化,所以此观念与协同论者的论点相抵触,即,当人类珍视自然本身并保护生物多样性时,人类处于最佳的进展状态之中。

对环境协同论者来说幸运的是,存在着大量驳斥行为主义的证据。心理学家阿尔菲·科恩在《奖励的惩罚》一书中宣称,人类的动机大多内在的,且外在的动因实际上经常妨碍内在动机。他援引众多的研究报告。此处即是其一:

> 以戒烟为例。一项大型研究招募测试对象,参加旨在帮助他们戒烟

的自助计划,该研究结果发表于 1991 年。一部分测试对象每周上交进展报告,得到奖励,另一部分测试对象得到反馈,以加强他们戒烟的动力,其余的测试对象(控制组)什么也没有。结果如何？ 第一周奖励组上交报告的人数是其他组的两倍,但两三个月以后,奖励组的测试对象比反馈组,甚至比控制组的测试对象抽烟更多⋯⋯比没用更糟;它们会产生相反的效果。[41]

同样,科恩报道说:

在行为主义对于座椅安全带使用的适用上,已经做过了很多的研究。结果是:对人们系上座椅安全带加以奖赏的计划终归最不有效。在接下来的范围覆盖一个月到一年多的时间里,因扣上组扣而获得奖赏或是现金的计划发现,座椅安全带使用上的变化在 62% 的增加到 4% 的下降间变动。没有奖赏的计划中平均有 152% 的增加。[42]

此项研究表明,人们通常具有某些与外在奖赏无关的内在动机。这些动机是什么,而且它们又与人类福利有何关系呢？

某些内在动机

有益于社会的内在动机之一就是好奇心。科恩写道:"我们所有的生命征途,都是为环绕我们的世界所强有力的吸引而迈步,并且往往在没有任何外在诱因的情况下去对之加以探索。依赖于奖赏去激发好奇心不是人类处境的本分。"[43]

科恩也提及,其他几种心理学理论也与行为主义的设定大相径庭,这样一种设定认为除非受到外在的激励,否则人们就是无成效的:

所有的工作都表明,我们都为一种成就感罗伯特·怀特(Robert White)的需要所推动,一种自我决定[理查德·德沙尔姆斯(Richard de-Charms)、爱德华·德西(Edward Deci),以及其他一些人]的需要所推动,……或是以不同的方式[亚伯拉罕·马斯洛(Abraham Maslow)]"实现"我们潜能的需要所推动,这都含蓄地驳斥了这样的观念,即,尽可能地不去做事是本性所在。[44]

哲学家阿拉斯代尔·麦金太尔(Alasdair MacIntyre)的一种**实践**(practice)概念有助于澄清那些与外在奖赏无关的生产行为。实践是一种通过社会造就的力图达到卓越标准的协作活动方式。麦金太尔写道:看一下

肖像画从中世纪晚期到 18 世纪的发展时期的实践。成功的肖像画家能够获得的许多好处……名声、财富[以及]社会身份……是这个肖像画的实践的外在好处……但这些外在的好处并不是与这个实践的内在的好处混淆在一起的。这种内在好处是这样一种好处:它产生于一个大的意愿……如何把任何年龄的人的脸作为肖像画的主题去描画出来。[45]①

内在于实践而言的社会造就的卓越标准激励着那些投入的画家,并给予他们一种相互之间以及与不间断传统的联结感。

麦金太尔举了国际象棋作为另一个例证。他设想,一个孩子最初可能会因为外在的好处而被吸引到国际象棋这里,诸如赢了就有金钱或者与父母共享天伦之乐。但这个孩子可能后来参与到国际象棋的实践中去。于是她将

---

① 相关译文主要参考[美]麦金太尔:《德性之后》,龚群等译,中国社会科学出版社 1995 年版。——译者注

在那些为下棋所特有的利益中,在一种非常具体的分析技艺,战略想象和激烈竞争中的成功上,这孩子将发现一类新的理由,就是不仅是要在一个特殊机会中去赢,而且是要在棋赛的任何方面力图表现卓越。[46]

差别是很大的。比如说,如果那个孩子只是想要钱,她可能想去行骗,但当她沉浸于国际象棋的实践中时,如果她行骗的话,她就是自欺欺人了。

对那些真诚地沉浸于知识兴趣中的人来说,科学也是一种实践。研究工作的投入本身具有内在的回报。相比而言,那些只是为了收益或是外在认可而从事研究的人,可能很容易捏造其数据并伪造出重大的成果。

总而言之,在实践相关之处,内在回报不仅是有效用的,而且在某些方面要优越于行为主义者所强调的外在回报。从事某些实践的人们受到激发,事实上工作就做得很出色,而不只是看上去做得很好。他们在激励之下,对人对己都很诚实。

实践有助于人们找到人生的意义。依照哲学家玛丽·米奇利的看法,生活的意义"始于某个人所归属的团体那里所拥有的令人满意的社会生活,接着就是个体[在此共同体之中]对当前任何最为需要和最受珍视的某种目标的达成"[47]。从事实践的人们将其自我感与某一社会团体所明确规定并表明其价值的一系列活动结合在一起。成就为一名优秀的厨师、音乐家、农民、教师或是科学家成为个体构想自身的某些方式。它(自然而然地)融入个体讲述其人生的叙事或故事之中。所选定领域的卓越成就成为他人生的目标之一,而且朝向那一目标的进步是给予其生命意义的活动的一方面。

意义常常随着对实践目标及其前景的信念而增强。米奇利将信念等同于"在伟大于自己的整体中拥有一席之地的感受,这一整体,其更为伟大的目标将个体的目标是如此地环绕于其中并赋予其意义,以至于为之献身也可以是完全正确的"[48]。从事于一项实践常常诱发此种信念。设想一位医生从对她病人健康的贡献中不仅获得了内在的满足,而且将其工作视作为有助于未来保健改善的信息搜集。米奇利提及:"即便是在一些朴实无华的行业或职业的群体中,也存在着一强烈的超越于个体意愿之上的更大目的感,这一目的负载着所有人前进,而且所有人务必服从之。"[49]

薇琪·鲁宾与乔·杜明桂也作出了同样的论断:"就食物与其他一些短暂的快乐而言,知道什么是满足是相当容易的事情。"他们如是写道。"但是,要在更广泛意义上获得成就、实现一个完美的人生,你就需要有一种目的感,一种美好生活可能会是什么的梦想。"[50]他们讲述了这样一个故事,大概是三位石匠对自己所认定的"给予行动意义"的目的所做的说明。

一路人靠近第一位石匠并问道:"请问一下,你在做什么?"石匠很是不耐烦地回答说:"你瞎眼啊? 我正开凿一大块石头。"靠近第二位工匠后,我们这位好奇的朋友又问了同样的问题。这位石匠扬起头,带着一种得意与逆来顺受的样子说:"唔,我正为照顾我的妻儿而谋生。"来到第三位工匠那里,我们的问题是:"你又在做什么呢?"第三位匠人抬起头来,他的脸闪耀着光芒,并心怀敬意地回答道:"我正在建造一座教堂。"[51]

寻找爱

在崇高理想的激励下,不仅工作完成得很好,而且与外在回报相比,对于一种意义感以及自我实现来说也更为有益。爱、家庭与共同体对于人类繁荣而言,也是至关重要的,但是从根本上来说,这些是难以通过外在动机而获致的。这也是人性之一面。戴夫·拉姆齐写道:

一只转轮中的工作狂沙鼠发明了愚蠢的词组"珍贵时光"。毫无疑问的是,对于发展强有力的富有成效的人际关系而言,时间量是必需的。我们因为未能足够减缓我们的步伐以彼此欣赏,而在此种文化中不幸地衰落下去……

当我在 20 世纪 60 年代中成长时,我妈妈在上午时分常常会在一位邻居家的厨房台子边上来一杯咖啡,而孩子们在玩耍……到了夜晚时,就会有半数的邻居聚在一处露台或院子里分享一晚的交流时光。我们扎堆在一起,男人们在一起钓鱼,而且作为一个孩童,街坊邻居中的任何一个大人都可能会拍拍你的屁股。有一种真正的社区意识。

是什么已把我们寻得那种充溢于家庭与朋友间的舒适时间的能力窃取? 有几件事不可推卸其责。我们是如此投入于市场之中,以至于我们从一开始就相信,东西越多我们就将会越加幸福。但在这个国度里,更多的东西就意味着更多的债务。债务所意味的,就是我们不再享受晨睡的时光,为了清偿债务而工作。[52]

此观点在鲁宾与杜明桂的心中引起了共鸣:

可能许多人在"尽其所能"中业已牺牲的主要"东西"是他们与他人的人际关系。不管你认为那是幸福婚姻、天伦之乐、一群亲朋密友、熟悉的店主、公民参与、社群精神,或是居住在一个步行即可去工作、本地巡警是你朋友的地方,整个国家所到之处,这一切都在消失。[53]

更有甚者,我们所购买的很多东西使我们相互间疏远开来。拉姆齐援引一项研究表明,"1960 年时的定型房屋是 1 375 平方英尺,一层房带有 3 个卧室另加 1.5 个浴室,而在 20 世纪 90 年代时,却是 1 940 平方英尺,二层楼房带有 4 个卧室另加 2.5 个浴室"[54]。由于家庭规模并未增大,每一家庭成员如今在家里就享有了更多的空间。现在的孩子们共享一个卧室的可能性更小了,而且单人卧室里装有自己的电视、音响以及电脑(装有游戏软件)的可能性也更大。这就诱使孩子们独处于他们的房间中。在 1960 年时,大多数的家庭只有一台电视机,而且没有电脑。

其他一些方面的富裕也促成了离群(social isolation)。二战前所建设的大多数房屋都有前廊,炎炎夏日中那是最为凉爽的地方。邻居们之间的交谈在前廊中回荡,在城市与郊区尤其如此。那些房屋在与现代所特有的相比更为接近。如今,更大的草坪与院子将房屋分隔开来,而且在天气炎热时,中央空调也让人们闭门不出。我们的许多东西都促成了社会的涣散。

与他者联结感的终究丧失为某种恶性循环做好了准备。消费主义的增长削弱了人们用以感受自身健全与真实的人际纽带。部分源于广告营销的影响,人们试图通过更高的收入与更多的购买来填补空虚之感。阿尔菲·科恩提及道:“正如大量的心理学家与社会评论家所表明的那样,当意义感或者与他者的深度沟通从某人的生活中缺失时,……鼓鼓囊囊的银行存款就被用来代替真正的成就。”[55]为了增加银行存款并购买更多东西,远离朋友与家庭的额外工作时间就是必需的。这就增加了孤立感与空虚感,因而人们甚至更多地购物,诸如此类。科恩补充说:

我们在此所应付的替代满足从这一事实来看似乎一览无余,即金额永是不敷所需:此种人总是“需要”多于他们当前的赚取——或是购买。添加一双鞋子,一种新型玩意的电器,或是更高的薪水……而且这还是不够。欲壑难填。[56]

此种情不自禁的消费主义危害了环境,也挫败着人类。在此同样的是,对自然而言的不祥之物对人类来说也是不良的。艾伦·杜宁写道,对于大多数人来说,"一生中幸福的主要决定因素……在于家庭生活的满足,尤其是婚姻,其次是工作成就,开发天赋的闲暇,以及友谊"[57]。因此,带有一种相互间以及与自然间的联结感的生活,要比那种贬抑环境的高消费生活方式更佳。

当然了,人们总而言之不能不理会金钱。在我们的社会中,我们需要金钱以过活。但是,那些想望发达的人们需要审视一下他们与金钱以及消费品的关系,以便寻找到朝向个人成功的最佳途径。鲁宾与杜明桂认为,那条道路几乎总将是意味着更少的金钱、更低的购买,以及对生态系统更少的烦扰。让我们研究一下他们的观点。

富足人生

鲁宾与杜明桂声称,当我们工作富有成就且关系富于意义的时候,我们就从生命中获益最多。当我们有限的时间与精力被导向于更加缺少内在利益的任务中去时,为了金钱的那些工作就将会妨碍到上述生活的实现。因此,人们大多可以通过降低对金钱的需求而改进其生活。我们应当以每一次消费中的最大满足为目的。这就要求我们发展一种内在的标准,用以表明我们何时正好充分地拥有了某物。他们写道:

所谓的满足感是刚刚好足够。仔细地考虑一下,不管是食物、金钱或物品,如果无法透过自己内心的尺度标准,感知何谓足够,你的火车就会直接从"不足"的月台,呼啸开过没打信号的"足够"小站,直达"太多"站台……具备内在的满足尺度其实也是"财务圆满"的一环,你学会不受广告及业界的影响,不受他们强烈建议的左右,独立地做出财务选择,不再受人驾驭操控,将生命能量浪费在不能带来满足感的无谓事物上。[58]

他们建议,通过将开支分类,就可开始何为足够的发现之旅。这就有助于那些其薪水支票似乎悄无声息就消失了的人们获取一幅其金钱走向的真实写照。分类包括诸如交通、衣服、食品杂货、旅行等。鲁宾与杜明桂讲述了这样一个故事,一个男人直到发现了他有一种购买鞋子的嗜好后,才找到了他 20％收入的去处:

他有高尔夫鞋、网球鞋、跑步鞋、划船鞋、轻便鞋、登山鞋与攀岩鞋,以及越野滑雪鞋、下坡滑雪靴。仅是有一个鞋的分类就帮助他找到了某些失踪的钱财——且面对了这一事实,即,他除了穿休闲鞋之外,几乎不穿其他的鞋。他的鞋子崇拜并非绝无仅有……该国家中 80％的运动鞋从未在它们设计的用途中被使用过。[59]

鲁宾与杜明桂对那种想不清楚满足什么我们就易于购买的物品有一个名称。他们称之为"心痒物品":

一件"心痒物品"就是任何你不能只光顾而不购买的物品。人人都有它。其范围囊括了从袖珍型计算机以及小螺丝刀到钢笔与甜蜜小点的领域。因此,当你置身于购物中心,你到了"心痒物品"区域,你的大脑开始转动"心痒物品"的思想:啊,那里有一个粉红色的……粉红色的我还没有……那个是太阳能电池驱动的……那个将是方便的……天哪,防水的……如果我不用了,我可以把它送人……[60]

结果就是钱财的浪费以及家里的一堆破烂。鲁宾与杜明桂建议,去发现你的"心痒物品"是什么并戒掉它。

对于节约金钱,他们也提供了其他一些建议。这里是一些指出了明确方向的例证。避免信用卡债务:

你要为你的信用卡债务支付 16％到 20％的利息。那就好比是一周工作五天而只获得四天的报酬。如果你的雇主宣布这样一种薪水的下调,你一定会与同事摩拳擦掌,准备去跟老板理论一番。那些认为可以永远欠债且只是尽可能少地进行现金支付的人,实际上是在赞成更低的收入。[61]

这里是另一个点子。除非有一些你确定认为你所需求的特定商品,否则不要去购物。鲁宾与杜明桂写道:

大约 53％的杂货店购物与 47％的五金商店购物都是"一时冲动"所致。当 34 300 位全国各地的商场购物者被问及其光顾的主要理由时,只有 25％的人们说,他们是为了找寻特定的商品而来。所有成年人中,大约有 70％每周要到当地的购物中心逛一次。[62]

其他的建议还包括,爱惜你拥有的物品一直使用直到它用坏,预知你的需要以便那些你所需要的商品能够在降价时、通过电话比价购物时以及从二手货中买到。

我想在列表中补充进素食主义,或者至少是肉食消费的减少。这节约了金钱,控制体重也更容易,改善了大多数美国人的饮食,使更多的人们能够从日渐减少的优良表层土与淡水供应中存活下来,留下更多的未耕地以为其他物种所用,并且减少了虐待动物的行为。那些减少肉食消费或成为素食主义者的人们,当其理由中包含有对其他物种的关怀时,便表明了环境协同论的姿态。由于(或至少在某些方面)自然因其自身而受到的尊重,人类与自然的景会会更佳。

鲁宾与杜明桂给出了大约 100 **种简朴**(frugality)的忠告。他们写道,"简朴"

是……从你生命力的每一分钟以及你所使用的任何事物中获得其真正所值……浪费不在于占有的数额，而在于未能享用……简朴意味着拥有很高的物品快活比。如果你从每一次的物质占有中获取了一单位的快活的话，那就是简朴的。但是，如果你需要十倍的占有才能开始感受到快活，你就迷失了活着的意义。[63]

而且，你总不能把钱财带进棺材去吧，戴夫·拉姆齐指出："生不带来，死不带去……不见棺材不落泪。"[64]

由于简朴之人的成效最大，所以他们只需更少的钱就能拥有富有成就的一生。因此，他们可能会因为一项他们发现的更加令人满意的工作而放弃一令人乏味的职业；或者他们只是为了金钱而干些兼职工作；或者他们可能很早就退休。鲁宾与杜明桂写道，其关键就在于在心中将创意工作与薪金工作区别开来。财务自由能够使人们追求他们的梦想并在对报酬关切的渐次降低下最大限度地富于生产。这样的人就能够为了他们所信仰的崇高理想而努力，义务服务于地方组织机构，或者与家人、朋友以及邻居一起度过更多的时光。

当然，简朴之人可能会减少其他人的有偿就业机会。当消费需求降低时，所必需的有偿工作者就越少。艾伦·杜宁援引了哈佛经济学家朱丽特·索尔（Juliet Schor）在《过度工作的美国人》（*The Overworked American*）一书中的话：

自 1948 年以来，美国工人的生产力水平翻了不止一番。换句话说，我们现在可以在低于一半的时间内生产出我们 1948 年的生活水准。生产率的每一次提升，我们就面临或者更多闲暇或者更多金钱的可能。我们可能已经选择了每天四小时工作制。或者是六个月的工作年度。或者美国的每一名工人现在能够每隔一年就休假一年——带薪休假。[65]

当必需的工人工作时间因消费需求的下降而更少时，就存在着同样的选择。然而，与上述探讨的生活方式选择不同的是，这些社会安排却不是人们能够作出的个别选择。就业政策对此有其影响。下一章对这样一些以及其他的政策作出探讨。

这一章以鲁宾与杜明桂所做出的支持环境协同论的评论作总结：

你的健康、你的钱袋与环境之间存在着一种相互增进的关系。如果你所做的对其中一项有利，那么对其他二者而言也几乎总是有益的。如果你步行或骑自行车去工作，从而减少了你对温室气体的增益的同时，你也节省了金钱并且获得了极好的锻炼。如果你将家里的厨房下脚料转为肥料以改善土壤（环境），你同时也就改善了你的蔬菜（你的健康）的品质——并且节约了垃圾处理的费用……

节约金钱与拯救地球被联结在一起，这也不是出人意料的巧合。事实上，从某种意义上来讲，地球就掌控在你的钱袋之中。理由如下。

金钱是对地球资源的抵押品留置权。每当我们在什么东西上花钱时，我们就不仅在消耗着金属、塑料、木材或者其他材料这样一些物料本身，而且也消耗着所有那些将这些物料从地球那里挖掘出来、运输到工厂、加以处理、装配为产品、运送到零售店并从商店那里运回到你的家中的资源……[66]

协同论者声称，对于最为美好的人生而言，珍视自然本身一般而言是必要的，这会激励我们减少对自然的剥削。协同论的批评者们可能认为，降低我们的消费从而减轻我们对环境的影响有损于人类生活的品质。此章回答了这样一些批评，从而认为中产阶级人群的更低消费改善了人类生活。对生物多样性自身的关切是与金钱的节约以及自我实现携手并进的。这就是协同论。

讨论

- 新闻记者道格拉斯·马丁（Douglas Martin）在《纽约时报（星期日刊）》（*The New York Times Sunday*）中报道说，发明家与制造业者格雷戈·A.米勒（Gregg A.Miller）为宠物们定做的人造睾丸生意兴隆。一些业已将那些动物去势的宠物拥有者，希望他们的动物看上去是自然的样子，而且米勒声称，去势后的宠物需要人造睾丸以避免"去势后的创伤"[67]。你怎么看？

- 我们在第3章中了解到，马克在我们作为公民与作为消费者的角色之间作出了区分。他争论说，消费者选择是不为那些使世界更美好的有关理想所影响的。他声称那是驾驶一辆贴有"即刻环保"标签的汽车，一停就漏油。当前这一章与他的观点有什么联系？

- 生态学家奥尔多·利奥波德暗示，某些个人选择要比其他选择更合人意乃人性使然。他写道，年轻人"被赠送了一个高尔夫球时并不激动地发抖，但是我将不愿意拥有一个看到他的第一头小鹿时无动于衷的男孩"[68]。对那些帮助其儿女们逐渐培育对消费者选择将给予指引的价值观念而言，此种意见可能会合乎情理地具有什么影响呢？

- 我的夫人与我都需要汽车，某种程度上来说是因为天黑以后在我们居住的地方骑自行车很危险。政府怎样才能发展其交通运输能力，以便我们能够拥有更多的选择从而我们也许将只需要一辆汽车呢？

- 如果美国人民准备只是去购买他们真正需要的鞋子，发展中国家中的贫穷工人制造出的大部分运动鞋将卖不出去。我们对此劳动力的了解如何会合乎情理地影响到我们国家中的消费者选择？（更多关于政府政策以及全球化的问题请参见下一章。）

注释：

[1] Jack Canfield and Mark Victor Hansen, *Chicken Soup for the Soul* (Deerfield, FL: Health Communications, 1993), p.279.

[2] Dave Ramsey, *More Than Enough* (New York: Viking Penguin, 1999), p.232.

[3] Alfie Kohn, *Punished by Rewards* (New York: Houghton Mifflin, 1993), p.3.

[4] David C.Korten, *When Corporations Rule the World* (West Hartford, CN: Kumarian Press, 1995), pp.37—38.

[5] Alan Thein Durning, *How Much Is Enough?* (New York: W.W.Norton, 1992), pp.50—52.

[6] Durning, pp.51—52.

[7] Korten, p.105.

[8] James V.Riker, "The Changing Politics of Hunger", *Bread for the World Background Paper Number 144* (November 1998), p.5.

[9] Vicki Robin and Joe Dominguez, *Your Money or Your Life* (New York: Penguin Books, 1992), p.15.

[10] Robin and Dominguez, p.17.

[11] Robin and Dominguez, p.15.

[12] Robin and Dominguez, p.18.

[13] Durning, p.22.

[14] Korten, p.34.

[15] Barry Schwartz, *The Battle for Human Nature* (New York: W. W. Norton, 1986), p.164.

[16] Durning, pp.38—39.

[17] Durning, p.39.更多更新近的研究表明,更为贫穷国家中的人们通常是比那些更为富裕国家中的人们更加感到不满足。更为早些时候的差异似乎在于更加全球化的广告。更为贫穷国家中的人们现在更有可能将他们的富裕水平不是与他们自己国家中的他者加以比对,而是与广告中所描绘的更为富裕国家中的水平相比对。此项发现支持了下述主题,即,源于消费的满足主要依赖于人们将其消费水准与他们选择比对的一个群体中他者的消费水准的对比。参见 Benjamin M.Friedman, "The Power of the Electronic Herd", *The New York Review of Books*, Vol.XLVI, No.12(July 15, 1999), pp.40—44, at 40。

[18] Lewis H.Lapham, *Money and Class in America : Notes and Observations on Our Civil Religion* (New York: Weidenfeld and Nicolson, 1988),参见 Durning, p.38。

[19] Schwartz, p.163.

[20] Durning, p.39.

[21] Lynette Engelhardt, *Bread for the World Background Paper Number 142* (September 1998), p.6.

[22] Walden Bello, *Dark Victory* (London: Pluto Press, 1994), p.90.

[23] Daniel Schor, "Sunday Weekend Edition", National Public Radio (August 15, 1999).

[24] Korten, p.46.

[25] Korten, p.47.

[26] Korten, p.47.

[27] Korten, p.41.

[28] Bello, p.97.

[29] Benjamin R. Barber, *Jihad vs. McWorld* (New York: Ballantine Books, 1995), p.62.

[30] Korten, pp.152—153.

[31] Korten, p.152.

[32] Durning, p.120.

[33] Ramsey, pp.234—235.

[34] Ramsey, p.234.

[35] Durning, pp.119—120.

[36] Barber, p.66.

[37] Barber, p.69.

[38] Dave Barry, "Recycling Yogurt in the Sky," *International Herald Tribune* (Saturday-Sunday, July 24—25, 1999), p.20.

[39] Robin and Dominguez, p.160.

[40] Ramsey, p.235.

[41] Kohn, p.40.

[42] Kohn, p.40.

[43] Kohn, p.91.

[44] Kohn, p.297,尾注♯45。

[45] Alasdair MacIntyre, *After Virtue* (Notre Dame, IN: University of Notre Dame Press, 1981), p.176.

[46] MacIntyre, pp.175—176.

[47] Mary Midgley, *Evolution as a Religion* (London: Menthuen and Co., 1985), p.59.

[48] Midgley, p.14.

[49] Midgley, p.60.

[50] Robin and Dominguez, p.109.

[51] Robin and Dominguez, p.121.

[52] Ramsey, pp.22—23.

[53] Robin and Dominguez, p.142.

[54] Ramsey, p.24.

[55] Kohn, p.132.

[56] Kohn, pp.132—133.

[57] Durning, p.41.

[58] Robin and Dominguez, pp.116—117.

[59] Robin and Dominguez, p.84.

[60] Robin and Dominguez, p.27.

[61] Robin and Dominguez, p.160.

[62] Robin and Dominguez, p.171.

[63] Robin and Dominguez, pp.167—168.

[64] Ramsey, p.237.

[65] Juliet Schor, *The Overworked American: The Unexpcted Decline of Leisure* (New York: Basic Books, 1992), Durning, p.113.

［66］ Robin and Dominguez，p.213.

［67］ Douglas Martin，"If Dogs Could Talk，They'd Say，'Are You Crazy?'"，*The New York Times Sunday*，News of the Week in Review(August 8，1999)，p.2.

［68］ Aldo Leopold，*A Sand County Almanac with Essays on Conservation from Round River*(New York：Ballantine Books，1970)，p.227.

第12章　公共政策、效率与全球化

集体行动的必要

据《美国新闻与世界报导》(*U.S.News and World Report*)一篇 1997 年的文章报道,路怒——"一位愤怒或不耐烦的司机在一场交通纠纷中试图杀死或伤害另一名司机的事件"——自 1990 年以来已上升了 50％。看看这样一些例子:

在盐湖城……75 岁的 J.C.金(J.C.King),因为阻碍交通,41 岁的小拉里·雷姆(Larry Remm, Jr.)对着他长按喇叭,这使他恼怒不已,金于是尾随着下了路面的雷姆,把处方药瓶猛力地掷向他,并开着 92 型水星车将雷姆的膝盖撞得粉碎。在……马里兰州波托马克(Potomac),身为一名律师与资深立法委员的罗宾·菲克(Robin Ficke),在一名怀孕妇女鲁莽地质问他为何撞了她的吉普时,将这名妇女的眼镜打掉。[1]

在美国,每年大约有 40 000 人在汽车事故中丧生,而且"据美国交通部的估计,2/3 的致命伤害至少部分因为寻衅驾驶所造成的"[2]。

为何路怒症不断攀升? 答案与个体行为的局限性有关。对于钱财、提高生活品质以及减轻对自然的负面影响而言,个体大有作为。但许多其他的生活改善需要集体行动,交通的改善就处于其中。

"交通每况愈下,"《美国新闻与世界报导》的记者如是写道,

自 1987 年以来,公路里程的数额只增长了 1％,而行驶里程已迅猛地上涨了 35％。根据联邦公路管理局对 50 个大都市地区的最近一项调

查表明,现在几乎有 10％ 的城市高速公路——相比之下,1983 年时是
55％——在交通高峰期内处于堵塞状态。……得克萨斯州交通学会在去
年(1996 年)进行的一项调查发现,1/3 的特大城市中的持月票者,每年就
要在交通拥挤中耗费远不止 40 个小时的时间。[3]

美国人常常把汽车等同于自由。假若汽车发明得更早些的话,秃鹰
也不会是国家的象征了。然而,驾驶也可能使人感到沮丧。我的物理老
师给一瞬间下的定义是,绿灯正要亮与你后边的人不停地按喇叭这之间
的时间。而且自由的权利要求也遭到质疑。组织理论家戴维·科登提
到,在 1950 年到 1990 年期间,美国人的行驶里程数目上涨了 2.5 倍。但
这个统计包括了较长的往返上班路途,住所与购物区的更远距离,以及日
益增多的接送孩子上学,去教堂,看医生。

"社会交往与消遣性旅行实际上下降了 31％,也许是因为我们没有
为此留出更多的时间。"科登在过度拥挤的话题上又谈道,"据估计,在美
国最大的城市地区,因为交通阻塞而浪费掉的时间,每年就有 10 亿到 20
亿个钟头。"[4]

面对这种状况,我们绝大多数人的个体行为起不了什么作用。我们
大多数人不得不开汽车,因为在工作、住所、购物以及其他一些活动的场
所之间相互距离太远,步行来说太艰巨了,骑自行车又太危险,而公共交
通运输又很不完备。但是,这并不意味着我们是绝望与无助的。作为公
民,我们可以集体做一些个人无法完成的事情,以增进环境协同,促进人
类繁荣与一个自身受到尊重的环境之间的和睦相处。本章考虑了公共政
策在交通、失业、政治以及世界贸易中对协同作用的促进。

以金钱补贴低效率

人们大多珍视效率,因为它允许我们以自己的方式,去获取所向往的

更多事物。自由市场往往孕育了效率。生产者相互竞争以便以更低的价格提供更优质的商品与服务。更低的价格，通常意味着不仅对我的个人资金而且也是对地球资源的一个更小的消耗。比如说，通过光纤进行的电话通信要比铜线便宜，之所以便宜，至少部分是因为光纤占据了更少的空间并且使用了更多唾手可得的材料。更低的价格与减弱的环境影响相呼应。在利润导向的电信业内部的自由市场竞争，带来的就是有利于消费者与生态系统的效率。长话通信费用持续下调。

我们在第 1 章中了解到，对于公共物品，如清洁空气与水源而言，这种逻辑行不通。这是一些个人不能单独拥有的物品，而没人会存在一个有效利用它的经济动机。除非社会施加管理，诸如那些为使恶劣行径付出高昂代价而要求的污染许可证，否则它们很容易被浪费掉。

对于利润导向的竞争带来的效率而言，另一个局限来自补贴。如果政府对从事一项活动的花费进行部分补贴，对消费者而言，将会花费更少。但这并不意味着社会的更少支出以及对自然的更少破坏，意识不到补贴的人们可能看看价格就认可活动的高效率，但是，这将是一个幻觉。汽车运输的效率就是这样一个幻觉。

比如说，看一下停车场所。一点也不便宜。1991 年，关怀科学家联盟（Union of Concerned Scientist）的黛柏拉·戈登（Deborah Gordon）报道了得自美国交通部与其他一些来源的数据：

> 建造一座地面上的停车场会花费 18 000 美元，而地下停车场的费用至少是这个数目的两倍……而且，一座 500 车位的停车场的建造，估计需要 17 万加仑的汽油，每年的维护需要 1 200 加仑的汽油……每个停车位忽略不计所带来的成本节约，依于土地成本与停车场设施的类型而定，可在 1 000 美元到 15 000 美元之间不等。[5]

典型的往返旅客(月票旅客)并未对这些花费作出一个公平的分摊，戈登提到:"所有往返旅客中有 75％的人在雇主提供的街外免费停车场停车……"[6]因雇主的补贴,开车往返于工作场所似乎更便宜。

纳税人也补贴了开车往返者。雇员们不必因为从雇主那里获得的停车补贴的货币收益而纳税,但是,当雇主给予他们每月超过 15 美元的乘坐大运量客车的钱时,他们必须要纳税。此处,戈登写道:"雇主可以扣除他们的停车维护费用以及开车成本以报税用。"[7]因此,因为雇主的补贴,开车往返似乎是便宜的,而纳税人补贴了雇主的豪爽。

这只是冰山一角。当我们支付医疗账单与保险费用时,我们就补贴了汽车运输,戈登坚称:"因汽车污染所造成的人类健康费用与环境费用,估计每年在 40 亿到 930 亿美元之间……每年多至 12 万的死亡是可以完全与污染挂钩的。"[8]最为普遍使用的交通工具——汽车与轻型货车,是污染的主要来源,它们……拥有每乘客英里所有主要污染物的最高排放水平。事实上,一辆单人乘坐的汽车排放的氮氧化物是大运量客车的 2 倍之多,二氧化碳是 3 倍,硫氢化合物是 10 倍,一氧化碳是 17 倍。[9]因此,对我来说,驾驶汽车从伊利诺伊州的斯普林非尔德去科罗拉多州的丹佛看我的兄弟,要比乘坐巴士更省钱些,但是,那是因为我的旅程费用中,并不包含因公路驾驶产生的空气污染而造成的健康不良与过早死亡的抵偿费用。

这并不是全部。旅程之所以更省钱些,也是因为它并未反映出为确保进口石油稳定供应所招致的军事开支。由于我们如此大量地使用汽车,我们不得不进口所需的大部分原油。戈登写道,对国家安全而言不幸的是,"美国正从其他地区进口越来越大量的石油,这些地区包括波斯湾国家和尼日利亚"[10]。想一下海湾战争吧。它"消耗了相当于进口石油的每加仑中平均 40 美分的费用……而且,花费还在继续,因为即使是未来的战争可以避免,预料美国在中东还会继续维持军事存在"[11]。

总税收也补贴了汽车所需的公路以及其他一些基础设施,世界观察的高级助理马西娅·洛(Marcia Lowe)写道:

美国的司机……常常很惊讶地发现,汽油税、车辆税以及养路费通常只包含了不多于2/3的公路资本总额与运营成本。这些花费包括所有层级政府的管理费用、途中技术服务的费用以及利息与债务清偿的费用。使用费所不足敷的数额——1992年时超过320亿美元——来自当地的财产税、不定用途资金划拨以及其他途径。[12]

汽车运输因而要比人们所想象的效率更低,因为它使诸如清洁空气这样的公共物品恶化的同时,还获得了大量的政府补贴。它也不能有效地实现其基本功能——把人们带到他们要去的地方。一个主要原因是交通拥挤,这不仅让人心烦并引发路怒,而且费用昂贵。马西娅·洛又写道:

美国审计总署(GAO)报道说,公路交通拥挤所造成的生产力损失每年让国家亏损近1 000亿美元[13],得克萨斯州交通学会估计到,1988年时,美国城市区域的交通拥挤使得每车损失超过了400美元,东北部的城市,这个数字上升至每车750美元。[14]

而且,情况预计会更糟,洛报道说:"美国审计总署的一份核算发现,在当前的增长率下,道路交通拥挤在15年内将增加两倍——即便是道路通过能力被提高20%亦是如此。而且,这样一种大规模的容量扩张也不太可能……"[15]

黛柏拉·戈登解释了其中的一些关联:

这些数字就意味着,到 2005 年时,一名普通的往返旅客从一个大都市的郊区到另一个郊区去,可能要花费五倍于 1990 年的时间。这可能就意味着以每小时五英里的速度走完十英里的旅程——一次两小时。不仅是时间的浪费,而且也是油料的耗费;联邦公路管理局(FHWA)预计,到 2005 年时,每年浪费的油料将达到 73 亿加仑——相当于公路客车运输预计使用油量的 7％。[16]

除了浪费时间、汽油以及金钱外,在交通拥挤中行车会危害环境与人体健康。戈登写道:

拥挤对环境而言极具破坏性,它所带来的低效运营——放慢的速度、频繁的加速、停停走走的挪动,以及更漫长的旅程——增加了空气污染与温室气体的排放。比如说,当平均速度从每小时 30 英里降至时速 10 英里时,二氧化碳的排放增加一倍,而且当速度低于 35 英里每小时时,与 55 英里每小时的固定车速相比,碳氢化合物与一氧化碳的排放增加到原来的三倍……[17]

停停走走式行车特别损害健康。这会向空中添加更多的污染,而且,滞留于交通中的人会更长时间地暴露于这种高浓度的污染之下。也许这就是吸烟人口下降而肺癌患者增加的原因。

洛总结道,总而言之,大量的补贴降低了使用一辆汽车的直接成本。留意一下"免费停车……烟雾、事故以及交通阻塞——整个美国补贴给司机的费用,估计每年在 3 000 亿美元到 6 000 亿美元不等"[18]。但这不是全部。留心一下对促进汽车使用的郊区蔓延的补贴。世界观察的研究助理大卫·鲁德曼(David Roodman)这样描述:

没有管道、电缆以及扩张过的道路来提供水、煤气、电力以及可机动性的话,现在的建筑物将一无是处。然而,当政府为这些长短不一的连接器买单时,它们鼓动了蔓延……除非那些决意远离城市或城镇中心去生活的人,被要求为他们所需的基础设施支付更高的费用,否则郊区的蔓延将显得便宜得离谱。就如同其他一些鼓励那种依赖汽车进行发展的因素一样……促使基础设施对其使用者显得廉价,就促成了污染、石油依赖以及嚼碎了人们数十亿小时的交通阻塞。[19]

难怪汽车象征着自由。它们的使用原来很多都是免费的。

更为高效的运输

铁路比汽车效率更高,铁路旅行节约了能源并减轻了污染。马西娅·洛报道说:

每旅行一公里,一辆市际旅客列车上平均每人所消耗的能源是商用飞机旅客的 1/3,是只承载司机一人的汽车的 1/6。乘坐轻轨或是地铁而不是独自驾车去上班的往返旅客极大地降低了他们对城市烟雾的促成作用,每次的旅行都会将氮氧化合物的排放减少 60%,而且几乎消除了一氧化碳与微粒的排放。[20]

铁路也节约了时间与空间。当更多的人乘坐铁路时,对路上依旧行驶的汽车而言就有了更充足的空间。鲁德曼写道,它们的速度提高,"何止是一定的比例,所以总的说来,车辆在更短的时间内行驶了更多里程"[21]。洛指出了空间的节省:"两条铁路干线在一个小时内能够承载的旅客与 16 车道公路相仿。"[22]这在资产价值高昂的城区就节约了金钱。

铁路经由鼓励更为集中的住宅与商业开发,间接地节约了空间,而这与郊区的蔓延正相反对。由于这些社区更为紧凑,人们就可以更方便地步行或骑自行车。这就提供了保护健康的运动,也预先阻止了危害健康的污染,且减少了拥塞。结果就是经济发展前景的改善,洛写道:

马里兰州的蒙哥马利县(Montgomery)——一个邻近华盛顿特区拥有74万人口的地区——是一个恰当的例证。一项针对该地区的长远计划研究发现,如果继续以一种汽车、公路导向的形态发展——即便以一种更为缓慢的步伐——造成的交通拥塞也将抑制更进一步的经济发展。相比之下,集中在扩展的铁路与公交系统沿线进行行人与自行车适宜型的最新型城市发展——并且修改往返旅客的补贴以劝阻汽车的使用——将在不加剧交通拥塞的情况下使该地区当前的工作职位与家庭的数额翻一番。[23]

铁路的另一好处是安全,洛补充说:

在美国,一次汽车事故的死亡风险大概是铁路事故的18倍。……除了无法统计的健康损害与生命损失外,道路事故也加重了财政负担……一项为美国联邦公路管理局所作的最新调查中,包含有对1988年美国公路事故中疼痛、苦难以及生活品质的丧失所带来的费用结果进行的货币价值估算,它达到了3 580亿美元的总额,是国民生产总值(GNP)的8%。[24]

扩展的大运量铁路与公交服务容易引发有关公路补贴的焦虑。人们常常以为,假如是真正高效且有益的,他们就足可以都乘坐大运量火车与公交车,且自己支付使用的费用。补贴将是不必要的了。然而,只有当乘坐火车与公交车的替代选择——大多情况下就是自驾车——也免受补贴时,这种思维方式才具有意义。但情况并非如此。现在的实际问题不是是否对交通进行补贴,而是哪种替代性交通什么时候接受多少补贴的问题。倘若与汽车相比,铁路与公交更安全、每车道能承载更多的旅客、每乘客英里使用更少的燃油、减轻了耗费甚大的拥塞、鼓励了高效紧凑的发展,更少对空气造成危害健康的污染的话,对公共交通的补贴无疑要比汽车的补贴在财政上更富有收益。洛报道说:

美国最近的一项调查关注到政府在交通上的支出对劳动生产力的影响。据估计,在公共交通上一项 10 年 1 000 亿美元开支的增加会激励劳动者 5 210 亿美元产值的增长,而同样水平的花费在公路上,产值只增加 2 370 亿美元。而且,公共交通的投资与公路支出相比,净收益的初始回报是后者的三倍。其他的调研也得出了类似的结论⋯⋯一项 1991 年的调查⋯⋯对比了在 SEPTA(费城大都市地区的轻轨、地铁以及往返旅客铁路系统)的复兴与运营上的投资的经济效应,与消减或停止这项服务的经济效应间的差异。该项调查发现,在 SEPTA 的重建与运营上每投资 1 美元,就有 3 美元作为交通改善的一个直接结果反馈给该州与该地区。[25]

通过补贴大运量客车而获致的紧凑发展,不仅仅是节省了纳税人的美元,它也防止穷人们得不到福利的现象。詹姆斯·孔斯特勒(James Kunstler)在其 1993 年出版的《无处不在》(*The Geography of Nowhere*)中述及纽约州北部地区的低收入劳动者:

他们开车前往萨拉托加(Saratoga)、葛兰瀑布(Glens Falls)、奥尔巴尼(Albany)——这一笔花费只会使他们的财政雪上加霜。拥有和使用一辆汽车每年 4 500 美元的花销可以足敷一项 3 万美元抵押贷款一年的偿付。通常绝对必要的是,一个家庭要维持两辆车的使用,以便两个大人为了那份工资的工作而行驶在遥远的路途上。无处不在的驾驶花费……使他们拥有自己的住房的可能性成为泡影。[26]

许多美国人为支付汽车的花费而额外工作一些时间,因而更少地顾及家人。汽车旅行是如此低效,即便是在获得大量的政府补贴后仍然会耗尽人们的预算。

那么,为何人们如此喜爱汽车,以至于谴责需要补贴的公共交通,并且觉察不到对汽车运输的补贴?金钱与宣传。有钱人向公众歪曲了现状。戴维·科登写道:"不难理解的是,谁会从我们生活品质的损害中受益。就销售额而言,美国三个最大的公司是,通用汽车公司(汽车)、埃克森公司(石油)以及福特汽车公司,美孚公司(石油)位居第七。"[27]汽车公司投入资金宣传他们的产品,并且将其产品与自由联系在一起。与石油和筑路企业一道,它们拥有资金去支持那些反对补贴大运量客车的政治候选人。

当然,对于此时此刻的大多数美国人而言,使用汽车是便利的。汽车帮助我们到达我们想去的地方,我们想无论何时出发都可以。当我们想到公共交通时,在我们脑海中浮现的是,在一个公共汽车站点雨中等候一辆巴士半个小时,公共汽车的旅行是如此缓慢,而且到另一站点下车后还需要步行半英里方可到达目的地。我们也知道,许多地方根本就没有公共交通。因此,我们认为汽车能给我们带来自由且能够节省时间。

我们容易这样去想,这是因为我们大多数人从未生活在一个支持公共而非私人运输的社会中。当市区公共交通完善的时候,轻轨铁路和地铁每三到五分钟就来搭载乘客,而且要比公共汽车或汽车在交通中行驶得更快。人们可以在离目的地很近的地方下车,即便这些目的地在郊区。他们想到哪里就到哪里,想什么时候动身就什么时候动身,就跟有汽车一样,只不过速度更快,更安全,总费用更低廉,而且不需寻找泊车场所。曼哈顿的交通与这种情况足够接近,所以,那里的大多数人都利用公共交通。

这里的建议就是,将这样的状况从一些大城市拓展至中等城市以及所有城市的郊区。于是,大多数人将拥有真正的自由,这包括选择公共交通而非私家车的自由。直到现在,汽车相关的利益集团还在利用政治体制来降低这种自由。我建议不同的政府交通政策以增进自由并节省财力。

汽车补贴应逐渐减少,节约下来的资金应致力于大运量客车或市际铁路系统。当这些足够到位以给予人们真正的替代家车方式时,都应通过逐渐提高每加仑汽油的税率,以反映出使用该加仑汽油为一辆汽车或货物提供动力所造成的整个社会成本,从而取消对汽车运输的所有补贴。人们仍将享有并使用汽车与货车的自由,但他们将不具有令他人共同分担成本的自由。我们将如我们所期望的那样拥有使用我的运输美元的更大自由,而不是如汽车利益集团所决定的那样。

这就是环境协同论。人们节约了时间、金钱,并生活得更安全。更紧凑的人类生活为其他物种留出了更多的生存空间。清洁空气与全球变暖威胁的降低使所有物种从中获益。

农业政策

补贴同样困扰着农业,它使农业效率更低,且超出了必要的花费。戴维·鲁德曼以这样一个例子开始:

在加利福尼亚中央峡谷,一些农场主可以从一项联邦计划中购买一千立方米的水——这足以灌溉几百平方米的植物——而只花费 2.84 美

元,即便是政府运送这些水也需要花费 24.84 美元。然而,根据农场主对
州政府的水源支付来看,由于土壤肥沃,气候适宜,这么多的水在峡谷中
的实际价格至少是 80—160 美元……在这种宝贵资源日益稀缺且因不当
灌溉导致的盐渍化与其他一些副作用变得日益严重的地区,低价格就是
在鼓励农场主浪费水而非节约地利用。[28]

在美国,许多对农业的补贴对于保全家庭农场来说已被证明是必需
的。但是,鲁德曼观察到,大多数补贴具有相反的效果:

支付大多是依据于农场主生产粮食的多寡而定,而非依据于他们农
场的大小来确定。毋须惊讶的是,在 1930—1990 年期间,即便是当谷仓
中塞满了几百万吨的余粮时,美国农场的数目还是下跌了2/3。这种所有
权集中的结果就是,在 1991 年时,支农补助中有58%——65 亿美元——
落入到位居前茅的那15%的农场主囊中,这些农场平均每年从中获利超
过 10 万美元。[29]

最穷的那60%农民只收到政府补助的17%。农场变得越来越大,不
是因为大型农场的效率更高,而是因为政府给予那些大型农场的钱要远
多于小型农场,这使大型农场看上去效率更高。

鲁德曼写道,更为糟糕的是:

在西方工业国家中……生产补贴也鼓励了破坏环境的农作,其中包
括化肥与杀虫剂的使用以及传统农业生产方式的放弃,比如说作物轮作
与土地休耕。恰恰是在全球人口持续膨胀之时,这种转变加速了土壤侵
蚀以及化学药品在土壤与水源中的聚积,这就威胁到农业的可持续
发展。[30]

鲁德曼在此同意(美国)国家科学委员会的观点:

整体看来,联邦政策不利于环境良性的作业以及对备择农业系统的采纳,尤其是在那些涉及作物轮作、特定的土壤保护作业、杀虫剂使用的减少以及害虫控制中生物与文化手段的增加使用方面更是如此。[31]

换言之,从长远的环境视角来看,政府尤其对无效率的农业实践进行了补贴。

化肥、杀虫剂在政府补贴的大型农场中使用广泛,销售它们的大型农企声称,这样的农作对于世界粮食的供应来说是必要的。最大的农企公司之一 ADM 称自己是"世界的超级市场",并建议说,其产品将帮助世界范围内的饥民摆脱饥饿。一名来自印第安纳州的共和党人兼参议院农业委员会的主席,美国参议员理查德·卢格(Richard Lugar),对于孟山都公司生产的转基因玉米与大豆品种作出了同样的断言。《纽约时报》的罗杰·科恩(Roger Cohen)将卢格对于这类产品的论断总结为:"到 2050 年时,世界人口将可能从 60 亿增长到 90 亿。可资利用的种植面积已然确定。因此,除非粮食生产能力得到提高——若无科学的介入这不会发生——否则人们将会挨饿。"[32]

ADM 与孟山都是利润导向的企业,它们试图增加其股东手中股票的价值。通过广告宣传其产品对世界穷人慈善的一面,它们出得起这个钱。然而,没有一个致力于为穷人服务的非营利组织赞成这些公司的声言。诸如关怀、救助儿童会(Save the Children)、圣饼赈济会以及乐施会(Oxfam)这样一些组织,着重强调世界各地的穷人生产自己的粮食的重要性,而不是向海外购买。

为何? 首先,世界上的许多人口预计仍旧很贫穷,因而买不起那些尽可能牟利的海外公司生产的种子或食物。其次,海外食物的进口要对当地农业的崩溃以及穷人的饥荒负多半的责任。鲁德曼解释说,当富裕国家补贴他们自己的农场主时,结果就是生产过剩。这些过剩大多在某个时期低廉地出售给发展中国家,这些国家税收收入不足以许可当地政府对当地农民给予对等的补贴。当地的农民破产了,当地的食物来源减少了,穷人处于世界市场上粮食销售价格涨落的支配之下。于是,当食物价格上涨时,许多人就忍饥挨饿了。美国农业产品对发展中国家的出口制造了饥荒问题。对于问题的解决而言却没有它的份。

其他一些支持世界范围内的当地生产以及美国农场更加小型化的理由在第 8 章中给出了。它们关涉家园、社区与工作的价值,以及物种多样性、污染减轻、文化多样性与粮食自给自足这样一些问题。

我们的政府应做点什么呢? 其政策应该对那些在自家田地里干活的农场主所拥有的小型美国农场有利。政策还要帮助家庭农场主把农场传承给下一代。由于更多的人将生活在田地里,因此,这些政策会有利于农村地区的复兴。政策也要为土壤保持提供动力,为农业可持续发展提供其他一些必要的措施。当人们拥有他们自己的土地,并可以切合实际地预期将其传给家庭的下一代时,这就促发他们更受鼓舞地保护土地的长期生产能力。这样一些个政策包含有支持更小型农场的作物扶持支付;当大型农场破产并售与家庭农场时,降低资本收益税;并修订继承法以允许更小型家庭农场的免税继承。

政府也应该分阶段结束用水补贴,并且为军队和其他一些粮食援助项目购买那些只是在可持续模式下种植出的粮食。可持续农业因而就有了一个其产品的现成市场。此外,政府可以分阶段取消对那些依赖于化学药品的大规模农业的不仅直接而且也是间接的扶持。比如说,政府应削减对机动车运输的补贴。大型集约农业企业使用货车这种其低廉乃人为造成的运输方式运送其产品上市。

公司福利政策与竞选资金改革

上述的那些转变对那些从现状中获利的富有的公司构成了威胁。当政府的政策支持本国依赖于化学药品的大型农场的发展、支持出口生产以及食物对外贸易的依赖时，诸如孟山都以及 ADM 这样的种子与化学公司就欣欣向荣。这些公司运用它们的政治影响力来左右公共政策。

看一下对乙醇的补贴，这种燃料目前主要从玉米中制造出来。支持者指出，这是一种再生性能源：我们可以种植更多的玉米。由于美国生产了大量的玉米，所以支持者坚称，我们使用越多的乙醇，对石油外源的依赖就越小。这有助于国家安全。此外，乙醇的燃烧比普通汽油略微清洁些，因此，它的使用可有助于空气质量与人类健康的改善。

由于对引擎造成腐蚀，乙醇还未能在现有的汽车中使用，但是，它可以以 10％的比率与标准汽油形成一种被称作汽油醇的混合物而投入使用。黛柏拉·戈登写道："在 1988 年，美国大约销售了 8 亿加仑的乙醇……几乎所有乙醇都是国内生产的。这些乙醇被用来改造成超过 800 亿加仑的汽油醇，足以为 7％的美国汽车提供燃料。美国 95％的乙醇是用玉米制造的……"[33]

到目前为止一切尚好，但外表并不可靠。首先，与普通汽油相比，乙醇在价格上不具有竞争力。戈登提到："生产、分送、销售那些源自玉米的乙醇，其每加仑汽油对等物的成本估计在 1.75—2.07 美元之间。由于这个价格太高而无法与汽油竞争，所以其商业可行性将依赖于政府补贴、授权与奖励。"[34] 从 1978 年开始，美国政府向汽油醇提供了相当于每加仑六美分的税务免除。"由于汽油醇含有 10％的乙醇，所以对乙醇本身的对等税务补贴是纯乙醇每加仑 60 美分，或者是每加仑汽油对等物 90 美分。"[35]这是对纳税人钱财的负责任使用吗？

并非如此。美国国会技术评估办公室在 1990 年总结道,由于当前的玉米种植方法中,使用了大量的石油以提供肥料、收割、运输等方面的服务,所以,从玉米中制造出的乙醇对国家的能源供应如果有一些补足的话,也是甚微。石油从一头被投入到农业中去,而从另一端生产出的乙醇仅够替代先期投入的石油。设想一下,有人想要喝一种可乐饮料。他手头有可口可乐,这正合口,但他不是选择喝可口可乐,而是通过一个耗费的过程将可口可乐转化为百事可乐。接着,他就喝了百事可乐。疯了,不是吗?你将怎样不得不疯狂地为这杯饮料付费?是的,美国的纳税人正在为经由玉米将汽油转化成汽车使用的乙醇而掏钱。

从乙醇而不是汽油的燃烧中对空气污染造成的一丁点儿降低,都将因为制造乙醇的过程中释放的汽油排放物而困窘不已。更糟的是,当前的玉米种植方法对环境是有损害的。比如说,耕地的结果就是土壤侵蚀。化肥与杀虫剂的流溢对水源造成污染。就可乐的例子而言,设想一下,其他因素不计的话,该人在使用你的厨房,弄得一团糟并且毁坏了你的用具。现在,你将给他支付多少报酬?

在 1998 年时,国会把乙醇补贴延续到 2007 年。为什么?根据珍妮弗·洛文(Jennifer Loven)为美联社写的报道:

农企巨人 ADM 公司[是]美国最大的乙醇生产商,[而且]它将减免赋税看作是它账本底线的关键部分……游说活动的报道表明,支持乙醇生产的集团在 1997 年与 1998 年上半年中花费了超过 560 万美元的资金,以劝说国会保存乙醇在免税代码上的特殊地位。火力的进一步增加,是来自大约三十多名说客中的许多人对这次选举周期中 23 540 美元的竞选捐献,这些说客在那些集团的调动下向国会山展开游说活动。根据联邦竞选资金记录以及由敏感政治中心的资料汇编来看,另一笔 527 255 美元的款项,被 ADM 的雇员以及该公司与政治密切相关的主席德韦恩·

安德烈亚斯(Dwayne Andreas)的家族投入到了现行的政府中去。[36]

从公司和工业界的视角看,作为经济上极为明智的举措,这就是完美合法的拉关系。戴维·鲁德曼指出,在美国:

国会与总统候选人在 1996 年的竞选中花费了 16 亿美元……尽管在选举出不到 500 个人的花费上数额如此之巨,但是,相对于每年大约 1.6 万亿美元尚属疑问的联邦支出与税收决策来说,是微不足道的。一万美金甚或是几百万美金的捐赠会使政客们垂涎不已,但对于大型公司而言,那真是九牛一毛,而且即便它们只是偶尔对立法者挥舞一下,那也是极佳的投资。[37]

比如说,ADM 公司在过去的 20 年间在说客与竞选捐献上已花费了几百万美元。但是,鲁德曼报道说,乙醇补贴"[在 1983—1996 年期间]已花费了政府 63 亿美元,这些钱大多流入到占有乙醇市场半壁江山的 ADM 腰包中去了"[38]。政治捐献与游说花销通常能够在一年之内带来 1 000％或更多的回报。再也找不到比这更佳的投资了。

鲁德曼解释说,ADM 与乙醇并非独一无二之物:

在 1993 年到 1996 年中期这段时间内,石油与天然气公司提供了 1 030 万美元以保护其同时期内价值 40 亿美元的特殊赋税减免。木材说客捐献了 230 万美元以使其木材补贴继续不断。矿业公司交给了国会的一些成员 190 万美元,以避免对公共硬岩矿藏进行的矿区使用费征收,自 1872 年以来它们就一直成功地这样去做。大牧场利益集团也有捐献,那是为了保住他们自 1906 年以来已然享有的联邦放牧费的低廉征收……几乎所有的集团都成功地保有了它们的补贴……[39]

　　汽车与石油利益集团继续为汽车运输保有补贴并阻止那些对高效的公共交通的资助。所有这些补贴(还有更多),除了对乙醇有意义外,在环保性或经济性上毫无价值。

　　政客们需要金钱以开展其竞选活动,这些有钱的集团就伸出援助之手。鲁德曼报道说:"在同一时期(1933 年到 1996 年中期这一段时间内),环境团体在政治捐献中只掏了 160 万美元。"[40] 应该怎么办? 戴维·科登建议如下的"全面竞选改革":

Reprinted by permission of John Jonik

　　为回报其使用公共频率的权利,电视台与电台应被要求为政府机关的候选人在问题性访问节目以及均等时间辩论方面提供露面机会。

电视中应禁止政治广告。这些广告耗费惊人，常常起误导作用，而且也不会增长见识。

竞选总费用应受到限制。

竞选费用应该由公债与课税减免的个体小额捐献共同承担。政治行动委员会应该被取消，而且，应禁止公司进行任何样式的政治捐献或是利用公司资源支持任何的候选人……[41]

许多人可能会以言论自由的名义抵制这项改革。根据他们的论证，我们应该能够在有关的重要公共议题利用我们的资源与他人进行交流，而当人们或是个别的或是作为政治行动委员会的成员为政治广告掏钱时，他们所做的就是这一点。

这有一定道理。但这不是全部的真相。关键的另一点在于，民主弥足珍贵，且随人们具有更多政治言论的享有权时，民主日强。当前的体制孕育了极不平等的享用权，这不仅损害到环境，且危及民主自身。假如言论自由的一个主要理由是促进民主，那么，对科登提到的那些类似之事加以限制看起来是值得去做的。

其他一些人反对利用纳税人的钱去资助竞选运动。他们认为，税收收入应该贮存起来以用于其他一些更重要的事务。

这些人似乎忘记了两件事情。首先，与那些可通过取消而节约下来的浪费且不必要的补贴相比，这笔钱的数额微不足道。在竞选资金上不愿意花费税收收入，将是捡了芝麻而漏了西瓜。其次，在当前的体制之下，不管怎么说，都是纳税人资助了竞选运动。享受政府补贴的公司利用了一些得自于政府的钱财，去资助那些赞成补贴继续的候选人。这也是在用纳税人的钱财去资助竞选运动，但却是为了特殊的利益集团，而不是为公益。

全球化的承诺

全球化（globalization）的支持者们所赞成的一些公共政策，遭到了环境保护主义者的反对。全球化是这样一种运动，它建立起了一个世界范围内的自由市场，工作机会、产品以及投资资本在其中可自由流动，正如它们像现在的一国之内那样。在这一部分中，全球化之本性与优点得到说明，尤其关注于《纽约时报》专栏作家托马斯·弗里德曼（Thomas Friedman）在他 1999 年度畅销书《"凌志汽车"与"橄榄树"》①（*The Lexus and the Olive Tree*）中所表达的观点。对全球化的批评在接下来的一部分中进行。

全球化要求通过降低或取消关税壁垒来促进国际竞争，并且通过允许所有货币在国际市场上的自由交易使得国际投资更为便利，因而投资者就可决定何时将资金投入或撤出任一国家中。全球化也要求降低或取消对本地产业的政府补贴。这种补贴对于未受资助的外国竞争者来说是不公平的，而且也正如我们所了解到的那样，这种补贴容易产生出在自由市场中被认为是该清除掉的各式各样的无效率。全球化试图将自由市场的效率延伸到整个世界。

全球化要求在诸如知识产权、工作场所安全以及环境保护方面采取统一的国际标准。知识产权的统一增进了公司在革新上进行投资的动力。当它们的产品在世界任一地区使用时，它们有权收取使用费。

在诸如工作场所安全以及环境保护这样一些事务上的统一标准是必要的，这可以防止一些国家利用就业或环境标准为借口而限制国际贸易。比如说，一个欲想保护本地生产商的国家可能声称，外国竞争者有不当得

---

① 相关译文主要参考［美］托马斯·弗里德曼：《直面全球化："凌志汽车"与"橄榄树"》，赵绍棣、黄其祥译，国际文化出版公司 2003 年版。凌志汽车，现在的称呼是雷克萨斯汽车。——译者注

利,因为它们没有给其雇员提供带薪休假,或者因为它们没有被要求在废水排入环境前对其进行处理。全球化要求在这些事务上保持它们所声称的"协调",以及一个可解决争议的法庭。

托马斯·弗里德曼声称,全球化是走向繁荣的唯一道路:

当现今哪一种体制在产生出蒸蒸日上的生活水准上是最为有效的这一问题提上台面时,历史上的争论结束了。答案就是自由市场资本主义……[42]

全球的自由市场资本主义能够促进世界的繁荣。技术、资本以及信息在世界范围内的自由流动意味着:

国家现在正增加选择繁荣的路子。今天的国家没有必要将自然资源、山川地理、人文历史严加约束。在今天这个全球化体系里,任何国家可以与网络连接,进口知识,任何国家可以找到来自任何其他国家的持股人,让他们投资基础设施……任何国家,即使没有原料也可能进口技术成为汽车和计算机生产者,一个国家可以比以前更容易选择繁荣与贫穷,只是取决于它采取什么样的政策。[43]

被弗里德曼称为"金色紧身衣"的这些政策包含如下这些内容:

将拉动经济增长的主要部门私有化……削减国家官僚机构,尽可能保持国家预算平衡……逐步取消或降低进口关税,取消对外资投资的限制,取消对进口的限额及国内垄断,增加进口,将国有企业及公共事业私有化……自由兑换货币……将国家的工业、股票、证券市场直接向国外企业和投资者开发……[44]

421

弗里德曼承认："金色紧身衣非常漂亮,不幸的是,所有的人必须穿同一型号。"而且并非每个人都对此感到满意。他声称："但在这儿,在这一特定历史时刻,它是唯一但有痛苦的模式。"[45]

穿上金色紧身衣的两个结果就是经济上升与政治升温。"金色紧身衣在相当程度上缩小当权者在政治和经济上的抉择……政府……一旦离开核心规则太远,在他们国家的投资者就惊慌而逃,利率上升股市下挫。"[46]弗里德曼援引印度前财政部长曼莫汉·辛格(Manmohan Singh)的话说："在资本是国际性流动的世界里,你不能采用调整税率方法来解决,此办法对其他国家或许是有用的;当劳动力自由流动时,你也不能用调整其他人的工资来解决问题一样。"[47]

这既适用于富国也适用于穷国。弗里德曼回忆起1995年2月参观加拿大,当时所有的话题都是关于"穆迪投资服务公司的人"的最近一次访问。"当时的加拿大议会正就国家的债务进行辩论。穆迪投资服务小组〔一个对影响利率的信用风险进行评级的组织〕……正对加拿大财政部长和议员们提出警告。穆迪投资服务小组告诫他们说,如果他们不将预算赤字与国内生产总值的比率降低到国际正常水平和期望的那种程度,穆迪投资服务公司将把加拿大的金融信用率从AAA降级,果真如此,加拿大和每个加拿大公司向国外借款时就不得不支付高额利率。"[48]

弗里德曼争辩说,对诸如工资、工作条件、外国投资、环境保护、预算赤字以及政府补贴这样一些事务的当地控制的丧失是值得的,因为这会带来繁荣,繁荣的唯一替代品就是贫穷。他同时声称,这也是普通百姓所向往的。他援引了这样一个例子,在河内市中心,一位越南妇女"蜷缩在人行道旁。前面摆着一个家用体重秤,为人称体重,以换取一些零钱"。弗里德曼接着说:"对我来说,她无言的座右铭是:'无论你得到什么,无论它是大是小——把它卖了,用它做生意的本钱,用它去交换东西,用它做讨价还价的筹码,把它租出去,你总是要用它来做点事,以获取些利润,提

高自己的生活水平,并加入到游戏中去。'"他总结说:

全球化来自基层,来自街道这一层次,来自人们的心灵,来自人们深深的渴望……来自人类追求美好生活——一种有更多选择的生活,诸如说能选择吃什么,穿什么,住在哪里,到哪里去旅游,怎样工作,看什么书,写些什么,学些什么的基本愿望。[49]

全球化与人类苦难

弗里德曼对富人与穷人之间日益加深的不平等充满关切:

根据 1998 年联合国人口发展报告,在 1960 年,生活在富裕国家中的 20%最富有的人的收入是 20%最穷的人的 30 倍,到 1995 年,20%最富的人[与 20%最穷的人之间的收入差距已经]扩大到 82 倍……今天,世界上最富有的 1/5 人口消费了总能源的 58%,而最穷的 1/5 人口所消费的能源不到 4%。最富有的那 1/5 人口拥有所有电话线中的 74%,最穷的 1/5 人口只占有 1.5%……世界人口中最富有的 20%的人吃掉了世界上 45%的肉和鱼,而占人口 20%的最穷的人的消费量却不到 5%。[50]

一国之内的收入差距也在拉大,尤其是在发展中国家。"例如,在巴西,1960 年占总人数中 50%的穷人的收入只占国民收入的 18%,到 1995 年,此数已下降到 11.6%,而占巴西总人数 10%的最富有的人的收入却占到总收入的 63%。"[51]

弗里德曼观察到:"在一个用技术、市场和通信编织得越来越紧的世界上,社会和经济差别都越来越大,这个世界必定潜伏着某些不稳定因素。"[52]联合国报告提到:

一系列新的消费观向许多消费者展示出来——虽然许多人因收入不高而对此表示冷漠,但竞争的压力却正在升温。"紧跟隔壁的琼斯先生",努力学习他敢于消费的精神,向电视和电影里那种最著名的生活方式看齐。[53]

总是令此梦想破灭可能是危险的。这会煽动不满情绪,导致破坏性行为、恐怖主义等。在一个原子弹能够被制造到足以小到放进一个大背包的世界里,不满情绪更是前所未有的危险。

然而,弗里德曼与其他一些全球化的拥护者似乎认为,自由市场资本主义将释放出如此巨大的生产能力,以至于生活于贫穷国家中的人们最终也将能过上美国人的生活。他写道,这会使你想起,"国家……现在正在增加选择繁荣的路子"[54],而且,他将繁荣与美国生活方式挂钩,其中也包括我们对麦当劳的嗜好。[55]但这却纯粹是取娱性情而麻木心智的幻想。这就是我们必须批判全球化的所在。

比如说,世界上所有的人不可能都采纳美国人的饮食方式。我们在本书的引言中也了解到,世界淡水资源正日趋减少。在第 1 章中我们了解到,世界人均谷物产量自 1984 年以来已经在下降。美国人以肉为主的饮食消费了如此之多的谷物,生产那些谷物需要如此之多的水源,因而这种饮食方式所延伸范围的限度是 25 亿人口。但世界人口的数目已超出 60 亿。自由市场的全球化不会导致世界范围内餐饮方式的美国化。

对木材利用而言,情形亦是如此。戴维·科登写道:

基于这样的一个假定,即现有的非原始林地将在持续收获的基础上被使用,合法的木材使用将是每人每年 0.4 立方米——包括造纸用的木材。若使消费与公正的可持续利用保持一致的话……美国……不得不将其木材消费减少 79%。[56]

或者也可以看一下矿物燃料的使用。正如上一章所指出的那样，全球变暖最糟糕局面的避免，终究需要美国人大幅度削减他们对矿物燃料的使用，假若他们要与全球人民进行公平分享的话。但是，发展中国家倾向于增加矿物燃料的使用以给他们的经济"加油"。（你已猜到了。）全球化迄今为止所产生出来的这种发展后患无穷。科登这样总结道：

如果地球可以承受的自然产出在地球上当前人口中进行平等分享的话，所有的需要都能被满足。但毫无疑问的是……即便有着对新科技潜能最为乐观的设想，整个世界的消费水准即使是在接近于北美、欧洲以及日本等地人们的消费水准上进行，这也是自然法则上不可能之事。再者说，世界人口每翻一番，合法的人均消费份额将减少一半。[57]

全球化的热心家们似乎混淆了"任何一个都能"与"我们所有人一起能够"的意思。如果他们在技术的潜能价值上是正确的话，那么任一国家可以变得富裕。但这并非意味着所有国家能够共同走向富裕。看一下这个例子。假设我为一个班级征订了 25 本教科书，而注册的有 30 人。我可以告诉任何一个学生说，她可以得到教科书。任何一个学生可能指那些来得足够早才拿到教科书的那 25 名同学中的一位。但很明显的是，30 名学生中的每一个人不可能都是先得的那 25 个人中的一个。类似的，即便是任一国家都可能变得富裕这一论断为真，有限的自然资源也使每一个国家都踏上这条路成为不可能之事。事实上，罕有做到此点者。科登援引了不列颠哥伦比亚大学城市规划师威廉·里斯（William Rees）的研究：

里斯估计，为维系生活于高收入国家中人均的消费，需要 4—6 公顷的土地——包括那些利用可再生资源维系当前能源消耗水平所必需的土地。然而,在 1990 年时,世界上的有效生态生产性土地(能够产生相应生物量的土地)总额人均据估计只有 1.7 公顷。[58]

自从 1990 年以来,世界人口已然增长而生产用地却在减少。

全球化的实际结果要比对某些国家弃置不顾更加糟糕。大抵说来,全球化使得已经很贫穷的国家更是陷入赤贫之中。科登提供了这样的例子,即日本减轻炼制铜所带来的国内污染。日本人为菲律宾联合冶炼精炼公司(PASAR)提供资金:

工厂占据了菲律宾政府以极低廉价格从当地居民那里征用的 400 英亩土地。工厂排放的废气与废水中含有高浓度的硼、砷、重金属以及硫化物,它们已经污染了水源、降低了捕鱼数量与稻米产量、破坏了森林,并且提高了当地居民上呼吸道疾病的发生率。当地居民……现在大多依靠偶尔的兼职或合同雇佣谋生,他们所干的活是工厂里边最危险和最肮脏的工作。

公司已经发达,当地经济也已增长……菲律宾政府正在偿还来自日本的外援贷款。这笔钱用来资助为工厂服务的基本附属设施的建设。而且,日本人在为他们对菲律宾穷人的慷慨援助……自我庆祝。[59]

科登声称,这个案例具有代表性。他给出了这样的总结:

低收入国家中快速的经济增长为少数幸运儿带来了现代化的机场、电视、高速公路以及装有空调的购物中心,而罕有改善大多数人的生活状况。这种增长要求经济适于出口,以赚取外汇来购买那些富人们理想的物品。于是,穷人的土地就适于出口作物的种植了。这些土地先前的耕种者发现他们自己挣扎在城市贫民窟中,接受着那些进行出口生产的血汗工厂支付给他们的低于基本生活费用的工资。家庭破碎了,社会结构也不堪重负而至于崩溃的边缘,而且暴力盛行。[60]

弗里德曼所援引的联合国关于富人与穷人间收入差距的统计数据支持了这种分析。弗里德曼的"金色紧身衣"也指出了这一点。"金色紧身衣"要求出售公有土地给利润导向的商业,利润的来源通常是通过将农民踢出土地并利用土地来产生外汇收入。

弗里德曼援引了那个越南妇女的例子,那名越南妇女在河内的街道边为人称体重以换取些零用钱。在腰包鼓鼓的生活中待久了,他认为她对全球化持乐观态度。科登的分析表明,她更可能是一名失去生活来源的全球化受害者。这些人必须采取的座右铭,用弗里德曼的话说,"无论你得到什么,无论它是大是小——把它卖了,用它做生意的本钱,用它去交换东西……把它租出去",在这一点上,他的看法可能是正确的。弗里德曼,这个似乎动机不坏的人,他似乎并未意识到,"金色紧身衣"致使人们如此地绝望,以至于她们不得不卖身为娼妓、将她们的孩子卖为奴隶,而且不得不为了食物而联姻。似乎钱包越鼓,双眼越有可能被遮蔽。

世界贸易组织、环境保护与民主

正如我们已经提及的那样,自由市场全球化在诸如知识产权、工作场所条例以及环境保护等问题上要求标准的"协调一致"。产生这系列标准的当前这一过程始自于1947年关税及贸易总协定(GATT)的建立。它为更多的特殊协定以及世界贸易组织(WTO)在1995年的建立提供了一个法庭,这个法庭现在监督着相关协定的遵守。

通过对那些被发现的限制贸易的错误行为实施制裁,世界贸易组织阻止了100多个成员中的贸易限制。为补偿其他一些因限制而受到伤害的成员,这些限制贸易的成员的出口货物被施以重税。惹是生非的成员因此而丧失出口、工作职位以及金钱。因此,世界贸易组织的规定具有财政影响力。

科登提示道,这个体系危及许多环境与安全标准:

世界贸易组织与食品相关的全球健康与安全标准,是由一个称为国际食品法典委员会(或者叫做 Codex)的团体制定的……Codex 的批评者观察到,该法典极大程度上受工业的影响,而且已倾向于将标准下滑。比如说,美国绿色和平组织的一项调查发现,就 21 种要素中的一种而言,Codex 对至少八种广泛使用的杀虫剂所制定的安全水平比当前美国的标准还要低。Codex 标准所允许的 DDT 残留是美国法律所许可的 50 倍之多。[61]

如果一个成员在 Codex 允许的 DDT 水平上想出口谷物到美国,我估计就不能合法地阻止它们。世界贸易组织的准则凌驾于国家与联邦法律之上。假如我们阻止食品进口,我们就面临着高昂的罚金。科登报道称,"作为乔治·布什(George Bush)政府一员的美国农业部长克莱顿·尤特(Clayton Yeutter)"欢迎这个结果。他"公开宣称其主要目标之一就是使用关贸总协定[世界贸易组织的前身]来推翻当地以及各州严格的食品安全法规"[62]。

根据希拉里·弗伦奇(Hilary French)在 1993 年《世界观察》上发表的文章,关贸总协定在其被更强有力的世界贸易组织取代以前,被用来削弱环境法规:

比如说,奥地利最近计划对热带木材征收 70% 的赋税,同时热带木材必须被贴上标签,当东南亚国家联盟(ASEAN)抱怨这项法律违反了关

贸总协定时,奥地利被迫取消该计划及其要求。……欧盟……正式要求
计划用以提高燃油效率的两项美国汽车税——公司平均燃油经济法与高
油耗税——提供证据。[63]

国家拯救热带雨林、减少石油消耗、缓和全球变暖的努力也都因为对
贸易的限制而遭拒绝。

关贸总协定和世界贸易组织的裁定容易忽视对环境的关切,因为法
官们大多是试图增进世界贸易的"行业专家"。消费者与环境团体没有发
言权。而且,专家小组的审议是秘密的,使得这些裁定者们更加隔绝于民
意与反对者之外。[64]

结果可能是悲剧性的。看一下海豚。当用来捕捉金枪鱼的渔网将海
豚套住时,它们会被杀死或受到致命的伤害。弗雷德里克·弗罗默
(Frederic Frommer)在《动物观察》(Animal Watch)1999 年秋季专号中写
道,不危害海豚的金枪鱼捕鱼网被用来消除或大幅减少海豚的死亡:"在
1992 年,国会通过立法,禁止那些危害海豚的渔网所捕捉的金枪鱼进口
到美国……去年,大约 2 000 条海豚被金枪鱼捕鱼船杀死,而在 1986 年,
与这个数目相对比的是 133 000 条。"[65]

这重要吗？在老式金枪鱼捕鱼网中被杀死的海豚,意味着不必要的
杀戮。而且,如果我们认为人类比动物拥有更多的权利,部分是因为我们
更大的智力潜能的话,那么,我们应给予海豚在动物中的特别礼遇,因为
海豚可能比人类更聪明！心智机能的一个衡量标准,就是与整个体重相
比大脑的容量以及大脑皮层的复杂性。比如说,从这个标准衡量的话,大
猩猩的聪明程度大约是人类的 33％,海豚却是 110％。是的,它们似乎比
我们拥有更高的心智机能。然而,由于我们的交流方式如此不同,所以对
我们来说,很难清楚它们的智能究竟有多高。

也有例外的时候。《心灵鸡汤》中有一个关于伊丽莎白·加韦恩

（Elizabeth Gawain）的真实故事，她在佩带水肺潜水时因为胃部痉挛差点溺水而亡。当她沉入水下时，不能解开增重腰带，她想：

"我不能这样！我还有未完成的事情！有人吗，谁来救我！"突然，我感到有个东西在我后面戳了一下我的腋下……我的胳膊被强有力的向上推举。环顾四周，一只眼睛进入我的视线……我发誓它在微笑。那是一只大海豚的眼睛……[它]向前推我。用它的背鳍勾在我的腋窝下面轻轻向前推我，我的胳膊搂在它的背上……把我推向水面……到了水面后，它一路将我推到海岸边。它把我推到如此浅的水中，我很关切它是否已经搁浅……当我摘掉增重腰带和氧气罐，我……游向海中的海豚……[它]与我在水中嬉戏。我注意到，在更远处那里有一群海豚。过了一会儿，它又把我推向岸边……于是它转过身，一侧的眼睛注视着我的双眼。我们就那样似乎待了很长时间……于是它叫了一声就加入到其他海豚中去了。它们于是都离去了。[66]

许多未经驯化、未经训练的海豚帮助陌生人类客人的故事不绝于耳。

美国国会在确保金枪鱼对消费者稳定供应的同时，设立海豚安全渔法以援助海豚。然而，正如《公共公民新闻》（Public Citizen News）在1999 年早先时候报道的那样，"世界贸易组织已经迫使美国放弃其海豚保护法，该法禁止那些使用杀死海豚的渔网捕获的金枪鱼的进口与国内销售。现在进口必须得到允许"[67]。我们的法律被认为是自由贸易不可接受的障碍。

民主、国家主权与海豚一道蒙受了侮辱。美国人民不再能够在他们的法律中表达他们所持有的价值观念。自由贸易的价值，依照世界贸易组织的看法，要远胜于海豚，远胜于美国人的食品安全标准，远胜于影响美国人民健康与触动美国人民良知的其他一些因素。

　　这并不意味着美国应置身于世界事务之外。为支持人权并与诸如全球变暖、臭氧耗竭这样一些世界范围的环境问题做斗争,国际合作是必要的。但是,在我们能够以一种与人权一致且不剥夺他国人权的途径改善我们国家的地方,我们应自由地这样做。其他国家中的人们也应同等地自由。

　　比如说,看一下农业问题。假设我们采纳的国家政策支持小型家庭农场的可持续农业。我们这样做是为了提供更令人满意的工作,是为了改善食品质量,是为了农村地区的重新振兴,是为了减少我们对全球变暖的"贡献",并且确保将来的食物供应。但是,至少在开始的时候,以此方式生产的大多数食物的成本,都将比以那种无视长期的环境退化而种植出来的粮食成本要高。那些以不可持续方式生产廉价食物的国家中的农民,可利用世界贸易组织来强迫美国允许他们的食物参与美国市场的竞争。但是,这种廉价食物的进口会使许多家庭农场破产,并损害到我们农场政策的法律效力。由于世界贸易组织的存在,当表层土流失于河流中去之时,民主与国家也大多化为乌有。

　　针对这种情形,我们该怎么办? 只有某些拥有主子心态的人才会认为他有全部的答案,因此,下面的话也只是参考性建议。首先,我们应放弃世界贸易组织的成员身份。这并非意味着放弃世界范围内的贸易。它只是意味着对某种权利的收回,那就是决定什么时候其他一些价值观念要比贸易更为重要的权利。我们于是就可以量身定做个别的条约。

　　第二个建议是,我们要使预期条约接受完整程序的国会辩论。我们不应给予我们的总统所谓的**即决权**(fast track authority)。即决权是进行贸易协定谈判的权力,国会必须接受或拒绝谈判通过的协定,修正是不允许的。这项权力削弱了民主的力量而且使得各种协定容纳广泛的相关价值的机会变得渺茫。然而,两党的总统都已宣称,说客们由于互相对立的利益,因而寻求对条约作出不相容的修正,所以为避免政府瘫痪,他们需要这种权力。他们说,没有即决权,美国可能会错失一些签约良机。总的说来,我的建议是,错过这样的机会也比签署那些狭隘地关注某些价值标准而将其他一些价值观念排斥在外的条约好得多。总统暂时会拥有即决权,但该权力期限一到也就不再延续。这还不错,因而也应继续这样下去。

从这样的政策中,我们应期待什么样的结果?同样,只有那些持主子心态的人才会幻想他知晓确定无疑的答案,因此,我冒昧地提出一些仅是有所根据的推测。离开世界贸易组织并且拒绝给予总统即决权,可能会延缓全球化的步伐,鼓励更多国家的自给自足,同时也会造就更多服务于当地市场的就业机会。至少从短期来看,在更为贫穷的国家中,这样的"就业"机会对许多人而言将只是以传统的方式过农民的生活而已。然而,相比之下,这也比他们被赶出土地,外来人因而就利用这些土地,为生活于大城市和国外的富人提供奢侈的生产要好得多。富国中的雇员将有可能更少地面临来自海外农民的竞争,这些农民失去了生活来源,每天挣点毛毛钱维持生活。

给富国中的劳动人员支付一份像样的工资可能会提高许多物品的价格,因此,公共政策必须着力提高交通运输与其他一些方面的效率。比如说,有了高效的公共交通,一个四口之家可能就只需要一辆汽车而非两辆或三辆。这就有益于环境也有助于家庭的预算。

更为普遍的是,富国的人们将能够利用一些他们的技术提升的生产力,来与家人和朋友共度时光,建立社区组织、参与政治、开发天赋、做个自己动手者以省钱、加入到轮岗制中以为失业者提供工作,或者只是休闲。大多数人将拥有更多的自由,以及更少些的"东西"。人们可以少买些东西,但却可更为尽情地享受生活中并不昂贵但更为永恒的价值。

如果工作者赚取更多而消费水平有所下降,那么,公司赢利总体上可能下降,股票价格也如影相随。这就会降低那些不劳而获的机会,同时也会缩短富人与中产阶级间的收入差距。

当人类福祉与因环境质量所采纳的那些政策携手并进时,这样的一些转变就是协同论。之所以采纳那些政策,至少在某种程度上是因为人们对海豚与生物多样性这样一些自然之非人类方面本身的珍视。

讨论

- 戴维·科登写道,耐克在美国或欧洲出售的一双 73—135 美元的鞋子,是在印度尼西亚以 5.6 美元的价格由 75 000 名女孩和年轻妇女生产的,她们是"独立承包商",每小时付费少至 15 美分。

  据报道,篮球明星迈克尔·乔丹(Michael Jordan)在 1992 年为耐克鞋进行广告推销所获得的 2 000 万美元,超过制造这些鞋的印度尼西亚工厂整个一年的薪水支付额……当被问及耐克鞋生产工厂的状况时,耐克在印度尼西亚的总经理约翰·伍德曼(John Woodman)[说],尽管他也耳闻有一些劳工问题……但是他并不知道到底怎么回事。而且,他说:"我不认为我需要知道。这不在我调查的范围内。"[68]

- ADM 称自己为"世界的超级市场",并且声称,当人口增长时,为避免人类挨饿,它的产品是必要的,这个声明如何能与它们对使用谷物制造汽车用乙醇燃料的支持相协调呢?
- 本杰明·巴伯提及,许多公司故意试图去改变发展中国家的文化以增加消费需求。比如说,可口可乐 CEO 郭思达(Roberto C.Goizueta)赞成以"进取投资"来改变"那些传统上消费茶这样的饮料的社会",以便他们"转而去喝像可口可乐这样的更甜些的饮料"。[69]但是,人们将饮茶作为更博大的当地习俗的一部分,因此,可口可乐正试图改变某些社会相互作用的基本方式。这并非一个孤立的案例,巴伯报道说:

长午餐传统阻碍了快餐特许经营的发展,而成功的快餐特许经营将削弱地中海沿岸的在家午餐习惯……农业生活方式(日出而作,日落而息)对观看电视冷淡有加。对运动无兴趣的人更是很少买运动鞋。[70]

故意试图改变其他人民的文化,会引发什么样的道德问题呢?假如商业利益正在操纵着我们的文化的话,那又会有什么影响?

注释:

[1] Jason Vest, Warren Cohen, and Mike Tharp, "Road Rage", *U.S. News and World Report*, Vol.122, No.21(June 2, 1997), pp.24—30, at 24.

[2] Vest, p.25.

[3] Vest, p.28.

[4] David C.Korten, *When Corporations Rule the World*(West Hartford, NJ: Kumarian Press, 1995), p.284.

[5] Deborah Gordon, *Steering a New Course: Transportation, Energy, and the Environment*(Washington, D.C.: Island Press, 1991), p.147.

[6] Gordon, p.147.

[7] Gordon, p.149.

[8] Gordon, p.63.

[9] Gordon, p.64.

[10] Gordon, p.40.

[11] Gordon, pp.41—42.

[12] Marcia D.Lowe, "Back on Track: The Global Rail Revival", *Worldwatch Paper ♯118*(Washington, D.C., April 1994), p.35.

[13] Lowe, p.6.

[14] Lowe, p.13.

[15] Lowe, p.13.

[16] Gordon, pp.42—43.

[17] Gordon, p.25.

[18] Lowe, p.35.

[19] David Malin Roodman，"Paying the Pipe：Subsidies，Politics，and the Environ-ment"，*Worldwatch Paper #133*(Washington，D.C.，December 1996)，p.41.

[20] Lowe，p.6.

[21] Roodman，p.43.

[22] Lowe，p.7.

[23] Lowe，pp.15—16.

[24] Lowe，p.16.

[25] Lowe，pp.41—42.

[26] James Howard Kunstler，*The Geography of Nowhere*(New York：Simon and Schuster，1993)，p.183.

[27] Korten，p.284.

[28] Roodman，p.6.

[29] Roodman，p.28.

[30] Roodman，p.30.

[31] National Research Council，"Executive Summary"，*Alternative Agriculture* (1989)，reprinted in *Global Resource: Opposing Viewpoint*，Matthew Polesetsky ed.(San Diego，CA：Greenhaven Press，1991)，pp.188—195，at 192.

[32] Roger Cohen，"Heartburn：Fearful Over the Future，Europe Seizes on Food"，*The New York Times*，"The News of the Week in Review"(Sunday，August 29，1999)，pp.1 and 3，at 3.

[33] Gordon，p.89.

[34] Gordon，p.87.

[35] Gordon，p.90，要提供仅仅一加仑汽油所产生的动力就需耗费一加仑半的乙醇。因此，每加仑乙醇的 60 美分补贴相当于对每加仑汽油给予 90 美分的补贴。鲁德曼(p.56)估算，每加仑汽油对等物的补贴仅为 82 美分。

[36] Jennifer Loven，"Farmers' Clout Wins in Battle over Ethanol"，*The State Jour-nal-Register* of Springfield，Illinois(November 16，1998)，p.12.

[37] Roodman，p.54.

[38] Roodman，p.56.

[39] Roodman，pp.54—55.

[40] Roodman，p.55.

[41] Korten，p.310.

[42] Thomas L. Friedman，*The Lexus and the Olive Tree*(New York：Farrar，Straus and Giroux，1999)，pp.85—86.

[43] Friedman，p.167.

[44] Friedman，pp.86—87.

[45] Friedman，p.87.

[46] Friedman，pp.87—88.

[47] Friedman，p.89.

[48] Friedman，pp.91—92.

[49] Friedman，p.285.

[50] Friedman，p.259.

[51] Friedman，p.259.

［52］Friedman，p.258.

［53］Friedman，p.259.

［54］Friedman，p.167.

［55］Friedman，pp.197—207.

［56］Korten，p.34.

［57］Korten，p.35.

［58］Korten，p.33.

［59］Korten，pp.31—32.

［60］Korten，p.42.

［61］Korten，p.179.

［62］Korten，p.179.

［63］Hilary F.French，"GATT：Menace or Ally?"，*WorldWatch*，Vol.6，No.5（September/October 1993），pp.9—13，at 12.

［64］Korten，pp.176—179.

［65］Frederic J.Frommer，"Caught in the Next"，*Animal Watch*（Fall 1999），pp.29—31，at 29.

［66］Elizabeth Gawain，"The Dolphin's Gift"，*Chicken Soup for the Soul*，Jack Canfield and Mark Victor Hansen ed.（Deerfield Beach，FL：Health Communications，Inc.，1993），pp.291—292.

［67］*Public Citizen News*，Vol.19，No.4（January/February 1999），p.1，添加了重点号。

［68］Korten，p.111.

［69］Benjamin Barber，*Jihad vs. McWorld*（New York：Ballantine Books，1995），p.70.

［70］Barber，p.71.

最后的反思：乐观主义得到证实了吗

相互抵触的趋势

新闻记者格雷戈·伊斯特布鲁克在他 1995 年出版的《地球危机》一书中声称，环境保护主义已将我们拯救。他报道说，可怕的预言是错误的：

保罗·埃利希发行于 1968 年的《人口炸弹》(*The Population Bomb*) 一书预言，20 世纪 80 年代普遍的粮食歉收"无疑"将导致美国大规模饥荒。相反的是，那个十年美国农业的主要问题是供给过剩……1972 年的一本书《增长的极限》(*The Limit to Growth*)……设想，在 20 世纪 90 年代石油将被消耗殆尽。相反的是，油价在战后最低点处摇摆，反映出供应上的充足。[1]

伊斯特布鲁克特别提及，预言中的物种灭绝同样也是错误的，"在 1962 年蕾切尔·卡逊(Rachel Carson)出版的《寂静的春天》(*Silent Spring*)中，预言了一场范围广阔的生物毁灭，也就是说，知更鸟在今日应已灭绝……相反，知更鸟现在是美国为数最多的两三个鸟类物种之一"[2]，事实上，"卡逊所说过的到现在为止可能已经灭绝或几近灭绝的 40 种鸟类中，……一半……是无大碍的，35％呈上升趋势，大约 15％在走下坡路。这听起来是平常不过了"[3]。

伊斯特布鲁克坚称，不仅仅是鸟类而已，"1979 年生物学家诺曼·迈尔斯(Norman Myers)出版的《下沉的方舟》(*The Sinking Ark*)一书设想……在 20 世纪 80 年代期间成千上万的物种走向了灭绝之路。相反的

是,在那个十年中,最坏的情形也不过是很少数物种在全球范围内被确认灭绝"[4]。比如说,可以看一下鲸鱼的状况:

脊鳍鲸与座头鲸在数量上不断增加。十年以前,每年大约有1 400头座头鲸游过夏威夷时被观察到;当前每年的数目是3 400头左右。截至1968年,当国际范围内对蓝鲸的捕杀被禁止时,蓝鲸——这一为人所知的曾经生存过的最大生物,被猎杀至灭绝的边缘。如今,加利福尼亚外海的蓝鲸又多了起来。[5]

类似地,"几十年前在美国和靠近美国的地方,海獭和褐色鹈鹕这两个物种都被声称处于濒临灭绝之中,现在它们恢复得相当不错"[6]。而且这种苗头还在持续着。在1998年8月,隼被从濒危物种的名单中划去,因为它现有的繁殖足以确保其物种的延续。[7]

在伊斯特布鲁克看来,所有的这一切并不意味着环境保护主义在过去或现在都是不必要的。它意味着环境保护主义以及由它所促成的措施,诸如濒危物种法案和海洋哺乳动物保护法案,已然生效。

但是,这个成功的故事还有其背后的另一面。伊斯特布鲁克是对的,在近几十年来为人所知的灭绝物种是相对较少的。然而,他忽视了生物学家所强调的另一面。世界上绝大多数的物种还没有为人所知,且其中有许多栖息于热带地区。生物学家们估计,在其为人所知并加以分类前,成千上万的物种就已在年复一年热带雨林的迅速破坏中灭绝。

伊斯特布鲁克指出,其他一些环境保护主义者也以行动倡导致力于环境的更加健康这一工作中去。比如说,空气正变得越来越清洁:

整个80年代,大气污染中的基本走向是朝着好的方面发展的。在那个十年中,环绕美国的烟雾综合指数下降了16%……在80年代的初期,主要城市每年大约有 600 次空气质量预警的天气发生。到 80 年代末期,每年大约只有 300 次了。[8]

然而,我们的一些主动出击也带来了健康问题。看一下两岁儿童道尔顿·坎特伯雷(Dalton Canterbury)的故事。他在 1999 年所患的"感冒"是如此严重,他的父母不得不将他送到医院去。关于此事,美国《新闻与世界报道》的记者阿曼达·斯贝克(Amanda Spake)这样对我们说:

轻扣脊柱所表明的浑浊液体声音,是一种细菌性脑膜炎的迹象……由于环绕大脑的粘膜受到感染,道尔顿受到疾病的侵袭……道尔顿的最后机会就是被立即空运到 50 英里外巴尔的摩的约翰·霍普金斯医院。苏珊·坎特伯雷(Susan Canterbury)突然领会到了医生正在告诉她的话。"你是说,"她问道,"他会死?"[9]

这是一个现实的可能,因为"感染道尔顿大脑周围液体的肺炎球菌群体对青霉素具有了抗药性。它同样对头孢曲松这样一种用来治疗对青霉素产生抗药性的脑膜炎的强有力药物部分具有抗药性"[10]。不过,此种药物的大剂量使用,并与另一种名为万古霉素的药物一起,最终杀死了细菌。然而,病菌已经损害了进行视觉图像运作的大脑部分,在 3 月初时,道尔顿看不到任何东西,但是到了 4 月中旬就已重新获得了大部分的视觉。

他的案例并非绝无仅有。许多儿童长期受到数年以前容易治愈的普通微生物的伤害,或被杀死。十岁的肖娜·利特尔约翰(Shaunna Litte-john),由于罹患抗药性脑膜炎,现在双目失明而处于黑暗的消沉之中;三岁的克里斯廷·吉拉图(Christine Giratu)在两个月大的时候感染了多重抗药性脑膜炎,留下了严重失聪的病患;四岁的阿里安娜·布罗韦(Ariana Broaway)在两岁时由于血液感染和肺炎差点死去。[11]

我们对抗生素的使用促发了对抗生素具抗药性的有机体的成长。由于细菌中存在着的随机变异,一些细菌自然而然地对某些给定的抗生素具有了抗药性。当抗生素被用来杀死所有对其敏感的细菌时,抗性品系存活下来,繁殖并快速在世界范围内传播。斯贝克报道说:

第一例青霉素抗药性肺炎球菌品系于 1967 年在新几内亚岛被报道。到 1992 年为止,在疾病控制中心(CDC)被检测的美国样本中,大约有 5%对青霉素具有了抗药性。在七年以后的今天,平均 25%的病例具有了抗药性;在一些地区其比率高达 40%。[12]

斯贝克注意到这种令人不安的事实:"对一种抗生素已变得具有抗药性的病菌似乎也被发现对其他抗生素更容易产生出抗药性。"[13]作为一名服务于环境保护基金的生态学家,丽贝卡·戈德伯格(Rebecca Goldburg)指出:

作为医院中葡萄球菌感染的通常原因的一种病菌,超过 90%的金黄色葡萄球菌品系病菌现在已对青霉素产生了抗药性。超过 30%的球菌不仅对青霉素且对其他任何一种用来治疗葡萄球菌感染的抗生素产生了抗药性——除了一种,万古霉素[这种药物帮助挽救了道尔顿·坎特伯雷的性命]。现在,一种葡萄球菌的万古霉素抗药性品系已经出现,这是无法医治的(但幸运的是,其出现仍属罕见)。[14]

我们不知道它将罕见到什么时候。

问题在于我们使用了如此多的抗生素。斯贝克援引如下的数字:"40％的孩童因感冒、46％的因上呼吸道感染而被医嘱服用抗生素——而这两种情况通常是由病毒引起的,抗生素对其是无效的。"[15]为何它们又被以处方药开出? 焦虑的父母常常需要他们的孩子健康以便他们赶回去工作,因而说服医生开出抗生素,万一可能的话也许会起作用。结果就是,"根据 CDC 的统计,儿童中的抗生素使用率从 1980 年以来已暴涨了超过 48％"[16]。通常是带着正当性理由,许多医生认为,如果他们不开出药方,其他一些医生也会开出,因而他们可能会因此而失去一个病人。大多数医药在美国仍旧是商业化的,因而医生为了他们自己的生计而依赖于病人的忠诚。

斯贝克指出,这事实上将使更富有的人置身于比穷人更大的冒险之中,因为穷人几乎不可能获取不适当的抗生素。比如说,

> 1998 年,在富裕的安妮阿伦德尔县(Anne Arundel),……患有扩散性肺炎球菌疾病的病人中有 27％……是被青霉素抗药性品系感染的。相比之下,巴尔的摩城镇地区较低收入居住人群因看医生不那么经常,所以患有更多的扩散性感染,但只有 12％具有了抗药性。[17]

农业是抗生素过度使用的另一领域。戈德伯格报道说,"农民事实上使用了超过 40％的现今在美国销售的所有抗生素",其中大部分"被添加到家禽、肥猪以及家畜饲料中去,不是用以治疗患病的家畜,而是用以促进其生长以及预防疾病"。这种作业"极为危险地增加了这样的可能性,即这些抗生素(以及其他一些与之密切相关的抗生素)在需要被用以治疗人类的时候将变得无效"。在 1997 年,世界卫生组织建议中止这种作业。"动物饲养中四种抗生素的使用,去年在整个欧洲已被明令禁止,"戈德伯格写道。然而在美国,"代表大农场经营者利益的立法者们",自从他们在

20 世纪 70 年代使一项类似的提案落空后,甚至已阻止了这个提议的讨论提交。[18]

新种类的药物和疫苗将很快可以获得,但是,由于为人父母的工作压力,消费者对医生的压力以及政客们受到的财政压力,很有可能的是,这些药物和疫苗将会被过度使用并开始失去效力。我们应对科学一直领先于病菌的能力持乐观的态度,还是对我们因为明智地使用药物上的无能所导致的传染病广泛传播而表示出悲观呢?

分崩离析的社会

《纽约时报》的专栏作家托马斯·弗里德曼在他的 1999 年度畅销书《"凌志汽车"与"橄榄树"》中叙说道,全球范围内的人类生活正在改善。他写道:"在诸如泰国、巴西、印度以及韩国这样一些国家中,中产阶级这一社会阶层已在增长扩大……"[19] 很大程度上这源于工业化与出口生产。

然而,在这样的发展背后却笼罩着一层阴云。问题之一就来自二氧化碳。斯蒂文·亚德利(Steven Yearley)在《社会学,环境保护主义,全球化》(Sociology, Environmentalism, Globalization)中写道:"典型地来说,既然正在实现工业化的国家部分通过鼓励重工业——造船业、重型机器制造业、汽车生产,等等——以寻求经济的发展,那么,很可能的是,它们将成为相对而言,更大规模的二氧化碳排放者。"[20] 比如说,在大多数印度人远未成为中产阶级以前,印度将不得不排放比德国、日本和英国的总和还要多的二氧化碳。对于中国以及其他的发展中国家而言,情况同样如此。

而环境保护基金刊发的一个报道中声称:"不受控制的全球变暖以及由此带来的海平面升高将会导致纽约道路、地铁以及机场在 21 世纪中的一次次水灾。"而且,该报道接着说:"纽约人有理由出汗。1998 年是全球有记录的最热的一年,而且 20 世纪最热的七个年头是自 1990 年以来发生的。"[21]更高的气温导致(地球)周围臭氧层的升高,而且增加了蚊子产生的传染性疾病的发生,从而损害人类健康。"其他一些低洼的港口城市,包括新奥尔良以及迈阿密,可能处于更大的危险之中。专家们认为,海平面在全美范围内上升一英尺或更高一些的话,将会使美国残存湿地的 20%到 40%消失,从而对极为重要的渔业和野生动物栖息地造成严重的破坏。"[22]

发展中国家日益恶化的环境所造成的社会瓦解与挑起的战争也使得未来晦暗不明。罗伯特·卡普兰(Robert Kaplan)认为"乱世将临":

媒体将继续把海外的骚乱和其他一些剧变主要归因于种族与宗教的冲突。但是,随着这样一些冲突的激增,变得很明显的将是,一些别的东西正处于酝酿之中,正使得越来越多的地区,诸如尼日利亚、印度以及巴西处于无法控制之中……在诸如尼罗河三角洲以及孟加拉国这样一些极为重要、过度拥挤的地区中,人口浪潮、疾病散布、森林砍伐和土壤侵蚀、水源耗尽、空气污染以及可能的海平面升高——这些将会刺激大规模迁移并且必然煽动群体冲突的发展——所带来的政治的与战略性的冲击将是对外政策的挑战核心。[23]

在诸如印度尼西亚、巴西以及尼日利亚这样一些国家中,对这种剧变的回应之一将是极权政体的出现。卡普兰注意到,"民主值得怀疑;稀缺才是更确然无疑的"。最后,"95%的人口增长将发生在世界上最贫困的地区,现在,那里的政府——只看一眼非洲就知道——对正常的运作无能为力"。结果就是,"一个日益增长、数量巨大的人群……将会居住在贫民窟中,……在那里,从贫穷、文化功能紊乱以及种族冲突中摆脱出来的任何尝试都将注定因饮用水、可耕地以及栖身之所的缺乏而胎死腹中"[24]。

仍将有富裕的飞地存在,但是,在这些飞地的外围,将是"一个深受西方流行文化中最为低劣的垃圾文化以及远古遗存下来的部族仇恨所影响、光头哥萨克与豪萨武士充斥着的破败、拥挤的星球,为了千疮百孔的地球上的一点残羹冷炙而较量不已"[25]。卡普兰坚称,他们将诉诸战斗,因为"对于这个星球上的很多人来说,一种中产阶级舒适与稳定的生活对他们而言是全然陌生的,他们发现战争与兵营的存在与其是迈向地狱还不如说是靠近天堂"[26]。这样的人将会欣然加入到恐怖主义的组织中去。

国家将不再是发动战争的唯一实体:"诸如恐怖主义组织这样的松散且非实体的组织表明,何以国界的意义日益微不足道,以及层累冲积而成的部族身份与控制何以日益重要。"[27]正如我们在哥伦比亚已看到的那样,这将打破犯罪与战争的区分。卡普兰预料到的结果就是,"对普通人而言,政治价值观念将不再重要,更为重要的是个人安全"[28]。

这幅图景看上去要比弗里德曼的乐观展望更为现实呢,或者还是过于悲观?因为该书写于 1994 年,所以存在大量的支持卡普兰之远见的实例。1995—1999 年见证了许多"新兴的"亚洲经济体中发生的剧变。如刚果共和国的战争,哥伦比亚境内针对毒品贸易持续不断的军事冲突,以及在美国境内不断增长的对恐怖主义的关注。正如同穷国与富国间的收入差距那样,在美国和大多数发展中国家中,贫富人口间的收入差距也在增大。

环境保护主义者杰夫·格什(Jeff Gersh)在 1999 年发表在《法院之友》上的一篇文章中叙述道:

> 根据联合国的统计,世界上最贫穷国家中有 20％的人口未能享有最为基本的现代卫生保健;25％的人未能拥有足够的住房;30％的人享用不到卫生洁净的水……从 1980 年以来,100 多个国家在经济上已经或是停

滞不前或是处于衰败之中。平均下来,一个非洲家庭今天的消耗,不及其1/4世纪前所消耗的1/5。……由于饥饿与贫困无暇于在砍伐一棵树或者只是在作出一个假定之间作出选择——如衣食无虞者所作出的甄别那样——贫穷驻足于世界上最大的环境威胁之中。[29]

因此之故,雨林继续缩小,地下水水位下降,且物种消失。贫穷与环境恶化互为因果。

致力于促进发展中国家发展的组织仍然缺乏环境敏感性。在涉及印度尼西亚森林大火以及国际货币基金组织(IMF)时,格什援引环境保护基金的斯蒂芬妮·弗里德(Stephanie Freed)的话说:

在1997年,一个由美国参议员马克斯·鲍卡斯(Max Baucus)率领的实地调查代表团透露,当年使得六个国家的天空黑暗一片并造成了13亿美元损失(不包括灾难性的林木损失)的那场特大火灾,在很大程度上是印度尼西亚与马来西亚的木材公司为了清理棕榈油产业园的土地而引起的。然而在1998年,国际货币基金组织敦促印度尼西亚为吸引新的投资而消除在棕榈油产业园上对外商融资的壁垒。[30]

天下一家

柳暗花明又一村。托马斯·弗里德曼指出,美国引领着世界:"我们到处输出我们的文化、价值观念、经济学说以及生活方式……"[31]在变更这些出口的可能性中,我看到了希望所在。

要达到此点,我们必须改变我们自己的价值观念、个体行为以及公共政策。单单价值标准的改变虽然是不够的,但却是必需的。

价值观念历久弥新,常常向着更好的一面发展。比如说,在20世纪

30 年代,种族隔离在美国受到很多人的尊奉,而且在几个州还体现于立法之中。在就业中大多数人也默许种族歧视。到 20 世纪末时,更多的人认识到种族融合与平等就业机会的价值所在。性别关系从 20 世纪 60 年代开始就以类似的方式发生转变。这些都不属于自由的价值观念。我知道在政治和宗教上保守的男人也期望他们的儿女们为同等的工作获得同样的报酬。

就吸烟而言,价值观念已发生了转变。大约 30 年前的吸烟者们,当他们伸手掏烟时,会拿捏地问是否有人介意他们吸烟。几乎没人反对。这是真的!! 如今询问你吸烟与否常常被认为是不礼貌的,而且在大多数室内公共环境中,吸烟是违法的。

美国社会在工作、休闲以及消费方面价值标准的改变也使美国成为环境引领者。薇琪·鲁宾与乔·杜明桂在他们 1992 年出版的《富足人生》一书中报道说:"最近由约翰·鲁宾逊(John Robinson)为希尔顿酒店公司进行的一项民意测验发现,年收入在 3 万美元或更高的人群中,有 70% 的人会为一天的额外自由时间而每周放弃一个工作日,即便是在年收入 2 万美元或更低的人群中,48% 的人也会那样做。"[32]鲁宾与杜明桂发现的迹象表明,许多"向上攀升流动的自由职业者……正自愿减少报酬和减轻责任,以便生活得更健全、更平衡和更滋润"[33]。

这表明价值观念正远离具有环境破坏性的过度工作与过度消费的生活方式。然而,逆流仍旧存在,史蒂文·格林豪斯(Steven Greenhouse)在《纽约时报》中报道说:

在国际劳工组织进行的一项新的研究中发现,美国人每年工作的小时数在近些年中达到空前的状态……[34]即便是许多不堪重负的工人在有意减少他们的工作时间,劳动统计局还是发现,有 19% 的美国人报告说每周工作超过 49 小时,比 1985 年高出了 16%。[35]

这就表明,仅仅价值标准的改变还是不够的。劳动立法也是必需的。当公众压力强大到足以克服庞大的竞选捐献者的影响时,这样的立法就将成为现实。对于吸烟来说,同样如此。很多年来,许多人厌恶吸入他人的烟雾。而统计表明,吸入二手烟是有损健康的。最终,投票人促使立法者不受强有力的烟草游说团的影响并通过法律以限制吸烟的权利。

工作法规亦是如此。在欧洲,规定竞选资金的法律限制工业界的影响,因而每周的工作时日在缩短。关注家庭价值观念和生活质量的美国人最终可能会促使立法者不受工业界需求的影响,进而制定适当的劳动法规。这将包含这样一些法律,即限制雇主们可能会要求的加班数量,限制雇主们将雇员定级为外包人员的权力,以及为兼职工作人员争取更多的权益。这样的法律给予人们更多按自己的价值观念活动的自由。珍视家庭、知足常乐以及富有闲情逸致的人们能够在不被解雇的情况下工作更少些,而且可以在不丧失利益的同时做兼职工作。这有可能发生,但竞选资金的首先改革可能是必要的。

在考虑到含有杀虫剂 Bt 的转基因食品时,乐观主义得到了证实,因为欧洲人拒绝接受它们。肯尼斯·克利(Kenneth Klee)在 1999 年 9 月份的《新闻周刊》中报道说,ADM 公司给"遍布中西部的谷仓发了一份传真",告诉他们"开始把他们的转基因谷物从传统农作物中分隔出来,因为那是外国购买者要求的"[36]。在 1999 年的 7 月,"亨氏(Heinz)与嘉宝(Gerber)宣布,……他们将费相当大的劲使他们的婴儿食品不含转基因有机组织"[37]。拒斥转基因(GM)农作物的另一个理由在于,它们含有的 Bt 会杀死有益的昆虫,如黑脉金斑蝶的毛虫。[38]

雨林能否被拯救,仍残存着一线希望,但却不是那么明朗。比如说,日益增多的巴西人对雨林的保护(假定巴西避免了政治混乱的话)以及日益增多的对森林完好无缺的利用,是这些微弱的希望之光之来源。举例而言,在墨西哥的恰帕斯(Chiapas),许多咖啡现在被种植在树荫之下,作为咖啡植物的自然栖息地，这些地方要远胜于砍伐森林而产生出来的空地。在 1999 年，星巴克开始销售这种"墨西哥荫生咖啡"。我乐观地认为，许多消费者将更喜欢拯救雨林的产品，但我不敢确定这些偏好对于拯救雨林来说是否是足够的。

更为人忧虑不安的是许多美国人在超越现状以展望一个更美好未来上的乐不思蜀之态。1998 年的时候，我的朋友兼同事，管理学教授乔·威尔金斯(Joe Wilkins)为当地一家报纸写了一段评论文章来反对《京都议定书》。《京都议定书》是为了减少温室气体排放并从而防止全球变暖的最坏影响而构建的一个国际协定，然而还未得到美国的认可。

威尔金斯声称，该议定书对美国来说是不公平的，而且会给伊利诺伊州带来伤害。他坚称，之所以对美国来说是不公平的，这是因为"当我们被要求减少 7％的温室气体排放时[低于 1990 年水平]，中国、墨西哥、印度和其他 126 个国家却未被这样要求"[39]。他忘记了提及，1990 年我们的人均二氧化碳排放量是中国的 9 倍、印度的 24 倍。[40]因此，即使按议定书的要求减少排放，我们的人均二氧化碳排放量仍将是其他绝大多数国家的许多倍。难道我们为了战胜全球变暖而要求那些已经排放较少二氧化碳的国家排放得更少，或者我们应该与那些排放最多的国家一起开始遵守？我们作为文化领导者与最大排放者的位置要求我们率先减少排放。

威尔金斯坚持认为，《京都议定书》对伊利诺伊州而言是不利的，因为它将减少伊利诺伊州工业企业中的就业机会，诸如煤炭生产、炼油厂以及汽车生产这样一些工业企业是要排放温室气体的。他并没有考虑到这一点，在正确的国家领导下，伊利诺伊州能够重新组织生产市际快速列车。可持续农业中的工作岗位也会增加。很难令人乐观的是，一个聪明而善良的人建议我们迈步向前但却又要求我们谨小慎微。然而，我却是乐观的，最终有一天，我们将会认识到由于资助了汽车而非公共交通而对我们

自身和地球所造成的伤害，正如同我开始意识到吸烟的危害时那样。我
不能确定的是，到那时全球变暖将是何等的严重。

珍视自然，限制人类权力

为保护物种多样性和自然生态系统而作出转变的意志中，一个必要
的部分就是对自然本身的爱与尊重。比如说，威尔金斯将永远不会建议
说，如果童工在印度或其他一些国家存在的话，那么我们也应该在这里奴
役儿童以保持国际间的竞争力。与大多数美国人一样，威尔金斯尊重儿
童自身的价值，因此，奴役他们是绝不可能的。我们的童工法反映出了这
种尊重。当我们同样地珍视自然本身时，我们将会放弃那些比如说由世
贸组织成员身份所带来的短期利益，因为伤害地球的后果将是完全不能
接受的。

生态学家奥尔多·利奥波德认识到珍视自然本身的重要性。他提倡
他那个时代的农民中存在的生态良知，他悲伤地观察到，那些农民参与到
政府用以保全自然的项目中去，但是，当政府的支付停止后，他们于是也
立刻放弃了保护作业。他写道：

那些除了私利以外所存在的义务，是为帮助改善道路、学校、教堂，以
及棒球队这样一类农业社区的事业而存在的。……[但是]那位把树林伐
成 75 度的陡坡，把乳牛赶进林间空地放牧，并把雨水、石块以及土壤一起
倾入社区小河的农场主，仍然是社会上一位受人尊敬的成员（同时也是正
派的）。[41]

利奥波德赞成将自然保护看作一项义务，他写道："在缺乏觉悟的情
况下，义务是没有任何意义的。"[42]为拯救自然，我们必须珍视物种和生

态系统自身,正如我们珍视人类个体与共同体一样。那么,伤害自然就将会使我们的良心不安。而且,即便政府即刻停止对更好行为的资助,我们也将不会再回复到有害的实践中去。

一颗感到不安的良心本身不会对环境带来帮助,但是对于激励适当的集体行动来说通常是必要的,比如说像濒危物种法案以及海洋哺乳动物保护法案这样一些法规的存在,是因为正在消失的物种折磨着大多数美国人的良心。我感到乐观的是,当我们认识到我们附加给自然的种种方式的伤害以及在自然恶化与人性堕落间所附丽着的关联时,我们的良知和道德规范将会有更深远的拓展。

开明的人类中心主义者全神贯注于独一无二的人类状况是不恰当的。除非我们关心自然本身,我们才有可能试图提高对于自然的控制以造福人类,即便如此,经验还是表明,许多这样的尝试是达不到预期目标的。与人类中心主义不同的是,环境协同论包含了对于自然本身的关心。这就置许多强势集团于考虑之外,从而既保护了人类又保存了自然。

比如说,可以考虑一下经由基因工程改善老鼠智力的成功尝试。一个开明的人类中心主义者可能会愉快地接受这样的良机,因为这最终可能会提供一条治愈人类疾病的道路。迈克尔·莱蒙尼克(Michael Lemonick)1999 年 9 月份发表在《时代》杂志上的文章中提到了"医治学习与记忆紊乱的疗法的可能性,包括对阿尔茨海默氏症这样一种在一个日益老龄化的人群中可能会折磨越来越多人健康的疾病的治疗"[43]。但是,同一期发表的南希·吉布斯(Nancy Gibbs)的文章指出了其危险所在。她写道:

纠正是一回事,完美却是另一回事。假若医生在某天能够通过基因修补以帮助患有孤独症的儿童,又有什么能够防止他们利用其他基因的修补以使"正常的"儿童不变得更聪明呢? 技术总是顺应于需求;被设计用来铲除其他某种遗传疾病——比如说血友病——的产前性别甄别检验,正被用来帮助一些家庭拥有他们一直向往的儿子或女儿。人类增长激素是为那些被证实严重缺乏的儿童特别使用的,但是却被用在意识清醒的矮个子孩童身上——假若他们的父母能够支付一年3万美金的注射费用的话。[44]

在一个重视身高、美貌和智力的充满竞争的社会中,家长们可能从道德上感到有必要确保他们的孩子获得所有医学上可能的改善。当唯有富人能够为其孩子更加聪明而埋单时,对于智力的基因疗法会加速贫富间业已增大的差距。即使这样的治疗使他们的孩子易于变得更为神经质,或是更为腼腆,或是更为卑劣时,他们也将会这样做吗? 在一个赋予充满竞争力的生产与消费而非非竞争性的休闲与知足常乐最高价值的社会中,答案可能是"是"。智力,即便是在一个神经质的、腼腆的或是卑劣的人身上,也会促成经得起竞争的成功。

© Steve Kelley/Copley News Service

　　总而言之,在一个充满竞争的社会中,对人类智力加以掌控是危险的。不管那些毋庸置疑的有益应用如何,协同论者对于自然的尊重使得获取这样一些权力的企图不再可能。如果环境协同论成为美国公共价值的预设的话,乐观主义就有了正当的理由。

　　这是如何可能的呢? 科学在我们的社会中备受推崇,而且,现代的进化与基因理论意味着我们与所有其他生命形态的亲缘关系。感受到这种最深层次上的亲缘关系就化解了主子的心态。大多数人已经反对虐待动物并且愿意拯救物种以使其免于灭绝。用奥尔多·利奥波德的话说,人们知道,我们不过是"在进化的冒险旅程中与其他生物共同远行的同伴而已"[45]。我们又怎能认为这个蓝色的星球,这艘航船,是供我们独自享有的呢?

　　而且,当各种各样的闲情雅致取代了难以抑制的消费与竞争时,生活变得更加有滋有味,我们与家庭、社区以及自然之间的关系更为活跃。大多数人在片刻的反思之下就知道这一点,因此,在环境伦理学中,这种突变对我们来说时机已然成熟。

　　世界观察研究中心的总裁莱斯特·布朗在《世界局势 2000》中,将环境思想中的巨大变化与东欧政治转变作了一个比较。"几乎就是在一个早上,人们似乎一觉醒来就发觉,⋯⋯的时代结束了。即便那些当时掌权的人也意识到了这一点⋯⋯尽管我们对该过程理会得不甚清楚,但我们的确知道,在某种程度上,关键性时刻已经到来⋯⋯"[46]莱斯特·布朗援引了当前这种剧变的环境例证。包括荷兰皇家／壳牌和阿科公司(Arco)在内的一些石油公司,现在计划放弃矿物燃料。美国森林部现在反对在国家森林中建造道路,中国也在努力拯救她的树木。[47]

　　进展令人瞩目且朝向好的方向。但来自普通民众的鼓舞人心的回应也是必要的。我的喜悦在于,当本书的读者与其家人、同事以及朋友在彬彬有礼且严肃的交谈中传递交流着书中讯息的时候。我的喜悦在于,这

些讯息的承载者以生活方式上的选择来展现他们的身体力行的时候(这
对于他们以及他人而言并不成为沉重的负担)。我的喜悦在于,当环境保
护主义者投票选出他们志趣相投的从政者的时候。我的喜悦在于,当你
践行这些事情的时候,因为我相信,你去做了,别人也会去做。携起手来,
我们就能改变世界。一本关于社会行动论的书的标题给予了我希望:

走的人多了,便成了路。[48]

注释:

[1] Gregg Easterbrook, *A Moment on the Earth* (New York: Penguin, 1995), p.xiv.

[2] Easterbrook, p.xiv.

[3] Easterbrook, p.82.

[4] Easterbrook, p.xiv.

[5] Easterbrook, p.568.

[6] Easterbrook, p.569.

[7] CNN(August 20, 1999).

[8] Easterbrook, pp.xiv—xv.

[9] Amanda Spake, "Losing the Battle of the Bugs", *U.S. News and World Report* (May 10, 1999), pp.52—60, at 52.

[10] Spake, p.55.

[11] Spake, p.54.

[12] Spake, p.55.

[13] Spake, p.54.

[14] Rebecca J.Goldburg, "Antibiotic Resistance: A Grave Threat to Human Health", *EDF Letter*, Vol.XXX, No.3(June 1999), p.4.

[15] Spake, p.58.

[16] Spake, p.58.

[17] Spake, p.58.

[18] Goldburg, p.4.

[19] Thomas L.Friedman, *The Lexus and the Olive Tree* (New York: Farrar, Straus, and Giroux, 1999), p.287.

[20] Steven Yearly, *Sociology*, *Environmentalism*, *Globalization* (Thousand Oaks, CA: Sage, 1996), p.82.

[21] *EDF Letter*, Vol.XXX, No.4(September 1999), pp.1 and 3, at 1.

[22] *EDF Letter*, p.3.

[23] Robert D.Kaplan, "The Coming Anarchy", *The Atlantic Monthly*, Vol.273, No.2(February 1994), pp.45—76, at 57—58.

[24] Kaplan, p.59.

[25] Kaplan, p.62.

［26］Kaplan，p.72.

［27］Kaplan，p.73.

［28］Kaplan，p.74.

［29］Jeff Gersh，"Seeds of Chaos"，*The Amicus Journal*，Vol.21，No.2（Summer 1999），pp.36—40，at 37.

［30］Gersh，p.39.

［31］Friedman，p.312.

［32］Vicki Robin and Joe Dominguez，*Your Money or Your Life*（New York：Penguin Books，1992），p.227.

［33］Robin and Dominguez，p.235.

［34］Steven Greenhouse，"So Much Work，So Little Time"，*The New York Times Sunday*，"News of the Week in Review"（September 5，1999），p.1 and 4，at 1.

［35］Greenhouse，p.4.

［36］Kenneth Klee，"Frankenstein Foods?"，*Newsweek*（September 13，1999），pp.33—35，at 33.

［37］Klee，p.34.

［38］Klee，p.35.

［39］Joe Wilkins，"Kyoto Accord Bad for Illinois"，*The State Journal-Register* of Springfield，Illinois（December 20，1998），p.16.

［40］Yearley，p.82.

［41］Aldo Leopold，*A Sand County Almanac with Essays on Conservation from Round River*（New York：Ballantine Books，1970），p.245.

［42］Leopold，p.246.

［43］Michael D. Lemonick，"Smart Genes?"，*Time*，Vol.154，No.11（September 13，1999），pp.54—58，at 55.

［44］Nancy Gibbs，"If We Have It，Do We Use It?"*Time*，Vol.154，No.11（September 13，1999），pp.59—60，at 59.

［45］Leopold，p.117.

［46］Lester R.Brown，"Challenges of the New Century,"*State of the World 2000*，Lester R.Brown ed.（New York：W.W.Norton，2000），pp.3—21，at 10—11.

［47］Brown，pp.11—12.

［48］这是一本在社会活动家迈尔斯·霍顿(Miles Horton)与保罗·弗雷勒(Paulo Friere)间展开的对话集。见 David C.Korten，*When Corporations Rule the World*（West Hartford，CT：Kumarian Press，1995），p.10。

专业术语释义

adaptation 适应性　　一物种历经一代代而维持并改进其适合目的性的演化。

altruistic 利他主义的　　关注一行为或政策所影响到的每一存在物福利的意向，一己之私无异于他者。

agriculture 农业　　为了人类消费或者其他用途而对动植物的发育与生长有意加以培养的过程，人类依靠它过活。

anthropocentic 人类中心主义的　　以人类为中心。人类中心主义者认为唯有人类自身具有价值，并且想当然地以为，动物、物种以及生态系统尤其必须为人类最大幸福的获得作出牺牲。

aquifer 蓄水层　　一种地下蓄水库。很多蓄水层中的水被抽取到地表以供人类使用。

backgrounding 陪衬化　　在一种二元对立的等级制度中，任何处于更低层次者，其成就得不到承认。

behaviorism 行为主义　　一种心理学理论。根据这一理论，我们的社会行动皆为其外在后果所塑造；即是说，所有的社会行动都来源于外在动机。

biodiversity 生物多样性　　在一给定的生态系统或是作为一整体的地球之上物种的多样性。

biota 生物区　　生命有机体。

biotic pyramid 生命金字塔　　针对有机体如何径直吸收与利用来自太阳的能量而加以分类；对太阳能的直接利用越多，生命形态在总量上就越为丰富。因此，绿色植物是最为丰富的，接着是任何径直以植物为食者，诸如此类。

category mistake 范畴错误　　当你将不具相关意义的概念作为另一概念的属性时所犯的错误,比如宣称 2 的平方根是蓝色时。

citizenship interpretation 公民权解释　　对《圣经》的一种解释,据其称,上帝想要人们成为他们所居处的生态系统中的普通一员与公民,正如奥尔多·利奥波德土地伦理所描述的那样。

cornucopian view 富饶论观点　　由于人类的足智多谋,人类对自然资源的使用并不存在固有的限制因素。

cost-benefit analysis 成本效益分析　　核算最佳政策与做法的一种方法,将每一选择下的所有成本与收益置于货币单位的方式之下,因而所有可供选择的方案都能够从数学上加以比较。

cost-effectiveness analysis 成本效率分析　　如何通过其他手段以最小费用实现所选定目标的一种核算方法。

culling 剔除　　对某一物种成员的系统、专业地毁灭,以维持该物种与生态系统的福利。就大象而言,这可能包含有对某一象群的同时屠杀。

decommissioning 除役　　就与核电厂相关而言,就是该电厂及其发电所处之地的转变,转变成一处以作他用的安全之地。除役可能意味着,比如说,拆除或掩埋。

discount rate 贴现率　　用来计算直到将来某一时间才能实现的当前某项收益或成本的货币等值的年利率。它就跟利率一样,但却被称为贴现率,乃是因为一项未来收益或成本实际上存在时,它的当前价值要小于它将来可能的货币等值。

dualism 二元论　　实在被划分为成对的相互排斥的群,诸如男人对女人以及人类对动物。

ecofeminism 生态女性主义　　该观点认为,当女性、其他从属人群以及非人类自然自身受到珍视,并被许以更多的自决而非受那些具有主子心态的(通常是)男性的计划认可时,人类与非人类存在物将过活得最好。

economic anthropocentrism 经济人类中心主义　　一种人类中心主义的观点,认为所有对人而言的重要价值,至少就非人类环境的相关而言,都能够通过货币等价物的方式得以充分地表达。

ecosystem 生态系统　　生命有机体之间以及与它们的无生命环境间有条不紊的互动。

environmental ethics 环境伦理学　　就 20 世纪之中所形成的人类造成的环境问题而言,对于人们应如何在相互之间以及与非人类的自然之间进行互动的一种理由充分的再三沉思。

environmental synergism 环境协同论　　参见"协同论的环境伦理学"。

ethics 伦理学　　一种对人们应如何度过一生的理由充分的说明。

exotics 外来物种　　被人为引入到生态系统中的物种。

externality 外部性　　代理人所采取的行动对他者所造成的正面或负面影响,其决策程序未将这些影响考虑在内。

extrinsic motivators 外在动因　　就如工作是为了薪水支票一样,参与到一活动中的源自那一活动的理由,而非那一活动的内在一部分。

factory farming 工厂化农作　　当前的大规模农场经营方法,利用杀虫剂与肥料的高投入而非轮作来种植谷物与蔬菜,以及在室内挤满大量其活动受到限制的家畜。动物行为在此受到控制,比如说,蛋鸡的喙被剪短,猪的尾巴被剪掉。

fast track authority 即决权　　美国总统对国际协定谈判的权力,国会能做的是接受或否决,但不可修正。

fitness 适合目的性　　一物种通过其成员的活动在环境中无限存活下去的能力。

food chains 食物链　　参见"营养关系"。

foragers 采集者　　靠狩猎或收集任何自然中生长或存活的东西过

活的人们。

foundationalism 基础主义   我们的知识应该并能够建立在坚实基础之上、有理性者将不会质疑的那种观点。

free market 自由市场   为商品与服务交易所设定的自律制度,消费需求在此极大地影响到制造物的种类、数量以及价格。

free rider 搭便车者   某些从他者的合作中受益却不加入到产生这些利益的合作行为中去的人。

frugality 简朴   从你一生中使用的任何事物中获取最大的利益。

futurity problem 未来性问题   一个给后代留下一处良好环境的证明上的难题。看似不可能正确的是,将来生活的人们应被遗留给一处良好的环境,因为这些未来的特别人口甚至其存在都依赖于我们现今对环境问题的处理。假如我们留下一个备受污染的地球,除非与生活于一个备受污染的世界相比,他们宁肯不复存在,否则那些人就不能合乎情理地抱怨。

General Agreement on Tariffs and Trade(GATT)关税及贸易总协定一项将贸易条件标准化以促进全球化的协定。

global warming 全球变暖   由于温室气体排放而导致的地球全面升温。

globalization 全球化   创造一个全球范围自由市场的运动,工作机会、产品以及投资因此而能够如其在一国之内一样在国家之间自由流动。

grand narrative 宏大叙事   一种始于一个体之未生、预计延伸于个体死亡之后的叙述,个体因之而将他或者她的一生安置于一个有意义的背景之中。

greenhouse gases 温室气体   地球大气层中阻止热量的气体。最重要的是水蒸气、二氧化碳、甲烷、氧化亚氮以及含氯氟烃。

Green Revolution 绿色革命   对高产谷物品种的采用,这些品种已被加以培育，以将大约一半的光合作用产物转化到人们所食用的植物部分中去。传统品种可能只转化 20%。

hedonic calculus 快乐量的计算　　享乐主义型的功利主义者据称能够完成快乐与痛苦的数学核算，以便决定正确的做法。

hedonic paradox 享乐主义的悖论　　获致幸福的最佳途径即是为某些并非幸福的目标去工作，并且不要把努力幸福挂在心上。

hedonism 享乐主义　　快乐是唯一善的信念。

herding 游牧　　人们以养家畜为生的一种生活方式。习惯上，他们四处游荡，家畜因而能够以自然生长的植物为食。

hermeneutics 诠释学　　对理解的研究，最初用以帮助人们解释《圣经》。

high-yield varieties(HYVs)高产品种　　通常是短秆的谷物，它们被加以培育，以使作为光合作用产物的光合物转化入人们所食用的种子中去的比率最大化。这是绿色革命的核心所在。与传统品种相比，它们通常需要水、肥料以及杀虫剂的更大量投入。

holistic entities 整体论意义上的实体　　我们通常所识别为个体的但却不止由一事物构成的存在物。许多人类个体所构成的国家与公司是整体论意义上的实体。物种与生态系统是那些能将非人类个体作为组成要素包括在内的整体论意义上的实体。

holistic nonanthropocentric concerns 整体论的非人类中心主义关注对诸如物种、生态系统以及生物圈这样一些整体论意义上的实体的存在与状况的关注。

homeostasis 体内环境平衡　　在所有生物中朝向恒久不变的倾向。

homogenization 同质化　　在二元对立的等级制度之上，任何低等者与那一等级制度中的任何高等者相比，其独立性更少得到认可。

human nature 人性　　在(几乎)所有人类中发现的倾向。

hyperseparation 超级隔绝　　参见"彻底排斥"。

incorporation 纳入　　在某种二元对立的等级制度之上,任何低等者的身份都要依附于那一等级制度中的任何高等者。

individualistic nonanthropocentric concerns 个体主义的非人类中心主义关注　　对非人类动物个体的福祉的关注。

instrumentalism 工具主义　　在某种二元对立的等级制度中,任何低等者都应致力于满足那一等级制度中任何高等者的需要那一信念。

internalize externalities 外部性内在化　　某一代理人的行动给他者造成的影响影响到代理人而非他者,正如当空气或水的污染者因其对环境产生的危害而付出代价时一样。这常常指发生在外部不经济的情况下,代理人因为其活动对他人造成的负面影响而进行赔偿。

intrinsic motivators 内在动因　　参与到一项活动中去的理由,不仅来自活动,而且亦是活动的一部分,例如,对国际象棋而言,精通于解决难题的动机就是内在的。

intrinsic value 内在价值　　当某一事物存在,并且当我们认为世界只会因此而更美好时,我们归于那一事物的那种价值。

malthusian 马尔萨斯主义者　　与 18 世纪思想家托马斯·马尔萨斯相关,马尔萨斯因相信人们就跟其他许多动物一样,倾向于人口过剩以至于消耗自然资源殆尽而闻名。唯有食物短缺与饥饿最终对人口加以了限制。

master interpretation 主子式解释　　对《圣经》的一种解释,据此,人类应尽可能多地并且为了人类独一无二的福利而控制剩余的自然。

master mentality 主子心态　　主要为白人男性所持有的人类中心主义观点,在知晓如何为了总体利益而管理众人以及诸事上面,他们相信自己优越于剩余的人类。

monoculture 单一栽培　　只有一种作物品种被种植的田地。

moral pluralism 道德多元论　人类行为被种种并行的道德原理所指引,这些原理不能被简化为任何一个原理。

narrative 叙事　一种叙述。

niche 生态龛　在对最终来自太阳的能量加以传递中一物种所扮演的角色。

nonanthropocentric 非人类中心主义的　不以人类为中心。非人类中心主义者认为,除了人类之外,其他存在物也拥有自身的价值。他们通常以为,人类应出于对动物、物种以及生态系统的价值的考虑而牺牲掉自身的某些幸福。

non-economic anthropocentrism 非经济人类中心主义　一种人类中心主义的观点,认为某些对人类甚至是在与非人类的环境相关上而言的重要价值,不能通过货币等价物得到表达。对人类而言,存在着众多重要的价值,而且它们也不能通过货币单位的方式被充分地表达。

patriarchy 父权制　男性对女性的统治。

pollution permits 污染许可证　允许公司在特定时期、指定地区、给定数量并以特定方式加以污染的执照。在污染大体类似的公司之间,这可以被交易。

practice 实践　一种通过社会造就的协作活动方式,该活动中固有的卓越标准可用作内在动机。

preference utilitarianism 偏好功利主义　功利主义的观点,认为偏好满足是功利主义者应力图最大化的善。

pre-understanding 前理解　一个人所持有的影响他或她文本与事件解读的信念与设定。

privatization 私有化　某些过去通常来说可自由获致的公用设施与资产向私有财产的转化,拥有者能够限制其向公众开放。

psychological egoism 心理的利己主义　每个人任何时候的表现都

是利己的观点。

public goods 公共物品　　其利益不能局限于某一个人所有的物品。如果某人从中获益，其他任何人也可以。

radical exclusion 彻底排斥　　在某一二元对立的等级制度之上，任何低等者与任何高等者相比，在价值、名望或权力的获取的可能性上被排除掉。

reflective equilibrium 反思的平衡　　在一个人的信念，尤其是一个人的一般原则中以及一般原则与特殊应用之间的一致性。

relational definition 关系性界定　　参见"纳入"。

religion 宗教　　对实在以及人类在实在中所处地位给予某种意义导向描述的一种世界观。大多数的宗教包含有关于实在与人类的起源与归宿的宏大叙事，它使人们与更大的统一体建立起联系。

religious fundamentalism 宗教基要主义　　认为《圣经》以这样一种形式记录了上帝的行迹与命令，即为人们提供了明确的指导，人们应将此作为伦理学坚实的、不变的依据。

religious tradition 宗教传统　　一种正在发生的、在文化上逐步形成的宗教启示与解释的传统，涵摄了许多不同的世界观与宏大叙事在内。基督教、犹太教、伊斯兰教以及印度教是其例证。

replacement argument 替代论证　　立足于享乐主义型功利主义基础之上的论证，这一论证认为，正确的行为是吃那些被人道饲养的动物的肉，只要动物被无痛楚地杀死并且代替以人道饲养的额外的动物。这一观念即是，这样的话，幸福的农场动物群体仍将保持大规模的存在，给予世界添加了大量的幸福。

sacrament 圣事　　对世界任一神性奥秘的展示，一种神圣的真理呈现于宗教意识之前。

sentiment-based ethics 情感主义伦理学　　立足于人们所体验到的

诸如同情以及忠诚这样一些情感之上的伦理学说。

shadow pricing 影子定价　　估测某些事物的货币等价物，比如说人的生命，因为不存在市场中的交易，所以没有市场价格。在成本效益分析中这是必需的，以便所有的因素都能从数学上加以比对。

social contract view of justice 正义的社会契约观　　在人们是自由的、消息灵通并且理性地保卫自己利益的情况下，如果社会的基本准则是人们通过契约接受下来的那些的话，那么这些准则就是公正的这一信念。

speciesism 物种歧视主义　　支持自己物种成员利益并反对其他物种成员利益的一种偏见或偏袒态度。

stereotyping 刻板化　　参见"同质化"。

stewardship interpretation 管家职责的解释　　一种对《圣经》的解释，据其称，上帝业已给予人类照料自身具善的其余被造物这一任务，而不仅仅是将它们作为人类满足的手段。

subjects-of-a-life 生活主体　　具有知觉、自我意识以及对未来的筹划的生物。这包括所有正常的人类以及至少是其他所有的成年哺乳动物。

synergistic environmental ethics 协同论的环境伦理学　　对人类与自然的同时尊重对双方而言结局都得到改善的观点。一般来说，人类受益于对自然自身的珍视，因为这有助于人们避免相互间的烦恼。这也有助于人们获致其自身的最高善。通常来说，当所有人都受到尊重时自然也从中受益，因为许多穷人所依赖的生态多样化的环境也由于对那些人受到尊重而免受伤害。

technological optimist 技术乐观主义者　　对那些因现代科技而产生的环境以及其他问题，认为人们将总是能够开发出令人满意的技术解决方法者。

trophic relationships 营养关系　　生物中存在的食与被食的关系。

utilitarianism 功利主义　　一种伦理学理论，据此，正当的行为是那种对每个人而言具有最为全面、长期的效果者。最为通常的形式是享乐主义型的功利主义，它将偏好满足看作有待最大化的善。

vegan 严格素食主义者　　一个将诸如奶制品与蛋这样的动物制品以及那些为了食其肉或其他部分而被杀死的动物从食谱中排除出去的人。

vegetarian 素食主义者　　一个将那些为了食其肉或其他部分而被杀死的动物从食谱中排除出去的人。

veil of ignorance 无知之幕　　（假定）人们对其自身的处境一无所知，所以当人们做出一项（假定的）社会契约以确立社会的基本准则时，他们将受到激励去制定出对所有人都公平的准则。

vivisection 活体解剖　　在生物学实验中将活的动物割开。

World Trade Organization(WTO) 世界贸易组织　　在 GATT 之后所产生的组织，以监督对那些用以促进全球化的特别协定的遵从。

world-picture 世界图像　　参见"世界观"。

worldview 世界观　　支撑一种宏大叙事的有关实在本性的信念。

译 后 记

十几年以前,西北大学环境哲学与比较哲学研究中心的谢阳举教授访美归来,向我们介绍发达国家环境哲学研究兴盛的新动向,并希望我们应该投入部分精力加以学习和研究。我们愿意通过翻译来直接学习,于是就加入了翻译出版"环境哲学译丛"的计划。

在该书的翻译过程中,我们有很多的感慨。首先就是对于作者渊博学识与精深探究的敬佩。西方学者在学术素养方面这种良好的传统,值得我们学习。其次就是我们对于自身的反思。长期的城市生活,令人生发出一股回归乡野的动机。我们常常思考这样一个问题:现今成长于大都市中的人们,与自然隔绝日久,会不会遇到新的问题?环境哲学提供了防范和救此积弊的思考。这当然需要人们认识上的某种提高作为契机,而成就这种升华的又是什么呢?我们想,就是环境哲学家的一些系统而优美的作品。我们希望这些作品的引介能够对"绿色中国"的建设有帮助,能够对我国生态意识的提高有促进。

本书主要由四个部分构成,其中朱丹琼负责引言与前三章的翻译工作,剩余的由宋玉波负责。

借此机会,我们还要感谢谢阳举教授、方光华教授对译事的关怀,以及范立舟教授、肖永明教授对我们的帮助。格致出版社的编辑在审校译稿方面付出了艰辛劳动,特此感谢。

初涉译事,错讹之处难免,还请读者批评指正;其间对于西方著述的前辈学者译文援引上,或有遗漏未提之处,还请宽恕。

宋玉波、朱丹琼

2021 年 11 月于西安

图书在版编目(CIP)数据

现代环境伦理/(美)彼得·S.温茨著;宋玉波,
朱丹琼译.—上海:格致出版社:上海人民出版社,
2022.2
(环境哲学译丛)
ISBN 978-7-5432-3312-6

Ⅰ.①现… Ⅱ.①彼… ②宋… ③朱… Ⅲ.①环境伦
理学-研究 Ⅳ.①B82-058

中国版本图书馆 CIP 数据核字(2021)第 257466 号

责任编辑 张苗凤
封面装帧 陈 楠

环境哲学译丛
现代环境伦理
[美]彼得·S.温茨 著
宋玉波 朱丹琼 译

出 版 格致出版社
　　　　上海人民出版社
　　　　(201101 上海市闵行区号景路 159 弄 C 座)
发 行 上海人民出版社发行中心
印 刷 上海商务联西印刷有限公司
开 本 635×965 1/16
印 张 31.25
插 页 2
字 数 397,000
版 次 2022 年 2 月第 1 版
印 次 2022 年 2 月第 1 次印刷
ISBN 978-7-5432-3312-6/B·50
定 价 108.00 元